国家出版基金项目
NATIONAL PUBLICATION FOUNDATION

有色金属理论与技术前沿丛书

直流激电反演成像理论与方法应用

INVERSE THEORY AND METHODOLOGY FOR DIRECT CURRENT INDUCED POLARIZATION METHOD

刘海飞　柳建新　麻昌英　著
Liu Haifei　Liu Jianxin　Ma Changying

中南大學出版社
www.csupress.com.cn

CNMC
中国有色集团

图书在版编目（CIP）数据

直流激电反演成像理论与方法应用／刘海飞，柳建新，麻昌英著. --长沙：中南大学出版社，2017.12

ISBN 978-7-5487-3119-1

Ⅰ.①直… Ⅱ.①刘… ②柳… ③麻… Ⅲ.①直流－激发极化法－图像处理－研究 Ⅳ.①P631.3

中国版本图书馆 CIP 数据核字(2017)第 327542 号

直流激电反演成像理论与方法应用

ZHILIU JIDIAN FANYAN CHENGXIANG LILUN YU FANGFA YINGYONG

刘海飞 柳建新 麻昌英 著

□责任编辑 刘小沛

□责任印制 易红卫

□出版发行 中南大学出版社

社址：长沙市麓山南路 邮编：410083

发行科电话：0731-88876770 传真：0731-88710482

□印 装 湖南众鑫印务有限公司

□开 本 720×1000 1/16 □印张 17.75 □字数 353 千字

□版 次 2017 年 12 月第 1 版 □2017 年 12 月第 1 次印刷

□书 号 ISBN 978-7-5487-3119-1

□定 价 95.00 元

图书出现印装问题，请与经销商调换

内容简介

Introduction

为了及时总结“资源与灾害探查”湖南省高校创新团队的研究成果，团队负责人柳建新教授组织团队中部分从事电(磁)法和深部地球物理研究的骨干人员，撰写了《地球物理计算中的迭代解法及应用》《直流激电反演成像理论与方法应用》《大地电磁贝叶斯反演方法与理论》《频率域可控源电磁法三维有限元正演》《便携式近地表频率域电磁法仪器及其信号检测》《东昆仑成矿带典型矿床电(磁)响应特征及成矿模式识别》《青藏高原东南缘地面隆升机制的地震学研究》和《青藏高原岩石圈力学强度与深部结构特征》共8本专著，集中反映了团队最新的相关理论与应用研究成果。

目前，直流激电法的应用领域在逐步拓宽，观测空间由地面向井中、坑道及水下等复杂情况发展，致使数据解释难度大、精度低。反演作为直流激电数据处理中的一项核心技术，在直流激电定量解释中起着关键性作用。本书首先综述近些年直流激电反演成像的发展与研究现状，在此基础上系统介绍直流激电法的阵列观测方法、直流激电反演成像的正则化技术、直流激电1D/2D/3D正演模拟和反演成像方法、混合范数下的最优化反演方法以及基于模拟退火和遗传算法的全局混合反演方法。最后介绍直流激电反演软件的设计与研发，以及直流激电反演在矿产资源和工程勘查中的一些应用实例。本书可以为从事地球物理专业的本科生、研究生和科技人员提供参考和借鉴。

作者简介

About the Author

刘海飞　男，汉族，副教授，硕士生导师。1975 年 9 月出生于内蒙古自治区赤峰市，2007 年获中南大学地球探测与信息技术专业博士学位，2007 年至今在中南大学地球科学与信息物理学院工作，2014 年至 2015 年在挪威科技大学信息技术、数学与电气工程学院访学。目前主要从事电磁法正演模拟与反演成像方面的教学和研究工作，主持国家自然科学基金面上项目 2 项，教育部博士点基金项目 1 项，参与国家自然科学基金 8 项、"863"科技项目 1 项、中国地质调查局地调专项项目 2 项。获省部级成果奖 3 项，软件著作权 6 项，发表学术论文 40 余篇，其中 SCI、EI、ISTP 检索 17 篇。

柳建新　男，汉族，教授，博士生导师。1962 年 5 月出生于湖南省岳阳市，1979 年考入中南矿冶学院应用地球物理专业。现为中南大学地球科学与信息物理学院副院长、新世纪百千万人才工程国家级人选、教育部新世纪优秀人才支撑计划获得者、湖南省"121"人才、"地球探测与信息技术"学科带头人、有色资源与地质灾害探查湖南省重点实验室主任、湖南省第十一届政协常委，兼任国家自然科学基金委员会评审组成员、湖南省地球物理学会第六、第七届理事长、中国地球物理学会第九届理事会常务理事、中国有色金属学会第七届理事会理事、中国有色金属工业协会专家委员会委员、"全国找矿突破战略行动"专家技术指导组专家，中南大学第二届知识分子联谊会理事长。长期从事矿产资源勘探、工程勘察领域的理论与应用研究，在深部隐伏矿产资源精确探测与定位、生产矿山深部地球物理立体填图、地球物理数据高分辨处理与综合解释、工程地球物理勘察等方面具有深入研究并取得了大量研究成果。获国家发明二等奖 1 项、国家科技进步二等奖 1 项、国家科技进步三等奖 1 项，省部级科技进步一等奖 7 项、二等奖 4 项、三等奖 2 项。申报专利 8 项，其中 4 项获得授权。出版专著 14 本，发表论文 240 余篇，其中 SCI、EI 收录 112 篇。

麻昌英 男，汉族，在读博士。1988 年 9 月出生于广西壮族自治区横县，2012 年获长安大学地球物理学专业学士学位，2015 年获中南大学地质工程专业硕士学位，2015 年至今在中南大学地球科学与信息物理学院地球探测与信息技术专业攻读博士学位。目前主要从事电磁法正演模拟方面研究和电磁法勘查应用工作，主持完成中南大学博士研究生创新性项目 1 项，参与完成国家自然科学基金 2 项、中国地质调查局地调专项项目 2 项。获软件著作权 1 项，已发表学术论文 10 余篇，其中 SCI、EI、ISTP 检索 5 篇。

学术委员会

Academic Committee

国家出版基金项目
有色金属理论与技术前沿丛书

编辑出版委员会

Editorial and Publishing Committee

国家出版基金项目
有色金属理论与技术前沿丛书

总序

Preface

当今有色金属已成为决定一个国家经济、科学技术、国防建设等发展的重要物质基础，是提升国家综合实力和保障国家安全的关键性战略资源。作为有色金属生产第一大国，我国在有色金属研究领域，特别是在复杂低品位有色金属资源的开发与利用上取得了长足进展。

我国有色金属工业近30年来发展迅速，产量连年居世界首位，有色金属科技在国民经济建设和现代化国防建设中发挥着越来越重要的作用。与此同时，有色金属资源短缺与国民经济发展需求之间的矛盾也日益突出，对国外资源的依赖程度逐年增加，严重影响我国国民经济的健康发展。

随着经济的发展，已探明的优质矿产资源接近枯竭，不仅使我国面临有色金属材料总量供应严重短缺的危机，而且因为“难探、难采、难选、难冶”的复杂低品位矿石资源或二次资源逐步成为主体原料后，对传统的地质、采矿、选矿、冶金、材料、加工、环境等科学技术提出了巨大挑战。资源的低质化将会使我国有色金属工业及相关产业面临生存竞争的危机。我国有色金属工业的发展迫切需要适应我国资源特点的新理论、新技术。系统完整、水平领先和相互融合的有色金属科技图书的出版，对于提高我国有色金属工业的自主创新能力，促进高效、低耗、无污染、综合利用有色金属资源的新理论与新技术的应用，确保我国有色金属产业的可持续发展，具有重大的推动作用。

作为国家出版基金资助的国家重大出版项目，“有色金属理论与技术前沿丛书”计划出版100种图书，涵盖材料、冶金、矿业、地学和机电等学科。丛书的作者荟萃了有色金属研究领域的院士、国家重大科研计划项目的首席科学家、长江学者特聘教授、国家杰出青年科学基金获得者、全国优秀博士论文奖获得者、国家重大人才计划入选者、有色金属大型研究院所及骨干企业的顶尖专家。

国家出版基金由国家设立，用于鼓励和支持优秀公益性出版项目，代表我国学术出版的最高水平。“有色金属理论与技术前沿丛书”瞄准有色金属研究发展前沿，把握国内外有色金属学科的最新动态，全面、及时、准确地反映有色金属科学与工程技术方面的新理论、新技术和新应用，发掘与采集极富价值的研究成果，具有很高的学术价值。

中南大学出版社长期倾力服务有色金属的图书出版，在“有色金属理论与技术前沿丛书”的策划与出版过程中做了大量极富成效的工作，大力推动了我国有色金属行业优秀科技著作的出版，对高等院校、研究院所及大中型企业的有色金属学科人才培养具有直接而重大的促进作用。

王淀佐

2010 年 12 月

前言 / Foreword

直流激电法作为电法勘探的主要分支方法，具有观测装置多、勘探成本低、灵活性强、观测空间广等特点，在金属和非金属矿产、地下水资源、工程与环境等领域被广泛应用，取得了良好的应用效果。近些年，高精度、智能化、多通道、分布式直流激电法仪器得到快速发展，在观测空间、观测形式、布极特点上不再拘泥于常规观测方式，使得数据采集量几倍、几十倍地增加，显然数据中所包含的地下介质结构信息也将成倍增加，这对减少多解性、提高解释精度大有裨益。当然，复杂的观测方式所带来的缺点也是不可回避的，由于无法确定合理的记录点，难于绘制视电阻率和视极化率拟断面图，即使能够绘制拟断面图，但异常埋深、形态畸变严重，定性或半定量解释分析难度增大，只有借助高性能的计算机和高效、可靠的反演处理软件，才能在解释精度和处理速度上达到预期的目的。与此同时，人们对直流激电法的勘探深度和解释精度的要求也在不断提高，解决地质问题时的观测方法、数值模拟和反演成像等环节都缺一不可且具有同等重要的地位。本书将介绍直流激电测深阵列观测方法、高效正演模拟及反演成像理论与方法，旨在进一步推动直流激电法的应用与发展。

常规直流激电测深法采用人工跑极、逐点观测方式，勘探深度由几米至几百米，但观测效率低、采集数据量少。而高密度电阻率法的电极排列一次性布设好后，即可完成自动化数据采集和记录，工作效率高、信息丰富，但勘探深度较浅。本书设计的直流激电测深阵列观测方法是人工跑极和阵列式观测相结合的产物，即供电采用人工跑极、测量采用多通道阵列式观测方式，使勘探深度、数据信息量和工作效率得到兼顾。希望书中介绍的阵列观测方法能起到抛砖引玉的作用，实际应用时现场人员可根据已知地质情况和野外施工条件对观测方法酌情改动和拓展，但目的只有一个，就是尽可能地获取更多的有用异常信息。

直流激电数值模拟主要采用有限差分法和有限元法。为更好地适应野外较为复杂的情况，本书基于电性分块连续模型，系统推演了水平地形和起伏地形条件下的直流激电二维、三维有限元数值模拟方法，并结合算法编写了相关C++程序代码。直流激电测深一维正演模拟采用快速汉克尔变换方法，可以模拟任意供电极距序列的对称四极激电测深曲线，与数字滤波法[如(lg10)/6采样间隔]相比，其更适合野外实际情况。通过一些地电模型的模拟算例，检验了书中所介绍的各数值方法的模拟精度和计算效率。

不适定性是反问题的固有特征，它并非仅局限于地球物理反问题，还存在于其他学科的反问题中，如医学、气象学、天文学等。解决此类问题的办法就是将不适定问题转化为适定可解的问题或者说将病态问题转化成良态问题，这种数学实现过程通常称为正则化，目前主要采用Tikhonov正则化方法和Miller正则化方法，直流激电反演大都采用前者。本书从构建正则化因子、施加约束和改善修正步长等角度探讨了正则化理论与方法，并且将其应用于直流激电一维、二维和三维反问题中。

由于直流激电的数据采集常常受突变噪声的影响，使得数据不再服从高斯分布，如果仍采用常规的最小二乘法反演，容易导致反演不收敛或反演假象。鉴于这种情况，作者提出了混合范数下的最优化反演方法，即根据观测数据品质的优劣，对数据空间和模型空间分别采用不同的范数(L_1和L_2范数)作为测度，以达到压制干扰、突出有用异常的目的。通过对模型反演发现，当数据噪声服从高斯分布或近似服从高斯分布时，数据空间和模型空间基于L_2范数的反演效果均较好；当数据噪声服从拉普拉斯分布时，数据空间基于L_1范数，模型空间基于L_2或L_1范数的反演结果较好。所以，选择哪种范数作为数据空间和模型空间测度，需要事先了解数据噪声所满足的分布特征，否则可能得不到满意的反演结果。反演成像是直流激电数据处理和解释的重要技术手段，本书针对直流激电法中一些特定的观测技术，介绍了包括1D/2D/3D的直流激电广义线性反演的理论与方法。在此基础上设计并开发了直流激电反演解释软件IPInv，最后给出了其在工程和资源勘查中的一些应用实例，以供读者参考和借鉴。

研究完全非线性全局优化反演方法，主要考虑到绝大多数地球物理问题都是多元、非线性函数的极值问题，采用广义线性反演方法容易使反演过程陷入局部极值，这主要由于线性化反演方法对初始模型的依赖性较强，初始模型的好坏直接影响着反演结果的优劣。幸运的是，对于许多地球物理问题，我们已经有了不少先验知识或信息，这也就是线性化反演方法能够解决许多非线性地球物理问题的重要原因。完全非线性反演方法目前仍属于一门新兴学科，特别是在直流激电反演方面的研究和应用更是少之又少。本书介绍了模拟退火算法和遗传算法的基本理论与方法，在此基础上将它们与单纯形法和鲍尔方向法相结合，给出了四种全局混合优化反演方法，并编制了直流激电测深一维非线性反演程序。通过对几例模型反演发现，完全非线性反演方法需要的正演计算量相当大(几千至几万次正演)，并且随模型参数的增加，正演的次数近似呈指数增加，可以想象在直流激电二维、三维反问题上的研究和应用方面还有很多工作要做。书中提供的直流激电测深一维非线性反演程序代码，希望能够为初学者提供有益的参考，为进一步完善和优化算法以及向高维反问题方向拓展奠定基础。

本书主要围绕直流激电的阵列观测方法、数值模拟及反演成像的相关理论与方法展开。全书共分为8章，第1章概述地球物理反演的发展概况和直流激电反演的研究现状；第2章介绍几种适合中深部勘探的直流激电测深二维、三维阵列观测方法；第3章介绍直流激电一维、二维和三维数值模拟的理论算法，并给出相关C++程序代码；第4章从正则化参数的选择、稳定化泛函的构造、施加先验约束及修正迭代步长等方面介绍直流激电广义线性反演的正则化技术；第5章介绍混合范数下的最优化反演方法；第6章介绍几种特定观测方式的直流激电广义线性反演方法，主要包括垂直激电测深一维、二维反演、电阻率二维延时反演及直流激电三维反演。第7章介绍模拟退火和遗传算法的基本理论，在此基础上介绍单纯形法和鲍尔方向法与其相结合的全局混合优化反演方法，并编写了相关C++程序代码；第8章基于直流激电反演成像的基本理论与方法，介绍直流激电反演解释软件IPInv的设计与研发，并给出直流激电反演在资源与工程勘查方面的几个应用实例。

本书中的主要研究项目得到了国家自然科学基金项目(编号：41174102，41774149)、高等学校博士学科点专项科研基金项目(编号：200805331083)的资助。本书的研究工作和编写得到了中南大学地球科学与信息物理学院地球物理系和“有色资源与地质灾害探查”湖南省重点实验室的支持。在此致以衷心的感谢。

书中有关直流激电正演模拟和反演成像理论与方法的学术思想主要源于我的博士论文指导老师阮百尧教授，谨以本书表达我对导师的深切怀念和无限追思，阮老师已走 7 年了，但他的音容笑貌依然历历在目，他的言传身教让我永远铭记于心，他对科研求新、求真、求实的精神一直激励着我前行，使我在专业上不敢有丝毫懈怠。借此机会我还要衷心地感谢中南大学地球科学与信息物理学院戴前伟教授对我生活和工作的一贯支持和帮助。诚挚地感谢课题组肖建平副教授、崔益安副教授、佟铁钢副教授、童孝忠老师、郭荣文副教授、孙娅老师、陈波老师多年来对我科研工作的支持、鼓励和帮助。我由衷地感谢湖南省地质工程勘察院吴述来高工、叶明金高工和卞兆金高工对本书的指导和帮助，并提供了相关实测资料。感谢桂林理工大学吕玉增副教授、徐志锋副教授和李长伟副教授的有益讨论。感谢研究生李盼、胥凯雄帮助完成初稿的校稿工作。特别感谢中南大学出版社给予的支持和帮助。

由于作者学识有限，书中疏漏之处恐亦难免，热诚欢迎读者批评指正。

刘海飞

2017 年 9 月

目录

Contents

第1章　绪　论

1.1　地球物理反演的发展概况

在早期，由于人们对自然界未知事物的好奇心，开始根据自然界的物理现象来揭示事物发展的内在规律。牛顿根据万有引力定律推测地球密度，开尔文研究地球的弹性和热传导性，这些都可以说是地球物理反演研究的范例[1]。但是到了19 世纪，人们才将物理学的方法应用到矿产勘查领域，而对地球物理勘探方法的研究和试验直到第一次世界大战才随着现代工业的发展而兴起，并且地球物理方法的有效性也通过一些成功的勘探实例得到证实，随着数据采集系统和分析技术的迅速发展，地球物理逐渐成为一门独立学科也是必然趋势。然而在 20 世纪 50 年代以前，由于受计算工具的限制，反演问题的研究还没有受到足够的重视。到了 20 世纪 50 年代，电子计算机的诞生对地球物理数据分析产生了巨大的推动作用，人们开始尝试用计算机来完成一些简单的反演工作，但适用于各种地球物理方法的反演理论还没有形成，反演研究还只是作为正演研究的自然延伸而分散在单一的地球物理分支之中。

直到 20 世纪 60 年代，并且仅在 1967 年到 1970 年的三年时间，被誉为反演之父的美国地球物理学家 Backus 和应用数学家 Gilbert 连续发表了三篇经典的地球物理反演方面的论文[2-4]，他们的反演思路别具一格，极具开创性，形成了经典的 BG 反演理论，为建立统一的地球物理反演理论和方法奠定了扎实的基础，从此地球物理反演思想才真正在地球物理学家的头脑中扎下了根。然而，BG 反演理论讨论的模型为连续的情况，因此总是导致方程组的欠定，不便于在计算机上快速实现。1972 年，Wiggins 和 Jackson 等人先后提出了与 BG 反演理论对应的离散模型情况下的反演方法[5-6]，即广义线性反演方法。经 Parker 等人的介绍和推广[7]，BG 反演理论和方法在 20 世纪 70 年代后期逐渐普及。

自 20 世纪 80 年代以来，对偏微分方程反问题的研究进一步深化了反演的内涵[1]。反演的实践证明，由于正问题拟微分算子具有不同程度的奇异性，使得反问题的求解过程产生人为假象。因此地球物理反演研究面临着两个相互矛盾的方面：一方面要从数据中提取尽可能多的信息，如最大限度地提高反演模型的分辨率；另一方面要尽可能减少难以避免的人为假象。因此反演的含义应该是研究从数据中提取尽可能多的信息以及同时减少人为假象的理论和方法。苏联学者Tikhonov很早就意识到这个问题，并建立了一套正则化理论以用于反问题的研究。在BG理论中最折衷的思想也是正则化理论对地球物理反演的研究。但是，这些方法都属于调和反演面临的矛盾的方法，它们并没有深入解决这一矛盾[1]。法国地球物理学家Tarantola从概率的角度出发，将模型和数据的协方差矩阵作为先验信息引入到反演公式中，并对反问题中用到的多种优化方法进行了系统深入的论述，其中包括梯度法、牛顿法、拟牛顿法及Monte Carlo法等[8]，对地球物理反演理论的发展和推广起到了促进作用。

20世纪90年代，非线性理论成为自然科学中各个领域的研究前沿。因为大多数自然现象都是非线性的，地球物理反问题也是如此。实际计算表明，非线性反演要比线性反演复杂得多，而不像Backus和Gilbert最初想象的那样，只要用线性化加迭代就能解决[1]。因此当线性化反演方法不能解决复杂反问题时，一些非线性反演方法应运而生，如基于物质退火过程的模拟退火方法、基于生物进化的遗传算法和基于人工智能的神经网络方法等。与线性反演方法相比，完全非线性反演方法可以有效地减少多解性，尽量避免在反演迭代过程陷入局部极小，可以提高反演的分辨率，但它作为一门新兴学科，在理论和方法上还有很多不足，在许多问题上还需进一步深入研究[9]。目前，联合反演方法是地球物理反演的另一发展趋势，即多种地学资料联合应用，信息互补，以增强反演过程的稳定性和减少解的非唯一性。在最近几年，联合反演方法已经取得了很大的进展，并且在应用中获得了非常好的地质效果。

1.2 直流激电反演的研究现状

直流激电法作为地球物理勘探方法的一个重要分支，主要应用于寻找金属和非金属矿产，进行水文地质、城市环境与建筑基础以及地下管线铺设情况的勘查等。长期以来，它在上述应用领域发挥了很大作用，取得了可喜成绩[10]，这与其先进的数据处理方法是分不开的。反演技术作为地球物理资料处理的一个重要手段，在直流激电数据处理中占有重要地位。然而我们知道，任何一种反演方法都是以正演模拟为基础的，并且直流激电数据的二维和三维正演模拟比较耗费时间和内存，对于早期的计算机是难以实现的。直到20世纪70年代，随着计算机和数值模拟技术的快速发展，直流激电数据的正演模拟取得了成功(Coggon，1971[11]；Rijo，1977[12]；Jeffrey，1977[13]；Dey和Morrison，1979[14]；周熙襄，1980[15]和1983[16])，这些开创性工作为直流激电数据的反演研究奠定了基础。Pelton等[17](1978)实现了二维电阻率和极化率数据的最小二乘反演，在反演过程中，对事先提供的数据库通过插值来计算偏导数矩阵，它的算法虽然比较简单，但不能用来解释复杂地电断面。Petric 等(1981)[18] 使用∂中心法对三维电阻率反演进行了研究，取得了一定的效果，但仅适用于电阻率对比度较小的地下模型。Sasaki(1982)[19] 实现了激电数据二维自动反演方法，采用有限元法正演，并且采用电位函数与模型参数之间的简单关系计算偏导数矩阵，大大减少了反演的计算量。Tripp 等[20]，Smith 等[21](1984) 发展了用有限差分法模拟电阻率的二维反演方法，使激电数据的反演技术逐渐走向实用阶段。

20 世纪 80 年代末，英国伯明翰大学和日本 OYO 公司首先研制了阵列电探观测系统，使电法勘探能像地震勘探一样使用覆盖式的观测方式，可以获得更多关于地下介质的地电信息。由于阵列观测系统的出现，再一次推动了电阻率反演技术的发展，相继出现大量的研究成果(Shima，1987，1988，1989，1990，1992)[22-26]，Shima 在正演过程中普遍采用了∂中心法，该方法计算量少，但不能进行复杂地形条件下的反演，目前应用较少。Park 等(1991)[27] 给出了基于有限差分的三维反演算法，在反演过程中采用摄动法计算偏导数矩阵，正式开始了比较系统的三维反演方法的研究。Li 和 Oldenburg(1992，1994)[28-29] 采用基于 Born 近似的三维反演方法，该算法不必创建和求解三维雅可比矩阵，不仅节省了时间，也降低了对机器内存的要求，但该方法难以处理大对比度的模型。庄浩(1998)[30] 在此基础上对 Born 近似反演方法进行了改进，改进后的方法对初始模型的要求不高，在正演时没有使用 Born 近似，避免了处理大对比度问题时出现的困难，但总得来说，作为一种近似反演方法，它的分辨率不高。Sasaki(1994)[31] 基于有限单元法实现了起伏地形条件下的电阻率三维反演，为了减少反演的多解性问题，将模型参数的梯度光滑约束引入到目标函数中。Zhang 等(1995)[32] 实现了基于共轭梯度算法的电阻率三维正反演，在正演过程中，采用有限差分法进行模拟，对于含有大量零元素的带状刚度矩阵方程组，采用一维压缩存储的不完全 Cholesky 预条件共轭梯度法进行求解，当电极的数量不是很多时，这种方法是很有优势的；在反演过程中，采用最小二乘共轭梯度法进行求解，避免了矩阵相乘 $\boldsymbol{A}^{\mathrm{T}}\boldsymbol{A}$ 的计算，可加快反演的计算速度。在此基础上，吴小平(1998，1999，2000，2001，2003)[33-37] 发展并细化了基于共轭梯度法的电阻率三维正反演技术。Li 和 Oldenburg(1994，2000)[38-39] 实现了二维和三维极化率反演，介绍了三种极化率反演方法，并对比了所述反演方法的分辨率问题。

我国地球物理学者们在采纳和发展国外直流激电数据反演方法的同时，也创立了自己的学派风格，主要体现在以下三个研究方向：毛先进等(1997，1998，1999)[40-42] 利用改进的边界积分方程法实现了 2.5 维电阻率层析成像，突破了传统边界积分方程法只适合正演计算的局限性。由于研究区域内任意一点的电位与各单元电导率可用显式表达式联系起来，避免了雅可比矩阵的直接计算，反演速度得到较大提高，而且能够反演大对比度的地电断面。底青云等(1997，

1998)[43-44] 类比地震学中的走时射线追踪技术，提出了电流线追踪电位电阻率成像方法。地震走时射线追踪中，通过每个单元的走时只与单元的速度有关，与单元以外的其他单元的速度分布无关；而电位电流线追踪中，通过每个单元的电位差不仅与该单元的电阻率有关，而且与其他单元的电阻率分布有关。进而提出了一种改进的两点射线追踪技术，其中电位差的计算考虑到电流密度的变化，分为两个层次：一是由于几何扩散，电位差和距离的平方成反比；二是由于电流线的折射定律是非线性的，且为互切关系，需由折射定理进行校正。数值模拟结果表明，该方法比有限元方法快得多，占用内存较少，反演效果较好。底青云等(2001)[45] 提出了积分法电阻率层析成像方法，该方法对电阻率的成像结果也较好，尤其是反演时可用均匀初始模型，减少了反演时对初始模型的依赖。阮百尧等（1998, 1999, 2001, 2002）[46-51] 考虑到地下介质在多数情况下，岩矿石的组成、温度和湿度等都是连续变化的，电导率和极化率参数也是连续变化的。基于这个前提，采用有限元法对电导率连续变化的地下介质进行数值模拟，突破了前人假定地下模型参数分块均匀的局限性，使其更符合实际情况。在反演过程中，将背景和光滑模型约束引入到目标函数中，既减少了反演的多解性，又使得反演结果更接近实际情况。

上述二维、三维直流激电反演方法均属于拟线性或广义线性反演方法。而继线性反演方法之后发展起来的完全非线性反演方法，随着若干前沿科学的新理论、新思想和新方法不断渗入到地球物理领域，推动了地球物理反演中非线性反演技术的发展，并且已经取得了初步应用。特别是以模拟退火、基因遗传及人工神经网络算法为代表的智能计算技术很快成为国内外地球物理学界的研究热点，部分研究成果已经应用到地震反演当中[52-55]。然而，到目前为止关于直流激电数据反演中的完全非线性反演方法的研究工作还不多。王兴泰等(1996)[56] 首次将遗传算法用于电测深曲线反演和解释，应用效果较好。但由于受到寻优条件的限制，一般只能在全局范围内得到次优解。Raghu 等(1996)[57] 和卢元林等(1999)[58] 将模拟退火方法用于电阻率二维反演，虽然取得了一定的进展，但未能解决模拟退火法收敛慢的问题，反演比较耗时。Carlos 等(2000)[59] 将两层前馈神经网络和模拟退火法相结合反演一维电测深曲线。Gad 等(2001)[60] 应用 BP 算法三层前馈网络进行一维电测深反演，应用四层前馈网络进行二维电测深反演，输入归一化正演数据矢量进行训练，并用一组未经训练的综合数据和一组野外观测数据进行测试，尽管取得了比较好的结果，但误差反转学习算法并没有解决学习效率和初始迭代值的选择问题。

第 2 章　直流激电测深阵列观测方法

目前，在中深部矿产、水资源勘探及工程勘察方面，应用较为广泛的电磁测深方法主要有 AMT、CSAMT、EH－4 及 TEM 等。相比于几何电测深法，它们具有工作效率高、不受高阻层屏蔽和对低阻层有较高分辨率等优点，在深部矿产资源勘探中探测效果良好[61-65]。而直流电法中的高密度电阻率法、垂直激电测深法，在探测几十米至几百米深度的目标体时也有其特有的优势，即操作简单、经济及定量反演解释方法相对成熟等。但是在探测中深部地质目标体时，对于几何探测的常规电测深法，只能通过增大供电极距来增加探测深度。如果依然采用原有观测方式(即以指数递增方式增大供电极距，测量极距固定不变或做适当增大)，必然会降低工作效率，增加数据采集成本[66]。因此，有必要对常规电测深观测方法加以改进，然后结合现有的阵列电法观测仪器，实现地表、井地、井井观测空间的高效数据采集。

2.1　地表阵列观测方法

为提高现有激电测深阵列观测方法的勘探深度及数据采集效率，接收系统设计为多通道测量方式。观测时将 n 个通道的测量电极排列 P_1，P_2，…，P_n 沿测线一次性布设好，相邻通道间距根据探测目标体大小和埋藏深度而定，如几米至几十米，甚至几百米，并且可以为等间距或非等间距，只需记录电极点位的坐标。而发射系统采用单点源或双点源供电方式，供电时可置于测量排列内侧、一侧或两侧。本节设计了三极和四极阵列观测方法，考虑到实际应用中对观测方法选择的方便性，将其又划分为单边供电方式和双边供电方式[67]。

2.1.1　单边供电三极阵列观测方法

单边供电的三极阵列观测方法如图 2－1－1 所示。该方式适合观测排列一侧不便于施工的情况。野外施工过程为：首先将多通道接收系统的测量电极排列沿测线一次性布设好，并将供电负极垂直测线置于远处(通常要大于最大供电极距的 5 倍)，然后将供电正极 C 置于 P_1P_2 中间供电，所有通道同时接收，记录点在横向上为相邻两个接收电极的中点，纵向上的视深度为供电极距；接着电极 C 置于 P_2P_3 中间供电，所有通道同时接收；直到电极 C 置于 $P_{n-1}P_n$ 中间供电，所有通道同时接收，排列内部供电结束。为增加勘探深度，电极 C 继续向远处移动，移动的方式可按测量电极间隔的指数倍增加，亦或按供电极距的等对数间隔增加，移动过程中可根据发现的异常情况适当加密供电点，也可根据野外观测条件（如有房屋、陡崖等障碍物），对供电点适当抽稀或改变供电点的位置。当最大供电极距 CP_n 达到勘探深度要求时，第一个测量排列结束。接着进行第二个测量排列的工作，将接收系统整体向前移动一个排列，供电点 C 由远及近逐渐进行供电，直至电极 C 置于 P_1P_2 中间供电，第二个排列测深结束。如此往复，可极大地提高激电测深的数据采集效率。同理，可将图 2－1－1 所示的二维阵列观测方法拓展到三维情况，如图 2－1－2 所示。

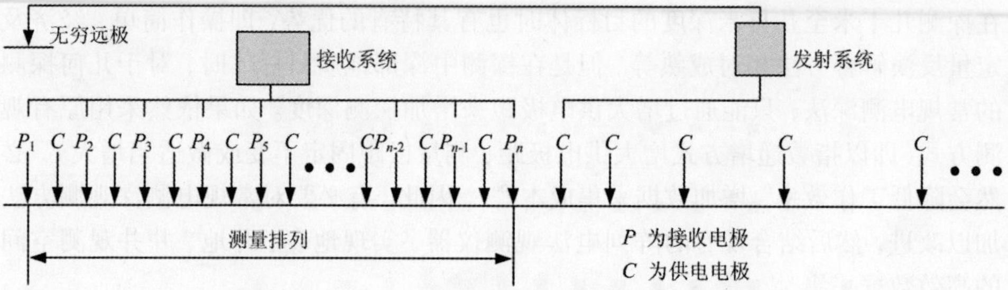

图 2－1－1　单边供电三极二维阵列观测示意图

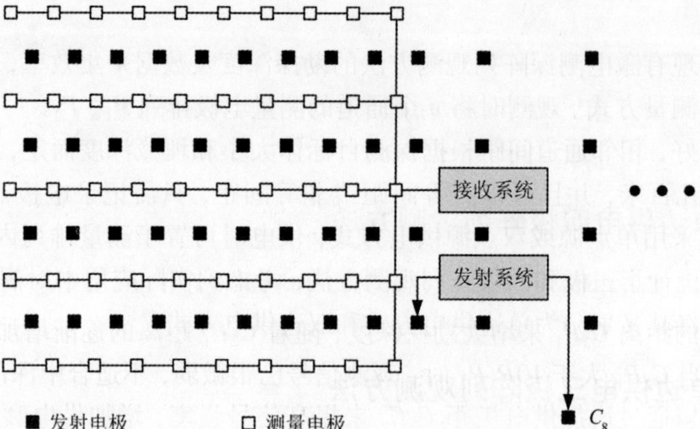

图 2－1－2　单边供电三极三维阵列观测示意图

2.1.2　双边供电三极阵列观测方法

双边供电的三极阵列观测方法如图 2－1－3 所示。相对单边供电方式，其工作量几乎增加了一倍，但获取的关于地下的信息量也几乎增加一倍，对异常的分辨能力有所提高。野外施工过程与单边供电方式相当，这里不再赘述。同样亦可将图 2 - 1 - 3 所示的二维阵列观测方法拓展到三维情况，如图 2 - 1 - 4 所示。

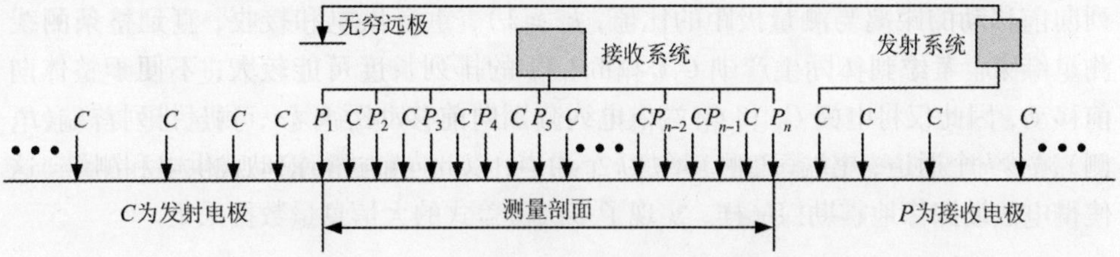

图 2 - 1 - 3　双边供电三极二维阵列观测示意图

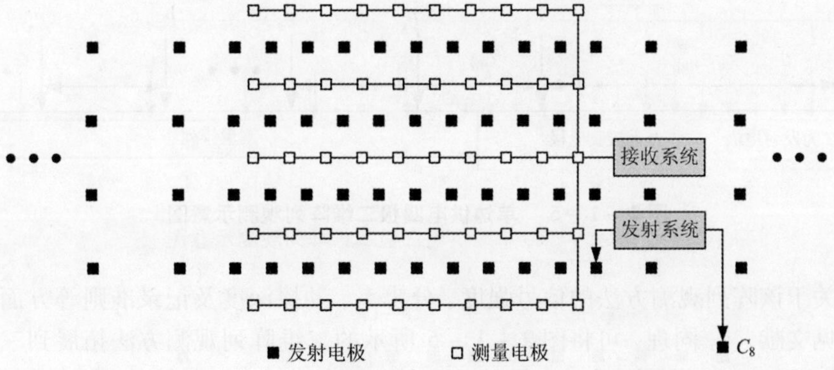

图 2 - 1 - 4　双边供电三极三维阵列观测示意图

2.1.3　单边供电四极阵列观测方法

常规轴向偶极电测深的供电极距 C_1C_2 和测量极距 P_1P_2 相等，通过增加供电和测量电极的距离 C_2P_1 来增大勘探深度，随着 C_2P_1 距离的逐渐增加，观测信号逐渐减弱，当 C_2P_1 大于 $10P_1P_2$ 时，观测信号已很微弱，不适合中深部地质勘探。然而我们可以通过增加供电极距 C_1C_2 来提高信号强度，增加供电和测量电极的距离 C_2P_1 来增大勘探深度。这样，通过合理设置 C_1C_2 和 C_2P_1 的距离，使得轴向偶极测深装置可用于中深部地质勘探问题。

单边供电四极阵列观测方法如图 2 - 1 - 5 所示。其中 P_1，P_2，…，P_{n-1}，P_n 为测量电极排列，相邻电极用短导线相连，电极间距为 a，C_1 和 C_2 为供电电极，C_1C_2 间距为 ma（这里定义 m 为极距系数，即供电极距与测量极距的比值 C_1C_2/P_1P_2，$m \geqslant 1$）。由于供电极距 C_1C_2 通常较大，为便于野外工作，故用多段短导线串联起来。供电电极系 C_1C_2 和测量电极系 P_1P_n 的偏移距离 C_2P_1 为 na（这里定义 n 为偏移系数，即偏移距离与测量极距的比值 C_2P_1/P_1P_2，$n \geqslant 1$）。实际工作时，沿测线将发射和接收系统按照预定的参数布设好后，C_1C_2 为整个测量排列供电，同时采集信号，然后整体向前移动距离 ka（这里定义 k 为移动系数，即整个排列向前移动的距离与测量极距的比值，$k \geqslant 1$），重复供电和接收，直到整条测线测量结束。考虑到实际生产中 C_1C_2 和 P_1P_n 的排列长度可能较大，不便于整体向前移动，因此仅将电极 C_1 和 C_2 端供电线分别向前移动距离 ka，测量排列首端（P_1 侧）减少 k 个通道，尾端（P_n 侧）增加 k 个通道，以此向前进行滚动式供电和测量。这使得电法勘探像地震勘探一样，实现了多次覆盖式的大信息量数据采集。

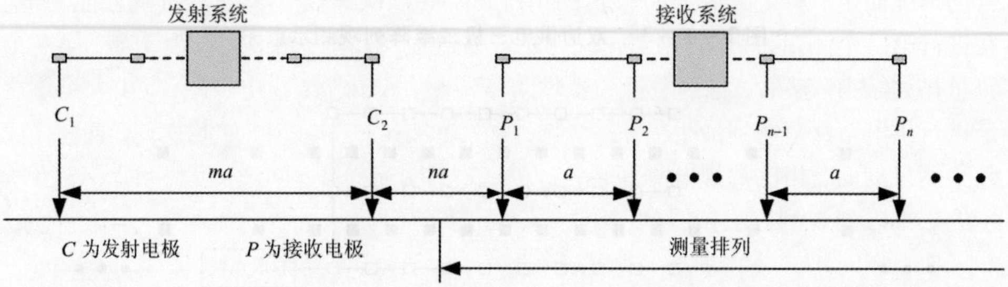

图 2－1－5　单边供电四极二维阵列观测示意图

关于该阵列观测方法的信号强度、分辨率、勘探深度及记录准则等方面的讨论详见文献[68]。同理，可将图 2－1－5 所示的二维阵列观测方法拓展到三维情况，如图2－1－6所示。当然，可以根据实际需要抽稀或加密供电电极对，同一供电电极对中间也可采用不同的供电极距系列，采集方式比较灵活。相比其他观测阵列，该方法具有滚动式、多次覆盖的特点，采集信息量大，勘探精度高。

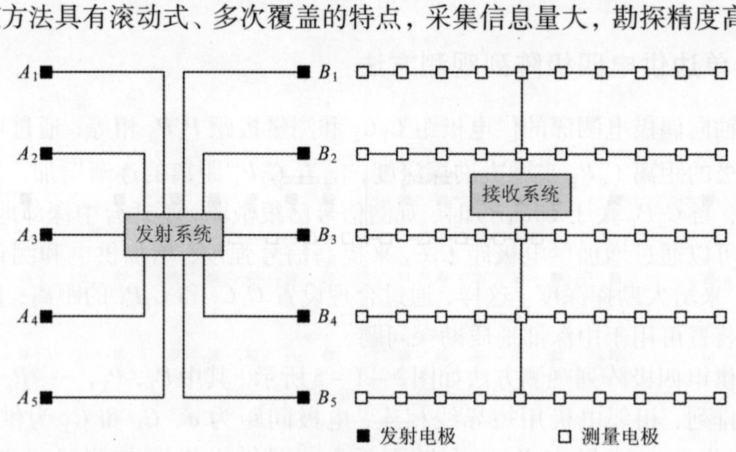

图 2－1－6　单边供电四极三维阵列观测示意图

2.1.4　双边供电四极阵列观测方法

双边供电的四极阵列观测方法如图 2－1－7 所示。野外工作时，首先将多通道接收系统的测量电极排列 P_1，P_2，…，P_{n-1}，P_n 沿测线一次性布设好，供电电极对 AB 从测量排列中间位置向两侧逐渐展开，每次供电时所有相邻电极对同时接收。供电电极对 AB 由排列内侧移到排列外侧的过程中，涵盖了对称四极装置、偶极装置和不对称四极装置，获取的地下信息较丰富。在测量排列内部，供电电极距以算术间隔逐渐增加，以获取浅部的地电信息；在测量排列外侧，供电极距按测量电极间隔的指数倍增加，也可按供电极距的等对数间隔增加，通常根据勘探要求或发现异常的情况而定。对于测量剖面较长的情况，需要顺次布设多个测量排列才能完成。在进行第一个测量排列时，供电极距 AB 由小到大，直至达到最大极距 A_nB_n，第一个测量排列结束。然后，将测量排列整体向前移动一个排列，供电极距 AB 由大到小逐渐进行供电，直至达到最小极距 $A_{-i}B_{-i}$，第二个测量排列结束。如此往复，直至完成整个测量剖面，相比常规电测深装置，观测效率明显提高。同理，可将图 2－1－7 所示的二维阵列观测方法拓展到三维情况，如图 2－1－8 所示。

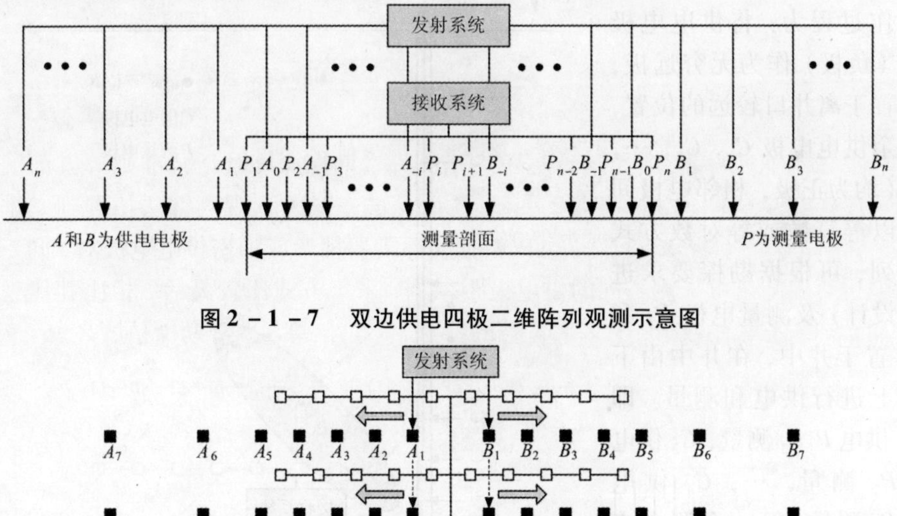

图 2－1－7　双边供电四极二维阵列观测示意图

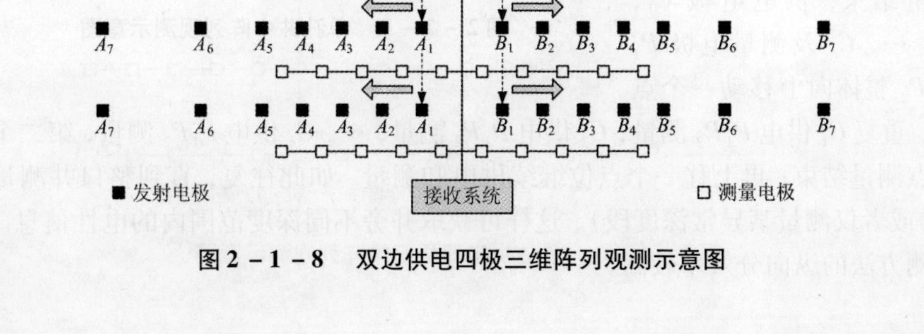

图 2－1－8　双边供电四极三维阵列观测示意图

2.2　单孔井地阵列观测方法

目前我国矿产资源的保有储量严重不足，许多老矿山因资源枯竭而面临倒闭，迫切需要在第二找矿空间(500 ~ 2000 m) 开展深部找矿理论与方法的研究，以解决矿山的资源接替问题[69]。井中物探方法作为地球物理勘探方法的一个重要分支，主要用来解决井旁和井底地质问题，诸如寻找井旁、井底盲矿体，确定其空间位置、形态、产状，追踪和圈定矿体范围，研究钻孔间矿体的连续性等，其突出优点就是能够把场源或测量装置通过钻孔放入地下深处，使其接近探测对象，因此发现井旁隐伏矿体的能力往往比地面物探方法要强[70, 71]。本节针对单井情况，设计了井中、地井和井地三极阵列观测方法。

2.2.1　单孔井中阵列观测方法

单孔井中阵列观测方式如图2-2-1所示。野外操作过程为：将供电电极 C_∞(负极) 作为无穷远极，放置于离井口较远的位置，其余供电电极 C_1，C_2，…，C_n(均为正极，相邻电极间隔以等算数或等对数方式排列，可根据勘探要求进行设计) 及测量电极 P_1 和 P_2 置于井中，在井中由下至上进行供电和测量。即 C_1 供电 P_1P_2 测量，C_2 供电 P_1P_2 测量，…，C_n 供电 P_1P_2 测量，第一个测深点测量结束；供电电极 C_1，C_2，…，C_n 及测量电极 P_1 和 P_2 整体向上移动一个点位，重复 C_1 供电 P_1P_2 测量，C_2 供电 P_1P_2 测量，…，C_n 供电 P_1P_2 测量，第二个测深点测量结束；再上移一个点位继续供电和测量。如此往复，直到整口井测量结束(或者仅测量某异常深度段)，这样可获取井旁不同深度范围内的电性信息。该观测方法的纵向分辨率较高。

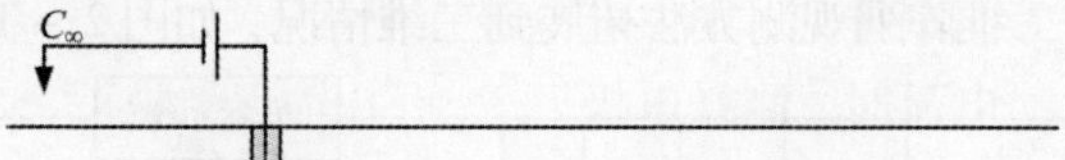

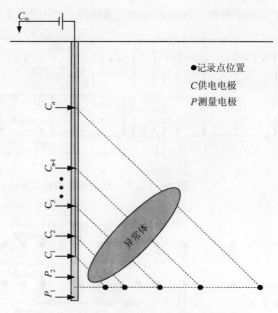

图2-2-1　单孔井中阵列观测示意图

2.2.2　单孔地－井阵列观测方法

对于二维观测方式，如图2－2－2所示。野外操作过程为：将供电电极C_{∞}（负极）作为无穷远极，放置于离井口较远的位置，其余供电电极C_1，C_2，…，C_n（正极）布设于过井口且垂直目标体走向的同一测线上，而测量电极P_1，P_2，…，P_n由下至上置于井中，地面电极供电井中电极进行差分测量，即C_1供电P_1P_2，P_2P_3，…，$P_{n-1}P_n$同时测量；C_2供电P_1P_2，P_2P_3，…，$P_{n-1}P_n$同时测量；直到C_n供电P_1P_2，P_2P_3，…，$P_{n-1}P_n$同时测量。该观测方法的横向分辨率较高，特别是在判断目标体相对井的方位方面比较有优势。

目前，在激电深部找矿中通常采用地－井五方位观测方法，即分别在井口及周围四个方位布设供电电极$C(+)$，$C(-)$至无穷远，在井中观测电位、电位梯度、视电阻率及视极化率。为了获取更多的信息量，可以将地－井五方位拓展为地－井多方位模式，如以井口为中心，供电电极A在周围八个方位上分别沿径向呈放射状布设（可根据隐伏矿体的大致分布信息合理布设），并使电极距沿径向呈对数等间隔排列，则供电电极在平面上呈同心环状阵列分布。当任一电极C向地下发射电流时，测量电极P_1P_2沿井轴逐点或阵列观测，如图2－2－3所示。三维阵列观测采集的信息量较大，便于三维反演解释。

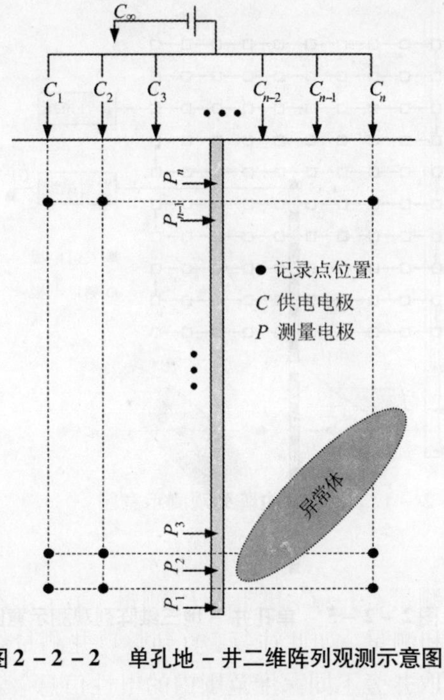

图2－2－2　单孔地－井二维阵列观测示意图

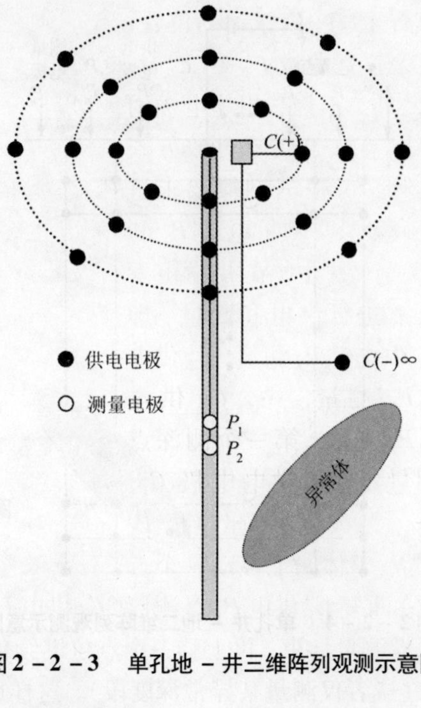

图2－2－3　单孔地－井三维阵列观测示意图

2.2.3 单孔井 - 地阵列观测方法

对于二维观测方式，如图 2 - 2 - 4 所示。野外操作过程为：将测量电极阵列 P_1，P_2，…，P_n 布设于过井口且垂直目标体走向的同一条测线上，供电电极 C_1，C_2，…，C_n（正极）以等间距或非等间距阵列形式布设于井中（视施工或仪器设备条件而定），或者以单极形式由下向上逐点进行供电，C_∞（负极）作为无穷远极，放置于离井口较远的位置（通常大于最大供电距离 CP 的 5 倍）。数据采集时，井中供电电极 C_1 至 C_n 由下向上逐一进行供电，测量电极阵列同时进行差分测量，这样可以获取 n 条视电阻率和视极化率剖面曲线，便于进行综合解释分析。

为获取地下目标体的三维空间分布，可将图 2 - 2 - 4 所示的二维阵列观测方法拓展成三维阵列方法，如图 2 - 2 - 5 所示。地表三维测量电极阵列应根据目标体的大致平面分布和施工条件合理布设，可以布设成规则测网或非规则测网。对于井中相邻供电电极之间的距离，应根据目标体的埋藏深度范围布设成等间距或非等间距。在目标体的埋藏深度段，供电极距应布设得小一些，其他深度段布设得大一些。

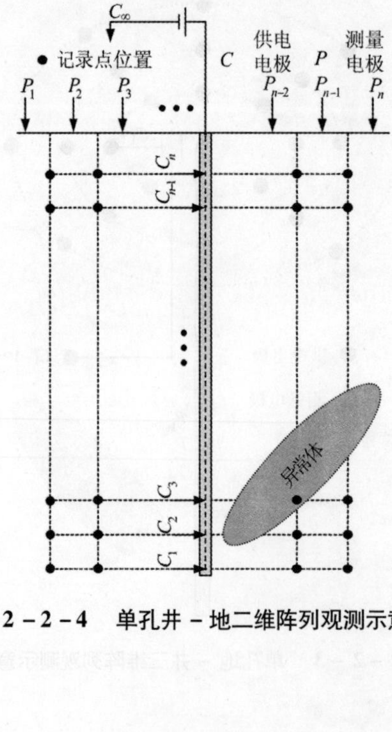

图 2 - 2 - 4　单孔井 - 地二维阵列观测示意图

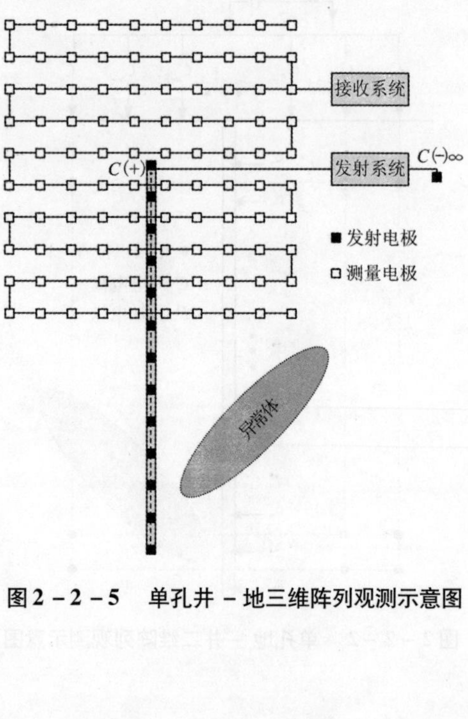

图 2 - 2 - 5　单孔井 - 地三维阵列观测示意图

上述三种单井观测条件下的井地阵列观测方法各有特点，根据实际情况将两种以上的方法联合起来，可获得更好的探测效果。当矿山有两口或两口以上的钻孔能够利用时，可根据观测条件和勘探要求灵活设计井间三极和四极阵列观测方法，以获取尽可能多的反映目标体的地电信息。

第 3 章　直流激电 1D/2D/3D 数值模拟方法

直流激电的数值模拟方法主要有边界元法、积分方程法、有限元法及有限差分法等，相比而言，有限元法具有更强的适应性，在实际中被广泛使用。本章参阅阮百尧教授的相关研究成果[46, 49, 51] 以及徐世浙院士的专著《地球物理中的有限单元法》[72]，基于电性分块线性连续介质模型，推演直流电位场二维、三维有限元模拟的理论公式，以及利用快速汉克尔变换实现对称四极激电测深一维正演模拟，并编写相关 C ++ 程序代码，以供读者参考。

3.1　直流激电三维有限元正演模拟

3.1.1　三维稳定电流场的边值问题

根据场论，地下电流场的任意一点上，电流密度矢量$\boldsymbol{j}$与电场强度$\boldsymbol{E}$成正比：

$$\boldsymbol{j} = \sigma \boldsymbol{E} \tag{3-1-1}$$

这是欧姆定律的微分形式，σ 为该点处的电导率，在各向同性介质中，它为标量。

根据稳定电流场为势场的性质，电场强度与电位之间满足如下关系：

$$\boldsymbol{E} = -\nabla U \tag{3-1-2}$$

即电场强度可以用电位梯度代替，方向指向电位下降方向。其中∇为哈密顿算子。

在稳定电流场中，由于电场强度为矢量场，求解起来比求解电位场困难得多，因此在直流电法中通常以电位作为分析问题的物理量。这样由式(3－1－1)和式(3－1－2) 整理得：

$$\boldsymbol{j} = -\sigma \nabla U \tag{3-1-3}$$

对式(3－1－3) 两边取散度，即得稳定电流场下电位满足的偏微分方程：

$$\nabla \cdot (\sigma \nabla U) = -\nabla \cdot \boldsymbol{j} \tag{3-1-4}$$

若研究区域不存在场源，则电流密度$\boldsymbol{j}$的散度处处为零，有：

$$\nabla \cdot \boldsymbol{j} = 0 \tag{3-1-5}$$

将式(3－1－5) 代入式(3－1－4)，得到电位满足的拉普拉斯方程：

$$\nabla \cdot (\sigma \nabla U) = 0 \tag{3-1-6}$$

若研究区域存在源(如图 3-1-1 所示)，假定在地下 A 点设置一电流大小为 I 的点电源，Ω 为空间任意闭合面 Γ 围成的空间区域，由通量定理可知，当电源点 A 位于区域 Ω 上或者区域 Ω 内时，流过闭合面的电流总量为 I，当电源点 A 位于区域 Ω 外时，流过闭合面的电流总量为零：

$$\iint_{\Gamma} \boldsymbol{j} \cdot \boldsymbol{n} \mathrm{d}\Gamma = \begin{cases} 0, \ A \notin \Omega \\ I, \ A \in \Omega \end{cases} \tag{3-1-7}$$

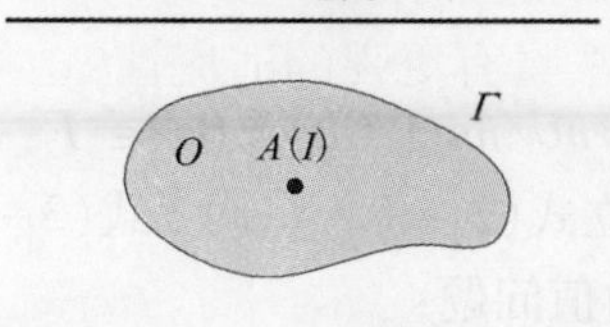

图 3-1-1　点源供电示意图

根据奥-高公式，将面积分转化为体积分，故式(3-1-7)可写成：

$$\iint_{\Gamma} \boldsymbol{j} \cdot \boldsymbol{n} \mathrm{d}\Gamma = \iiint_{\Omega} \nabla \cdot \boldsymbol{j} \mathrm{d}\Omega = \begin{cases} 0, & A \notin \Omega \\ I, & A \in \Omega \end{cases} \tag{3-1-8}$$

用 $\delta(A)$ 表示以 A 为中心的狄拉克函数，根据狄拉克函数的积分性质，有：

$$\int_{\Omega} \delta(A) \mathrm{d}\Omega = \begin{cases} 0, & A \notin \Omega \\ 1, & A \in \Omega \end{cases} \tag{3-1-9}$$

由式(3-1-8)和式(3-1-9)有：

$$\nabla \cdot \boldsymbol{j} = I\delta(A) \tag{3-1-10}$$

根据式(3-1-4)和式(3-1-10)有：

$$\nabla \cdot (\sigma \nabla U) = -I\delta(A) \tag{3-1-11a}$$

或
$$\frac{\partial}{\partial x}\left(\sigma \frac{\partial U}{\partial x}\right) + \frac{\partial}{\partial y}\left(\sigma \frac{\partial U}{\partial y}\right) + \frac{\partial}{\partial z}\left(\sigma \frac{\partial U}{\partial z}\right) = -I\delta(x - x_A)\delta(y - y_A)\delta(z - z_A) \tag{3-1-11b}$$

偏微分方程结合边界条件便构成稳定电流场的边值问题。由于电法勘探研究的稳定电流场分布于整个地下半空间，为了减少计算量，在解正演问题时，通常把计算范围限定在一个有限的六面体求解空间内，假定该空间上表面为地表边界 Γ_s，地下周围其余 5 个面为截断边界 Γ_∞。在地面 Γ_s 上，电位的法向导数：

$$\left.\frac{\partial U}{\partial n}\right|_{\Gamma_s} = 0, \ \in \Gamma_s \tag{3-1-12}$$

在截断边界 Γ_∞ 上，假定研究区域 Ω 内部的电性不均匀性对 Γ_∞ 上的电位分布不产生影响，则点源 A 在边界 Γ_∞ 产生的电位可表示为：

$$U = \frac{c}{r},\ \in \Gamma_\infty \tag{3-1-13}$$

其中 c 为常数，r 为点源 A 至边界 Γ_∞ 的距离。当边界 Γ_∞ 取得足够大，式 (3 - 1 - 13) 即为第一类边界条件。对式(3 - 1 - 13) 两端计算边界外法线方向的方向导数，得：

$$\frac{\partial U}{\partial n} = \frac{\partial U}{\partial r}\frac{\partial r}{\partial n} = -\frac{c}{r^2}\cos(\boldsymbol{r},\ \boldsymbol{n}),\ \in \Gamma_\infty \tag{3-1-14}$$

其中 $\cos(\boldsymbol{r},\ \boldsymbol{n})$ 为矢径 $\boldsymbol{r}$ 与边界外法线方向 $\boldsymbol{n}$ 的夹角余弦。当边界 Γ_∞ 取得足够大，式(3 - 1 - 14) 即为第二类边界条件。将式(3 - 1 - 13) 代入式(3 - 1 - 14)，经整理，得到第三类边界条件：

$$\partial U/\partial n + CU = 0,\ \in \Gamma_\infty \tag{3-1-15}$$

其中 $C = \cos(\boldsymbol{r},\ \boldsymbol{n})/r$，联立式(3 - 1 - 11a)、式(3 - 1 - 12) 和式(3 - 1 - 15)，即为稳定电流场总电位的边值问题：

$$\begin{cases} \nabla\cdot(\sigma\nabla U) = -I\delta(A), & \in \Omega \\ \partial U/\partial n = 0, & \in \Gamma_s \\ \partial U/\partial n + CU = 0, & \in \Gamma_\infty \end{cases} \tag{3-1-16}$$

当地形为水平时，为提高正演模拟精度，通常将总电位的边值问题转化为异常电位的边值问题进行求解。通过将地下介质的电导率 σ 分解为场源处电导率 σ_0 与异常电导率 σ_a 之和，即 $\sigma = \sigma_0 + \sigma_a$，将总电位 U 分解为正常电位 U_0 与异常电位 U_a 之和，即 $U = U_0 + U_a$。然后代入式(3 - 1 - 16)，经整理，便可得到稳定电流场异常电位的边值问题：

$$\begin{cases} \nabla\cdot(\sigma\nabla U_a) = -\nabla\cdot(\sigma_a\nabla U_0), & \in \Omega \\ \partial U_a/\partial n = 0, & \in \Gamma_s \\ \partial U_a/\partial n + CU_a = 0, & \in \Gamma_\infty \end{cases} \tag{3-1-17}$$

对于正常电位 U_0，当点源 A 位于地表时，$U_0 = I/2\pi\sigma_0 r_{AP}$；当点源 A 位于地下时，$U_0 = I/4\pi\sigma_0 r_{AP} + I/4\pi\sigma_0 r_{A'P}$，式中 r_{AP} 和 $r_{A'P}$ 分别为点源 A 及其相对地表的镜像源 A' 到地下空间任一点 P 的距离。

3.1.2 三维稳定电流场的边值问题对应的变分问题

根据能量最小原理，对偏微分方程(3 - 1 - 11a) 构造泛函[72]：

$$I(U) = \int_\Omega\left[\frac{1}{2}\sigma(\nabla U)^2 - I\delta(A)U\right]\mathrm{d}\Omega \tag{3-1-18}$$

将式(3 - 1 - 18) 两端对 U 求变分，得：

$$\delta I(U) = \int_\Omega(\sigma\nabla U\cdot\nabla\delta U - I\delta(A)\delta U)\mathrm{d}\Omega \tag{3-1-19}$$

根据场论中∇算子的运算规则：

$$\boldsymbol{A}\cdot\nabla\varphi=\nabla\cdot(\boldsymbol{A}\varphi)-\nabla\cdot\boldsymbol{A}\varphi \tag{3-1-20}$$

其中 $\boldsymbol{A}$ 和 φ 分别为任意矢量和标量。则方程(3 - 1 - 19) 可整理为：

$$\delta I(U)=\int_{\Omega}\{\nabla\cdot(\sigma\nabla U\delta U)-[\nabla\cdot(\sigma\nabla U)+I\delta(A)]\delta U\}\mathrm{d}\Omega \tag{3-1-21}$$

将式(3 - 1 - 11a) 代入式(3 - 1 - 22)，有：

$$\delta I(U)=\int_{\Omega}\nabla\cdot(\sigma\nabla U\delta U)\mathrm{d}\Omega \tag{3-1-22}$$

根据奥 - 高公式：

$$\int_{\Omega}\nabla\cdot(\boldsymbol{A}\varphi)\mathrm{d}\Omega=\oint_{\Gamma}(\boldsymbol{A}\cdot\boldsymbol{n})\varphi\mathrm{d}\Gamma \tag{3-1-23}$$

则式(3 - 1 - 22) 变为：

$$\delta I(U)=\oint_{\Gamma_s+\Gamma_\infty}\sigma\frac{\partial U}{\partial n}\delta U\mathrm{d}\Gamma=-\oint_{\Gamma_\infty}C\sigma U\delta U\mathrm{d}\Gamma=-\delta\frac{1}{2}\oint_{\Gamma_\infty}C\sigma U^2\mathrm{d}\Gamma \tag{3-1-24}$$

移项后，即有：

$$\delta\left[I(U)+\frac{1}{2}\oint_{\Gamma_\infty}C\sigma U^2\mathrm{d}\Gamma\right]=0 \tag{3-1-25}$$

成立，将式(3 - 1 - 18) 代入式(3 - 1 - 25)，得：

$$\delta\left\{\int_{\Omega}\left[\frac{1}{2}\sigma(\nabla U)^2-I\delta(A)U\right]\mathrm{d}\Omega+\frac{1}{2}\oint_{\Gamma_\infty}C\sigma U^2\mathrm{d}\Gamma\right\}=0 \tag{3-1-26}$$

这样便得到与三维总电位场的边值问题，即式(3 - 1 - 16) 等价的变分问题：

$$\begin{aligned}&F(U)=\int_{\Omega}\left[\frac{1}{2}\sigma(\nabla U)^2-I\delta(A)U\right]\mathrm{d}\Omega+\frac{1}{2}\oint_{\Gamma_\infty}C\sigma U^2\mathrm{d}\Gamma\\&\delta F(U)=0\end{aligned} \tag{3-1-27}$$

同理，可以得到与三维异常电位场的边值问题，即式(3 - 1 - 17) 等价的变分问题：

$$\begin{aligned}&F(U_a)=\int_{\Omega}\left[\frac{1}{2}\sigma(\nabla U_a)^2+\sigma_a\nabla U_0\cdot\nabla U_a\right]\mathrm{d}\Omega+\int_{\infty}C\left(\frac{1}{2}\sigma U_a^2+\sigma_a U_0U_a\right)\mathrm{d}\Gamma\\&\delta F(U_a)=0\end{aligned} \tag{3-1-28}$$

3.1.3　水平地形异常电位三维有限元正演模拟

在水平地形条件下，采用有限单元法求解点电源异常电位的变分问题即式(3 - 1 - 28)，可以得到较高的模拟精度，具体求解过程如下：

(1) 单元剖分

用六面体单元对区域 Ω 进行剖分，见图 3 - 1 - 2(a)，将式(3 - 1 - 28) 中对区域 Ω 的积分分解为对各单元 e 和 Γ_e 的积分之和：

$$F(U_{\mathrm{a}}) = \sum_{\Omega}\int_e\left[\frac{1}{2}\sigma(\nabla U_{\mathrm{a}})^2 + \sigma_{\mathrm{a}}\nabla U_0\cdot\nabla U_{\mathrm{a}}\right]\mathrm{d}\Omega + \sum_{\Gamma_\infty}\int_{\Gamma_e}C\left[\frac{1}{2}\sigma U_{\mathrm{a}}^{\ 2} + \sigma_{\mathrm{a}}U_0U_{\mathrm{a}}\right]\mathrm{d}\Gamma \tag{3 - 1 - 29}$$

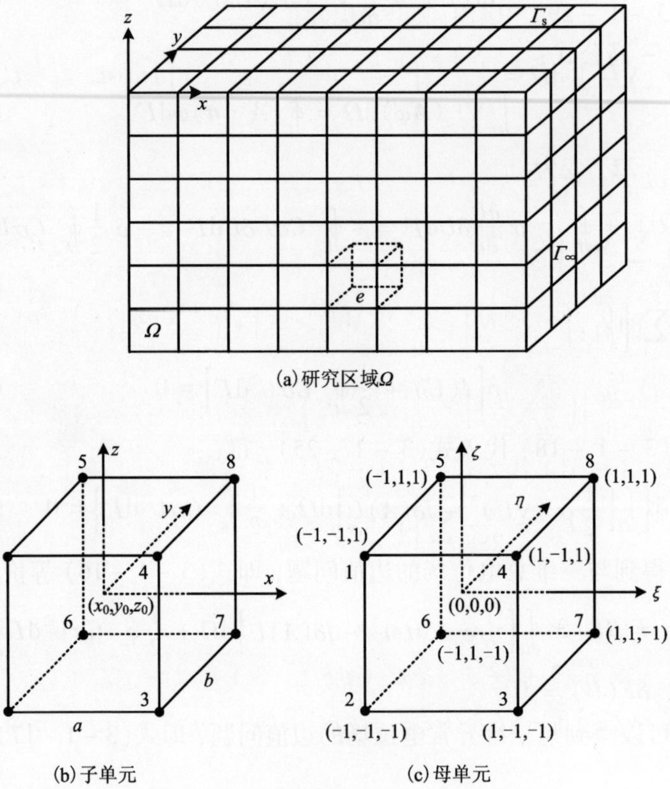

(a) 研究区域 Ω

(b) 子单元

(c) 母单元

图 3 - 1 - 2　研究区域 Ω 网格剖分示意图

(2) 线性插值

六面体单元中的电位和电导率均采用线性插值[51]：

$$U_0 = \sum_{i=1}^{8}N_iU_{0i},\ U_{\mathrm{a}} = \sum_{i=1}^{8}N_iU_{\mathrm{a}i},\quad \sigma = \sum_{i=1}^{8}N_i\sigma_i,\ \sigma_{\mathrm{a}} = \sum_{i=1}^{8}N_i\sigma_{\mathrm{a}i} \tag{3 - 1 - 30}$$

其中 U_{0i} 和 $U_{\mathrm{a}i}(i = 1, 2, \cdots, 8)$ 分别为单元各节点的正常电位和异常电位，σ_i 和

σ_{ai} 分别为单元上各节点的电导率和异常电导率，N_i 为形函数，且有：

$$N_i = \frac{1}{8}(1+\xi_i\xi)(1+\eta_i\eta)(1+\zeta_i\zeta) \quad (3-1-31)$$

其中 ξ_i，η_i，ζ_i 为点 i 的坐标，如图 3-1-2(c) 所示，ξ，η，ζ 与 x，y，z 的关系为：

$$x = x_0 + \frac{a}{2}\xi, \quad y = y_0 + \frac{b}{2}\eta, \quad z = z_0 + \frac{c}{2}\zeta$$

式中 x_0，y_0，z_0 为子单元的中点，a，b，c 为子单元的边长，如图 3-1-2(b) 所示。

(3) 单元积分

① 式(3-1-29) 中第 1 项单元积分：

$$\int_e \frac{1}{2}\sigma[\nabla U_a]^2 \mathrm{d}\Omega = \int_e \frac{1}{2}\sigma\left(\frac{\partial^2 U_a}{\partial x^2} + \frac{\partial^2 U_a}{\partial y^2} + \frac{\partial^2 U_a}{\partial z^2}\right)\mathrm{d}x\mathrm{d}y\mathrm{d}z = \frac{1}{2}\boldsymbol{U}_{ae}^{\mathrm{T}}\boldsymbol{k}_{1e}\boldsymbol{U}_{ae} \quad (3-1-32)$$

其中 $\boldsymbol{k}_{1e} = (k_{1ij})$，$k_{1ij} = k_{1ji}$，$\boldsymbol{U}_{ae} = [U_{ai}]^{\mathrm{T}}$，$i, j = 1, 2, \cdots, 8$。

$$\begin{aligned} k_{1ij} &= \int_e \sum_{l=1}^{8} N_l\sigma_l\left(\frac{\partial N_i}{\partial x}\frac{\partial N_j}{\partial x} + \frac{\partial N_i}{\partial y}\frac{\partial N_j}{\partial y} + \frac{\partial N_i}{\partial z}\frac{\partial N_j}{\partial z}\right)\mathrm{d}x\mathrm{d}y\mathrm{d}z \\ &= \sum_{l=1}^{8}\left\{\int_{-1}^{1}\int_{-1}^{1}\int_{-1}^{1} N_l\left[\left(\frac{\partial N_i}{\partial \xi}\frac{\partial \xi}{\partial x}\right)\left(\frac{\partial N_j}{\partial \xi}\frac{\partial \xi}{\partial x}\right) + \left(\frac{\partial N_i}{\partial \eta}\frac{\partial \eta}{\partial y}\right)\left(\frac{\partial N_j}{\partial \eta}\frac{\partial \eta}{\partial y}\right) + \right.\right. \\ &\left.\left.\left(\frac{\partial N_i}{\partial \zeta}\frac{\partial \zeta}{\partial z}\right)\left(\frac{\partial N_j}{\partial \zeta}\frac{\partial \zeta}{\partial z}\right)\right] \cdot \frac{abc}{8}\mathrm{d}\xi\mathrm{d}\eta\mathrm{d}\zeta\right\} \cdot \sigma_l \end{aligned} \quad (3-1-33)$$

将式(3-1-31) 代入式(3-1-33)，整理得：

$$k_{1ij} = \frac{1}{288}\sum_{l=1}^{8}\left[\left(\frac{bc}{a}\alpha_{ijl} + \frac{ac}{b}\beta_{ijl} + \frac{ab}{c}\gamma_{ijl}\right) \cdot \sigma_l\right] \quad (3-1-34)$$

其中

$$\begin{cases} \alpha_{ijl} = \xi_i\xi_j[3 + (\eta_i\eta_j + \eta_i\eta_l + \eta_j\eta_l)][3 + (\zeta_i\zeta_j + \zeta_i\zeta_l + \zeta_j\zeta_l)]/4 \\ \beta_{ijl} = \eta_i\eta_j[3 + (\xi_i\xi_j + \xi_i\xi_l + \xi_j\xi_l)][3 + (\zeta_i\zeta_j + \zeta_i\zeta_l + \zeta_j\zeta_l)]/4 \\ \gamma_{ijl} = \zeta_i\zeta_j[3 + (\xi_i\xi_j + \xi_i\xi_l + \xi_j\xi_l)][3 + (\eta_i\eta_j + \eta_i\eta_l + \eta_j\eta_l)]/4 \end{cases} \quad (3-1-35)$$

$(i, j, l = 1, 2, \cdots, 8)$

将母单元 e 的 8 个网格节点的坐标代入式(3-1-35)，便可以得到相应的系数。这里给出下三角阵系数，具体如下：

$$
\begin{vmatrix} \alpha_{11} \\ \alpha_{21} \\ \alpha_{22} \\ \alpha_{31} \\ \alpha_{32} \\ \alpha_{33} \\ \alpha_{41} \\ \alpha_{42} \\ \alpha_{43} \\ \alpha_{44} \\ \alpha_{51} \\ \alpha_{52} \\ \alpha_{53} \\ \alpha_{54} \\ \alpha_{55} \\ \alpha_{61} \\ \alpha_{62} \\ \alpha_{63} \end{vmatrix} = \begin{vmatrix}
9 & 3 & 3 & 9 & 3 & 1 & 1 & 3 \\
3 & 3 & 3 & 3 & 1 & 1 & 1 & 1 \\
3 & 9 & 9 & 3 & 1 & 3 & 3 & 1 \\
-3 & -3 & -3 & -3 & -1 & -1 & -1 & -1 \\
-3 & -9 & -9 & -3 & -1 & -3 & -3 & -1 \\
3 & 9 & 9 & 3 & 1 & 3 & 3 & 1 \\
-9 & -3 & -3 & -9 & -3 & -1 & -1 & -3 \\
-3 & -3 & -3 & -3 & -1 & -1 & -1 & -1 \\
3 & 3 & 3 & 3 & 1 & 1 & 1 & 1 \\
9 & 3 & 3 & 9 & 3 & 1 & 1 & 3 \\
3 & 1 & 1 & 3 & 3 & 1 & 1 & 3 \\
1 & 1 & 1 & 1 & 1 & 1 & 1 & 1 \\
-1 & -1 & -1 & -1 & -1 & -1 & -1 & -1 \\
-3 & -1 & -1 & -3 & -3 & -1 & -1 & -3 \\
3 & 1 & 1 & 3 & 9 & 3 & 3 & 9 \\
1 & 1 & 1 & 1 & 1 & 1 & 1 & 1 \\
1 & 3 & 3 & 1 & 1 & 3 & 3 & 1 \\
-1 & -3 & -3 & -1 & -1 & -3 & -3 & -1
\end{vmatrix} \quad
\begin{vmatrix} \alpha_{64} \\ \alpha_{65} \\ \alpha_{66} \\ \alpha_{71} \\ \alpha_{72} \\ \alpha_{73} \\ \alpha_{74} \\ \alpha_{75} \\ \alpha_{76} \\ \alpha_{77} \\ \alpha_{81} \\ \alpha_{82} \\ \alpha_{83} \\ \alpha_{84} \\ \alpha_{85} \\ \alpha_{86} \\ \alpha_{87} \\ \alpha_{88} \end{vmatrix} = \begin{vmatrix}
-1 & -1 & -1 & -1 & -1 & -1 & -1 & -1 \\
1 & 1 & 1 & 1 & 3 & 3 & 3 & 3 \\
1 & 3 & 3 & 1 & 3 & 9 & 9 & 3 \\
-1 & -1 & -1 & -1 & -1 & -1 & -1 & -1 \\
-1 & -3 & -3 & -1 & -1 & -3 & -3 & -1 \\
1 & 3 & 3 & 1 & 1 & 3 & 3 & 1 \\
1 & 1 & 1 & 1 & 1 & 1 & 1 & 1 \\
-1 & -1 & -1 & -1 & -3 & -3 & -3 & -3 \\
-1 & -3 & -3 & -1 & -3 & -9 & -9 & -3 \\
1 & 3 & 3 & 1 & 3 & 9 & 9 & 3 \\
-3 & -1 & -1 & -3 & -3 & -1 & -1 & -3 \\
-1 & -1 & -1 & -1 & -1 & -1 & -1 & -1 \\
1 & 1 & 1 & 1 & 1 & 1 & 1 & 1 \\
3 & 1 & 1 & 3 & 3 & 1 & 1 & 3 \\
-3 & -1 & -1 & -3 & -9 & -3 & -3 & -9 \\
-1 & -1 & -1 & -1 & -3 & -3 & -3 & -3 \\
1 & 1 & 1 & 1 & 3 & 3 & 3 & 3 \\
3 & 1 & 1 & 3 & 9 & 3 & 3 & 9
\end{vmatrix}
$$

$$
\begin{vmatrix} \beta_{11} \\ \beta_{21} \\ \beta_{22} \\ \beta_{31} \\ \beta_{32} \\ \beta_{33} \\ \beta_{41} \\ \beta_{42} \\ \beta_{43} \\ \beta_{44} \\ \beta_{51} \\ \beta_{52} \\ \beta_{53} \\ \beta_{54} \\ \beta_{55} \\ \beta_{61} \\ \beta_{62} \\ \beta_{63} \end{vmatrix} = \begin{vmatrix}
9 & 3 & 1 & 3 & 9 & 3 & 1 & 3 \\
3 & 3 & 1 & 1 & 3 & 3 & 1 & 1 \\
3 & 9 & 3 & 1 & 3 & 9 & 3 & 1 \\
1 & 1 & 1 & 1 & 1 & 1 & 1 & 1 \\
1 & 3 & 3 & 1 & 1 & 3 & 3 & 1 \\
1 & 3 & 9 & 3 & 1 & 3 & 9 & 3 \\
3 & 1 & 1 & 3 & 3 & 1 & 1 & 3 \\
1 & 1 & 1 & 1 & 1 & 1 & 1 & 1 \\
1 & 1 & 3 & 3 & 1 & 1 & 3 & 3 \\
3 & 1 & 3 & 9 & 3 & 1 & 3 & 9 \\
-9 & -3 & -1 & -3 & -9 & -3 & -1 & -3 \\
-3 & -3 & -1 & -1 & -3 & -3 & -1 & -1 \\
-1 & -1 & -1 & -1 & -1 & -1 & -1 & -1 \\
-3 & -1 & -1 & -3 & -3 & -1 & -1 & -3 \\
9 & 3 & 1 & 3 & 9 & 3 & 1 & 3 \\
-3 & -3 & -1 & -1 & -3 & -3 & -1 & -1 \\
-3 & -9 & -3 & -1 & -3 & -9 & -3 & -1 \\
-1 & -3 & -3 & -1 & -1 & -3 & -3 & -1
\end{vmatrix} \quad
\begin{vmatrix} \beta_{64} \\ \beta_{65} \\ \beta_{66} \\ \beta_{71} \\ \beta_{72} \\ \beta_{73} \\ \beta_{74} \\ \beta_{75} \\ \beta_{76} \\ \beta_{77} \\ \beta_{81} \\ \beta_{82} \\ \beta_{83} \\ \beta_{84} \\ \beta_{85} \\ \beta_{86} \\ \beta_{87} \\ \beta_{88} \end{vmatrix} = \begin{vmatrix}
-1 & -1 & -1 & -1 & -1 & -1 & -1 & -1 \\
3 & 3 & 1 & 1 & 3 & 3 & 1 & 1 \\
3 & 9 & 3 & 1 & 3 & 9 & 3 & 1 \\
-1 & -1 & -1 & -1 & -1 & -1 & -1 & -1 \\
-1 & -3 & -3 & -1 & -1 & -3 & -3 & -1 \\
-1 & -3 & -9 & -3 & -1 & -3 & -9 & -3 \\
-1 & -1 & -3 & -3 & -1 & -1 & -3 & -3 \\
1 & 1 & 1 & 1 & 1 & 1 & 1 & 1 \\
1 & 3 & 3 & 1 & 1 & 3 & 3 & 1 \\
1 & 3 & 9 & 3 & 1 & 3 & 9 & 3 \\
-3 & -1 & -1 & -3 & -3 & -1 & -1 & -3 \\
-1 & -1 & -1 & -1 & -1 & -1 & -1 & -1 \\
-1 & -1 & -3 & -3 & -1 & -1 & -3 & -3 \\
-3 & -1 & -3 & -9 & -3 & -1 & -3 & -9 \\
3 & 1 & 1 & 3 & 3 & 1 & 1 & 3 \\
1 & 1 & 1 & 1 & 1 & 1 & 1 & 1 \\
1 & 1 & 3 & 3 & 1 & 1 & 3 & 3 \\
3 & 1 & 3 & 9 & 3 & 1 & 3 & 9
\end{vmatrix}
$$

$$
\begin{vmatrix} \gamma_{11} \\ \gamma_{21} \\ \gamma_{22} \\ \gamma_{31} \\ \gamma_{32} \\ \gamma_{33} \\ \gamma_{41} \\ \gamma_{42} \\ \gamma_{43} \\ \gamma_{44} \\ \gamma_{51} \\ \gamma_{52} \\ \gamma_{53} \\ \gamma_{54} \\ \gamma_{55} \\ \gamma_{61} \\ \gamma_{62} \\ \gamma_{63} \end{vmatrix} = \begin{vmatrix}
9 & 9 & 3 & 3 & 3 & 3 & 1 & 1 \\
-9 & -9 & -3 & -3 & -3 & -3 & -1 & -1 \\
9 & 9 & 3 & 3 & 3 & 3 & 1 & 1 \\
-3 & -3 & -3 & -3 & -1 & -1 & -1 & -1 \\
3 & 3 & 3 & 3 & 1 & 1 & 1 & 1 \\
3 & 3 & 9 & 9 & 1 & 1 & 3 & 3 \\
3 & 3 & 3 & 3 & 1 & 1 & 1 & 1 \\
-3 & -3 & -3 & -3 & -1 & -1 & -1 & -1 \\
-3 & -3 & -9 & -9 & -1 & -1 & -3 & -3 \\
3 & 3 & 9 & 9 & 1 & 1 & 3 & 3 \\
3 & 3 & 1 & 1 & 3 & 3 & 1 & 1 \\
-3 & -3 & -1 & -1 & -3 & -3 & -1 & -1 \\
-1 & -1 & -1 & -1 & -1 & -1 & -1 & -1 \\
1 & 1 & 1 & 1 & 1 & 1 & 1 & 1 \\
3 & 3 & 1 & 1 & 9 & 9 & 3 & 3 \\
-3 & -3 & -1 & -1 & -3 & -3 & -1 & -1 \\
3 & 3 & 1 & 1 & 3 & 3 & 1 & 1 \\
1 & 1 & 1 & 1 & 1 & 1 & 1 & 1
\end{vmatrix}
\quad
\begin{vmatrix} \gamma_{64} \\ \gamma_{65} \\ \gamma_{66} \\ \gamma_{71} \\ \gamma_{72} \\ \gamma_{73} \\ \gamma_{74} \\ \gamma_{75} \\ \gamma_{76} \\ \gamma_{77} \\ \gamma_{81} \\ \gamma_{82} \\ \gamma_{83} \\ \gamma_{84} \\ \gamma_{85} \\ \gamma_{86} \\ \gamma_{87} \\ \gamma_{88} \end{vmatrix} = \begin{vmatrix}
-1 & -1 & -1 & -1 & -1 & -1 & -1 & -1 \\
-3 & -3 & -1 & -1 & -9 & -9 & -3 & -3 \\
3 & 3 & 1 & 1 & 9 & 9 & 3 & 3 \\
-1 & -1 & -1 & -1 & -1 & -1 & -1 & -1 \\
1 & 1 & 1 & 1 & 1 & 1 & 1 & 1 \\
1 & 1 & 3 & 3 & 1 & 1 & 3 & 3 \\
-1 & -1 & -3 & -3 & -1 & -1 & -3 & -3 \\
-1 & -1 & -1 & -1 & -3 & -3 & -3 & -3 \\
1 & 1 & 1 & 1 & 3 & 3 & 3 & 3 \\
1 & 1 & 3 & 3 & 3 & 3 & 9 & 9 \\
1 & 1 & 1 & 1 & 1 & 1 & 1 & 1 \\
-1 & -1 & -1 & -1 & -1 & -1 & -1 & -1 \\
-1 & -1 & -3 & -3 & -1 & -1 & -3 & -3 \\
1 & 1 & 3 & 3 & 1 & 1 & 3 & 3 \\
1 & 1 & 1 & 1 & 3 & 3 & 3 & 3 \\
-1 & -1 & -1 & -1 & -3 & -3 & -3 & -3 \\
-1 & -1 & -3 & -3 & -3 & -3 & -9 & -9 \\
1 & 1 & 3 & 3 & 3 & 3 & 9 & 9
\end{vmatrix}
$$

② 式(3 - 1 - 29) 中第 2 项单元积分:

$$\int_e \boldsymbol{\sigma}_{\mathrm{a}} \nabla U_0 \cdot \nabla U_{\mathrm{a}} \mathrm{d}\boldsymbol{\Omega} = \int_e \boldsymbol{\sigma}_{\mathrm{a}} \left(\frac{\partial U_{\mathrm{a}}}{\partial x} \frac{\partial U_0}{\partial x} + \frac{\partial U_{\mathrm{a}}}{\partial y} \frac{\partial U_0}{\partial y} + \frac{\partial U_{\mathrm{a}}}{\partial z} \frac{\partial U_0}{\partial z} \right) \mathrm{d}x\mathrm{d}y\mathrm{d}z = \boldsymbol{U}_{\mathrm{a}e}^{\mathrm{T}} \boldsymbol{k}_{1\mathrm{a}e} \boldsymbol{U}_{0e} \tag{3 - 1 - 36}$$

其中 $\boldsymbol{k}_{1ae} = (k_{1aij})$, $k_{1aij} = k_{1aji}$, $\boldsymbol{U}_{0e} = [U_{0i}]^{\mathrm{T}}$, $i, j = 1, 2, \cdots, 8$。

$$\begin{aligned} k_{1aij} &= \int_e \sum_{l=1}^{8} N_l \boldsymbol{\sigma}_{\mathrm{a}l} \left(\frac{\partial N_i}{\partial x} \frac{\partial N_j}{\partial x} + \frac{\partial N_i}{\partial y} \frac{\partial N_j}{\partial y} + \frac{\partial N_i}{\partial z} \frac{\partial N_j}{\partial z} \right) \mathrm{d}x\mathrm{d}y\mathrm{d}z \\ &= \sum_{l=1}^{8} \left\{ \int_{-1}^{1} \int_{-1}^{1} \int_{-1}^{1} N_l \left[\left(\frac{\partial N_i}{\partial \xi} \frac{\partial \xi}{\partial x} \right) \left(\frac{\partial N_j}{\partial \xi} \frac{\partial \xi}{\partial x} \right) + \left(\frac{\partial N_i}{\partial \eta} \frac{\partial \eta}{\partial y} \right) \left(\frac{\partial N_j}{\partial \eta} \frac{\partial \eta}{\partial y} \right) + \right. \right. \\ &\quad \left. \left. \left(\frac{\partial N_i}{\partial \zeta} \frac{\partial \zeta}{\partial z} \right) \left(\frac{\partial N_j}{\partial \zeta} \frac{\partial \zeta}{\partial z} \right) \right] \cdot \frac{abc}{8} \mathrm{d}\xi \mathrm{d}\eta \mathrm{d}\zeta \right\} \cdot \boldsymbol{\sigma}_{\mathrm{a}l} \end{aligned} \tag{3 - 1 - 37}$$

将式(3 - 1 - 31) 代入式(3 - 1 - 37), 整理得:

$$k_{1aij} = \frac{1}{288} \sum_{l=1}^{8} \left[\left(\frac{bc}{a} \alpha_{ijl} + \frac{ac}{b} \beta_{ijl} + \frac{ab}{c} \gamma_{ijl} \right) \cdot \boldsymbol{\sigma}_{\mathrm{a}l} \right] \tag{3 - 1 - 38}$$

其中 α_{ijl}、β_{ijl}、γ_{ijl} 与式(3 - 1 - 35) 形式相同。

③ 式(3 - 1 - 29) 的边界单元积分

假定单元 e 的一个面 $\overline{1234}$ 位于截断边界上, 点源到边界 $\overline{1234}$ 面上任意一点的距离可视为相等, 则可将式(3 - 1 - 29) 中的 C 看作常数, 提到积分号外。那么,

边界单元 Γ_e 的积分可整理为：

$$\int_{\Gamma_e}\left(\frac{1}{2}C\boldsymbol{\sigma}U_{\mathrm{a}}^2+C\boldsymbol{\sigma}_{\mathrm{a}}U_0U_{\mathrm{a}}\right)\mathrm{d}\Gamma=\frac{C}{2}\cdot\int_{\Gamma_e}\boldsymbol{\sigma}U_{\mathrm{a}}^2\mathrm{d}\Gamma+C\int_{\Gamma_e}\boldsymbol{\sigma}_{\mathrm{a}}U_0U_{\mathrm{a}}\mathrm{d}\Gamma$$

$$=\frac{1}{2}\boldsymbol{U}_{\mathrm{a}e}^{\mathrm{T}}\boldsymbol{k}_{2e}\boldsymbol{U}_{\mathrm{a}e}+\boldsymbol{U}_{\mathrm{a}e}^{\mathrm{T}}\boldsymbol{k}_{2\mathrm{a}e}\boldsymbol{U}_{0e}\tag{3-1-39}$$

其中 $\boldsymbol{k}_{2e}=(k_{2ij})$，$k_{2ij}=k_{2ji}$，$\boldsymbol{k}_{2\mathrm{a}e}=(k_{2\mathrm{a}ij})$，$k_{2\mathrm{a}ij}=k_{2\mathrm{a}ji}$，$\boldsymbol{U}_{0e}=[U_{0i}]^{\mathrm{T}}$，$\boldsymbol{U}_{\mathrm{a}e}=[U_{\mathrm{a}i}]^{\mathrm{T}}$，$i, j=1, 2, \cdots, 8$。

$$k_{2ij}=C\int_{\overline{1234}}\sum_{l=1}^{4}N_l\boldsymbol{\sigma}_l\,(N_iN_j)\,|_{\eta=-1}\mathrm{d}x\mathrm{d}z=C\frac{ac}{144}\sum_{l=1}^{4}[\delta_{ijl}\cdot\boldsymbol{\sigma}_l]$$

$$k_{2\mathrm{a}ij}=C\int_{\overline{1234}}\sum_{l=1}^{4}N_l\boldsymbol{\sigma}_{\mathrm{a}l}\,(N_iN_j)\,|_{\eta=-1}\mathrm{d}x\mathrm{d}z=C\frac{ac}{144}\sum_{l=1}^{4}[\delta_{ijl}\cdot\boldsymbol{\sigma}_{\mathrm{a}l}]$$

其中 $\delta_{ijl}=[3+(\xi_i\xi_j+\xi_i\xi_l+\xi_j\xi_l)][3+(\zeta_i\zeta_j+\zeta_i\zeta_l+\zeta_j\zeta_l)]/4$，$i, j, l=1, 2, \cdots, 4$。将图3-1-2(c)中母单元 e 的 $\overline{1234}$ 面的四个节点坐标代入该式便可得到下三角阵的系数 δ_{ij}：

$$\begin{vmatrix}\boldsymbol{\delta}_{11}\\\boldsymbol{\delta}_{21}\\\boldsymbol{\delta}_{22}\\\boldsymbol{\delta}_{31}\\\boldsymbol{\delta}_{32}\end{vmatrix}=\begin{vmatrix}9&3&1&3\\3&3&1&1\\3&9&3&1\\1&1&1&1\\1&3&3&1\end{vmatrix},\quad\begin{vmatrix}\boldsymbol{\delta}_{33}\\\boldsymbol{\delta}_{41}\\\boldsymbol{\delta}_{42}\\\boldsymbol{\delta}_{43}\\\boldsymbol{\delta}_{44}\end{vmatrix}=\begin{vmatrix}1&3&9&3\\3&1&1&3\\1&1&1&1\\1&1&3&3\\3&1&3&9\end{vmatrix}$$

当单元 e 的其他面元位于截断边界时，形式与此类似。

(4) 总体合成

在单元 e 内，将式(3-1-32)、式(3-1-36)和式(3-1-39)的积分结果相加，再扩展成由全体节点组成的矩阵和列阵：

$$F_e(U)=\frac{1}{2}\boldsymbol{U}_{\mathrm{a}e}^{\mathrm{T}}(\boldsymbol{k}_{1e}+\boldsymbol{k}_{2e})\boldsymbol{U}_{\mathrm{a}e}+\boldsymbol{U}_{\mathrm{a}e}^{\mathrm{T}}(\boldsymbol{k}_{1\mathrm{a}e}+\boldsymbol{k}_{2\mathrm{a}e})\boldsymbol{U}_{0e}=\frac{1}{2}\boldsymbol{U}_{\mathrm{a}}^{\mathrm{T}}\overline{\boldsymbol{k}_e}\boldsymbol{U}_{\mathrm{a}}+\boldsymbol{U}_{\mathrm{a}}^{\mathrm{T}}\overline{\boldsymbol{k}_{\mathrm{a}e}}\boldsymbol{U}_0$$

其中 $\boldsymbol{U}_{\mathrm{a}}$ 与 $\boldsymbol{U}_0$ 分别是全体节点的 U_{a} 与 U_0 组成的列向量，$\overline{\boldsymbol{k}}_e$ 和 $\overline{\boldsymbol{k}}_{\mathrm{a}e}$ 分别是 $\boldsymbol{k}_{1e}+\boldsymbol{k}_{2e}$ 和 $\boldsymbol{k}_{1\mathrm{a}e}+\boldsymbol{k}_{2\mathrm{a}e}$ 的扩展矩阵。由全部单元的 $F_e(U)$ 相加，得：

$$F(U)=\sum_e F_e(U)=\frac{1}{2}\boldsymbol{U}_{\mathrm{a}}^{\mathrm{T}}\sum\overline{\boldsymbol{k}}_e\boldsymbol{U}_{\mathrm{a}}+\boldsymbol{U}_{\mathrm{a}}^{\mathrm{T}}\sum\overline{\boldsymbol{k}}_{\mathrm{a}e}\boldsymbol{U}_0=\frac{1}{2}\boldsymbol{U}_{\mathrm{a}}^{\mathrm{T}}\boldsymbol{K}\boldsymbol{U}_{\mathrm{a}}+\boldsymbol{U}_{\mathrm{a}}^{\mathrm{T}}\boldsymbol{K}_{\mathrm{a}}\boldsymbol{U}_0\tag{3-1-40}$$

令式(3-1-40)的变分为零，得线性方程组：

$$\boldsymbol{K}\boldsymbol{U}_{\mathrm{a}}=-\boldsymbol{K}_{\mathrm{a}}\boldsymbol{U}_0\tag{3-1-41}$$

通过对方程(3 - 1 - 41) 进行求解，便得到所有网格节点的异常电位 U_a，与正常电位 U_0 相加即可得到所有网格节点的总电位 $U = U_0 + U_a$。对于多个供电点源，需要多次求解方程(3 - 1 - 41)，并可根据点源的位置关系，计算出视电阻率。

3.1.4　起伏地形总电位三维有限元正演模拟

在起伏地形条件下，由于正常场没有解析解，可采用有限元法解总电位的变分方程(3 - 1 - 27)，具体过程如下：

(1) 单元剖分

首先将三维地电模型剖分成有限个六面体单元，然后再将任意一个六面体分解成五个四面体，这样地电模型被剖分成有限个四面体，具体如图 3 - 1 - 3 所示。方程式(3 - 1 - 27) 对区域 Ω 的积分可化成对各四面体单元 e 的积分之和：

$$F(U) = \sum_{\Omega} \int_e \left[\frac{1}{2}\sigma (\nabla U)^2 - I\delta(A)U \right] \mathrm{d}\Omega + \sum_{\Gamma_\infty} \int_{\Gamma_e} \frac{1}{2} C\sigma U^2 \mathrm{d}\Gamma \tag{3 - 1 - 42}$$

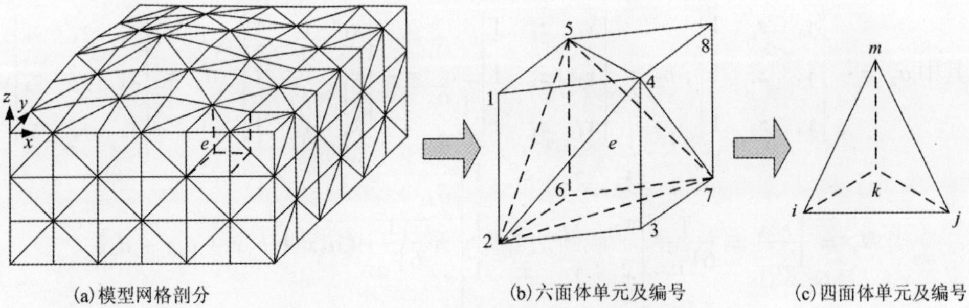

图 3 - 1 - 3　三维模型网格剖分示意图

(2) 线性插值

假设图 3 - 1 - 3(c) 中四面体的顶点编号为 i、j、k、m，分别记为 1、2、3、4，四个顶点的空间坐标分别记为(x_1, y_1, z_1) (x_2, y_2, z_2) (x_3, y_3, z_3) (x_4, y_4, z_4)，电位值记为 U_1、U_2、U_3、U_4，电导率值记为 $\boldsymbol{\sigma}_1$、$\boldsymbol{\sigma}_2$、$\boldsymbol{\sigma}_3$、$\boldsymbol{\sigma}_4$。在四面体单元内，任意一点的电位 U 和电导率 σ 可采用线性插值[73, 74]，即：

$$\begin{cases} U = N_1 U_1 + N_2 U_2 + N_3 U_3 + N_4 U_4 = \sum_{i=1}^{4} N_i U_i = \boldsymbol{N}^{\mathrm{T}} \boldsymbol{U} \\ \boldsymbol{\sigma} = N_1 \boldsymbol{\sigma}_1 + N_2 \boldsymbol{\sigma}_2 + N_3 \boldsymbol{\sigma}_3 + N_4 \boldsymbol{\sigma}_4 = \sum_{i=1}^{4} N_i \boldsymbol{\sigma}_i = \boldsymbol{N}^{\mathrm{T}} \boldsymbol{\sigma} \end{cases} \tag{3 - 1 - 43}$$

其中 N_i 为形函数，$\boldsymbol{N}=(N_1, N_2, N_3, N_4)^{\mathrm{T}}$，$\boldsymbol{U}=(U_1, U_2, U_3, U_4)^{\mathrm{T}}$，$\boldsymbol{\sigma}=(\sigma_1, \sigma_2, \sigma_3, \sigma_4)^{\mathrm{T}}$。对于四面体内的任一点 $P(x, y, z)$，形函数 N_1，N_2，N_3，N_4 可以用体积之比表示：

$$N_1=\frac{V_{P234}}{V_{1234}}=\frac{1}{6V_{1234}}\begin{vmatrix} x & y & z & 1 \\ x_2 & y_2 & z_2 & 1 \\ x_3 & y_3 & z_3 & 1 \\ x_4 & y_4 & z_4 & 1 \end{vmatrix}=\frac{1}{6V_{1234}}(a_1x+b_1y+c_1z+d_1) \quad (3-1-44)$$

其中 $a_1=\begin{vmatrix} y_2 & z_2 & 1 \\ y_3 & z_3 & 1 \\ y_4 & z_4 & 1 \end{vmatrix}$，$b_1=-\begin{vmatrix} x_2 & z_2 & 1 \\ x_3 & z_3 & 1 \\ x_4 & z_4 & 1 \end{vmatrix}$，$c_1=\begin{vmatrix} x_2 & y_2 & 1 \\ x_3 & y_3 & 1 \\ x_4 & y_4 & 1 \end{vmatrix}$，$d_1=-\begin{vmatrix} x_2 & y_2 & z_2 \\ x_3 & y_3 & z_3 \\ x_4 & y_4 & z_4 \end{vmatrix}$。

$$N_2=\frac{V_{P134}}{V_{1234}}=\frac{1}{6V_{1234}}\begin{vmatrix} x_1 & y_1 & z_1 & 1 \\ x & y & z & 1 \\ x_3 & y_3 & z_3 & 1 \\ x_4 & y_4 & z_4 & 1 \end{vmatrix}=\frac{1}{6V_{1234}}(a_2x+b_2y+c_2z+d_2) \quad (3-1-45)$$

其中 $a_2=-\begin{vmatrix} y_1 & z_1 & 1 \\ y_3 & z_3 & 1 \\ y_4 & z_4 & 1 \end{vmatrix}$，$b_2=\begin{vmatrix} x_1 & z_1 & 1 \\ x_3 & z_3 & 1 \\ x_4 & z_4 & 1 \end{vmatrix}$，$c_2=-\begin{vmatrix} x_1 & y_1 & 1 \\ x_3 & y_3 & 1 \\ x_4 & y_4 & 1 \end{vmatrix}$，$d_2=\begin{vmatrix} x_1 & y_1 & z_1 \\ x_3 & y_3 & z_3 \\ x_4 & y_4 & z_4 \end{vmatrix}$。

$$N_3=\frac{V_{P124}}{V_{1234}}=\frac{1}{6V_{1234}}\begin{vmatrix} x_1 & y_1 & z_1 & 1 \\ x_2 & y_2 & z_2 & 1 \\ x & y & z & 1 \\ x_4 & y_4 & z_4 & 1 \end{vmatrix}=\frac{1}{6V_{1234}}(a_3x+b_3y+c_3z+d_3) \quad (3-1-46)$$

其中 $a_3=\begin{vmatrix} y_1 & z_1 & 1 \\ y_2 & z_2 & 1 \\ y_4 & z_4 & 1 \end{vmatrix}$，$b_3=-\begin{vmatrix} x_1 & z_1 & 1 \\ x_2 & z_2 & 1 \\ x_4 & z_4 & 1 \end{vmatrix}$，$c_3=\begin{vmatrix} x_1 & y_1 & 1 \\ x_2 & y_2 & 1 \\ x_4 & y_4 & 1 \end{vmatrix}$，$d_3=-\begin{vmatrix} x_1 & y_1 & z_1 \\ x_2 & y_2 & z_2 \\ x_4 & y_4 & z_4 \end{vmatrix}$。

$$N_4=\frac{V_{P123}}{V_{1234}}=\frac{1}{6V_{1234}}\begin{vmatrix} x_1 & y_1 & z_1 & 1 \\ x_2 & y_2 & z_2 & 1 \\ x_3 & y_3 & z_3 & 1 \\ x & y & z & 1 \end{vmatrix}=\frac{1}{6V_{1234}}(a_4x+b_4y+c_4z+d_4) \quad (3-1-47)$$

其中 $a_4=-\begin{vmatrix} y_1 & z_1 & 1 \\ y_2 & z_2 & 1 \\ y_3 & z_3 & 1 \end{vmatrix}$，$b_4=\begin{vmatrix} x_1 & z_1 & 1 \\ x_2 & z_2 & 1 \\ x_3 & z_3 & 1 \end{vmatrix}$，$c_4=-\begin{vmatrix} x_1 & y_1 & 1 \\ x_2 & y_2 & 1 \\ x_3 & y_3 & 1 \end{vmatrix}$，$d_4=\begin{vmatrix} x_1 & y_1 & z_1 \\ x_2 & y_2 & z_2 \\ x_3 & y_3 & z_3 \end{vmatrix}$。

从式(3－1－44)、式(3－1－45)、式(3－1－46)和式(3－1－47)可知，N_1, N_2, N_3, N_4 均为 x, y, z 的线性函数，并且只与四面体顶点坐标有关。V_{1234} 为四面体单元的体积，可用 4 个顶点表示成行列式的形式：

$$V_{1234}=\frac{1}{6}\begin{vmatrix} x_2-x_1 & y_2-y_1 & z_2-z_1 \\ x_3-x_1 & y_3-y_1 & z_3-z_1 \\ x_4-x_1 & y_4-y_1 & z_4-z_1 \end{vmatrix}$$

(3) 单元积分

式(3－1－42)的积分可分解为各体单元 e 和边界单元 Γ_e 的积分。首先将式(3－1－43)代入式(3－1－42)，对式(3－1－42)右端第一项进行四面体单元积分：

$$\begin{aligned}
&\int_e\left[\frac{1}{2}\boldsymbol{\sigma}\,(\nabla U)^2-I\delta(A)U\right]\mathrm{d}\Omega \\
&=\int_e\frac{1}{2}\boldsymbol{\sigma}\left[\left(\frac{\partial U}{\partial x}\right)^2+\left(\frac{\partial U}{\partial y}\right)^2+\left(\frac{\partial U}{\partial z}\right)^2\right]\mathrm{d}\Omega-\int_e I\delta(A)U\mathrm{d}\Omega \\
&=\frac{1}{2}\boldsymbol{U}_e^{\mathrm{T}}\int_e\sum_{i=1}^{4}N_i\boldsymbol{\sigma}_i\left[\frac{\partial N}{\partial x}\frac{\partial N^{\mathrm{T}}}{\partial x}+\frac{\partial N}{\partial y}\frac{\partial N^{\mathrm{T}}}{\partial y}+\frac{\partial N}{\partial z}\frac{\partial N^{\mathrm{T}}}{\partial z}\right]\mathrm{d}\Omega\cdot\boldsymbol{U}_e-\boldsymbol{U}_e^{\mathrm{T}}\boldsymbol{S} \\
&=\frac{1}{2}\boldsymbol{U}_e^{\mathrm{T}}\boldsymbol{k}_{1e}\boldsymbol{U}_e-\boldsymbol{U}_e^{\mathrm{T}}\boldsymbol{S}
\end{aligned}\tag{3－1－48}$$

其中：$\boldsymbol{k}_{1e}=(k_{1ij})$，$k_{1ij}=k_{1ji}$，$\boldsymbol{U}_e=[U_i]^{\mathrm{T}}$，$i, j=1, 2, \cdots, 4$。$\boldsymbol{S}$ 为与点源有关的列向量，点源所在的节点位置为 1，其余节点为 0。

$$\begin{aligned}
k_{1ij}&=\int_e\sum_{i=1}^{4}N_i\boldsymbol{\sigma}_i\left(\frac{\partial N}{\partial x}\frac{\partial N^{\mathrm{T}}}{\partial x}+\frac{\partial N}{\partial y}\frac{\partial N^{\mathrm{T}}}{\partial y}+\frac{\partial N}{\partial z}\frac{\partial N^{\mathrm{T}}}{\partial z}\right)\mathrm{d}\Omega \\
&=\frac{1}{36V^2}\sum_{i=1}^{4}\boldsymbol{\sigma}_i\int_e N_i\mathrm{d}\Omega\cdot\begin{vmatrix} a_1 & b_1 & c_1 \\ a_2 & b_2 & c_2 \\ a_3 & b_3 & c_3 \\ a_4 & b_4 & c_4 \end{vmatrix}\cdot\begin{vmatrix} a_1 & a_2 & a_3 & a_4 \\ b_1 & b_2 & b_3 & b_4 \\ c_1 & c_2 & c_3 & c_4 \end{vmatrix}
\end{aligned}$$

根据文献[72]，$\int_e N_i\mathrm{d}\Omega=\dfrac{V_{1234}}{4}$，有：

$$k_{1ij} = \frac{(\sigma_1 + \sigma_2 + \sigma_3 + \sigma_4)}{144V_{1234}} \cdot \begin{vmatrix} a_1 & b_1 & c_1 \\ a_2 & b_2 & c_2 \\ a_3 & b_3 & c_3 \\ a_4 & b_4 & c_4 \end{vmatrix} \cdot \begin{vmatrix} a_1 & a_2 & a_3 & a_4 \\ b_1 & b_2 & b_3 & b_4 \\ c_1 & c_2 & c_3 & c_4 \end{vmatrix}$$

下面对式(3 - 1 - 42)右端第二项进行积分，由于网格剖分的特殊性，左右、前后和底边界是由有限个三角形单元 Γ_e 组成的，若六面体单元边界上的三角形单元$\overline{123}$位于截断边界上，由于截断边界离点源较远，则可将式(3 - 1 - 42)中的 C 看作常数，提到积分号之外，则边界单元 Γ_e 的积分为：

$$\frac{1}{2}\int_{\Gamma_e} C\boldsymbol{\sigma} U^2 \mathrm{d}\boldsymbol{\Gamma} = \frac{1}{2}C \cdot \int_{\overline{123}} \boldsymbol{\sigma} U^2 \mathrm{d}x\mathrm{d}y = \frac{1}{2}\boldsymbol{U}_e^{\mathrm{T}}\left[C \cdot \int_{\overline{123}} \sum_{l=1}^{3} N_l \boldsymbol{\sigma}_l (N_i N_j) \mathrm{d}x\mathrm{d}y\right]\boldsymbol{U}_e$$

$$= \frac{1}{2}\boldsymbol{U}_e^{\mathrm{T}}\left[C \cdot \sum_{l=1}^{3} \boldsymbol{\sigma}_l \int_{\overline{123}} N_l (N_i N_j) \mathrm{d}x\mathrm{d}y\right]\boldsymbol{U}_e = \frac{1}{2}\boldsymbol{U}_e^{\mathrm{T}}\boldsymbol{k}_{2e}\boldsymbol{U}_e \quad (3-1-45)$$

其中 $\boldsymbol{k}_{2e} = (k_{2ij})$，$k_{2ij} = k_{2ji} = C\sum_{l=1}^{3}\boldsymbol{\sigma}_l\int_{\overline{123}} N_l (N_i N_j)\mathrm{d}x\mathrm{d}y = C\sum_{l=1}^{3}(\delta_{ijl} \cdot \boldsymbol{\sigma}_l)$，$i, j, l =$ 1, 2, 3。

然后，根据 $\int_e N_1^a N_2^b N_3^c \mathrm{d}x\mathrm{d}y = \frac{2a!\,b!\,c!}{(a+b+c+2)!}S_{123}$（其中 a, b, c 分别为形函数 N_1, N_2, N_3 的指数，S_{123} 为三角形的面积，$S_{123} = [(x_2 - x_1) \cdot (y_3 - y_1) - (x_3 - x_1) \cdot (y_2 - y_1)]/2$），可计算出边界任一三角形单元积分的下三角阵系数 δ_{ij}：

$$\delta_{ij} = \begin{bmatrix} \delta_{11} \\ \delta_{21} \\ \delta_{31} \\ \delta_{22} \\ \delta_{32} \\ \delta_{33} \end{bmatrix} = \frac{S_{123}}{60}\begin{bmatrix} 6 & 2 & 2 \\ 2 & 2 & 1 \\ 2 & 1 & 2 \\ 2 & 6 & 2 \\ 1 & 2 & 2 \\ 2 & 2 & 6 \end{bmatrix}$$

(4) 总体合成

在单元 e 内，将式(3 - 1 - 44)和式(3 - 1 - 45)的积分结果相加，再扩展成由全体节点组成的矩阵和列阵：

$$F_e[\boldsymbol{U}] = \frac{1}{2}\boldsymbol{U}_e^{\mathrm{T}}(\boldsymbol{k}_{1e} + \boldsymbol{k}_{2e})\boldsymbol{U}_e - \boldsymbol{U}_e^{\mathrm{T}}\boldsymbol{S} = \frac{1}{2}\boldsymbol{U}^{\mathrm{T}}\bar{\boldsymbol{k}}_e\boldsymbol{U} - \boldsymbol{U}^{\mathrm{T}}\boldsymbol{S}$$

其中 $\boldsymbol{U}$ 为所有节点的电位组成的列向量，$\bar{\boldsymbol{k}}_e$ 为 $\boldsymbol{k}_{1e} + \boldsymbol{k}_{2e}$ 的扩展矩阵，由全部单元的 $F_e[\boldsymbol{U}]$ 相加，得到范函 $F(\boldsymbol{U})$ 的数值表达式：

$$F[\boldsymbol{U}] = \sum_e F_e[\boldsymbol{U}] = \frac{1}{2}\boldsymbol{U}^{\mathrm{T}} \sum \bar{\boldsymbol{k}}_e \boldsymbol{U} - \boldsymbol{U}^{\mathrm{T}}\boldsymbol{S} = \frac{1}{2}\boldsymbol{U}^{\mathrm{T}}\boldsymbol{K}\boldsymbol{U} - \boldsymbol{U}^{\mathrm{T}}\boldsymbol{S} \tag{3-1-46}$$

令式(3 - 1 - 46) 的变分为零，得线性方程组：

$$\boldsymbol{KU} = \boldsymbol{S} \tag{3-1-47}$$

通过求解线性方程(3 - 1 - 47)，便得到所有网格节点的总电位 $\boldsymbol{U}$。对于多个供电点源，需要对方程(3 - 1 - 47) 进行多次求解，并根据相应的观测装置计算出视电阻率。

3.1.5　大型对称稀疏线性方程组的求解方法

采用有限元法解直流电位场正问题，最终将形成大型、对称、稀疏的刚度矩阵方程组，求解大型方程组是电位场三维有限元模拟中比较关键的一部分。求解形如式(3 - 1 - 41) 和式(3 - 1 - 47) 的方程组，常采用直接法(乔里斯基分解法 $\boldsymbol{LDL}^{\mathrm{T}}$) 或迭代法(如不完全乔里斯基预条件共轭梯度法 ICCG 以及对称超松弛预条件共轭梯度法 SSORPCG)。直接法和迭代法各有优缺点，如果供电点较多，采用直接法计算效率较高，但占用内存较大；如果供电点较少，采用迭代法计算效率较高，并且占用内存较少。所以应根据地电模型和计算机配置情况选择合理的求解方法。下面分别介绍乔里斯基分解法 $\boldsymbol{LDL}^{\mathrm{T}}$ 以及对称超松弛预条件共轭梯度法 SSORPCG。

(1) 乔里斯基分解法 $\boldsymbol{LDL}^{\mathrm{T}}$

形如式(3 - 1 - 41) 和式(3 - 1 - 47) 的方程组，具有大型、对称、稀疏的特点。乔里斯基分解法 $\boldsymbol{LDL}^{\mathrm{T}}$ 主要耗时几乎完全花费在矩阵分解上，而在回代过程中耗时较少。如果计算机有充足的内存空间，对于电法勘探中供电点较多的情况，采用该方法在求解精度和效率上都具有明显的优势。在利用乔里斯基分解法解上述方程组时，要注意两个方面：元素的压缩存储格式和求解中的分解与回代过程。

对于直流电法的三维正问题，如果研究区域的 x 方向为构造走向方向，y 方向为垂直构造走向方向，z 方向为深度方向，在 x、y、z 方向上分别剖分 xn、yn、zn 个节点，则总节点数 $n = xn \cdot yn \cdot zn$。不失一般性，当 $yn > xn > zn$ 时，为确保矩阵的带宽较小，以减少方程元素的内存占用量，全局网格节点的编号 m 可记为：

$m = (i \cdot xn + j) \cdot zn + k$，且 $0 \leqslant k < zn$，$0 \leqslant j < xn$，$0 \leqslant i < yn$，$0 \leqslant m < xn \cdot yn \cdot zn$

下面介绍一维变带宽压缩存储格式。如果全局网格节点的编号确定，刚度矩阵的元素在矩阵中的位置将确定，一维变带宽压缩存储格式只需开辟两个一维数组，数组 ID 为整型数组，用于记录刚度矩阵对角线元素在一维数组中的位置；数组 GA 为浮点型数组，用于记录刚度矩阵的下三角阵中每一行第一个非零元素到对角线的元素。下面给出数组 ID 记录对角线元素位置的 C ++ 代码：

```
int *ID = new int[ n ];
ID[ 0 ] = 0;
for( int k = 1; k < zn; k ++) ID[ k ] = ID[ k - 1 ] +2;
for( int j = 1; j < xn; j ++)
{
    for( int k = 0; k < zn; k ++) ID[ j * zn + k ] = ID[ j * zn + k - 1] + zn + 1;
}
for( int i = 1; i < yn; i ++)
{
    for( int k = 0; k < zn; k ++)
    {
        int ik = i * xn * zn + k;
        ID[ ik ] = ID[ ik - 1 ] + xn * zn + 1;
    }
    for( int j = 1; j < xn; j ++)
    {
        int ij = ( i * xn + j ) * zn;
        ID[ ij ] = ID[ ij - 1 ] + xn * zn + 1;
        for( int k = 1; k < zn; k ++) ID[ ij + k ] = ID[ ij + k - 1 ] + xn * zn + 2;
    }
}
```

对于 3.1.3 节中的任一六面体，单元积分后将元素的局部编号扩展成全局编号，并合成到总体刚度矩阵中，矩阵中的元素以变带宽格式存储在一维数组 GA 中。

```
//gn[ 8 ] 为六面体单元八个节点的全局编号，cigma[ 8 ] 为该单元的八个节点的电导率
double *GA = new double[ ID[ n - 1] + 1];
const int af[ 36 ][ 8 ] = { …… }; // 前面给出的积分系数
const int bf[ 36 ][ 8 ] = { …… };
const int cf[ 36 ][ 8 ] = { …… };
double bca = b * c /( a * 288 );   //a, b, c 分别为六面体的长、宽、高
double acb = a * c /( b * 288 );
double abc = a * b /( c * 288 );
int ij = 0;
for( int i = 0; i < 8; i ++)
{
  for( int j = 0; j <= i; j ++)
  {
    double sum = 0;
    for( int k = 0; k < 8; k ++) sum += ( bca * af[ ij ][ k ] + acb * bf[ ij ][ k ] +
                                          abc * cf[ ij ][ k ] ) * cigma[ k ];

    // 合成总体刚度矩阵
    if( gn[ i ] >= gn[ j ] ) GA[ ID[ gn[ j ] ] - gn[ j ] + gn[ k ] ] += sum;
    else                     GA[ ID[ gn[ k ] ] - gn[ k ] + gn[ j ] ] += sum;
    ij += 1;
  }
}
```

整个区域的剖分单元经体积分和边界积分后，将形成的总体刚度矩阵元素以一维变带宽格式存储在数组 GA 中。考虑到直流电法三维正问题供电点较多的特点，将方程的多个右端项同时引入乔里斯基分解过程中，相比常规先分解再回代的乔里斯基算法，在效率上有所提高，下面为乔里斯基算法解对称稀疏线性方程组的 C ++ 代码：

```
//B 为方程右端项，PN 为供电电极个数，n 为网格结点个数
// 分解
for( int i = 0; i < n; i ++)
{
    int ii = ID[ i ] - i;
    if( i ! = 0 )
    {
        int ii1 = ID[ i - 1 ] - ii + 1;
        for( int j = ii1; j < = i; j ++)
        {
            int jj = ID[ j ] - j;
            int jj1 = 0;
            if( j > 0 ) jj1 = ID[ j - 1 ] - jj + 1;
            int ij1 = ii1;
            if( jj1 > ii1 ) ij1 = jj1;
            int ij = ii + j;
            for( int k = ij1; k < j; k ++)
            {
                if( ij1 > = j ) continue;
                GA[ ij ] -= GA[ ii + k ] * GA[ ID[ k ] ] * GA[ jj + k ];
            }
            if( j = = i ) break;
            for( int k = 0; k < PN; k ++)
                B[ i * PN + k ] - = GA[ ij ] * B[ j * PN + k ];
                GA[ ij ] / = GA[ ID[ j ] ];
        }
    }
    if( GA[ ii + i ] = = 0 ) return - 1;
    for( int j = 0; j < PN; j ++) B[ i * PN + j ] / = GA[ ii + i ];
}
// 回代
for( int i = 1; i < n; i ++)
{
    int n1 = n - i;
    int n2 = ID[ n1 ] - n1;
    int n3 = ID[ n1 - 1 ] - n2 + 1;
    for( int j = n3; j < n1; j ++)
    {
        if( n3 > = n1 ) continue;
        for( int k = 0; k < PN; k ++)
            B[ j * PN + k ] - = GA[ n2 + j ] * B[ n1 * PN + k ];
    }
}
```

(2) 对称超松弛预条件共轭梯度法

线性方程组(3-1-41)和(3-1-47)具有大型、对称、稀疏等特征，如采用 $40\times40\times20$ 的网格剖分，未知节点数为32000个，半带宽约为822，以一维变带宽压缩存储下三角阵，内存需求为 $822\times39\times40\times20\times4/1024/1024\approx97.8$ 兆，这是采用直接解法 $\boldsymbol{LDL}^{\mathrm{T}}$ 所需的最小存储空间。预条件共轭梯度法(Preconditioned Conjugate Gradient method，简记为PCG)[75]也是解这类方程组非常有效的方法之一。在使用PCG法时，引入按行索引的一维压缩存储格式(它已在一些程序包中成为一种约定)[76]，仅存储下三角阵中的非零元素，对于上述网格剖分，所需内存不超过1.65兆($9\times40\times40\times20\times6/1024/1024\approx1.65$ 兆)，相比之下它所需求的内存很低。目前，预条件共轭梯度算法种类较多，如ICCG、SSORCG、ILUCG及TCG等，具体可参阅文献[75]。下面分别介绍SSORPCG法的压缩存储格式、合成刚度矩阵及算法的迭代过程：

① 按行压缩存储格式

行压缩存储格式(Compressed Sparse Row，简称CSR)是以行为单位，顺序存储系数矩阵中的非零元素，是目前较流行的稀疏矩阵压缩存储方法之一。CSR方式是用三个一维数组来存储系数矩阵的非零元素和相关信息[76]，CSR存储格式说明如下：

GA[M]：实型数组，以行格式顺序存储系数矩阵下三角中的非零元素，M 为非零元素个数。

JA[M]：整型数组，存储非零元素在原始稀疏矩阵中的列号，与a[M]对应。

IA[$N+1$]：整型数组，N 为方程的阶数，存放每行第一个非零元素在a[M]中的位置，最后一个元素是 $M+1$。

下面举例说明CSR的存储格式，例如系数矩阵：

$$\mathrm{GA}=\begin{pmatrix} 2. & 1. & 3. & & \\ 1. & 4. & & 5. & 7. \\ 3. & & 6. & & \\ & 5. & & 8. & 9. \\ & 7. & & 9. & 10. \end{pmatrix}$$

为 5×5 阶的对称稀疏矩阵，数组GA、JA、IA记录的元素和位置信息如下：

GA[10] = {2., 1., 4., 3., 6., 5., 8., 7., 9., 10.}

JA[10] = {1, 1, 2, 1, 3, 2, 4, 2, 4, 5}

IA[6] = {0, 1, 3, 5, 7, 10}

对于三维地电模型，在 x、y、z 方向上分别剖分 xn、yn、zn 个节点，由于网格剖分较为规则，可以推算出元素在刚度矩阵中的位置，下面直接给出数组IA和JA记录元素位置信息的C++代码：

```
//==========================================================================//
// 函数名称：ReIA()                                                          //
// 函数目的：确定下三角阵非零元素在数组 IA 中的位置信息                        //
// 参数说明：ia：记录每行第一个非零元素在 GA[ ] 中的位置                       //
//          xn：模型 x 向剖分的节点数                                        //
//          yn：模型 y 向剖分的节点数                                        //
//          zn：模型 z 向剖分的节点数                                        //
//==========================================================================//
void ReIA( int * IA, int xn, int yn, int zn )
{
  int i, j, k;
  int nxz = xn * zn;
  ////////////////////////////////////////////////////////////////////////////
  //IA 数组的前 2 个元素
  IA[ 0 ] = 0;
  IA[ 1 ] = 1;
  //IA 数组的 2 到 zn 元素
  for( i = 1; i < zn; i ++ ) IA[ i + 1 ] = IA[ i ] + 2;
  // 第一个 xoz 面的元素在 IA 中的位置
  for( i = 1; i < xn; i ++ )
  {
    int ii = i * zn;
    IA[ ii + 1 ] = IA[ ii ] + 3;
    for( j = 1; j < zn - 1; j ++ )
    {
      int jj = ii + j;
      IA[ jj + 1 ] = IA[ jj ] + 5;
    }
    IA[ ii + zn ] = IA[ ii + zn - 1 ] + 4;
  }
  // 从 1 到 yn - 1 的 xoz 面的元素在 IA 中的位置
  for( i = 1; i < yn; i ++ )
  {
    int ii = i * nxz;
    // 第 i 个 xoz 面中前 zn 个节点处元素在 IA 中的位置
    IA[ ii + 1 ] = IA[ ii ] + 5;
    for( j = 1; j < zn - 1; j ++ )
    {
      int jj = ii + j;
      IA[ jj + 1 ] = IA[ jj ] + 8;
    }
    IA[ ii + zn ] = IA[ ii + zn - 1 ] + 6;
    // 第 i 个 xoz 面节点在 x 向从 1 至 xn - 1,z 向从 0 至 zn - 1 时,元素在 IA 中的位置
    for( j = 1; j < xn - 1; j ++ )
    {
      int jj = ii + j * zn;
      IA[ jj + 1 ] = IA[ jj ] + 9;
      for( k = 1; k < zn - 1; k ++ )
      {
        int kk = jj + k;
        IA[ kk + 1 ] = IA[ kk ] + 14;
      }
      IA[ jj + zn ] = IA[ jj + zn - 1 ] + 10;
```

```
        }
        int jj = ii + ( xn - 1 ) * zn;
        IA[ jj + 1 ] = IA[ jj ] + 7;
        for( k = 1; k < zn - 1; k ++ )
        {
            int kk = jj + k;
            IA[ kk + 1 ] = IA[ kk ] + 11;
        }
        IA[ jj + zn ] = IA[ jj + zn - 1 ] + 8;
    }
}
//==========================================================================//
// 函数名称: ReJA()                                                          //
// 函数目的: 确定下三角矩阵非零元素所在的列号                                 //
// 参数说明: IA:记录每行第一个非零元素在 a[ ] 中的位置                        //
//           JA:记录下三角矩阵非零元素的列号                                  //
//           xn:整体网格 X 方向剖分的网格数                                   //
//           yn:整体网格 Y 方向剖分的网格数                                   //
//           zn:整体网格 Z 方向剖分的网格数                                   //
//==========================================================================//
void ReJA( int *IA, int *JA, int xn, int yn, int zn )
{
    int i, j, k;
    int nxz = xn * zn;
    /////////////////////////////////////////////////////////////
    // 第一列非零元素的列,IA[ k ] 表示 k 行第一个元素的位置
    JA[ 0 ] = 0;
    for( i = 1; i < zn; i ++ )
    {
        int ii = IA[ i ]; //2 个元素
        JA[ ii ] = i - 1;
        JA[ ii + 1 ] = i;
    }
    /////////////////////////////////////////////////////////////
    // 第一排第 1 到 xn - 1 列非零元素的列号
    for( i = 1; i < xn; i ++ )
    {
        int izn = i * zn;
        int ii = IA[ izn ]; //3 个元素 // 网格后顶部 3
        JA[ ii ] = izn - zn;
        JA[ ii + 1 ] = izn - zn + 1;
        JA[ ii + 2 ] = izn;
        for( j = 1; j < zn - 1; j ++ )
        {
            int ij = izn + j;
            int jj = IA[ ij ]; //5 个元素 // 网格后中部 5
            JA[ jj ] = ij - zn - 1;
            JA[ jj + 1 ] = ij - zn;
            JA[ jj + 2 ] = ij - zn + 1;
            JA[ jj + 3 ] = ij - 1;
            JA[ jj + 4 ] = ij;
        }
        int ij = izn + zn - 1;
```

```
    int jj = IA[ ij ]; //4 个元素 // 网格后下部 4
    JA[ jj ] = ij - zn - 1;
    JA[ jj + 1 ] = ij - zn;
    JA[ jj + 2 ] = ij - 1;
    JA[ jj + 3 ] = ij;
}
//////////////////////////////////////////////////////////
// 第 1 到 yn - 1 排非零元素的列号
// 整体网格的 1 到 yn - 1 排
for( i = 1; i < yn; i ++ )
{
    // 第 i 排的第一列
    int inxz = i * nxz;
    int inxzl = ( i - 1 ) * nxz;
    int ii = IA[ inxz ]; //5 个元素 // 网格左顶部 5
    JA[ ii ] = inxzl;
    JA[ ii + 1 ] = inxzl + 1;
    JA[ ii + 2 ] = inxzl + zn;
    JA[ ii + 3 ] = inxzl + zn + 1;
    JA[ ii + 4 ] = inxz;
    for( j = 1; j < zn - 1; j ++ )
    {
      int ij = inxz + j;
      int jj = IA[ ij ]; //8 个元素 // 网格左中部 8
      JA[ jj ] = inxzl + j - 1;
      JA[ jj + 1 ] = inxzl + j;
      JA[ jj + 2 ] = inxzl + j + 1;
      JA[ jj + 3 ] = inxzl + zn + j - 1;
      JA[ jj + 4 ] = inxzl + zn + j;
      JA[ jj + 5 ] = inxzl + zn + j + 1;
      JA[ jj + 6 ] = ij - 1;
      JA[ jj + 7 ] = ij;
    }
    int ij = inxz + zn - 1;
    int jj = IA[ ij ]; //6 个元素 // 网格左下部 6
    JA[ jj ] = inxzl + j - 1;
    JA[ jj + 1 ] = inxzl + j;
    JA[ jj + 2 ] = inxzl + zn + j - 1;
    JA[ jj + 3 ] = inxzl + zn + j;
    JA[ jj + 4 ] = ij - 1;
    JA[ jj + 5 ] = ij;
    // 第 i 排的第 j 到 xn - 1 列
    for( j = 1; j < xn - 1; j ++ )
    {
      int ij = inxz + j * zn;
      int jj = IA[ ij ]; //9 个元素 // 网格中顶部 9
      JA[ jj ] = inxzl + ( j - 1 ) * zn;
      JA[ jj + 1 ] = inxzl + ( j - 1 ) * zn + 1;
      JA[ jj + 2 ] = inxzl + j * zn;
      JA[ jj + 3 ] = inxzl + j * zn + 1;
      JA[ jj + 4 ] = inxzl + ( j + 1 ) * zn;
      JA[ jj + 5 ] = inxzl + ( j + 1 ) * zn + 1;
      JA[ jj + 6 ] = inxz + ( j - 1 ) * zn;
```

```
        JA[ jj + 7 ] = inxz + ( j - 1 ) * zn + 1;
        JA[ jj + 8 ] = ij;
        for( k = 1; k < zn - 1; k ++ )
        {
          int ijk = inxz + j * zn + k;
          int kk = IA[ ijk ]; //14 个元素 // 网格中中部 14
          JA[ kk ] = inxzl + ( j - 1 ) * zn + k - 1;
          JA[ kk + 1 ] = inxzl + ( j - 1 ) * zn + k;
          JA[ kk + 2 ] = inxzl + ( j - 1 ) * zn + k + 1;
          JA[ kk + 3 ] = inxzl + j * zn + k - 1;
          JA[ kk + 4 ] = inxzl + j * zn + k;
          JA[ kk + 5 ] = inxzl + j * zn + k + 1;
          JA[ kk + 6 ] = inxzl + ( j + 1 ) * zn + k - 1;
          JA[ kk + 7 ] = inxzl + ( j + 1 ) * zn + k;
          JA[ kk + 8 ] = inxzl + ( j + 1 ) * zn + k + 1;
          JA[ kk + 9 ] = inxz + ( j - 1 ) * zn + k - 1;
          JA[ kk + 10 ] = inxz + ( j - 1 ) * zn + k;
          JA[ kk + 11 ] = inxz + ( j - 1 ) * zn + k + 1;
          JA[ kk + 12 ] = ijk - 1;
          JA[ kk + 13 ] = ijk;
        }
        int ijk = inxz + j * zn + zn - 1;
        int kk = IA[ ijk ]; //10 个元素 // 网格中下部 10
        JA[ kk ] = inxzl + ( j - 1 ) * zn + zn - 2;
        JA[ kk + 1 ] = inxzl + ( j - 1 ) * zn + zn - 1;
        JA[ kk + 2 ] = inxzl + j * zn + zn - 2;
        JA[ kk + 3 ] = inxzl + j * zn + zn - 1;
        JA[ kk + 4 ] = inxzl + ( j + 1 ) * zn + zn - 2;
        JA[ kk + 5 ] = inxzl + ( j + 1 ) * zn + zn - 1;
        JA[ kk + 6 ] = inxz + ( j - 1 ) * zn + zn - 2;
        JA[ kk + 7 ] = inxz + ( j - 1 ) * zn + zn - 1;
        JA[ kk + 8 ] = ijk - 1;
        JA[ kk + 9 ] = ijk;
      }
      ij = inxz + ( xn - 1 ) * zn;
      jj = IA[ ij ]; //7 个元素 // 网格右顶部 7
      JA[ jj ] = inxzl + ( xn - 2 ) * zn;
      JA[ jj + 1 ] = inxzl + ( xn - 2 ) * zn + 1;
      JA[ jj + 2 ] = inxzl + ( xn - 1 ) * zn;
      JA[ jj + 3 ] = inxzl + ( xn - 1 ) * zn + 1;
      JA[ jj + 4 ] = inxz + ( xn - 2 ) * zn;
      JA[ jj + 5 ] = inxz + ( xn - 2 ) * zn + 1;
      JA[ jj + 6 ] = ij;

      for( k = 1; k < zn - 1; k ++ )
      {
        int ijk = inxz + ( xn - 1 ) * zn + k;
        int kk = IA[ ijk ]; //11 个元素 // 网格右中部 11
        JA[ kk ] = inxzl + ( j - 1 ) * zn + k - 1;
        JA[ kk + 1 ] = inxzl + ( j - 1 ) * zn + k;
        JA[ kk + 2 ] = inxzl + ( j - 1 ) * zn + k + 1;
        JA[ kk + 3 ] = inxzl + j * zn + k - 1;
        JA[ kk + 4 ] = inxzl + j * zn + k;
```

```
        JA[ kk + 5 ] = inxzl + j * zn + k + 1;
        JA[ kk + 6 ] = inxz + ( j - 1 ) * zn + k - 1;
        JA[ kk + 7 ] = inxz + ( j - 1 ) * zn + k;
        JA[ kk + 8 ] = inxz + ( j - 1 ) * zn + k + 1;
        JA[ kk + 9 ] = ijk - 1;
        JA[ kk + 10 ] = ijk;
      }
      ij = inxz + ( xn - 1 ) * zn + zn - 1;
      jj = IA[ ij ]; //8 个元素 // 网格右下部 8
      JA[ jj ] = inxzl + ( xn - 2 ) * zn + zn - 2;
      JA[ jj + 1 ] = inxzl + ( xn - 2 ) * zn + zn - 1;
      JA[ jj + 2 ] = inxzl + ( xn - 1 ) * zn + zn - 2;
      JA[ jj + 3 ] = inxzl + ( xn - 1 ) * zn + zn - 1;
      JA[ jj + 4 ] = inxz + ( xn - 2 ) * zn + zn - 2;
      JA[ jj + 5 ] = inxz + ( xn - 2 ) * zn + zn - 1;
      JA[ jj + 6 ] = ij - 1;
      JA[ jj + 7 ] = ij;
    }
  }
```

② 合成总体刚度矩阵

同样以 3.1.3 节中的六面体剖分为例,说明以 CSR 压缩存储格式合成总体刚度矩阵,矩阵中的元素以 CSR 格式存储在一维数组 GA 中。

```
//gn[ 8 ] 为六面体单元八个节点的全局编号,cigma[ 8 ] 为该单元的八个节点的电导率
double * GA = new double [ IA [ n ] ];
const int af[ 36 ][ 8 ] = { …… }; //3.1.3 节给出的积分系数
const int bf[ 36 ][ 8 ] = { …… };
const int cf[ 36 ][ 8 ] = { …… };
double bca = b * c / ( a * 288 ); //a,b,c 分别为六面体的长、宽、高
double acb = a * c / ( b * 288 );
double abc = a * b / ( c * 288 );
int ij = 0;
for( int i = 0; i < 8; i ++ )
{
  for( int j = 0; j <= i; j ++ )
  {
    doublesum = 0;
    for( int k = 0; k < 8; k ++ )
    sum += ( bca * af[ ij ][ k ] + acb * bf[ ij ][ k ] + abc * cf[ ij ][ k ] ) * cigma[ k ];
    // 合成总体刚度矩阵
      if(gn[ j ] >= gn[ k ] )
      {
        int jj = gn[ j ];
        int ibgn = IA[ jj ];
        int iend = IA[ jj + 1 ];
        for( int ibe = ibgn; ibe < iend; ibe ++ )
        {
          if( JA[ ibe ] == gn[ k ] )
          { GA[ ibe ] += sum; break; }
        }
      }
      else
      {
        int kk = gn[ k ];
```

```
            int ibgn = IA[ kk ];
            int iend = IA[ kk + 1 ];
            for( int ibe = ibgn; ibe < iend; ibe ++ )
            {
              if( JA[ ibe ] == gn[ j ] )
              { GA[ ibe ] += sum;break;}          }
            }
          ij += 1;
        }
      }
```

③SSOR - PCG 算法

在共轭梯度法(CG) 中引入预条件矩阵的基本思想主要是考虑到 CG 法的收敛速度与线性方程组:

$$\boldsymbol{Kx} = \boldsymbol{b} \tag{3-1-48}$$

式(3 -1 -48) 与系数矩阵 $\boldsymbol{K}$ 的条件数紧密相关，条件数越小，收敛性越好。故通过引入预条件矩阵 $\boldsymbol{M}$ 来降低系数矩阵 $\boldsymbol{K}$ 的条件数，考虑到 $\boldsymbol{K}$ 为对称矩阵，设 $\boldsymbol{M}$ 为 $\boldsymbol{K}$ 的一个近似分解:

$$\boldsymbol{M} = \boldsymbol{LL}^{\mathrm{T}} \cong \boldsymbol{K} \tag{3-1-49}$$

则可将方程(3 - 1 - 48) 变换为:

$$\boldsymbol{L}^{-1}\boldsymbol{KL}^{-\mathrm{T}}(\boldsymbol{L}^{-1}\boldsymbol{x}) = \boldsymbol{L}^{-1}\boldsymbol{b} \tag{3-1-50}$$

设 $\boldsymbol{F} = \boldsymbol{L}^{-1}\boldsymbol{KL}^{-\mathrm{T}}$, $\boldsymbol{y} = \boldsymbol{L}^{-1}\boldsymbol{x}$, $\boldsymbol{d} = \boldsymbol{L}^{-1}\boldsymbol{b}$ ，有:

$$\boldsymbol{Fy} = \boldsymbol{d} \tag{3-1-51}$$

这样可通过解方程组(3 - 1 - 51) 来代替解方程组(3 - 1 - 48)。事实上，通过粗略估计可知:

$$\boldsymbol{F} = \boldsymbol{L}^{-1}\boldsymbol{KL}^{-\mathrm{T}} \cong (\boldsymbol{L}^{-1}\boldsymbol{L})(\boldsymbol{L}^{\mathrm{T}}\boldsymbol{L}^{-\mathrm{T}}) = \boldsymbol{I}\ (\text{单位阵})$$

因此，当 $\boldsymbol{LL}^{\mathrm{T}}$越近似于 $\boldsymbol{K}$ 的完全分解时，$\boldsymbol{F}$ 越接近 $\boldsymbol{I}$ 。$\boldsymbol{F}$ 的条件数越接近条件数的最小值 1，从而达到了降低条件数的目的。

为不破坏原始矩阵，首先将系数矩阵 $\boldsymbol{K}$ 分解为[75]:

$$\boldsymbol{K} = \boldsymbol{L} + \boldsymbol{D} + \boldsymbol{L}^{\mathrm{T}} \tag{3-1-52}$$

其对应的超松弛预条件矩阵定义为:

$$\boldsymbol{M} = \frac{1}{(2-\omega)}\left(\frac{\boldsymbol{D}}{\omega} + \boldsymbol{L}\right)\left(\frac{\boldsymbol{D}}{\omega}\right)^{-1}\left(\frac{\boldsymbol{D}}{\omega} + \boldsymbol{L}\right)^{\mathrm{T}} \tag{3-1-53}$$

其中 $\boldsymbol{L}$ 为下三角阵，$\boldsymbol{D}$ 为对角阵，ω 为超松弛因子 ($1 \leqslant \omega < 2$) 。超松弛预条件共轭梯度法的迭代过程如下:

① 置初值: $\boldsymbol{x}_0$, $\boldsymbol{g}_0 = \boldsymbol{b} - \boldsymbol{Kx}_0$, $\boldsymbol{p}_0 = \boldsymbol{h}_0 = \boldsymbol{M}^{-1}\boldsymbol{g}_0$。

② 开始迭代过程:

$$\alpha_i = \frac{(\boldsymbol{g}_i, \boldsymbol{h}_i)}{(\boldsymbol{p}_i, \boldsymbol{Kp}_i)} \tag{3-1-54a}$$

$$\boldsymbol{x}_{i+1} = \boldsymbol{x}_i + \alpha_i\boldsymbol{p}_i \tag{3-1-54b}$$

$$g_{i+1} = g_i - \alpha_i K p_i \quad (3-1-54c)$$

$$h_{i+1} = M^{-1} g_{i+1} \quad (3-1-54d)$$

$$\beta_{i+1} = \frac{(g_{i+1}, h_{i+1})}{(g_i, h_i)} \quad (3-1-54e)$$

$$p_{i+1} = h_{i+1} + \beta_{i+1} p_i \quad (3-1-54f)$$

$i = 0, 1, 2, \cdots$

③ 判断是否满足收敛标准 $(g_{i+1}, h_{i+1})/(g_0, h_0) < \varepsilon = 10^{-10}$。若不满足，则重复步骤②，直至达到收敛标准，迭代过程结束。

其中 $(\cdot, \cdot)$ 表示内积，i 表示迭代序号，g 和 p 分别表示梯度和共轭方向向量，h 为一中间临时向量，α_i 和 β_{i+1} 为标量，分别表示 x 和 p 的修正因子。在上述计算过程中，不必存储预条件矩阵 M。对于 $h_{i+1} = M^{-1} g_{i+1}$ 的求解也无需直接计算，可将它转化为方程组形式 $Mh_{i+1} = g_{i+1}$，然后利用高斯消去法经顺代和回代过程得到 h_{i+1}，由于顺代和回代过程仅涉及少数非零元素的相乘、相加，所以仅需要很少的计算量。

为检验对称超松弛预条件共轭梯度算法的收敛性，对节点总数为 52022 的模型进行试算[77]，收敛标准 $\varepsilon = 10^{-8}$。图 3-1-4 为 SSORPCG 法的误差收敛曲线，从图中可看出，迭代 101 次即可达到收敛标准，在 Intel CPU 2. 33GHz 的微机上耗时约 2 s。松弛因子 ω 也是影响收敛速度快慢的一个因素，通过改变 ω 的值观察 SSORPCG 法迭代次数 n 的变化情况，其中当 $\omega = 1.45$ 时，收敛速度最快，如图 3-1-5 所示。

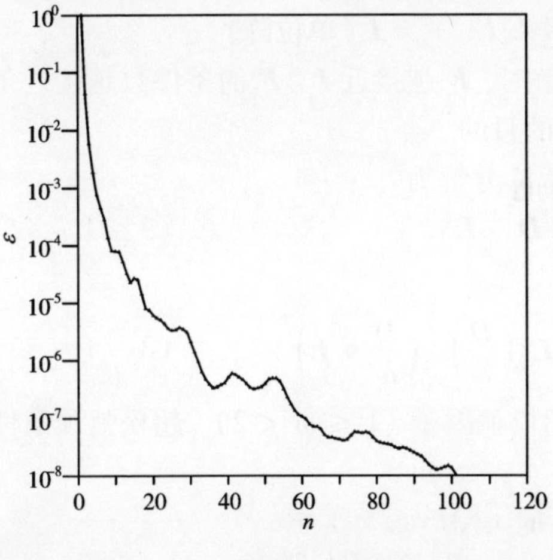

图 3-1-4　SSORPCG 法的误差收敛曲线

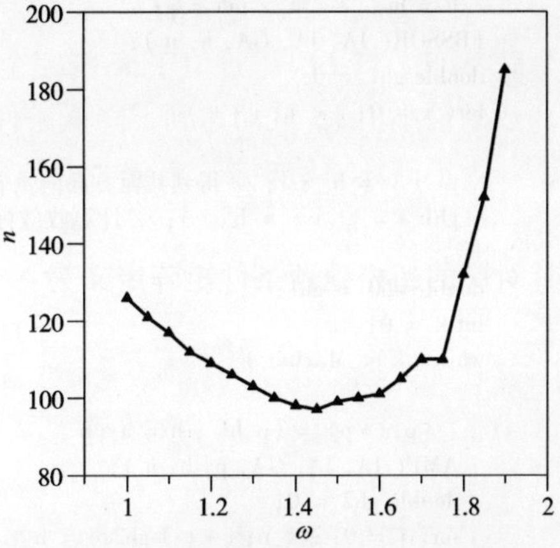

图 3-1-5　迭代次数 n 随松弛因子 ω 的变化曲线

为便于学习，下面给出 SSORPCG 算法的 C ++ 程序代码：

```
//=====================================================================//
// 函数名称：SSORPCG()                                                  //
// 函数目的：采用 SSOR 预条件共轭梯度法解大型对称稀疏方程组               //
// 参数说明：IA：记录下三角阵每行非零元素的个数 IA[i+1] - IA[i]          //
//          JA：记录下三角阵每行非零元素的列号                           //
//          GA：记录下三角阵每行的非零元素                               //
//           x：方程组的解向量                                           //
//           b：方程组的右端向量                                         //
//           n：方程组的阶                                               //
//=====================================================================//
void SSORPCG( int *IA, int *JA, double *GA, double *x, double *b, int n )
{
//////////////////////////////////////////////////////////////
int i;
double EPS = 1.0e-10; // 终止条件
int MaxIter = 2000; // 最大迭代次数
//////////////////////////////////////////////////////////////
// 定义数组
double *h = new double [ n ]; // 中间向量
double *g = new double [ n ]; // 梯度向量
double *p = new double [ n ]; // 共轭方向向量
//////////////////////////////////////////////////////////////
// 给迭代赋初值
for( i = 0; i < n; i++ )
{
  x[ i ] = 0; // 给 x 赋初值
  g[ i ] = b[ i ]; // 给梯度向量 g 赋初值
  h[ i ] = g[ i ]; // 给中间向量 h 赋初值作为回代右端项和解向量
}
//h = m - *g = > mh = g;
FBSSOR( IA, JA, GA, h, n );
double gh1 = 0;
for( i = 0; i < n; i++ )
{
  p[ i ] = h[ i ]; // 得到共轭方向向量 p 的初值
  gh1 += g[ i ] * h[ i ]; // 计算收敛标准
}
double gh0 = gh1;
int k = 0;
while( k < MaxIter )
{
  //(p,a*p) = (p,h) ; h = a*p
  AMP( IA, JA, GA, p, h, n );
  double gh2 = 0;
  for( i = 0; i < n; i++ ) gh2 += h[ i ] * p[ i ];
  //alpha = (g,h)/(p,a*p) = deta1/deta2;
  double alpha = gh1 / gh2;
  //x = x + alpha*p
  //g = g - alpha*a*p = g - alpha*t;
  for( i = 0; i < n; i++ )
  {
```

```
        x[ i ] += alpha * p[ i ];
        g[ i ] -= alpha * h[ i ];
        h[ i ] = g[ i ];
      }
      //h = m - *g => mh = g;
      FBSSOR( IA, JA, GA, h, n );
      //beta = [g(k+1),h(k+1)]/[g(k),h(k)] = deta3/deta1;
      gh2 = 0;
      for( i = 0; i < n; i++ ) gh2 += g[ i ] * h[ i ];
      if( abs( gh2 / gh0 ) < EPS )break;
      double beta = gh2 / gh1;
      gh1 = gh2;
      for( i = 0; i < n; i++ ) p[ i ] = h[ i ] + beta * p[ i ];
      k += 1;
    }
    delete [ ]h; delete [ ]g; delete [ ]p;
}
//=====================================================================//
// 函数名称：FBSSOR( )                                                    //
// 函数目的：利用顺代、回代方式计算向量                                      //
// 参数说明：IA：记录下三角阵每行非零元素的个数 IA[i+1] - IA[i]               //
//          JA：总体刚度矩阵元素的列号                                     //
//           a：总体刚度矩阵                                              //
//           x：解向量                                                   //
//           n：方程的阶                                                 //
//=====================================================================//
void FBSSOR( int *IA, int *JA, double *GA, double *x, int n )
{
    int i, j;
    double omega = 1.45; // 松弛因子
    ////////////////////////////////////////////////////////////////
    // 顺代过程 - 下三角
    for( i = 0; i < n; i++ )// 行
    {
      // 定出非对角线非零元素的起始位置(除对角线外)
      int ibgn = IA[ i ]; // 行的开始
      int iend = IA[ i + 1 ] - 1; // 行的结束
      for( j = ibgn; j < iend; j++ ) x[ i ] -= GA[ j ] * x[ JA[ j ] ];// 列
      x[ i ] *= omega / GA[ iend ];
    }
    ////////////////////////////////////////////////////////////////
    // 回代过程 - 上三角
    for( i = n - 1; i >= 0; i-- )// 行
    {
      // 定出非对角线非零元素的起始位置(除对角线外)
      int ibgn = IA[ i ]; // 行的开始
      int iend = IA[ i + 1 ] - 1; // 行的结束
      double t = omega * x[ i ];
      for( j = ibgn; j < iend; j++ )
          x[ JA[ j ] ] -= GA[ j ] * t / GA[ IA[ JA [ j ] + 1 ] - 1 ];// 列
    }
}
```

```
//=================================================================//
// 函数名称：AMP( )                                                  //
// 函数目的：矩阵与向量的乘积 A X P                                   //
// 参数说明：IA：记录下三角阵每行非零元素的个数 IA[i+1] - IA[i]       //
//           JA：总体刚度矩阵元素的列号                               //
//           GA：总体刚度矩阵                                         //
//          RHS：总体刚度矩阵                                         //
//            p：待乘向量                                             //
//            n：方程的阶                                             //
//=================================================================//
void AMP( int *IA, int *JA, double *GA, double *p, double *RHS, int n )
{
  for( int i = 0; i < n; i++ )
  {
    int ibgn = IA[ i ];
    int iend = IA[ i+1 ] - 1;
    RHS[ i ] = GA[ iend ] * p[ i ];
    for( int j = ibgn; j < iend; j++ )
    {
      double ald = GA[ j ] * p[ JA[ j ] ];
      RHS[ i ] += ald; // Al * D
      double aud = GA[ j ] * p[ i ];
      RHS[ JA[ j ] ] += aud; // Au * D
    }
  }
}
```

3.1.6 起伏地表网格节点的高程插值

对于起伏地形电位场的三维有限元数值模拟，如果地表网格节点的高程依靠手工给出，工作量是比较大的。本小节将介绍一种按方位取点局部多重二次曲面插值算法。根据工区已知控制点的坐标和高程，通过曲面插值自动获取地表有限元网格剖分节点的高程，使得起伏地形电位场的三维有限元数值模拟方便、快捷。

(1) 局部多重二次曲面插值算法的基本思想

考虑到多重二次曲面拟合法具有掩盖插值曲面局部特征的缺点[78]，因此考虑仅在待插点附近搜索少量的已知高程点以构造局部多重二次曲面，并将二次曲面上与待插点对应的属性值作为插值结果。

为避免局部多重二次曲面插值产生“偏倚”效应，这里采用按方位取点法[79]，即以待插网格点(i, j)为中心，将平面分成四个基本象限，再把每个象限分成n_0等份，这样就把全平面分成$4n_0$等份，然后以搜索半径R在每个等分角内寻找距(i, j)最近的几个已知属性点来构造局部多重二次曲面，如图3-1-6所示。由于受各种因素的影响，实际测量的原始数据点分布不可能很均匀，也就无法给出合理的搜索半径。对此，本书将整个插值区域分成十等份，计算出与每份面积相等的圆的半径，将其作为初始搜索半径R。如果在半径为R的每个等分角内搜索的已知属性点数达不到事先设定的个数(如5个)，则以1.5倍增大搜索半径，直到搜索的点数达到事先给定的个数，或已达到区域边界，搜索中止；如果在半径为 R 的每个等分角内搜索的已知属性点数多于事先设定的个数，则最近的数据点参与计算。这样处理可以减少因大范围搜索而耗费的时间，同时也增加了插值算法的自适应性。

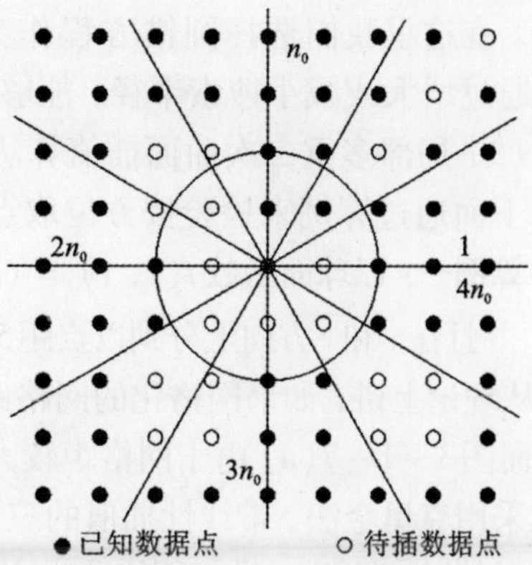

图3-1-6 按方位取点法示意图

(2) 局部多重二次曲面插值算法的实现过程

在确定好待插点附近几个已知属性点以后，采用圆锥方程：

$$\sqrt{(x^2+y^2)\tan^2 a}=z \tag{3-1-55}$$

作为曲面函数来构造二次曲面[10]。其中 z 为 xoy 平面上圆锥顶点的标高；$\tan a$ 为圆锥曲面的斜率。同样，多重二次曲面可以由局部区域内一系列圆锥的顶点建立，根据已知点，可以得到多重二次曲面函数的方程组：

$$\sum_{j=1}^{n}\sqrt{(x_i-x_j)^2+(y_i-y_j)^2}c_j=z_i,\quad i=1,2,\cdots,n \tag{3-1-56}$$

其中 c_j 代表第 j 个属性点相对第 i 属性点所张圆锥面的斜率，(x_i, y_i) 和 (x_j, y_j) 为已知点的坐标，z_i 为已知点的属性值，n 为局部区域已知点的个数。若令：

$$\boldsymbol{A}=\begin{vmatrix} 0 & \sqrt{(x_1-x_2)^2+(y_1-y_2)^2} & \cdots & \sqrt{(x_1-x_n)^2+(y_1-y_n)^2} \\ \vdots & \vdots & & \vdots \\ \sqrt{(x_n-x_1)^2+(y_n-y_1)^2} & \sqrt{(x_n-x_2)^2+(y_n-y_2)^2} & \cdots & 0 \end{vmatrix}$$

$$\boldsymbol{C}^{\mathrm{T}}=\begin{vmatrix} c_1 & c_2 & \cdots & c_n \end{vmatrix}$$

$$\boldsymbol{Z}^{\mathrm{T}}=\begin{vmatrix} z_1 & z_2 & \cdots & z_n \end{vmatrix}$$

则可将式(3-1-56)改写为矩阵形式：

$$\boldsymbol{AC}=\boldsymbol{Z} \tag{3-1-57}$$

上述方程仅有斜率向量 $\boldsymbol{C}$ 为未知向量，可通过列选主元高斯消去法求解。然后，将解向量 $\boldsymbol{C}$ 及待插点(x_p, y_p)代入下式：

$$\sum_{j=1}^{n}\sqrt{(x_p-x_j)^2+(y_p-y_j)^2}c_j=z_p \tag{3-1-58}$$

中，便可计算出待插点(x_p, y_p)的属性值 z_p。通过重复按方位搜索取点，并建立局部区域的多重二次曲面，便可完成整个区域网格节点的二维插值，所需的计算量很少。在这里我们选择圆锥方程作为曲面函数，主要由于它具有良好的自适应性。通过增大或减小搜索半径，能够达到调节插值曲面平滑程度的目的。

(3) 局部多重二次曲面插值算法的插值效果

下面通过算例来检验按方位取点的局部多重二次曲面插值算法的插值效果。

算例一： 以球面函数 $f(x, y) = (x^2 + y^2)^{1/2}$ 来构造一个理论模型，$x, y \in [-25, 25]$，并且在 x 和 y 方向上分别以点距 5 m 进行取值，绘制的等值线如图 3－1－7(a) 所示。从理论上讲，如果网格化的网格距很小，那么绘制的等值线应该为光滑的同心圆。而图 3－1－7(a) 由于网格距较大，绘制的等值线图在圆心附近出现误差。接着分别采用克里金法、带线性插值的三角剖分法及按方位取点的局部多重二次曲面插值法对其以点距 1 m 进行网格化，绘制的等值线图分别如图 3－1－7(b)、3－1－7(c) 和 3－1－7(d) 所示。从图中可以看出，带线性插值的三角剖分法的网格化结果在中心等值线处出现棱角；而克里金法和本书方法都能得到光滑的同心圆，插值效果较好。

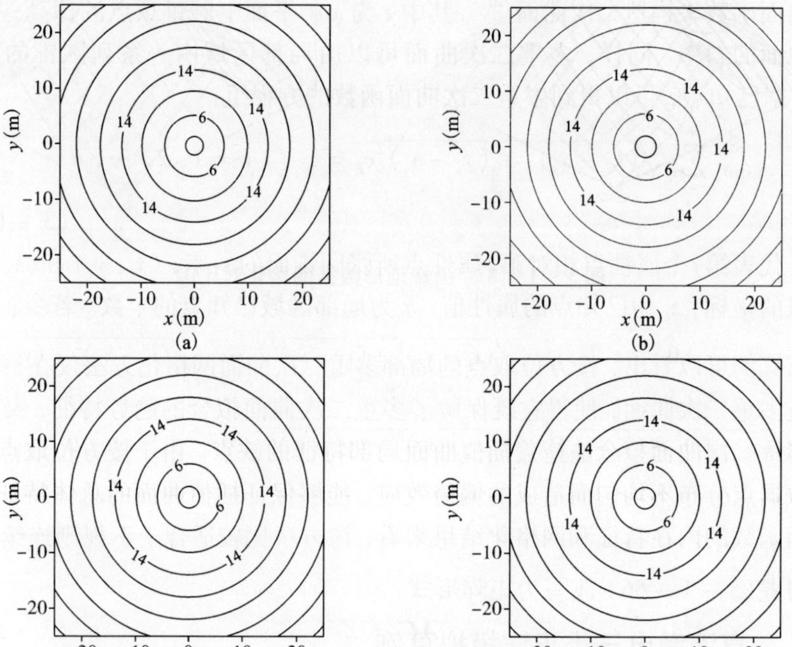

图 3－1－7　理论模型数据插值对比图

算例二： 对于图 3－1－8(a) 所示的山脊地形仿真数据，分别采用克里金法、带线性插值的三角剖分法及按方位取点局部多重二次曲面插值法对其进行网格化，网格化结果分别如图 3－1－8(b) ～ 3－1－8(d) 所示。可以看出，与带线性插值的三角剖分网格化结果相比，克里金法与局部多重二次曲面插值法均能得到一个较光滑的曲面，网格化效果较好。

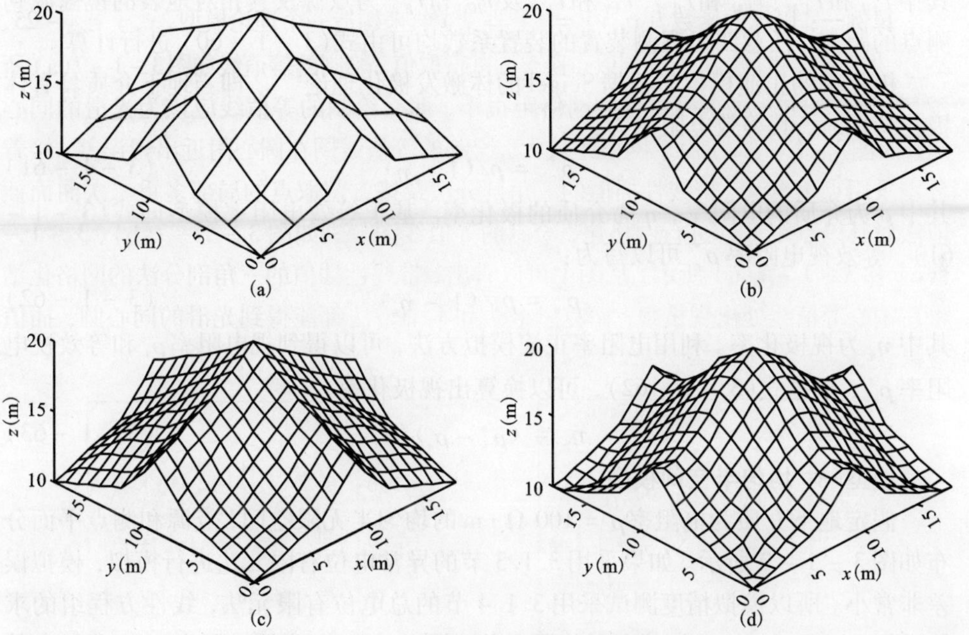

图 3－1－8　山脊地形数据网格化对比图

从算例可以看出，按方位取点的局部多重二次曲面网格化方法仅在待插点附近构造多重二次曲面，使得它既保留了多重二次曲面拟合的趋势特征，又改善了原有多重二次曲面拟合法掩盖插值曲面局部特征的缺点。由于按方位取点，避免了因数据点分布不均匀而造成的偏倚效应，能够保证插值曲面的总体特征。从圆锥曲面函数的内在特征和网格化结果来看，该方法比较适合于不规则连续曲面的二维插值。

3.1.7　直流激电三维正演模拟算例

电阻率的正演模拟是计算视电阻率，可以根据电位的模拟结果换算出视电阻率，即

$$\rho_s = K \cdot \Delta U / I \tag{3-1-59}$$

其中 ΔU 为电位差，I 为电流强度，K 为装置系数。在野外工作中，不论在地表还是

地下观测，采集一个视电阻率数据通常需要两个供电电极和两个测量电极，即供电正极 A、供电负极 B、测量电极 M 和 N。这样装置系数 K 可写为：

$$K = \frac{4\pi}{\frac{1}{r_{AM}} - \frac{1}{r_{BM}} - \frac{1}{r_{AN}} + \frac{1}{r_{BN}} + \frac{1}{r_{A'M}} - \frac{1}{r_{B'M}} - \frac{1}{r_{A'N}} + \frac{1}{r_{B'N}}} \tag{3-1-60}$$

其中 r_{AM} 和 $r_{A'M}$、r_{BM} 和 $r_{B'M}$、r_{AN} 和 $r_{A'N}$ 及 r_{BN} 和 $r_{B'N}$ 为点源及其相对地表的镜像源到测点的距离。任意四极观测装置的装置系数均可由式(3-1-60)进行计算。

极化率的正演模拟是根据 Seigel 的体激发极化理论[80]，即当地下介质具有体极化特性时，其等效电阻率为：

$$\rho^* = \rho/(1-\eta) \tag{3-1-61}$$

其中 ρ 为介质的电阻率，η 为介质的极化率。基于等效电阻率模型即式(3-1-61)，等效视电阻率 ρ_s^* 可以写为：

$$\rho_s^* = \rho_s/(1-\eta_s) \tag{3-1-62}$$

其中 η_s 为视极化率。利用电阻率正演模拟方法，可以得到视电阻率 ρ_s 和等效视电阻率 ρ_s^*，根据式(3-1-62)，可以换算出视极化率：

$$\eta_s = (\rho_s^* - \rho_s)/\rho_s^* \tag{3-1-63}$$

模型一：均匀半空间模型

假定地下介质为电阻率 $\rho = 100\ \Omega \cdot \text{m}$ 的均匀半无限空间，点源和测点平面分布如图 3-1-9 所示。如果采用 3.1.3 节的异常电位有限元法进行模拟，模拟误差非常小。所以模拟精度测试采用 3.1.4 节的总电位有限元法，线性方程组的求解采用 SSORPCG 法。相邻电极间隔分别剖分 1、2、4 等份对研究区域进行参数化，得到沿 x 轴各节点电位的精确解、数值解及相对误差，见表 3-1-2。从表中可以看出，在点源附近模拟结果的误差较大(这是采用总电位法普遍存在的一个问题，可以通过加密网格或采用高阶插值函数来改善模拟精度)，随着相邻电极间隔剖分数的增加，模拟精度逐渐提高，但计算量也随着网格节点数的增加而迅速增加。鉴于计算量和精度问题，相邻电极间隔剖分 2 等份，可将模拟误差控制在 5% 以内。

三维正演模拟计算效率的高低主要取决于线性方程组的求解方法，这里采用 3.1.5 节中的乔里斯基分解法和对称超松弛预条件共轭梯度法。地电模型采用相同的网格剖分，改变模型的供电电极数，在 Pentium4 1.7 GHz 的微机上测试对比 $\boldsymbol{LDL}^{\mathrm{T}}$ 法和 SSORPCG 法的耗时。计算时供电电极数分别选为 1、10 和 100，耗费时间对比如图 3-1-10 所示。当电极数较少时，SSORPCG 法具有明显的优势，当电极数很大时，耗费时间呈线性增加。而对于 $\boldsymbol{LDL}^{\mathrm{T}}$ 法，耗费时间曲线并没有随电极数的增加呈现明显上升趋势。两种方法在耗费时间和内存方面各有优缺，应根据实际情况酌情使用。

表 3－1－2　数值解与精确解的对比结果

AM (m)	精确解 (V)	数值解 /1 份 (V)	相对误差 (%)	数值解 /2 份 (V)	相对误差 (%)	数值解 /4 份 (V)	相对误差 (%)
2	7.95775	7.44834	6.40143	7.57667	4.78879	7.70486	3.17791
4	3.97887	3.73916	6.02457	3.78002	4.99765	3.89200	2.18328
6	2.65258	2.48916	6.16079	2.53643	4.37876	2.59203	2.28268
8	1.98944	1.88631	5.18387	1.91716	3.63318	1.94905	2.03022
10	1.59155	1.52781	4.00490	1.54482	2.93613	1.56503	1.66630
12	1.32629	1.28800	2.88700	1.29570	2.30643	1.30934	1.27800
14	1.13682	1.11543	1.88156	1.11728	1.71883	1.12667	0.89284
16	0.99472	0.98503	0.97364	0.98317	1.16143	0.98982	0.49200
18	0.88419	0.88288	0.14861	0.87823	0.67485	0.88302	0.13278

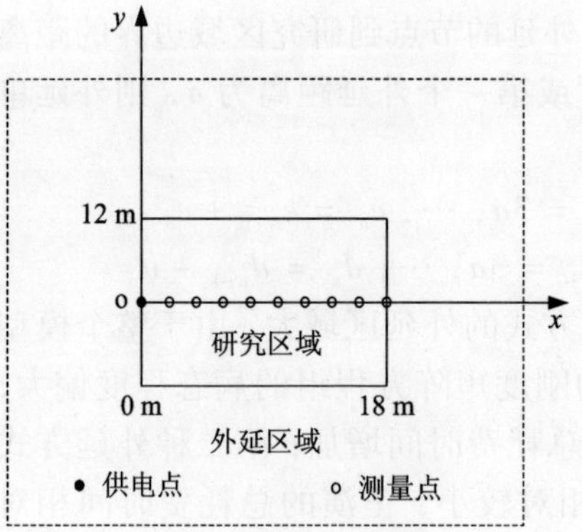

图 3－1－9　点源和测点平面分布图

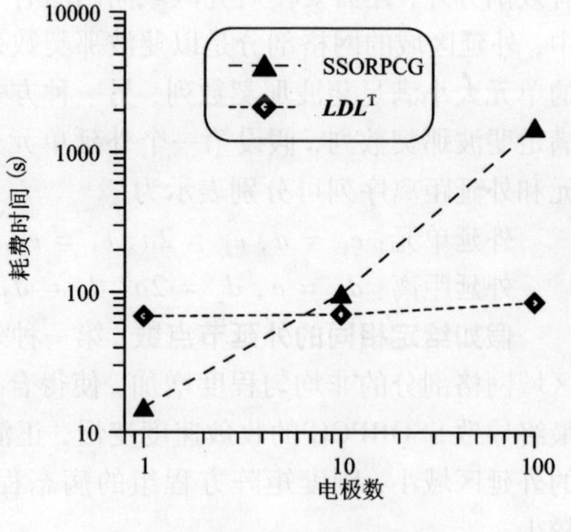

图 3－1－10　耗费时间对比

（2）连续层状介质模型

假定地下为三层介质，第一层的电阻率为 50 Ω · m，极化率为 5%，厚度为 10 m；第三层的电阻率为 500 Ω · m，极化率为 2%；第二层的厚度为 10 m，电阻率和极化率均线性过渡，对该模型采用 3.1.3 节的有限元方法模拟对称四极装置的电阻率和极化率测深曲线，供电极距序列 $AB/2$ 设计为 0.5、1、2、4、8、12、16、20、25、30、40、50、70、90、120、150、220、320，测量极距序列 $MN/2$ 设计为供电极距序列 $AB/2$ 的 1/5。

视电阻率和视极化率测深曲线的模拟结果如图 3－1－11 所示，图中解析解是将第二层细分成 10 层后的近似线性连续过渡，可以看出电阻率和极化率的数值解与解析解均拟合得较好，说明算法在模拟精度上可以满足实用要求。

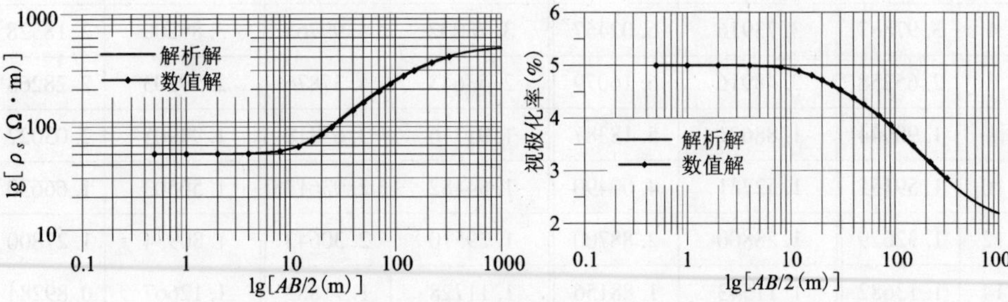

图 3－1－11　三维有限元模拟的直流激电测深曲线

另外，为保证有限元法的模拟精度，除对电极的分布区域（即研究区域）进行有效剖分外，还需要使研究区域向四周有一定范围的外延（即外延区域）。在本书中，外延区域的网格剖分是以斐波那契数列向周围逐渐外延的，一种方式是外延的单元大小满足斐波那契数列，另一种方式是外延的节点到研究区域边界的距离满足斐波那契数列，假设第一个外延单元尺度或第一个外延距离为 a，则外延单元和外延距离序列可分别表示为：

外延单元：$e_1 = a,\ e_2 = 2a,\ e_3 = e_2 + e_1 = 3a,\ \cdots,\ e_n = e_{n-1} + e_{n-2}$

外延距离：$d_1 = a,\ d_2 = 2a,\ d_3 = d_2 + d_1 = 3a,\ \cdots,\ d_n = d_{n-1} + d_{n-2}$

假如给定相同的外延节点数：第一种外延方式的外延区域大，由于整个模型区域网格剖分的非均匀程度增加，使得合成的刚度矩阵方程组的病态程度偏大，最终导致 SSORPCG 的收敛速度变慢，正演的总耗费时间增加；第二种外延方式的外延区域小，刚度矩阵方程组的病态程度相对较小，正演的总耗费时间相对较少。

假如给定相同的外延区域：第一种外延方式的外延节点数少，使得整个模型区域网格剖分的总节点数少，相比之下，第二种外延方式的总节点数明显要大很多。两种外延方式由于方程组的病态程度大和节点数多的因素，在正演耗费时间上两者可能会相当，但第二种外延方式的正演精度略高，所以本书有限元模拟中的外延区域均采用第二种方式进行网格剖分。

对于本例中的连续层状介质模型，采用第二种网格外延方式，外延网格节点数为 10，整个模型网格剖分的总节点数为 2112075，最大单元与最小单元的比值为 5500（网格剖分的非均匀程度较高），外延区域与研究区域的比值为 2.23，本例模型正演合计解 72 次方程组（采用 72 个单点源供电求取电位，再利用场的叠加原理换算成双点源电位。如果采用双点源供电，即解 36 次方程组，正演耗费时间将减半），采用 SSORPCG 法解方程组的终止条件设定为 1e－10，平均迭代约 600 次达到收敛，在 Intel CPU 2.67GHz 的笔记本电脑上平均耗时约 400 s。

（3）三维体模型

假如在电阻率为 100 Ω · m、极化率为 2% 的均匀半空间下，存在一 20 m × 8 m × 8 m 的低阻异常体，电阻率和极化率分别为 10 Ω · m 和 10%，顶板距地面 5 m。在异常体正上方布设一条测线，供电和测量电极数合计 16 个，采用偶极－偶极装置测量，点距为 4 m，$AB = MN = 4$ m，隔离系数从 1 到 8，地电模型如图 3－1－12 所示。

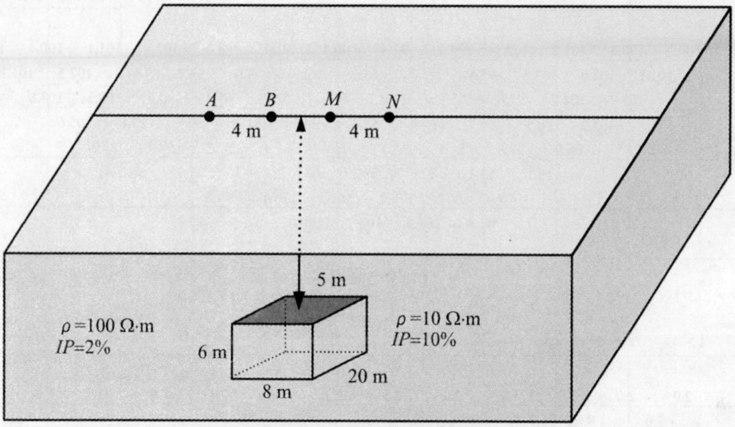

图 3－1－12　三维地电模型示意图

研究区域 X、Y、Z 方向的剖分范围分别为 [10, 70]，[－4, 56]，[－30, 0]，各方向均采用 2 m 的单元进行均匀剖分，生成的节点为 31 × 31 × 16 = 15376 个。采用前述第二种外延方式构建 3 种不同的外延区域，首外延距离 a 为 4 m，地电模型参数化及计算情况见表 3－1－3。从表中可以看出，随外延范围的增大，外延节点数增加，网格剖分的非均匀化程度增加，总结点数增加，方程求解的平均迭代次数和平均耗费时间逐渐增加，符合有限元正演计算过程的一般规律。总体来看，该模型的正演计算过程受网格非均匀化程度的影响较小，主要由于围岩介质的一次场采用了解析计算，压制了这种非均匀程度的影响，并且视电阻率和视极化率的正演结果也说明了这一点，基于三种外延网格的视电阻率模拟结果的最大绝对差异为 0.05，视极化率的最大绝对差异为 0.005。视电阻率和视极化率的拟断面图如图 3－1－13 所示，图中低阻异常呈"八"字型分布规律，符合偶极－偶极拟断面异常的特点，异常的对称性也较好。

表 3-1-3　地电模型参数化及计算情况一览表

最大外延距离(m)	最大单元与最小单元的比值	外延区域与研究区域的比值	外延节点数	总节点数	平均迭代次数	平均耗费时间(s)
132	26	2.2	7	46575	50	0.85
572	110	9.53	10	67626	80	1.81
6384	1220	106.4	15	115351	110	3.5

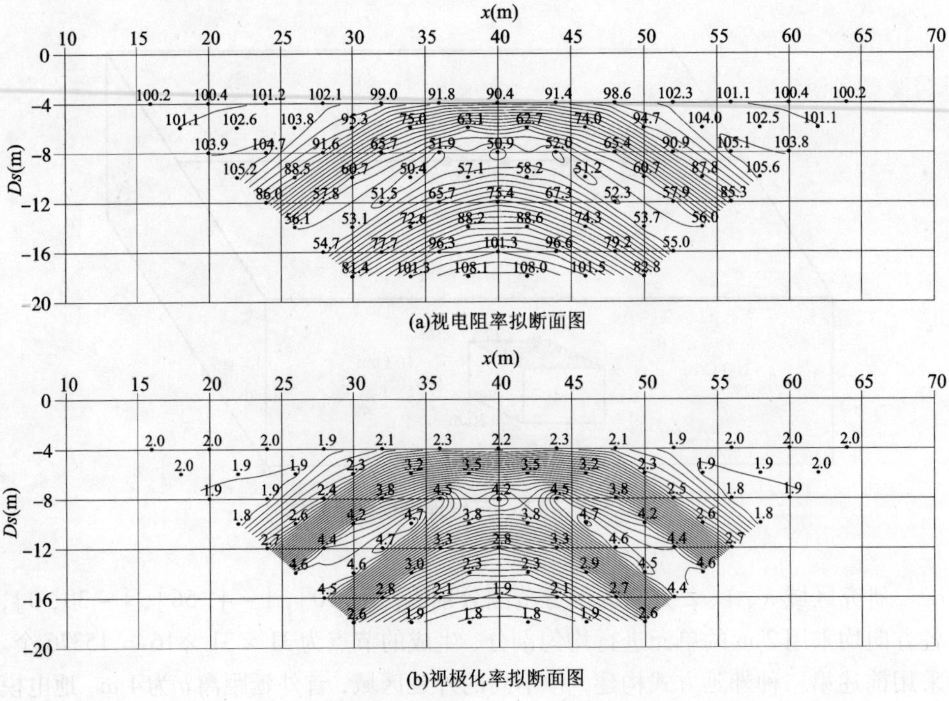

图 3-1-13　三维体模型的视电阻率/视极化率拟断面图

3.2　直流激电二维有限元正演模拟

3.2.1　二维稳定电流场的边值问题

(1) 波数域稳定电流场的偏微分方程

对于传导类电法勘探的二维问题，通常研究的是点源场在二维地电条件下的电位分布。在这种情况下，电位场实际上是三维分布的，地形和地下介质的电导率沿走向(这里选择 y 方向作为走向方向)无变化，即 $\sigma=\sigma(x, z)$，点电流源 $A(x_A, z_A)$ 位于坐标平面 xoz 上($y_A=0$)，则式(3-1-11b)可写为：

$$\frac{\partial}{\partial x}\left(\sigma\frac{\partial U}{\partial x}\right)+\frac{\partial}{\partial y}\left(\sigma\frac{\partial U}{\partial y}\right)+\frac{\partial}{\partial z}\left(\sigma\frac{\partial U}{\partial z}\right)=-I\delta(x-x_A)\delta(y)\delta(z-z_A) \quad (3-2-1)$$

为了消除走向坐标 y，需要对式(3-2-1)两端分别作傅氏变换，由于电位 $U(x, y, z)$ 是实函数，并且是 y 的偶函数，即 $U(x, y, z)=U(x, -y, z)$，所以对 $U(x, y, z)$ 作余弦傅氏变换，并且积分区间选择 0 到 ∞，则余弦傅氏变换公式为：

$$V(\lambda, x, z)=\int_0^{\infty}U(x, y, z)\cos(\lambda y)\mathrm{d}y$$

其中 $V(\lambda, x, z)$ 为空间域电位 $U(x, y, z)$ 经余弦傅氏变换后的波数域电位，λ 称为波数或傅氏变换变量。

下面对式(3-2-1)两端各项作余弦傅氏变换：

① 对式(3-2-1)的第一项作余弦傅氏变换：

$$\int_0^{\infty}\frac{\partial}{\partial x}\left(\sigma\frac{\partial U}{\partial x}\right)\cos(\lambda y)\mathrm{d}y=\frac{\partial}{\partial x}\left[\sigma\frac{\partial}{\partial x}\int_0^{\infty}U(x, y, z)\cos(\lambda y)\mathrm{d}y\right]$$

$$=\frac{\partial}{\partial x}\left[\sigma\frac{\partial V(\lambda, x, z)}{\partial x}\right] \quad (3-2-2)$$

② 对式(3-2-1)的第二项作余弦傅氏变换，有：

$$\int_0^{\infty}\frac{\partial}{\partial y}\left(\sigma\frac{\partial U}{\partial y}\right)\cos(\lambda y)\mathrm{d}y=\sigma\int_0^{\infty}\frac{\partial^2 U(x, y, z)}{\partial y^2}\cos(\lambda y)\mathrm{d}y \quad (3-2-3)$$

对式(3-2-3)右端项进行两次分部积分，以及利用当 $y\to\infty$ 时，$U(x, y, z)\to 0$，$\frac{\partial U(x, y, z)}{\partial y}\to 0$，$\frac{\partial U(x, y, z)}{\partial y}\Big|_{y=0}=0$，则式(3-2-3)右端项的整理过程为：

$$\sigma\int_0^{\infty}\frac{\partial^2 U(x, y, z)}{\partial y^2}\cos(\lambda y)\mathrm{d}y=\sigma\int_0^{\infty}\cos(\lambda y)\mathrm{d}\frac{\partial U(x, y, z)}{\partial y}$$

$$=\sigma\frac{\partial U(x, y, z)}{\partial y}\cos(\lambda y)\Big|_0^{\infty}-\sigma\int_0^{\infty}\frac{\partial U(x, y, z)}{\partial y}\mathrm{d}\cos(\lambda y)$$

$$=\lambda\sigma\int_0^{\infty}\frac{\partial U(x, y, z)}{\partial y}\sin(\lambda y)\mathrm{d}y=\lambda\sigma\int_0^{\infty}\sin(\lambda y)\mathrm{d}U(x, y, z)$$

$$=\lambda\sigma\sin(\lambda y)U(x, y, z)\Big|_0^{\infty}-\lambda\sigma\int_0^{\infty}U(x, y, z)\mathrm{d}\sin(\lambda y)$$

$$=-\lambda^2\sigma\int_0^{\infty}U(x, y, z)\cos(\lambda y)\mathrm{d}y=-\lambda^2\sigma V(\lambda, x, z) \quad (3-2-4)$$

③ 对式(3-2-1)的第三项作余弦傅氏变换，有：

$$\int_0^{\infty}\frac{\partial}{\partial z}\left(\sigma\frac{\partial U}{\partial z}\right)\cos(\lambda y)\mathrm{d}y=\frac{\partial}{\partial z}\left[\sigma\frac{\partial V(\lambda, x, z)}{\partial z}\right] \quad (3-2-5)$$

④ 对式(3 - 2 - 1) 右端项作余弦傅氏变换，有：

$$-\int_0^\infty I\delta(x-x_A)\delta(y)\delta(z-z_A)\cos(\lambda y)\mathrm{d}y=-I\delta(x-x_A)\delta(z-z_A)\int_0^\infty\delta(y)\cos(\lambda y)\mathrm{d}y \tag{3-2-6}$$

根据狄拉克函数的积分性质：

$$\int_0^\infty\delta(y)\cos(\lambda y)\mathrm{d}y=\frac{1}{2}\cos(0)=\frac{1}{2}$$

则式(3 - 2 - 6) 可整理为：

$$-\int_0^\infty I\delta(x-x_A)\delta(y)\delta(z-z_A)\cos(\lambda y)\mathrm{d}y=-\frac{1}{2}I\delta(x-x_A)\delta(z-z_A) \tag{3-2-7}$$

综合式(3 - 2 - 2)、式(3 - 2 - 4)、式(3 - 2 - 5) 和式(3 - 2 - 7)，经整理可得到波数域的稳定电流场的偏微分方程：

$$\frac{\partial}{\partial x}\left(\sigma\frac{\partial V}{\partial x}\right)+\frac{\partial}{\partial z}\left(\sigma\frac{\partial V}{\partial z}\right)-\lambda^2\sigma V=-f \tag{3-2-8}$$

其中 $\sigma=\sigma(x, z)$，$V=V(\lambda, x, z)$，$f=\frac{1}{2}I\delta(x-x_A)\delta(z-z_A)$。

(2) 波数域稳定电流场的边值条件

对于波数域的地表边界条件，可对式(3 - 1 - 12) 两端作余弦傅氏变换，有：

$$\int_0^\infty\frac{\partial U}{\partial n}\cos(\lambda y)\mathrm{d}y=\frac{\partial}{\partial n}\int_0^\infty U(x, y, z)\cos(\lambda y)\mathrm{d}y=\frac{\partial V}{\partial n}=0,\ \in\Gamma_s \tag{3-2-9}$$

对于波数域的截断边界条件，可对式(3 - 1 - 13) 两端作余弦傅氏变换，有：

$$\begin{aligned}V(\lambda, x, z)&=\int_0^\infty U(x, y, z)\cos(\lambda y)\mathrm{d}y=\int_0^\infty\frac{c}{r}\cos(\lambda y)\mathrm{d}y\\&=c\int_0^\infty\frac{1}{\sqrt{R^2+y^2}}\cos(\lambda y)\mathrm{d}y\\&=c\mathrm{K}_0(\lambda R),\ \in\Gamma_\infty\end{aligned} \tag{3-2-10}$$

其中 $R=\sqrt{(x^2+z^2)}$ 为 xoz 平面上点源至截断边界的距离，对其两端计算截断边界外法线方向的方向导数，并根据 $\mathrm{dK}_0(x)/\mathrm{d}x=-\mathrm{K}_1(x)$，有：

$$\frac{\partial V}{\partial n}=\frac{\partial V}{\partial R}\frac{\partial R}{\partial n}=-c\lambda\mathrm{K}_1(\lambda R)\cos(\boldsymbol{R}, \boldsymbol{n}) \tag{3-2-11}$$

其中 $\cos(\boldsymbol{R}, \boldsymbol{n})$ 是矢径 $\boldsymbol{R}$ 与外法向向量 $\boldsymbol{n}$ 的夹角余弦，K_0，K_1 分别为第二类零阶、一阶修正贝塞尔函数。将式(3 - 2 - 10) 和式(3 - 2 - 11) 两式联立，可得波数域的第三类边界条件：

$$\frac{\partial V}{\partial n}+\lambda CV=0,\ \in\Gamma_\infty \tag{3-2-12}$$

其中 $C = K_1(\lambda R)\cos(\boldsymbol{R}, \boldsymbol{n})/K_0(\lambda R)$。

(3) 波数域稳定电流场的边值问题

联立式(3-2-8)、式(3-2-9)和式(3-2-12)，得波数域稳定电流场总电位的边值问题：

$$\begin{cases}\nabla\cdot(\sigma\nabla V)-\lambda^2\sigma V=-f, & \in\Omega\\ \partial V/\partial n=0, & \in\Gamma_s\\ \partial V/\partial n+\lambda CV=0, & \in\Gamma_\infty\end{cases}\tag{3-2-13}$$

在水平地形条件下，为消除场源项的影响，通常把式(3-2-13)转化为异常电位的边值问题。通过将地下介质的电导率 σ 分解为场源处电导率 σ_0 与异常电导率 σ_a 之和，即 $\sigma=\sigma_0+\sigma_a$。在波数域将总电位 V 分解为正常电位 V_0 与异常电位 V_a 之和，即 $V=V_0+V_a$。代入式(3-2-13)，经整理消去场源项，便得到波数域稳定电流场异常电位的边值问题：

$$\begin{cases}\nabla\cdot(\sigma\nabla V_a)-\lambda^2\sigma V_a=-\nabla\cdot(\sigma_a\nabla V_0)+\lambda^2\sigma_a V_0, & \in\Omega\\ \partial V_a/\partial n=0, & \in\Gamma_s\\ \partial V_a/\partial n+\lambda CV_a=0, & \in\Gamma_\infty\end{cases}\tag{3-2-14}$$

当点源 $A(x_A, z_A)$ 位于地表时，地下任一点 $P(x_P, z_P)$ 处的波数域正常电位 V_0 为：

$$V_0=\int_0^\infty U_0\cos(\lambda y)\mathrm{d}y=\int_0^\infty\frac{I}{2\pi\sigma_0}\frac{1}{\sqrt{R_{AP}^2+y^2}}\cos(\lambda y)\mathrm{d}y=\frac{I\cdot\mathrm{K}_0(\lambda R_{AP})}{2\pi\sigma_0}\tag{3-2-15}$$

当点源 $A(x_A, z_A)$ 位于地下时，地下任一点 $P(x_P, z_P)$ 处的波数域的正常电位 V_0 为：

$$\begin{aligned}V_0&=\int_0^\infty U_0\cos(\lambda y)\mathrm{d}y=\frac{I}{4\pi\sigma_0}\int_0^\infty\left(1/\sqrt{R_{AP}^2+y^2}+1/\sqrt{R_{A'P}^2+y^2}\right)\cos(\lambda y)\mathrm{d}y\\&=\frac{I\cdot[\mathrm{K}_0(\lambda R_{AP})+\mathrm{K}_0(\lambda R_{A'P})]}{4\pi\sigma_0}\end{aligned}\tag{3-2-16}$$

其中 r_{AP} 和 $r_{A'P}$ 分别为点源 A 及其相对地表的镜像源 A' 到地下空间任一点 P 的距离。

3.2.2　二维稳定电流场的边值问题对应的变分问题

根据能量最小原理，对偏微分方程(3-2-13)构造泛函[72]：

$$I(V)=\int_\Omega\left[\frac{1}{2}\sigma(\nabla V)^2+\frac{1}{2}\lambda^2\sigma V^2-fV\right]\mathrm{d}\Omega\tag{3-2-17}$$

将式(3－2－17)两端对 V 求变分，得：

$$\delta I(V)=\int_{\Omega}(\sigma\nabla V\cdot\nabla\delta V+\lambda^{2}\sigma V\delta V-f\delta V)\mathrm{d}\Omega \tag{3-2-18}$$

根据场论中∇算子的运算规则式(3－1－20)，则方程(3－2－18)可整理为：

$$\delta I(V)=\int_{\Omega}\{\nabla\cdot(\sigma\nabla V\delta V)-[\nabla\cdot(\sigma\nabla V)-\lambda^{2}\sigma V+f]\delta V\}\mathrm{d}\Omega \tag{3-2-19}$$

将式(3－2－13)中的偏微分方程代入式(3－2－19)，有：

$$\delta I(V)=\int_{\Omega}\nabla\cdot(\sigma\nabla V\delta V)\mathrm{d}\Omega \tag{3-2-20}$$

根据奥－高公式(3－1－23)，并结合式(3－2－13)中的边界条件，则方程(3－2－20)变为：

$$\delta I(V)=\oint_{\Gamma_{s}+\Gamma_{\infty}}\sigma\frac{\partial V}{\partial n}\delta V\mathrm{d}\Gamma=-\oint_{\Gamma_{\infty}}\lambda C\sigma V\delta V\mathrm{d}\Gamma=-\delta\left(\frac{1}{2}\oint_{\Gamma_{\infty}}\lambda C\sigma V^{2}\mathrm{d}\Gamma\right) \tag{3-2-21}$$

移项后，即有：

$$\delta\left[I(V)+\frac{1}{2}\oint_{\Gamma_{\infty}}\lambda C\sigma V^{2}\mathrm{d}\Gamma\right]=0 \tag{3-2-22}$$

成立，将式(3－2－17)代入式(3－2－22)，得：

$$\delta\left\{\int_{\Omega}\left[\frac{1}{2}\sigma(\nabla V)^{2}+\frac{1}{2}\lambda^{2}\sigma V^{2}-fV\right]\mathrm{d}\Omega+\frac{1}{2}\oint_{\Gamma_{\infty}}\lambda C\sigma V^{2}\mathrm{d}\Gamma\right\}=0 \tag{3-2-23}$$

因此，二维总电位场的边值问题式(3－2－13)等价的变分问题：

$$\begin{cases}F(V)=\int_{\Omega}\left[\frac{1}{2}\sigma(\nabla V)^{2}+\frac{1}{2}\lambda^{2}\sigma V^{2}-fV\right]\mathrm{d}\Omega+\frac{1}{2}\oint_{\Gamma_{\infty}}\lambda C\sigma V^{2}\mathrm{d}\Gamma\\ \delta F(V)=0\end{cases} \tag{3-2-24}$$

同理，可以推导出与二维异常电位场的边值问题式(3－2－14)等价的变分问题：

$$\begin{cases}F(V_{a})=\int_{\Omega}\left[\frac{1}{2}\sigma(\nabla V_{a})^{2}+\frac{1}{2}\sigma\lambda^{2}V_{a}{}^{2}+\sigma_{a}\nabla V_{0}\cdot\nabla V_{a}+\sigma_{a}\lambda^{2}V_{0}V_{a}\right]\mathrm{d}\Omega+\\ \qquad\int_{\Gamma_{\infty}}\left[\frac{1}{2}\lambda C\sigma V_{a}{}^{2}+\lambda C\sigma_{a}V_{0}V_{a}\right]\mathrm{d}\Gamma\\ \delta F(V_{a})=0\end{cases} \tag{3-2-25}$$

3.2.3　水平地形异常电位二维有限元正演模拟

采用有限单元法求解变分问题即式(3-2-25)，具体求解过程如下：

(1) 单元剖分

采用矩形单元对整个区域进行剖分，如图 3-2-1 所示。将式(3-2-25)中对区域 Ω 和边界 Γ_∞ 的积分分解为对各单元 e 和 Γ_e 的积分之和：

$$F(V_a) = \sum_{\Omega}\int_e\left[\frac{1}{2}\sigma(\nabla V_a)^2 + \frac{1}{2}\sigma\lambda^2 V_a^{\ 2} + \sigma_a\nabla V_0\cdot\nabla V_a + \sigma_a\lambda^2 V_0 V_a\right]d\Omega + \sum_{\Gamma_\infty}\int_{\Gamma_e}\left(\frac{1}{2}\lambda C\sigma V_a^{\ 2} + \lambda C\sigma_a V_0 V_a\right)d\Gamma \tag{3-2-26}$$

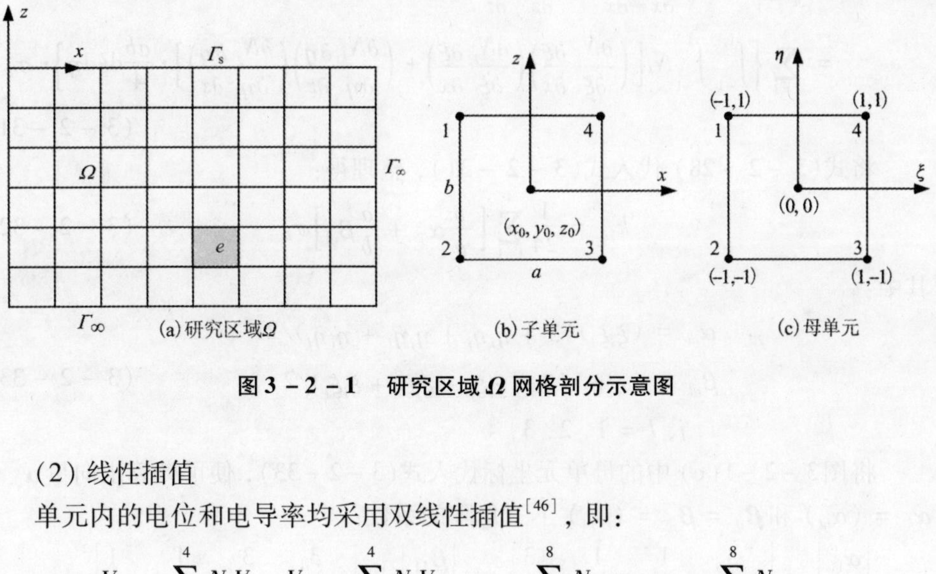

图 3-2-1　研究区域 Ω 网格剖分示意图

(2) 线性插值

单元内的电位和电导率均采用双线性插值[46]，即：

$$V_0 = \sum_{i=1}^{4} N_i V_{0i},\ V_a = \sum_{i=1}^{4} N_i V_{ai},\ \sigma = \sum_{i=1}^{8} N_i\sigma_i,\ \sigma_a = \sum_{i=1}^{8} N_i\sigma_{ai} \tag{3-2-27}$$

式中 V_{0i} 和 $V_{ai}(i=1, 2, 3, 4)$ 分别为单元各节点的波数域的正常电位和异常电位，σ_i 和 σ_{ai} 分别为单元上各节点的电导率和异常电导率，N_i 为形函数，且有：

$$N_i = \frac{1}{4}(1+\xi_i\xi)(1+\eta_i\eta) \tag{3-2-28}$$

其中 ξ_i，η_i 为点 i 的坐标，如图 3-2-1(c) 所示。ξ，η 与 x，z 的对应关系为：

$$x = x_0 + \frac{a}{2}\xi,\ z = z_0 + \frac{b}{2}\eta$$

式中 x_0，z_0 为子单元的中点坐标，a 和 b 为子单元的边长，如图 3-2-1(b) 所示。

微分关系为：

$$dx = \frac{a}{2}d\xi,\ dz = \frac{b}{2}d\eta,\ dxdz = \frac{ab}{4}d\xi d\eta \qquad (3-2-29)$$

(3) 单元积分

对式(3－2－26)中的各项进行单元分析。

① 式(3－2－26)第一项的单元积分：

$$\int_e \frac{1}{2}\boldsymbol{\sigma}(\nabla V_a)^2 d\Omega = \int_e \frac{1}{2}\boldsymbol{\sigma}\left[\left(\frac{\partial V_a}{\partial x}\right)^2 + \left(\frac{\partial V_a}{\partial z}\right)^2\right]dxdz = \frac{1}{2}\boldsymbol{V}_{ae}^{T}\boldsymbol{k}_{1e}\boldsymbol{V}_{ae} \qquad (3-2-30)$$

其中：$\boldsymbol{k}_{1e} = (k_{1ij})$，$k_{1ij} = k_{1ji}$，$\boldsymbol{V}_{ae} = [V_{ai}]^T$，$i, j = 1, 2, 3, 4$。

$$\begin{aligned} k_{1ij} &= \int_e \sum_{l=1}^{4} N_l\sigma_l\left(\frac{\partial N_i}{\partial x}\frac{\partial N_j}{\partial x} + \frac{\partial N_i}{\partial z}\frac{\partial N_j}{\partial z}\right)dxdz \\ &= \sum_{l=1}^{4}\left\{\int_{-1}^{1}\int_{-1}^{1} N_l\left[\left(\frac{\partial N_i}{\partial \xi}\frac{\partial \xi}{\partial x}\right)\left(\frac{\partial N_j}{\partial \xi}\frac{\partial \xi}{\partial x}\right) + \left(\frac{\partial N_i}{\partial \eta}\frac{\partial \eta}{\partial z}\right)\left(\frac{\partial N_j}{\partial \eta}\frac{\partial \eta}{\partial z}\right)\right]\cdot\frac{ab}{4}d\xi d\eta\right\}\cdot\sigma_l \end{aligned} \qquad (3-2-31)$$

将式(3－2－28)代入式(3－2－31)，整理得：

$$k_{1ij} = \frac{1}{24}\sum_{l=1}^{4}\left[\frac{b}{a}\alpha_{ijl} + \frac{a}{b}\beta_{ijl}\right]\sigma_l \qquad (3-2-32)$$

其中：

$$\begin{aligned} \alpha_{ijl} &= (\xi_i\xi_j)(3 + \eta_i\eta_j + \eta_j\eta_l + \eta_i\eta_l)/2 \\ \beta_{ijl} &= (\eta_i\eta_j)(3 + \xi_i\xi_j + \xi_j\xi_l + \xi_i\xi_l)/2 \\ & i, j, l = 1, 2, 3, 4 \end{aligned} \qquad (3-2-33)$$

将图3－2－1(c)中的母单元坐标代入式(3－2－33)，便可计算出向量$\boldsymbol{\alpha}_{ij} = \boldsymbol{\alpha}_{ji} = (\alpha_{ijl})$和$\boldsymbol{\beta}_{ij} = \boldsymbol{\beta}_{ji} = (\beta_{ijl})$下三角阵的系数：

$$\begin{vmatrix} \boldsymbol{\alpha}_{11} \\ \boldsymbol{\alpha}_{21} \\ \boldsymbol{\alpha}_{22} \\ \boldsymbol{\alpha}_{31} \\ \boldsymbol{\alpha}_{32} \\ \boldsymbol{\alpha}_{33} \\ \boldsymbol{\alpha}_{41} \\ \boldsymbol{\alpha}_{42} \\ \boldsymbol{\alpha}_{43} \\ \boldsymbol{\alpha}_{44} \end{vmatrix} = \begin{vmatrix} 3 & 1 & 1 & 3 \\ 1 & 1 & 1 & 1 \\ 1 & 3 & 3 & 1 \\ -1 & -1 & -1 & -1 \\ -1 & -3 & -3 & -1 \\ 1 & 3 & 3 & 1 \\ -3 & -1 & -1 & -3 \\ -1 & -1 & -1 & -1 \\ 1 & 1 & 1 & 1 \\ 3 & 1 & 1 & 3 \end{vmatrix} \text{和} \begin{vmatrix} \boldsymbol{\beta}_{11} \\ \boldsymbol{\beta}_{21} \\ \boldsymbol{\beta}_{22} \\ \boldsymbol{\beta}_{31} \\ \boldsymbol{\beta}_{32} \\ \boldsymbol{\beta}_{33} \\ \boldsymbol{\beta}_{41} \\ \boldsymbol{\beta}_{42} \\ \boldsymbol{\beta}_{43} \\ \boldsymbol{\beta}_{44} \end{vmatrix} = \begin{vmatrix} 3 & 3 & 1 & 1 \\ -3 & -3 & -1 & -1 \\ 3 & 3 & 1 & 1 \\ -1 & -1 & -1 & -1 \\ 1 & 1 & 1 & 1 \\ 1 & 1 & 3 & 3 \\ 1 & 1 & 1 & 1 \\ -1 & -1 & -1 & -1 \\ -1 & -1 & -3 & -3 \\ 1 & 1 & 3 & 3 \end{vmatrix}$$

② 式(3 - 2 - 26) 第二项的单元积分:

$$\int_e \frac{1}{2}\boldsymbol{\sigma}\boldsymbol{\lambda}^2 V_{\mathrm{a}}^2 \mathrm{d}\Omega = \int_e \frac{1}{2}\boldsymbol{\sigma}\boldsymbol{\lambda}^2 V_{\mathrm{a}}^2 \mathrm{d}x\mathrm{d}z = \frac{1}{2}\boldsymbol{V}_{\mathrm{a}e}^{\mathrm{T}}\boldsymbol{k}_{2e}\boldsymbol{V}_{\mathrm{a}e} \qquad (3-2-34)$$

其中: $\boldsymbol{k}_{2e} = (k_{2ij})$, $k_{2ij} = k_{2ji}$, $\boldsymbol{V}_{\mathrm{a}e} = [V_{\mathrm{a}i}]^{\mathrm{T}}$, $i, j = 1, 2, 3, 4$。并且有

$$k_{2ij} = \int_e \sum_{i=1}^{4} N_l \boldsymbol{\sigma}_l \boldsymbol{\lambda}^2 N_i N_j \mathrm{d}x\mathrm{d}z = \sum_{i=1}^{4}\left[\int_{-1}^{1}\int_{-1}^{1} N_l N_i N_j \frac{ab\boldsymbol{\lambda}^2}{4}\mathrm{d}\xi\mathrm{d}\boldsymbol{\eta}\right]\cdot \boldsymbol{\sigma}_l \qquad (3-2-35)$$

将式(3 - 2 - 28) 代入式(3 - 2 - 35), 整理得:

$$k_{2ij} = \frac{ab\boldsymbol{\lambda}^2}{144}\sum_{i=1}^{4}\gamma_{ijl}\cdot \boldsymbol{\sigma}_l \qquad (3-2-36)$$

其中:

$$\gamma_{ijl} = (3 + \xi_i\xi_j + \xi_j\xi_l + \xi_i\xi_l)(3 + \eta_i\eta_j + \eta_j\eta_l + \eta_i\eta_l)/4,\ i, j, l = 1, 2, 3, 4 \qquad (3-2-37)$$

然后, 将图 3 - 2 - 1(c) 中母单元坐标代入式(3 - 2 - 37), 便可计算出向量 $\boldsymbol{\gamma}_{ij} = \boldsymbol{\gamma}_{ji} = (\gamma_{ijl})$ 的下三角阵系数:

$$\begin{vmatrix}\boldsymbol{\gamma}_{11}\\ \boldsymbol{\gamma}_{21}\\ \boldsymbol{\gamma}_{22}\\ \boldsymbol{\gamma}_{31}\\ \boldsymbol{\gamma}_{32}\end{vmatrix} = \begin{vmatrix}9&3&1&3\\3&3&1&1\\3&9&3&1\\1&1&1&1\\1&3&3&1\end{vmatrix},\quad \begin{vmatrix}\boldsymbol{\gamma}_{33}\\ \boldsymbol{\gamma}_{41}\\ \boldsymbol{\gamma}_{42}\\ \boldsymbol{\gamma}_{43}\\ \boldsymbol{\gamma}_{44}\end{vmatrix} = \begin{vmatrix}1&3&9&3\\3&1&1&3\\1&1&1&1\\1&1&3&3\\3&1&3&9\end{vmatrix}$$

③ 式(3 - 2 - 26) 第三项的单元积分:

$$\int_e \boldsymbol{\sigma}_{\mathrm{a}} \nabla V_0 \cdot \nabla V_{\mathrm{a}} \mathrm{d}\Omega = \int_e \boldsymbol{\sigma}_{\mathrm{a}}\left(\frac{\partial V_{\mathrm{a}}}{\partial x}\frac{\partial V_0}{\partial x} + \frac{\partial V_{\mathrm{a}}}{\partial z}\frac{\partial V_0}{\partial z}\right)\mathrm{d}x\mathrm{d}z = \boldsymbol{V}_{\mathrm{a}e}^{\mathrm{T}}\boldsymbol{k}_{1\mathrm{a}e}\boldsymbol{V}_{0e} \qquad (3-2-38)$$

其中: $\boldsymbol{k}_{1\mathrm{a}e} = (k_{1aij})$, $k_{1aij} = k_{1aji}$, $\boldsymbol{V}_{\mathrm{a}e} = [V_{\mathrm{a}i}]^{\mathrm{T}}$, $\boldsymbol{V}_{0e} = [V_{0i}]^{\mathrm{T}}$, $i, j = 1, 2, 3, 4$。并且有:

$$\begin{aligned} k_{1aij} &= \int_e \sum_{l=1}^{4} N_l \boldsymbol{\sigma}_{\mathrm{a}l}\left(\frac{\partial N_i}{\partial x}\frac{\partial N_j}{\partial x} + \frac{\partial N_i}{\partial z}\frac{\partial N_j}{\partial z}\right)\mathrm{d}x\mathrm{d}z \\ &= \sum_{l=1}^{4}\left\{\int_{-1}^{1}\int_{-1}^{1} N_l\left[\left(\frac{\partial N_i}{\partial \xi}\frac{\partial \xi}{\partial x}\right)\left(\frac{\partial N_j}{\partial \xi}\frac{\partial \xi}{\partial x}\right) + \left(\frac{\partial N_i}{\partial \boldsymbol{\eta}}\frac{\partial \boldsymbol{\eta}}{\partial z}\right)\left(\frac{\partial N_j}{\partial \boldsymbol{\eta}}\frac{\partial \boldsymbol{\eta}}{\partial z}\right)\right]\cdot \frac{ab}{4}\mathrm{d}\xi\mathrm{d}\eta\right\}\cdot \boldsymbol{\sigma}_{\mathrm{a}l} \end{aligned} \qquad (3-2-39)$$

将式(3 - 2 - 28) 代入式(3 - 2 - 39), 整理得:

$$k_{1aij} = \frac{1}{24}\sum_{l=1}^{4}\left[\left(\frac{b}{a}\alpha_{ijl} + \frac{a}{b}\beta_{ijl}\right)\cdot \boldsymbol{\sigma}_{\mathrm{a}l}\right] \qquad (3-2-40)$$

其中系数 α_{ijl} 和 β_{ijl} 与式(3 - 2 - 33) 形式相同。

④ 式(3－2－26)第四项的单元积分：

$$\int_e \lambda^2 \boldsymbol{\sigma}_{\mathrm{a}} V_0 V_{\mathrm{a}} \mathrm{d}\Omega = \int_e \lambda^2 \boldsymbol{\sigma}_{\mathrm{a}} V_0 V_{\mathrm{a}} \mathrm{d}x\mathrm{d}z = \boldsymbol{V}_{\mathrm{a}e}^{\mathrm{T}} \boldsymbol{k}_{2\mathrm{a}e} \boldsymbol{V}_{0e} \qquad (3-2-41)$$

其中：$\boldsymbol{k}_{2\mathrm{a}e} = (k_{2\mathrm{a}ij})$，$k_{2\mathrm{a}ij} = k_{2\mathrm{a}ji}$，$\boldsymbol{V}_{\mathrm{a}e} = [V_{\mathrm{a}i}]^{\mathrm{T}}$，$\boldsymbol{V}_{0e} = [V_{0i}]^{\mathrm{T}}$，$i, j = 1, 2, 3, 4$。并且有：

$$k_{2\mathrm{a}ij} = \int_e \sum_{i=1}^{4} N_l \boldsymbol{\sigma}_{\mathrm{a}l} \lambda^2 N_i N_j \mathrm{d}x\mathrm{d}z = \sum_{i=1}^{4} \left[\int_{-1}^{1} \int_{-1}^{1} N_l N_i N_j \frac{ab\lambda^2}{4} \mathrm{d}\xi \mathrm{d}\eta \right] \cdot \sigma_{\mathrm{a}l} \qquad (3-2-42)$$

将式(3－2－26)代入式(3－2－42)，整理得：

$$k_{2\mathrm{a}ij} = \frac{ab\lambda^2}{144} \sum_{i=1}^{4} \gamma_{ijl} \cdot \boldsymbol{\sigma}_{\mathrm{a}l} \qquad (3-2-43)$$

其中系数 γ_{ijl} 与式(3－2－37)形式相同。

⑤ 式(3－2－26)第五项的单元积分

第五项积分是对截断边界 Γ_∞ 的积分，假设 e 单元的 $\overline{12}$ 边落在 Γ_∞ 上，由于截断边界离点源较远，可将 C 看作常数，提到积分号之外，因此有：

$$\int_{\Gamma_e} \frac{1}{2} \lambda C \boldsymbol{\sigma} V_{\mathrm{a}}{}^2 \mathrm{d}\Gamma = \frac{1}{2} C \int_{\overline{12}} \lambda \boldsymbol{\sigma} V_{\mathrm{a}}{}^2 \mathrm{d}z = \frac{1}{2} \boldsymbol{V}_{\mathrm{a}e}^{\mathrm{T}} \boldsymbol{k}_{3e} \boldsymbol{V}_{\mathrm{a}e} \qquad (3-2-44)$$

其中：$\boldsymbol{k}_{3e} = (k_{3ij})$，$k_{3ij} = k_{3ji}$，$\boldsymbol{V}_{\mathrm{a}e} = [V_{\mathrm{a}i}]^{\mathrm{T}}$，$i, j = 1, 2, 3, 4$。并且有：

$$k_{3ij} = C \int_{\overline{12}} \sum_{l=1}^{2} N_l \boldsymbol{\sigma}_l N_i N_j \big|_{\xi=-1} \mathrm{d}z = C \sum_{l=1}^{2} \left[\int_{-1}^{1} N_l N_i N_j \frac{b}{2} \bigg|_{\xi=-1} \mathrm{d}\eta \right] \cdot \sigma_l \qquad (3-2-45)$$

将式(3－2－28)代入式(3－2－45)，整理得：

$$k_{3ij} = \frac{Cb}{12} \sum_{l=1}^{2} \delta_{ijl} \cdot \boldsymbol{\sigma}_l \qquad (3-2-46)$$

其中：

$$\delta_{ijl} = (3 + \eta_i \eta_j + \eta_j \eta_l + \eta_i \eta_l)/2, \quad i, j, l = 1, 2, 3, 4 \qquad (3-2-47)$$

接着，将图 3－2－1(c)中母单元坐标代入式(3－2－47)，便可计算出向量 $\boldsymbol{\delta}_{ij} = \boldsymbol{\delta}_{ji} = (\delta_{ijl})$ 的下三角阵系数，由于仅对边 $\overline{12}$ 进行积分，所以当 $i, j, l = 3, 4$ 时，$\delta_{ijl} = 0$。因此当 $i, j, l = 1, 2$ 时，有：

$$\begin{vmatrix} \boldsymbol{\delta}_{11} \\ \boldsymbol{\delta}_{21} \\ \boldsymbol{\delta}_{22} \end{vmatrix} = \begin{vmatrix} 3 & 1 \\ 1 & 1 \\ 1 & 3 \end{vmatrix}$$

⑥ 式(3－2－26)第六项的单元积分

对第六项的积分与第五项的积分类似，同样假定 e 单元的 $\overline{12}$ 边落在 Γ_∞ 上，有：

$$\int_{\Gamma_e} \lambda C \boldsymbol{\sigma}_{\mathrm{a}} V_0 V_{\mathrm{a}} \mathrm{d}\Gamma = C \int_{\overline{12}} \lambda \boldsymbol{\sigma}_{\mathrm{a}} V_0 V_{\mathrm{a}} \mathrm{d}z = \boldsymbol{V}_{\mathrm{a}e}^{\mathrm{T}} \boldsymbol{k}_{3\mathrm{a}e} \boldsymbol{V}_{0e} \qquad (3-2-48)$$

其中 $\boldsymbol{k}_{3ae}=(k_{3aij})$, $k_{3aij}=k_{3aji}$, $\boldsymbol{V}_{ae}=[V_{ai}]^{\mathrm{T}}$, $\boldsymbol{V}_{0e}=[V_{0i}]^{\mathrm{T}}$, $i,j=1,2,3,4$。并且有：

$$k_{3aij}=C\int_{\overline{12}}\sum_{l=1}^{2}N_l\,\sigma_{al}N_iN_j\big|_{\xi=-1}\mathrm{d}z=C\sum_{l=1}^{2}\left[\int_{-1}^{1}N_lN_iN_j\frac{b}{2}\bigg|_{\xi=-1}\mathrm{d}\eta\right]\cdot\sigma_{al}$$

$$=\frac{Cb}{12}\sum_{l=1}^{2}\delta_{ijl}\cdot\sigma_{al}\qquad(3-2-49)$$

（4）总体合成

在单元 e 内，将式(3－2－30)、式(3－2－34)、式(3－2－38)、式(3－2－41)、式(3－2－44)和式(3－2－48)的积分结果相加，再扩展成由全局网格节点组成的矩阵和列阵：

$$F_e[V]=\frac{1}{2}\boldsymbol{V}_{ae}^{\mathrm{T}}(\boldsymbol{k}_{1e}+\boldsymbol{k}_{2e}+\boldsymbol{k}_{3e})\boldsymbol{V}_{ae}+\boldsymbol{V}_{ae}^{\mathrm{T}}(\boldsymbol{k}_{1ae}+\boldsymbol{k}_{2ae}+\boldsymbol{k}_{3ae})\boldsymbol{V}_{0e}$$

$$=\frac{1}{2}\boldsymbol{V}_{a}^{\mathrm{T}}\overline{\boldsymbol{k}_e}\boldsymbol{V}_{a}+\boldsymbol{V}_{a}^{\mathrm{T}}\overline{\boldsymbol{k}_{ae}}\boldsymbol{V}_{0}$$

其中 $\boldsymbol{V}_a$ 与 $\boldsymbol{V}_0$ 分别是全体节点的 V_a 与 V_0 组成的列向量，$\overline{\boldsymbol{k}}_e$ 和 $\overline{\boldsymbol{k}}_{ae}$ 分别是 $\boldsymbol{k}_{1e}+\boldsymbol{k}_{2e}+\boldsymbol{k}_{3e}$ 和 $\boldsymbol{k}_{1ae}+\boldsymbol{k}_{2ae}+\boldsymbol{k}_{3ae}$ 的扩展矩阵。由全部单元的 $F_e[V]$ 相加，得：

$$F[V]=\sum_e F_e[V]=\frac{1}{2}\boldsymbol{V}_{a}^{\mathrm{T}}\sum\overline{\boldsymbol{k}}_e\boldsymbol{V}_{a}+\boldsymbol{V}_{a}^{\mathrm{T}}\sum\overline{\boldsymbol{k}}_{ae}\boldsymbol{V}_{0}=\frac{1}{2}\boldsymbol{V}_{a}^{\mathrm{T}}\boldsymbol{K}\boldsymbol{V}_{a}+\boldsymbol{V}_{a}^{\mathrm{T}}\boldsymbol{K}_a\boldsymbol{V}_{0}\qquad(3-2-50)$$

令式(3－2－50)的变分为零，得线性方程组：

$$\boldsymbol{K}\boldsymbol{V}_a=-\boldsymbol{K}_a\boldsymbol{V}_0\qquad(3-2-51)$$

通过解线性方程组(3－2－51)，即得到所有网格节点的波数域的异常电位 V_a。与波数域正常电位 V_0 相加，得到波数域总电位 $V=V_0+V_a$。然后，再对波数域总电位进行傅氏逆变换，便可得到点源激励下二维地电断面的空间域电位，并根据供电点与测点的位置关系，计算出视电阻率。

这里仍需说明一下：在水平地形条件下，虽然采用异常电位法可消除场源项的影响，但仍受网格剖分单元、外延边界大小及傅氏逆变换(2.5 维情况)的影响。正演模拟时剖分单元不可能无限小，外延边界不可能无限大，傅氏逆变换的波数也不可能很多，否则，将导致正演时间迅速增加。我们知道，在电阻率为 ρ_0 的均匀半空间中，对于任意观测装置，用解析法计算的视电阻率仍等于 ρ_0，而用数值法(比如有限元法)，由于各种影响因素的存在，计算的视电阻率并不等于 ρ_0，这里令其等于 ρ_s(含有模拟误差)。而对于非均匀半空间的地电模型，没有解析解(或真解)，这里假定其等于 ρ_c，而用数值法模拟的视电阻率为 ρ_e。在同样的网格剖分单元、外延边界大小及波数下，采用数值法模拟均匀半空间和非均匀半空间模型产生的相对误差应该是相等的，即：

$$\frac{\rho_0 - \rho_s}{\rho_0} = \frac{\rho_c - \rho_e}{\rho_c} \tag{3-2-52}$$

当模拟的视电阻率个数为 n 时，式(3-2-52)可进一步整理为：

$$\rho_{ci} = \frac{\rho_0 \cdot \rho_{ei}}{\rho_{si}},\ i = 1, 2\cdots, n \tag{3-2-53}$$

显然，在水平地形条件下，如果数值解没有误差，则有 $\rho_{si} = \rho_0$，$\rho_{ci} = \rho_{ei}$，$i = 1, 2, \cdots, n$。如果采用这种校正方法，需完成两次正演模拟，计算量约增加一倍。而在起伏地形条件下，电位是无法解析计算的，可以考虑用起伏地形均匀半空间下高精度的数值解(比如用自适应有限元法)代替解析解，再采用式(3-2-53)进行校正，但这种方式无法完全校正掉相关影响(如场源、边界和波数的影响)产生的误差。

3.2.4 起伏地形总电位二维有限元正演模拟

在起伏地形条件下，采用有限元法解总电位的变分方程(3-2-24)，具体过程如下：

(1) 单元剖分

首先将地电模型剖分成有限个四边形单元，然后再将任意一个四边形分解成2个三角形，这样整个剖分区域被分解成有限个三角形，具体如图3-2-2所示。方程式(3-2-24)对区域 Ω 的积分可化成对各三角形单元 e 和边界单元 Γ_e 的积分之和：

$$F(V) = \sum_{\Omega}\iint_e\left[\frac{1}{2}\sigma(\nabla V)^2 + \frac{1}{2}\lambda^2\sigma V^2 - fV\right]\mathrm{d}\Omega + \sum_{\Gamma_\infty}\int_{\Gamma_e}\frac{1}{2}\lambda C\sigma V^2\mathrm{d}\Gamma \tag{3-2-54}$$

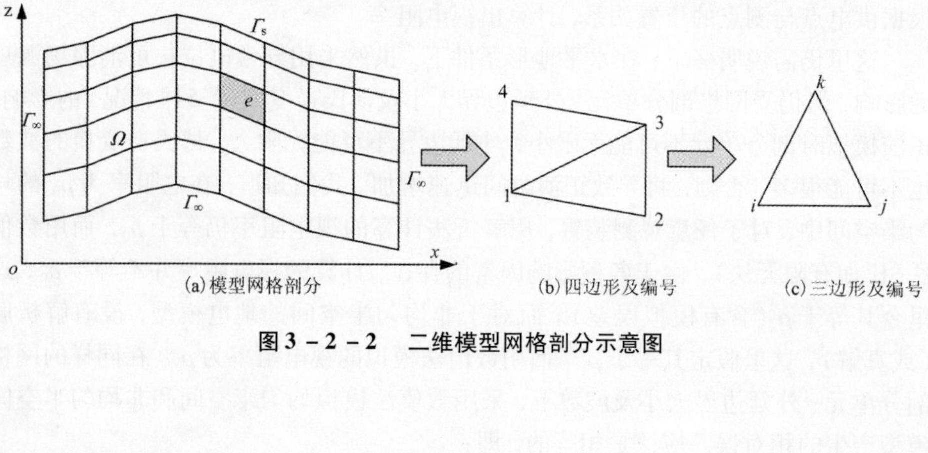

图3-2-2　二维模型网格剖分示意图

(2) 线性插值

假设图 3-2-2(c) 所示三角形的顶点编号 i、j、k 分别记为 1、2、3，三个顶点的空间坐标记为 (x_1, z_1)、(x_2, z_2) 和 (x_3, z_3)，电位值记为 V_1、V_2 和 V_3，电导率值记为 σ_1、σ_2 和 σ_3。在三角形单元内，任意一点的电位和电导率采用线性插[3]，即：

$$\begin{cases} V = N_1V_1 + N_2V_2 + N_3V_3 = \sum_{i=1}^{3} N_iV_i = \boldsymbol{N}^{\mathrm{T}}\boldsymbol{V} \\ \sigma = N_1\sigma_1 + N_2\sigma_2 + N_3\sigma_3 = \sum_{i=1}^{3} N_i\sigma_i = \boldsymbol{N}^{\mathrm{T}}\boldsymbol{\sigma} \end{cases} \quad (3-2-55)$$

其中 N_i 为形函数，$\boldsymbol{N} = (N_1, N_2, N_3)^{\mathrm{T}}$，$\boldsymbol{U} = (U_1, U_2, U_3)^{\mathrm{T}}$，$\boldsymbol{\sigma} = (\sigma_1, \sigma_2, \sigma_3)^{\mathrm{T}}$。对于三角形内的任一点 $P(x, z)$，形函数 N_1，N_2，N_3 可以用面积之比表示：

$$N_1 = \frac{S_{P23}}{S_{123}} = \frac{1}{2S_{123}}\begin{vmatrix} x & z & 1 \\ x_2 & z_2 & 1 \\ x_3 & z_3 & 1 \end{vmatrix} = \frac{1}{2S_{123}}(a_1x + b_1z + c_1) \quad (3-2-56)$$

其中 $a_1 = z_2 - z_3$，$b_1 = x_3 - x_2$，$c_1 = x_2z_3 - x_3z_2$。

$$N_2 = \frac{S_{P13}}{S_{123}} = \frac{1}{2S_{123}}\begin{vmatrix} x_1 & z_1 & 1 \\ x & z & 1 \\ x_3 & z_3 & 1 \end{vmatrix} = \frac{1}{2S_{123}}(a_2x + b_2z + c_2) \quad (3-2-57)$$

其中 $a_2 = z_3 - z_1$，$b_2 = x_1 - x_3$，$c_2 = x_3z_1 - x_1z_3$。

$$N_3 = \frac{S_{P12}}{S_{123}} = \frac{1}{2S_{123}}\begin{vmatrix} x_1 & z_1 & 1 \\ x_2 & z_2 & 1 \\ x & z & 1 \end{vmatrix} = \frac{1}{2S_{123}}(a_3x + b_3z + c_3) \quad (3-2-58)$$

其中 $a_3 = z_1 - z_2$，$b_3 = x_2 - x_1$，$c_3 = x_1z_2 - x_2z_1$。

从式(3-2-56)、式(3-2-57) 和式(3-2-58) 可知，N_1，N_2，N_3 均为 x，z 的线性函数，并且只与三角形顶点坐标有关。S_{123} 为三角形单元的面积，可用 3 个顶点表示成行列式的形式：

$$S_{123} = \frac{1}{2}\begin{vmatrix} x_2 - x_1 & z_2 - z_1 \\ x_3 - x_1 & z_3 - z_1 \end{vmatrix} = \frac{1}{2}[(x_2 - x_1)(z_3 - z_1) - (x_3 - x_1)(z_2 - z_1)]$$

(3) 单元积分

式(3-2-54) 的积分可分解为各体单元 e 和边界单元 Γ_e 的积分。将式(3-2-55) 代入式(3-2-54)，先对式(3-2-54) 右端第一项任一三角形单元进行积分，有：

$$\int_e\left[\frac{1}{2}\sigma\,(\nabla V)^2+\frac{1}{2}\lambda^2\sigma V^2-fV\right]\mathrm{d}\Omega$$

$$=\int_e\frac{1}{2}\sigma\left[\left(\frac{\partial V}{\partial x}\right)^2+\left(\frac{\partial V}{\partial z}\right)^2+\lambda^2V^2\right]\mathrm{d}\Omega-\int_e fV\mathrm{d}\Omega$$

$$=\frac{1}{2}\boldsymbol{V}_e^{\mathrm{T}}\left\{\int_e\sum_{l=1}^{3}N_l\sigma_l\left[\left(\frac{\partial N}{\partial x}\right)\left(\frac{\partial N^{\mathrm{T}}}{\partial x}\right)+\left(\frac{\partial N}{\partial z}\right)\left(\frac{\partial N^{\mathrm{T}}}{\partial z}\right)+\lambda^2NN^{\mathrm{T}}\right]\mathrm{d}\Omega\right\}\boldsymbol{V}_e-\boldsymbol{V}_e^{\mathrm{T}}\int_e fN\mathrm{d}\Omega$$

$$=\frac{1}{2}\boldsymbol{V}_e^{\mathrm{T}}\left\{\frac{1}{4S_{123}^2}\sum_{l=1}^{3}\left(\sigma_l\int_e N_l\mathrm{d}\Omega\right)\begin{bmatrix}a_1 & b_1\\ a_2 & b_2\\ a_3 & b_3\end{bmatrix}\begin{bmatrix}a_1 & a_2 & a_3\\ b_1 & b_2 & b_3\end{bmatrix}+\lambda^2\sum_{l=1}^{3}\sigma_l\int_e N_lNN^{\mathrm{T}}\mathrm{d}\Omega\right\}\boldsymbol{V}_e-$$

$$\boldsymbol{V}_e^{\mathrm{T}}\int_e fN\mathrm{d}\Omega \tag{3-2-59}$$

根据文献[72]，有：

$$\int_e N_l\mathrm{d}\Omega=\frac{S_{123}}{3}$$

$$\int_e N_1^{\mathrm{a}}N_2^{\mathrm{b}}N_3^{\mathrm{c}}\mathrm{d}\Omega=\frac{2a!\,b!\,c!}{(a+b+c+2)!}S_{123}$$

则式(3－2－59)可整理为：

$$\int_e\left[\frac{1}{2}\sigma\,(\nabla V)^2+\frac{1}{2}\lambda^2\sigma V^2-fV\right]\mathrm{d}\Omega=\frac{1}{2}\boldsymbol{V}_e^{\mathrm{T}}\boldsymbol{k}_{1e}\boldsymbol{V}_e-\boldsymbol{V}_e^{\mathrm{T}}\boldsymbol{f}_e \tag{3-2-60}$$

其中$\boldsymbol{f}_e=(f_i)^{\mathrm{T}}$，$i=(1, 2, 3)$为与点源有关的列向量，如果点源与节点$i$重合，则$f_i=1/2$，否则$f_i=0$。$\boldsymbol{k}_{1e}=(k_{1ij})=(k_{1ji})$，$i, j=1, 2, 3$，对区域积分的下三角阵元素为：

$$(k_{1ij})=\begin{bmatrix}k_{11}\\ k_{21}\\ k_{22}\\ k_{31}\\ k_{32}\\ k_{32}\end{bmatrix}=\begin{bmatrix}\alpha\cdot(a_1a_1+b_1b_1)+\beta\cdot(6\sigma_1+2\sigma_2+2\sigma_3)\\ \alpha\cdot(a_2a_1+b_2b_1)+\beta\cdot(2\sigma_1+2\sigma_2+\sigma_3)\\ \alpha\cdot(a_2a_2+b_2b_2)+\beta\cdot(2\sigma_1+6\sigma_2+2\sigma_3)\\ \alpha\cdot(a_3a_1+b_3b_1)+\beta\cdot(2\sigma_1+\sigma_2+2\sigma_3)\\ \alpha\cdot(a_3a_2+b_3b_2)+\beta\cdot(\sigma_1+2\sigma_2+2\sigma_3)\\ \alpha\cdot(a_3a_3+b_3b_3)+\beta\cdot(2\sigma_1+2\sigma_2+6\sigma_3)\end{bmatrix},\ i\geqslant j$$

其中$\alpha=(\sigma_1+\sigma_2+\sigma_3)/12S_{123}$，$\beta=\lambda^2S_{123}/60$。

下面对式(3－2－54)右端第二项Γ_e进行边界积分，若三角单元e的$\overline{12}$边位于截断边界上，由于截断边界离点源较远，则可将式(3－2－54)中的C看作常数，提到积分号之外，则边界单元Γ_e的积分为：

$$\int_{\Gamma_e}\frac{1}{2}\lambda C\sigma V^2\mathrm{d}\Gamma=\frac{1}{2}V_e^{\mathrm{T}}CL_{12}\int_{\Gamma_e}\sum_{l=1}^{2}N_l\sigma_lN_iN_j\mathrm{d}\Gamma V_e=\frac{1}{2}\boldsymbol{V}_e^{\mathrm{T}}\boldsymbol{k}_{2e}\boldsymbol{V}_e \tag{3-2-61}$$

其中 L_{12} 为边界单元$\overline{12}$的边长，N_l、N_i 和 $N_j(l, i, j = 1, 2)$ 为线性单元的形函数，当 $i = 1, j = 2$ 时，有 $N_1 = (t_2 - t)/L_{12}$，$N_2 = (t - t_1)/L_{12}$，t_1 和 t_2 为积分单元的首尾长度坐标；$\boldsymbol{k}_{2e} = (k_{2ij}) = (k_{2ji})$，$i, j = 1, 2$。对于边界单元$\overline{12}$的积分，根据公式：

$$L_{12} \cdot \int_0^1 N_1^{a} N_2^{b} dl = \frac{2a!b!}{(a+b+1)!} L_{12}$$

得到边界积分的下三角阵非零元素：

$$(k_{2ij}) = \begin{bmatrix} k_{11} \\ k_{21} \\ k_{22} \end{bmatrix} = \begin{bmatrix} \gamma(3\sigma_1 + \sigma_2) \\ \gamma(\sigma_1 + \sigma_2) \\ \gamma(\sigma_1 + 3\sigma_2) \end{bmatrix}, i \geqslant j, \text{其中} \gamma = C \cdot L_{12}/12$$

(4) 总体合成

在单元 e 内，将式(3－2－60)和式(3－2－61)的积分结果相加，再扩展成由全体节点组成的矩阵和列阵：

$$F_e[V] = \frac{1}{2}\boldsymbol{V}_e^{\mathrm{T}}(\boldsymbol{k}_{1e} + \boldsymbol{k}_{2e})\boldsymbol{V}_e - \boldsymbol{V}_e^{\mathrm{T}}\boldsymbol{f}_e = \frac{1}{2}\boldsymbol{V}^{\mathrm{T}}\bar{\boldsymbol{k}}_e\boldsymbol{V} - \boldsymbol{V}^{\mathrm{T}}\boldsymbol{f}$$

其中 $\boldsymbol{V}$ 为由所有节点的波数域电位组成的列向量，$\bar{\boldsymbol{k}}_e$ 为 $\boldsymbol{k}_{1e} + \boldsymbol{k}_{2e}$ 的扩展矩阵，由全部单元的 $F_e[V]$ 相加，得到范函 $F(V)$ 的数值表达式：

$$F[V] = \sum_e F_e[V] = \frac{1}{2}\boldsymbol{V}^{\mathrm{T}}\sum\bar{\boldsymbol{k}}_e\boldsymbol{V} - \boldsymbol{V}^{\mathrm{T}}\boldsymbol{f} = \frac{1}{2}\boldsymbol{V}^{\mathrm{T}}\boldsymbol{K}\boldsymbol{V} - \boldsymbol{V}^{\mathrm{T}}\boldsymbol{f} \quad (3-2-62)$$

令式(3－2－62)的变分为零，得线性方程组：

$$\boldsymbol{K}\boldsymbol{V} = \boldsymbol{f} \quad (3-2-63)$$

利用 3.1.5 节的乔里斯基分解法(由于二维正问题的节点数相对较少，矩阵带宽较小，内存消耗不大，应用该方法较有优势)解该线性方程组，便得所有网格节点的波数域电位 V，再利用傅氏逆变换公式：

$$U = \sum_{i=1}^{k} W_i \cdot V(\lambda_i) \quad (3-2-64)$$

便得到主剖面($y = 0$)的空间域电位 U，根据相应的观测装置计算出视电阻率。其中 W_i 是与波数 λ_i 对应的傅氏逆变换权系数，k 为波数的个数。

3.2.5　傅氏逆变换的最优化方法

利用有限元法解点源二维问题时，需要通过傅氏变换将空间域问题转换成波数域问题，然后采用有限元法求解波数域电位，最后再通过傅氏逆变换将波数域电位转换成空间域电位。罗延钟(1987)利用线性函数和负指数函数近似零阶修正贝塞尔函数 $K_0(x)$ 曲线，通过分段积分完成傅氏逆变换[81]。徐世浙(1988)提出了一种傅氏逆变换的最优化方法[82]，即采用最小二乘拟合计算离散波数及傅氏逆变换系数，该方法可以在较少的波数下达到较高的计算精度。本节在阐述傅氏逆变换最优化计算方法的基础上，对方法中的初始波数和偏导数矩阵的计算方法进行优化，最后给出几组离散波数及对应的傅氏逆变换系数。

(1) 计算最优化离散波数的基本原理

在主剖面($y = 0$)上，傅氏逆变换公式：

$$U(x, o, z) = \frac{2}{\pi}\int_0^{\infty} V(x, \lambda, z)\,\mathrm{d}\lambda \qquad (3-2-65)$$

可用近似式：

$$U(r) \doteq \sum_{i=1}^{n} V(r, \lambda_i) W_i + W_{n+1} \qquad (3-2-66)$$

代替，其中 $\lambda_i (i = 1, \cdots, n)$ 为离散波数，$W_i (i = 1, \cdots, n+1)$ 为傅氏逆变换系数，r 是主剖面上供电点 A 到测点 M 的距离。

通过选择合适的 λ_i 和 W_i，使式(3-2-66)在 r 的一定范围内尽可能准确，但函数 U、V 的表达式是未知的，无法利用式(3-2-66)，直接求 λ_i 和 W_i。而对于均匀半空间模型，有：

$$\frac{1}{r} = \frac{2}{\pi}\int_0^{\infty} \mathrm{K}_0(\lambda r)\,\mathrm{d}\lambda \qquad (3-2-67)$$

其中 K_0 是第二类零阶修正贝塞尔函数。将式(3-2-67)写成近似式：

$$\frac{1}{r} \doteq \sum_{j=1}^{n} \mathrm{K}_0(\lambda_i r) W_i + W_{n+1} \qquad (3-2-68)$$

为了在不同的 r 下，有相近的相对误差，将式(3-2-68)写成：

$$1 \doteq \sum_{j=1}^{n} r\mathrm{K}_0(\lambda_i r) W_i + rW_{n+1} \qquad (3-2-69)$$

给定一电极距序列 r_j，有方程：

$$a_{ji} W_i = V_j \text{或} \boldsymbol{AW} = \boldsymbol{V} \qquad (3-2-70)$$

其中 $a_{ji} = r_j \mathrm{K}_0(r_j \lambda_i)$，$a_{j,\,n+1} = r_j$，$i = 1, 2, \cdots, n$，$j = 1, 2, \cdots, m$。选取 λ_i 和 W_i，使目标函数：

$$\varphi = (\boldsymbol{I} - \boldsymbol{V})^{\mathrm{T}}(\boldsymbol{I} - \boldsymbol{V}) = (\boldsymbol{I} - \boldsymbol{AW})^{\mathrm{T}}(\boldsymbol{I} - \boldsymbol{AW}) \qquad (3-2-71)$$

取极小值，其中 $\boldsymbol{I}$ 为单位向量。

(2) 计算最优化离散波数

λ_i 和 W_i 的计算过程分为以下三步：

第一步：确定波数的初始值。离散波数和傅氏逆变换系数是通过多次迭代寻优得到的，初始波数的选择对最终结果有一定影响。已知电极距 AM 越小波数越大，否则反之，这样可以根据电极距的最小值 $r_{\min}$ 和最大值 $r_{\max}$ 计算出最小波数和最大波数：

$$\lambda_1 = 1/r_{\max},\ \lambda_n = 1/r_{\min} \qquad (3-2-72)$$

对于第二类零阶修正贝塞尔函数 $K_0(x)$，当 $x\to 0$ 时，$K_0(x)\to\infty$；当 $x\to\infty$ 时，$K_0(x)\to 0$。图3－2－3为 $K_0(x)$ 函数的曲线特征，可以看出它是一条下降得非常快的单调递减曲线，并且在对数坐标下，$K_0(x)$ 曲线的曲率在［0.1，10］区间内变化较大，而在区间外近似呈线性变化，这样对离散波数以等对数间隔采样较为合适。先给定波数 n（通常根据极距大小取5～12个），得到对数采样间隔：

$$c=\frac{\ln(\lambda_n)-\ln(\lambda_1)}{n-1} \tag{3-2-73}$$

进而可以计算出中间的离散波数：

$$\lambda_{i+1}=\lambda_i e^c,\ i=1,2,\cdots,n-2 \tag{3-2-74}$$

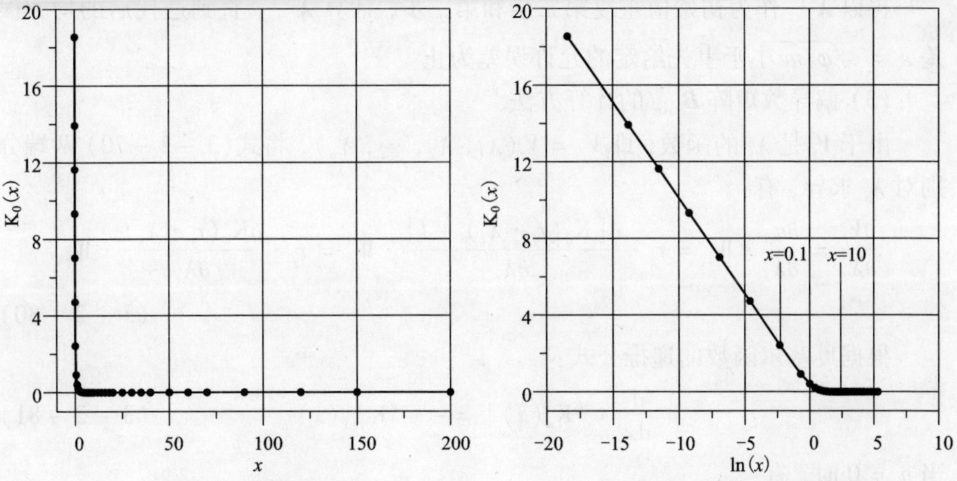

(a) $K_0(x)$ 随 x 的变化曲线　　(b) $K_0(x)$ 随 $\ln x$ 的变化曲线

图3－2－3　$K_0(x)$ 函数的曲线特征

第二步：根据波数 $\boldsymbol{\lambda}$，计算 $\boldsymbol{W}$ 值。由目标函数 φ 对 $\boldsymbol{W}$ 取极小值，并令其等于零，即：

$$\frac{d\varphi}{d\boldsymbol{W}}=-2\boldsymbol{A}^T(\boldsymbol{I}-\boldsymbol{A}\boldsymbol{W})=0$$

有：

$$\boldsymbol{I}-\boldsymbol{A}\boldsymbol{W}=0 \text{ 或 } \boldsymbol{A}_{m\times n}\boldsymbol{W}_{n\times 1}=\boldsymbol{I}_{m\times 1} \tag{3-2-75}$$

成立。根据波数 $\boldsymbol{\lambda}$ 和极距 $\boldsymbol{r}$ 计算 $\boldsymbol{A}_{m\times n}$，并采用奇异值分解法解方程（3－2－73），就可得到一组傅氏逆变换系数 $\boldsymbol{W}$，进而可求出 $\boldsymbol{V}$。

第三步：更新波数 $\boldsymbol{\lambda}$。由于目标函数 φ 受 $\boldsymbol{\lambda}$ 和 $\boldsymbol{W}$ 两个因素共同决定，这样还必须考虑在怎样一组波数 $\boldsymbol{\lambda}$ 下，目标函数 φ 取得极小值。为此，将 $\boldsymbol{V}$ 在一组初始 $\boldsymbol{\lambda}^{(0)}$ 处展开成泰勒级数，并取 $\delta\boldsymbol{\lambda}$ 的一次项，有：

$$\boldsymbol{V} = \boldsymbol{V}_0 + \frac{\partial \boldsymbol{V}}{\partial \boldsymbol{\lambda}} \cdot \delta\boldsymbol{\lambda} \tag{3-2-76}$$

将式(3－2－76)代入到目标函数 φ 中，有：

$$\varphi = \left(\boldsymbol{I} - \boldsymbol{V}_0 - \frac{\partial \boldsymbol{V}}{\partial \boldsymbol{\lambda}} \cdot \delta\boldsymbol{\lambda}\right)^{\mathrm{T}} \left(\boldsymbol{I} - \boldsymbol{V}_0 - \frac{\partial \boldsymbol{V}}{\partial \boldsymbol{\lambda}} \cdot \delta\boldsymbol{\lambda}\right) \tag{3-2-77}$$

由目标函数 φ 对 $\delta\boldsymbol{\lambda}$ 取极小值，并令其等于零，得到：

$$\boldsymbol{B}_{\mathrm{mxn}} \delta\boldsymbol{\lambda}_{\mathrm{nx1}} = \boldsymbol{C}_{\mathrm{mx1}} \tag{3-2-78}$$

其中 $\boldsymbol{B}_{\mathrm{mxn}} = (\partial V / \partial \lambda)_{\mathrm{mxn}}$，$\boldsymbol{C}_{\mathrm{mx1}} = (\boldsymbol{I} - \boldsymbol{V}_0)_{\mathrm{mx1}}$。采用奇异值分解法解方程(3－2－76)，可得到 $\delta\boldsymbol{\lambda}$，于是得到一组新的 $\boldsymbol{\lambda}^{(1)}$：

$$\boldsymbol{\lambda}^{(1)} = \boldsymbol{\lambda}^{(0)} + \delta\boldsymbol{\lambda} \tag{3-2-79}$$

再以 $\boldsymbol{\lambda}^{(1)}$ 作为初始值重复第二步和第三步，计算 $\boldsymbol{\lambda}^{(2)}$，直到迭代后的均方误差 $\varepsilon = \sqrt{\varphi / m}$ 小于事先给定的允许误差为止。

(3) 偏导数矩阵 $\boldsymbol{B}_{\mathrm{mxn}}$ 的计算方法[83]

由于 V_j 是 λ_i 的函数，即 $V_j = V_j(\lambda_1, \lambda_2, \cdots, \lambda_n)$，将式(3－2－70)两端分别对 λ_i 求导，有：

$$\frac{\partial V_j}{\partial \lambda_i} = \frac{\partial a_{ji}}{\partial \lambda_i} \cdot W_i = r_j \cdot \frac{\partial [\mathrm{K}_0(r_j \cdot \lambda_i) + I]}{\partial \lambda_i} \cdot W_i = r_j \cdot \frac{\partial \mathrm{K}_0(r_j \cdot \lambda_i)}{\partial \lambda_i} \cdot W_i \tag{3-2-80}$$

根据贝塞尔函数的递推公式：

$$\frac{\mathrm{d}}{\mathrm{d}x}[x^{-n} \mathrm{K}_n(x)] = -x^{-n} \mathrm{K}_{n+1}(x) \tag{3-2-81}$$

当 $n = 0$ 时，有：

$$\frac{\mathrm{d}\mathrm{K}_0(x)}{\mathrm{d}x} = -\mathrm{K}_1(x) \tag{3-2-82}$$

成立，所以有：

$$\frac{\partial \mathrm{K}_0(r_j \cdot \lambda_i)}{\partial \lambda_i} = -r_j \mathrm{K}_1(r_j \cdot \lambda_i) \tag{3-2-83}$$

成立，从而得到：

$$\frac{\partial V_j}{\partial \lambda_i} = -r_j^2 \cdot \mathrm{K}_1(r_j \cdot \lambda_i) \cdot W_i,\ i = 1, 2, \cdots, n,\ j = 1, 2, \cdots, m \tag{3-2-84}$$

对于第二类修正贝塞尔函数 $\mathrm{K}_0(x)$ 和 $\mathrm{K}_1(x)$，可采用下面两个近似计算公式：

当 $x \geqslant 2$ 时，令 $\alpha = 2/x$

$\mathrm{K}_0(x) = \{1.25331414 + \{-0.07832358 + \{0.02189568 + \{-0.01062446 +$

$[0.00587872+(-0.0025154+0.00053208\cdot\alpha)\cdot\alpha]\cdot\alpha\}\cdot\alpha\}\cdot\alpha\}\cdot\alpha\}/(\sqrt{x}\cdot e^{x})$

$K_1(x)=\{1.25331414+\{0.23498619+\{-0.03655620+\{0.01504268+[-0.00780353+(0.00325614-0.00068245\cdot\alpha)\cdot\alpha]\cdot\alpha\}\cdot\alpha\}\cdot\alpha\}\cdot\alpha\}/(\sqrt{x}\cdot e^{x})$

当 $x<2$ 时，令 $\beta=(x/2)^2$，$\gamma=(x/3.75)^2$

$K_0(x)=-\{1.0+\{3.5156229+\{3.0899424+\{1.2067492+[0.2659732+(0.0360768+0.0045813\cdot\gamma)\cdot\gamma]\cdot\gamma\}\cdot\gamma\}\cdot\gamma\}\cdot\gamma\}\cdot\ln(x/2)-0.57721566+\{0.4227842+\{0.23069756+\{0.0348859+[0.00262698+(0.0001075+0.0000074\cdot\beta)\cdot\beta]\cdot\beta\}\cdot\beta\}\cdot\beta\}\cdot\beta$

$K_1(x)=\{0.50+\{0.87890594+\{0.51498869+\{0.15084934+[0.02658733+(0.00301532+0.00032411\cdot\gamma)\cdot\gamma]\cdot\gamma\}\cdot\gamma\}\cdot\gamma\}\cdot\gamma\}\cdot x\cdot\ln(x/2)+[1.00+\{0.15443144+\{-0.67278579+\{-0.18156897+[-0.01919402+(-0.00110404-0.00004686\cdot\beta)\cdot\beta]\cdot\beta\}\cdot\beta\}\cdot\beta\}\cdot\beta\}/x$

（4）数值计算结果

下面对均匀半空间模型采用最优化离散波数进行傅氏逆变换，以验证方法的有效性。给定一组电极距序列 $AO=1.5$、2.5、4、6、9、15、25、40、65、100、150、220、350。用 $U=I\rho/2\pi r$ 计算电位，这里设 $I\rho/2\pi=1$。波数 n 分别取为3、4、5、6，利用上述方法计算近似电位 $\dot{U}$，表3－2－1为均匀介质模型解析解与数值解的对比结果。可以看出，用最优化离散波数进行傅氏逆变换，较少的波数就可以达到较高的模拟精度。

表3－2－1　不同波数下数值解与解析解的对比结果

极距	解析解	不同波数的数值计算结果			
(r)	($1/r$)	$n=3$	$n=4$	$n=5$	$n=6$
1.5	0.666667	0.654623	0.665173	0.666909	0.66667
2.5	0.400000	0.410786	0.402469	0.39946	0.399971
4	0.250000	0.250777	0.248482	0.250409	0.250168
6	0.166667	0.163129	0.166441	0.166752	0.166404
9	0.111111	0.109956	0.11181	0.110778	0.111209
15	0.066666	0.0682102	0.066487	0.0668263	0.0667302
25	0.040000	0.0403263	0.0398521	0.0400358	0.0399359
40	0.025000	0.0244347	0.0251403	0.0249069	0.0250341
65	0.015384	0.0152347	0.0153787	0.0154199	0.01537
90	0.011111	0.0112469	0.011067	0.0111363	0.011099
120	0.008333	0.0084708	0.0083275	0.0083217	0.0083426

续表 3 - 2 - 1

极距(r)	解析解($1/r$)	不同波数的数值计算结果			
		$n=3$	$n=4$	$n=5$	$n=6$
150	0.006666	0.0067054	0.0066829	0.0066507	0.0066775
180	0.005555	0.0055151	0.0055688	0.0055513	0.0055574
220	0.004545	0.0044718	0.0045426	0.0045543	0.0045379
260	0.003846	0.0038107	0.0038369	0.0038538	0.0038399
300	0.003333	0.0033829	0.0033366	0.0033274	0.0033386
均方误差(%)		0.417373	0.0838447	0.020527	0.008577

利用上述计算最优化离散波数的方法，给出四组用于模拟电测深曲线的离散波数及傅氏逆变换系数，如表 3 - 2 - 2 所示。

表 3 - 2 - 2　离散波数及傅氏逆变换系数

极距范围(m)	系数名称	离散波数 λ 及傅氏逆变换系数 W				
0.5 ~ 600 5 个	λ	0.00203406	0.0128013	0.0565648	0.251846	1.17597
	W	0.00328628	0.0125344	0.0528527	0.243916	1.1752
0.1~2000 7 个	λ	0.000407993	0.00314058	0.0145139	0.0680079	0.335191
		1.69934	8.81873			
	W	0.000745106	0.0032203	0.0140077	0.0681246	0.344014
		1.76657	9.38284			
0.1~5000 9 个	λ	0.000167741	0.000891545	0.00319213	0.0113809	0.0422622
		0.162549	0.645985	2.65801	11.3951	
	W	0.000257473	0.000760986	0.0025502	0.00935952	0.0357988
		0.141072	0.574423	2.42421	10.8104	
0.05~20000 12 个	λ	6.69382e - 5	0.000207536	0.000658588	0.00213964	0.00669233
		0.0203183	0.0609742	0.183933	0.58973	2.05399
		7.53487	28.8917			
	W	8.55865e - 5	0.000129063	0.000503892	0.0015783	0.0047832
		0.0142582	0.0425617	0.131735	0.452978	1.68239
		6.26571	25.6653			

为说明离散波数和傅氏逆变换系数对二维有限元模拟精度的影响，利用这四组波数并结合3.2.3节有限元法模拟电测深曲线，供电极距序列$AB/2$设计为1.5、2.5、3.5、5、7、10、15、20、30、40、50、65、80、100、130、170、220、280、350、430、520、620、730、850、980，测量极距序列$MN/2$设计为0.5、0.5、0.5、0.5、3、3、3、3、5、5、5、5、5、10、10、10、10、15、15、15、15、20、20、20、20。采用有限元法模拟一维连续层状介质模型：0 ~ 4.5 m为50 Ω·m，6.4 ~ 11.9 m为10 Ω·m，从16 m向下电阻率为1000 Ω·m，相邻层之间电性为线性连续过渡。为检验有限元法的模拟精度，采用快速汉克尔变换模拟一维层状介质模型：第一层电阻率为50 Ω·m，层厚为5.4 m；第二层电阻率为10 Ω·m，层厚为8.6 m；第三层电阻率为1000 Ω·m。有限元法和快速汉克尔变换法模拟的电测深曲线如图3-2-4所示，可以看出，除波数为5时的电测深曲线尾支出现较大误差外，其余三组波数的电测深曲线与快速汉克尔变换的模拟结果均拟合得较好，并且模拟精度随波数的增加逐渐提高。从计算离散波数的极距范围也可以说明，要保证二维有限元的模拟精度，除受网格剖分尺度的影响外，波数的个数以及计算离散波数的极距范围对其也有很大影响，必须使计算离散波数的极距范围大于模拟极距的范围。表3-2-2中给出的几组波数可以根据实际情况酌情使用，必要时需根据本节算法重新计算，以确保得到更加可靠的模拟结果。

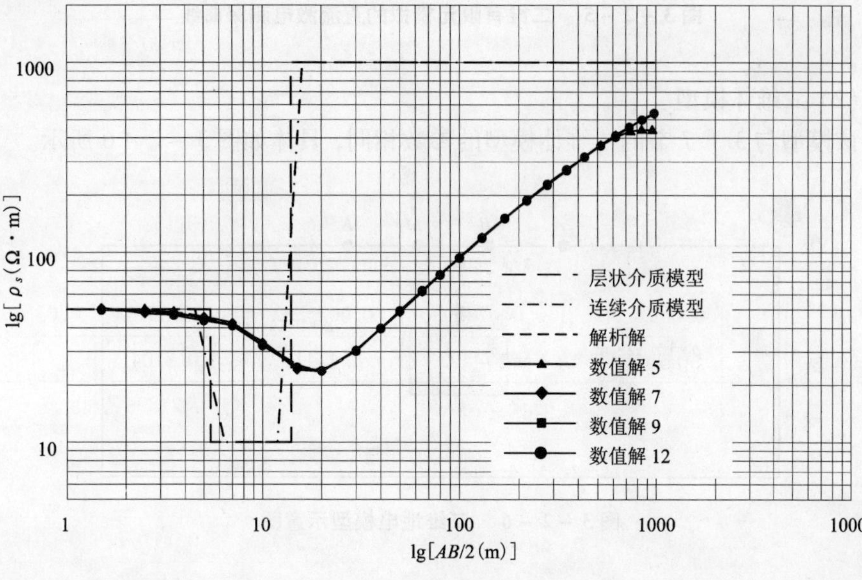

图3-2-4　不同波数下有限元法模拟的电阻率测深曲线

3.2.6 直流激电二维正演模拟算例

(1) 连续层状介质模型

该模型与3.1.7节中的连续层状介质模型相同，对称四极装置的供电极距序列$AB/2$设计为0.5、1、2、4、8、12、16、20、25、30、40、50、70、90、120、150、220、320、450、600、750、900，测量极距序列$MN/2$设计为供电极距序列$AB/2$的1/5。采用3.2.3节的有限元法模拟电阻率和极化率测深曲线，模拟结果如图3-2-5所示，可以看出电阻率和极化率的数值解与解析解均拟合得较好，说明算法在模拟精度上可以满足实用要求。

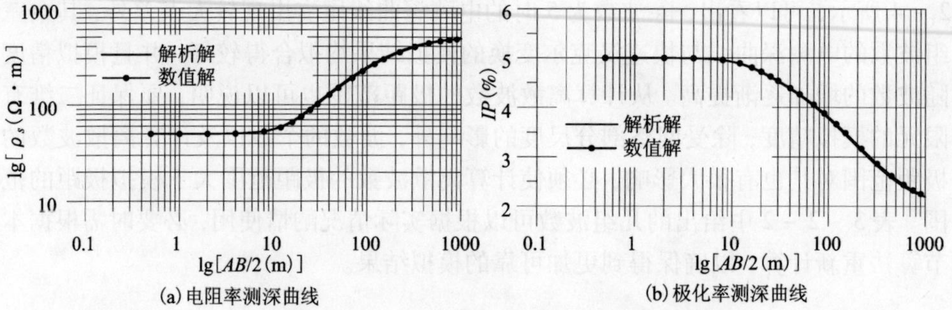

图3-2-5 二维有限元模拟的直流激电测深曲线

(2) 二维体模型

该模型与3.1.7节的三维体模型的参数相同，具体如图3-2-6所示。

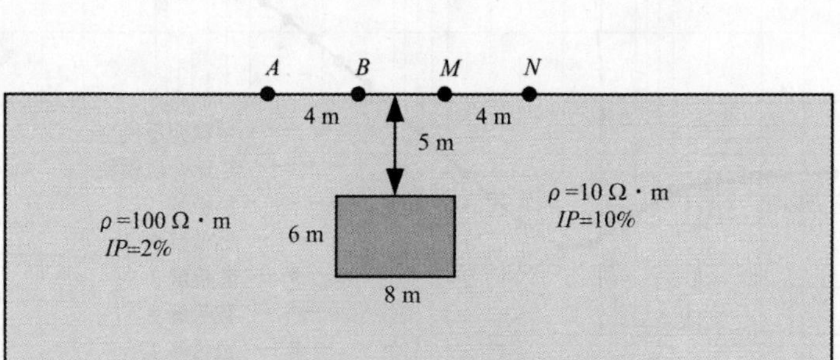

图3-2-6 二维地电模型示意图

研究区域X、Z方向的剖分范围分别为[10, 70]、[-30, 0]，采用2 m的单元进行剖分，合计剖分31 × 16 = 496个节点。采用3.1.7节的第二种外延方式构建外延区域，外延区域的最小剖分单元为4 m，外延节点数为10。为使二维、三维有限元的模拟结果能够相互验证，采用3.1.3 节有限元法模拟该二维地电模型，两者的模拟结果如图3 －2 －7 所示。可以看出，两者的电阻率和极化率拟断面图都非常接近，部分区域几乎完全重合，验证了二维、三维正演算法的正确性。

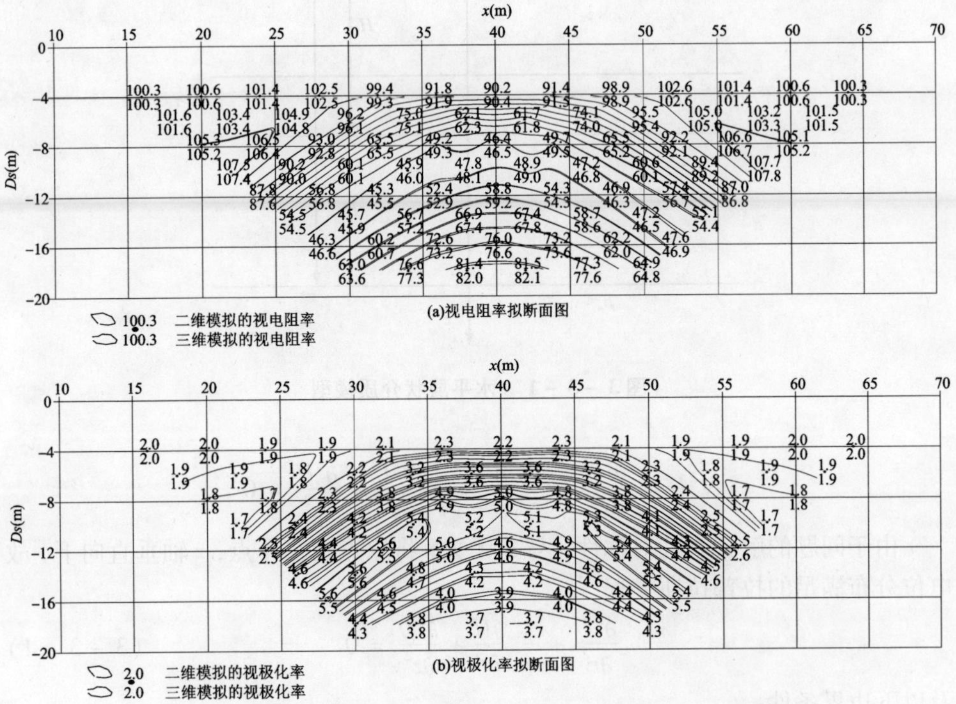

图3 －2 －7　二维体模型的视电阻率／视极化率拟断面图

3.3　直流激电测深一维正演模拟

3.3.1　水平地层地面点源场的边值问题

如图3 －3 －1 所示，假定水平地面下有 n 层水平层状地层，各层电阻率分别 ρ_1，ρ_2，…，ρ_n，厚度分别为 h_1，h_2，…，h_n，每层底面到地面的距离分别为 H_1，H_2，…，H_{n-1}，$H_n = \infty$。在地面 A 点有一点电流源，电流强度为 I。

将直角坐标系电位所满足的拉普拉斯方程(3 －1 －16) 转换到圆柱坐标系下，有：

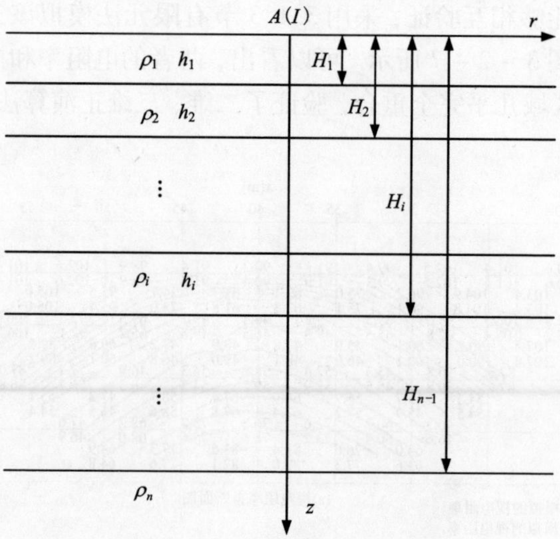

图 3－3－1　水平层状介质模型

$$\nabla^2 U = \frac{\partial^2 U}{\partial r^2} + \frac{1}{r}\frac{\partial U}{\partial r} + \frac{1}{r^2}\frac{\partial^2 U}{\partial \varphi^2} + \frac{\partial^2 U}{\partial z^2} = 0$$

由于问题的解具有轴对称性，与 φ 无关，将原点设在 A 点，z 轴垂直向下，故电位分布满足的拉普拉斯方程[84]：

$$\frac{\partial^2 U}{\partial r^2} + \frac{1}{r}\frac{\partial U}{\partial r} + \frac{\partial^2 U}{\partial z^2} = 0 \tag{3-3-1}$$

及以下边界条件：

（1）在点源附近，趋于地面点源的正常电位，即：

$$U\big|_{R=\sqrt{r^2+z^2}\to 0} = \frac{I\rho_1}{2\pi R} \tag{3-3-2}$$

（2）在地面上，电流密度的法向分量为零，即：

$$\frac{1}{\rho_1}\frac{\partial U}{\partial z}\Big|_{z=0} = 0 \tag{3-3-3}$$

（3）无穷远处电位为零，即：

$$U\big|_{R=\sqrt{r^2+z^2}\to\infty} = 0 \tag{3-3-4}$$

（4）在岩层分界面上电位连续，即：

$$U_i\big|_{z=H_i} = U_{i+1}\big|_{z=H_i} \tag{3-3-5}$$

（5）在岩层分界面上，电流密度的法向分量连续，即：

$$\frac{1}{\rho_i}\frac{\partial U_i}{\partial z}\Big|_{z=H_i} = \frac{1}{\rho_{i+1}}\frac{\partial U_{i+1}}{\partial z}\Big|_{z=H_i} \tag{3-3-6}$$

3.3.2　水平地层对称四极测深的视电阻率表达式

用分离变量法解式(3 - 3 - 1)，设：

$$U(r,\ z) = R(r)Z(z) \tag{3-3-7}$$

$R(r)$ 为仅含自变量 r 的待定函数，$Z(z)$ 是仅含自变量 z 的待定函数。将式(3 - 3 - 7) 代入式(3 - 3 - 1)，经整理得：

$$-\frac{\dfrac{\mathrm{d}^2R(r)}{\mathrm{d}r^2} + \dfrac{1}{r}\dfrac{\mathrm{d}R(r)}{\mathrm{d}r}}{R(r)} = \frac{\dfrac{\mathrm{d}^2Z(z)}{\mathrm{d}z^2}}{Z(z)} \tag{3-3-8}$$

式(3 - 3 - 8) 左边为仅含 r 的函数，右边为仅含 z 的函数。要使左右两边相等，只有两边都等于一个常数 λ^2 才有可能。故由式(3 - 3 - 8) 得到2个常微分方程：

$$\frac{\mathrm{d}^2R(r)}{\mathrm{d}r^2} + \frac{1}{r}\frac{\mathrm{d}R(r)}{\mathrm{d}r} + \lambda^2R(r) = 0 \tag{3-3-9}$$

$$\frac{\mathrm{d}^2Z(z)}{\mathrm{d}z^2} - \lambda^2Z(z) = 0 \tag{3-3-10}$$

式(3 - 3 - 9) 的解为第一类和第二类零阶贝塞尔函数 $\mathrm{J}_0(\lambda r)$ 和 $\mathrm{Y}_0(\lambda r)$，第二类零阶贝塞尔函数 $\mathrm{Y}_0(\lambda r)$ 在 $r = 0$ 的 Z 轴上趋于无限大，这不符合点源场的特征，故应舍去。而式(3 - 3 - 10) 的解为 $A'(\lambda)\mathrm{e}^{-\lambda z} + B'(\lambda)\mathrm{e}^{\lambda z}$，于是可得式(3 - 3 - 1) 的通解[84]：

$$U(r,\ z) = \int_0^\infty [A'(\lambda)\mathrm{e}^{-\lambda z} + B'(\lambda)\mathrm{e}^{\lambda z}]\mathrm{J}_0(\lambda r)\mathrm{d}\lambda \tag{3-3-11}$$

其中 $A'(\lambda)$ 和 $B'(\lambda)$ 为积分变量 λ 的函数。

我们知道，在电阻率为 ρ_1 的均匀大地表面点电源 I 产生的电位为：

$$U(r,\ z) = \frac{I\rho_1}{2\pi\sqrt{r^2 + z^2}} \tag{3-3-12}$$

根据韦伯 - 莱布尼兹积分：

$$\int_0^\infty \mathrm{e}^{-\lambda z}\mathrm{J}_0(\lambda r)\mathrm{d}\lambda = \frac{1}{\sqrt{r^2 + z^2}}$$

则式(3 - 3 - 12) 可写为：

$$U(r,\ z) = \frac{I\rho_1}{2\pi}\int_0^\infty \mathrm{e}^{-\lambda z}\mathrm{J}_0(\lambda r)\mathrm{d}\lambda \tag{3-3-13}$$

将式(3 - 3 - 13) 作为场源项引入到拉普拉斯方程的通解式(3 - 3 - 11) 中，若令：

$$A'(\lambda) = \frac{I\rho_1}{2\pi}A(\lambda),\ B'(\lambda) = \frac{I\rho_1}{2\pi}B(\lambda)$$

则水平层状大地表面点源电位的通解可写为：

$$U(r, z) = \frac{I\rho_1}{2\pi}\int_0^{\infty}[\mathrm{e}^{-\lambda z} + A(\lambda)\mathrm{e}^{-\lambda z} + B(\lambda)\mathrm{e}^{\lambda z}]\mathrm{J}_0(\lambda r)\mathrm{d}\lambda \tag{3-3-14}$$

该式对地下各层均成立。则对于第 i 层的电位可写为：

$$U_i(r, z) = \frac{I\rho_1}{2\pi}\int_0^{\infty}[\mathrm{e}^{-\lambda z} + A_i(\lambda)\mathrm{e}^{-\lambda z} + B_i(\lambda)\mathrm{e}^{\lambda z}]\mathrm{J}_0(\lambda r)\mathrm{d}\lambda \tag{3-3-15}$$

其中 $A_i(\lambda)$ 和 $B_i(\lambda)$ 为待定函数，可由边界条件确定。

由于对称四极测深只限于地表观测，根据边界条件即式(3－3－3)，有：

$$\left.\frac{\partial U_1}{\partial z}\right|_{z=0} = \left[\frac{I\rho_1 z}{2\pi(r^2+z^2)^{3/2}} + \int_0^{\infty}[B_1(\lambda)\mathrm{e}^{\lambda z} - A_1(\lambda)\mathrm{e}^{-\lambda z}]\mathrm{J}_0(\lambda r)\lambda\mathrm{d}\lambda\right]\Bigg|_{z=0} = 0$$

要使上式成立，必须有 $A_1(\lambda) = B_1(\lambda)$，则第一层的电位公式可写为：

$$U_1(r, z) = \frac{I\rho_1}{2\pi}\int_0^{\infty}[\mathrm{e}^{-\lambda z} + A_1(\lambda)(\mathrm{e}^{\lambda z} + \mathrm{e}^{-\lambda z})]\mathrm{J}_0(\lambda r)\mathrm{d}\lambda \tag{3-3-16}$$

在地面上($z = 0$)，由式(3－3－16)可得地面上的电位表达式：

$$U_1(r, 0) = \frac{I\rho_1}{2\pi}\int_0^{\infty}[1 + 2A_1(\lambda)]\mathrm{J}_0(\lambda r)\mathrm{d}\lambda \tag{3-3-17}$$

将式(3－3－17)对 r 求微分，得到电场强度：

$$E = -\frac{\partial U_1}{\partial r} = \frac{I\rho_1}{2\pi}\int_0^{\infty}[1 + 2A_1(\lambda)]\mathrm{J}_1(\lambda r)\lambda\mathrm{d}\lambda$$

其中 $\mathrm{J}_1(\lambda r)$ 为一阶贝塞尔函数，与地层参数无关。当 $MN \to 0$ 时，三极和对称四极装置的视电阻率表达式为：

$$\rho_{\mathrm{s}}(r) = \rho_1 r^2\int_0^{\infty}[1 + 2A_1(\lambda)]\mathrm{J}_1(\lambda r)\lambda\mathrm{d}\lambda \tag{3-3-18}$$

若令：

$$T_1(\lambda) = \rho_1[1 + 2A_1(\lambda)] \tag{3-3-19}$$

则式(3－3－18)可整理为如下形式：

$$\rho_{\mathrm{s}}(r) = r^2\int_0^{\infty}T_1(\lambda)\mathrm{J}_1(\lambda r)\lambda\mathrm{d}\lambda \tag{3-3-20}$$

其中 r 为供电极距 $AB/2$，λ 为积分系数。$T_1(\lambda)$ 被定义为电阻率转换函数或核函数，并且只与地层电阻率及地层厚度有关，与 r 无关，因此它是表征地电断面性质的函数。

3.3.3 电阻率转换函数的递推公式

在第 i 层与第 $i+1$ 层的分界面上，应用边界条件即式(3－3－5)和式(3－3－6)，有：

$$A_i(\lambda)e^{-\lambda H_i}+B_i(\lambda)e^{\lambda H_i}=A_{i+1}(\lambda)e^{-\lambda H_i}+B_{i+1}(\lambda)e^{\lambda H_i} \quad (3-3-21)$$

$$\frac{A_i(\lambda)e^{-\lambda H_i}-B_i(\lambda)e^{\lambda H_i}}{\rho_i}=\frac{A_{i+1}(\lambda)e^{-\lambda H_i}-B_{i+1}(\lambda)e^{\lambda H_i}}{\rho_{i+1}} \quad (3-3-22)$$

将式(3－3－21)两端同除以式(3－3－22)两端，并令其等于 $T_{i+1}(\lambda)$，有：

$$\rho_i\frac{A_i(\lambda)e^{-\lambda H_i}+B_i(\lambda)e^{\lambda H_i}}{A_i(\lambda)e^{-\lambda H_i}-B_i(\lambda)e^{\lambda H_i}}=\rho_{i+1}\frac{A_{i+1}(\lambda)e^{-\lambda H_i}+B_{i+1}(\lambda)e^{\lambda H_i}}{A_{i+1}(\lambda)e^{-\lambda H_i}-B_{i+1}(\lambda)e^{\lambda H_i}}=T_{i+1}(\lambda) \quad (3-3-23)$$

同理，在第 i 层与第 $i-1$ 层的分界面上，应用边界条件即式(3－3－5)和式(3－3－6)，有：

$$A_{i-1}(\lambda)e^{-\lambda H_{i-1}}+B_{i-1}(\lambda)e^{\lambda H_{i-1}}=A_i(\lambda)e^{-\lambda H_{i-1}}+B_i(\lambda)e^{\lambda H_{i-1}} \quad (3-3-24)$$

$$\frac{A_{i-1}(\lambda)e^{-\lambda H_{i-1}}-B_{i-1}(\lambda)e^{\lambda H_{i-1}}}{\rho_{i-1}}=\frac{A_i(\lambda)e^{-\lambda H_{i-1}}-B_i(\lambda)e^{\lambda H_{i-1}}}{\rho_i} \quad (3-3-25)$$

将式(3－3－24)两端同除式(3－3－25)两端，并令其等于 $T_i(\lambda)$，有：

$$\rho_{i-1}\frac{A_{i-1}(\lambda)e^{-\lambda H_{i-1}}+B_{i-1}(\lambda)e^{\lambda H_{i-1}}}{A_{i-1}(\lambda)e^{-\lambda H_{i-1}}-B_{i-1}(\lambda)e^{\lambda H_{i-1}}}=\rho_i\frac{A_i(\lambda)e^{-\lambda H_{i-1}}+B_i(\lambda)e^{\lambda H_{i-1}}}{A_i(\lambda)e^{-\lambda H_{i-1}}-B_i(\lambda)e^{\lambda H_{i-1}}}=T_i(\lambda) \quad (3-3-26)$$

将式(3－3－23)和式(3－3－26)联立，消去 A_i 和 B_i，即可得到电阻率转换函数 $T_i(\lambda)$ 和 $T_{i+1}(\lambda)$ 之间的关系式：

$$T_i(\lambda)=\rho_i\frac{1+\dfrac{T_{i+1}(\lambda)-\rho_i}{T_{i+1}(\lambda)+\rho_i}e^{-2\lambda h_i}}{1-\dfrac{T_{i+1}(\lambda)-\rho_i}{T_{i+1}(\lambda)+\rho_i}e^{-2\lambda h_i}} \quad (3-3-27)$$

对于第 n 层的转换函数 $T_n(\lambda)$，当去掉第 n 层以上各层时，地下便为均匀半无限空间，根据边界条件式(3－3－4)，则式(3－3－15)中的 $B_i(\lambda)$ 必为零，则由式(3－3－26)，有：

$$T_n(\lambda)=\rho_n \quad (3-3-28)$$

因此，可根据式(3－3－27)和式(3－3－28)由下向上递推，即可得到地面的电阻率转换函数 $T_1(\lambda)$。

3.3.4　基于快速汉克尔变换的正演算法

快速汉克尔变换是一种求解贝赛尔函数在(0，∞)区间上积分的快速数值算法。式(3－3－20)的积分形式为汉克尔变换式，可以用快速汉克尔变换进行求解[85-86]。

若令 $\lambda=e^{-u}$，$r=e^{v}$，u、$v\in(-\infty,+\infty)$，代入式(3－3－20)，有：

$$\rho_s(e^v) = r^2\int_{-\infty}^{\infty} T_1(e^{-u})e^{-u}J_1(e^{v-u})e^{-u}du$$
$$= r\int_{-\infty}^{\infty}[T_1(e^{-u})e^{-u}][J_1(e^{v-u})e^{v-u}]du \qquad (3-3-29)$$

设函数 $G(v)=\rho_s(e^v)$，$F(u)=T_1(e^{-u})e^{-u}$，$H(v-u)=J_1(e^{v-u})e^{v-u}$。则式(3－3－29)可写成连续函数的褶积形式[87]：

$$G(v) = r\int_{-\infty}^{\infty} F(u)H(v-u)du \qquad (3-3-30)$$

根据采样定理，可将式(3－3－30)转换成离散序列的褶积形式[87]：

$$G(i\Delta) = r\sum_{k=-\infty}^{\infty} F(k\Delta)H[(i-k)\Delta] \qquad (3-3-31)$$

其中 Δ 为采样步长，满足采样定理，i，k 为采样的序列号。式(3－3－23)可以近似写成核函数与权函数乘积的形式：

$$\rho_s(r_i) = r_i\sum_{k=1}^{n} T_1(\lambda_k)\cdot\lambda_k\cdot W_k \qquad (3-3-32)$$

其中 r_i 为供电极距序列；根据 Anderson(1989)，$\lambda_k = 10^{[a+(k-1)s]}/r_i$ 为采样点位置，采样序号 $k=1, 2, \cdots, n$，$n=801$ 为采样点总数；偏移量 $a=-13.04977637265126$，采样间隔 $s=0.04342944819033$；权函数 W_k 已事先计算好，与 λ_k 对应，具体可参考附录 A。式(3－3－32)的程序代码如下：

```
//==========================================================//
// 函数名称：DC1DMod( )                                       //
// 函数目的：利用汉克尔变换进行电阻率一维正演模拟              //
// 参数说明：Rs：视电阻率                                      //
//            r：极距 AB/2                                    //
//            m：极距数                                        //
//           LR：模型的层阻                                    //
//           LT：模型的层厚                                    //
//           LN：模型的层数                                    //
//           SP：汉克尔积分的采样点位置                        //
//            W：汉克尔积分的权系数                            //
//            n：汉克尔积分的采样点个数                        //
//==========================================================//
void DC1DMod( double *Rs, double *r, int m, double *LR, double *LT, int LN,
              double *SP, double *W, int n )
{
  int i, j, k;
  double TN, Lamd, Temp;
  for( i = 0; i < m; i ++ ) // 极距数
  {
    Rs[ i ] = 0; // 视电阻率
    for( k = 0; k < n; k ++ ) // 汉克尔积分
```

```
        {
          TN = LR[ LN - 1 ];
          Lamd = SP[ k ] / r[ i ];
          for( j = LN - 2; j > = 0;j - - ) // 计算电阻率转换函数 T1
          {
            Temp = ((TN - LR[j])/(TN + LR[j])) * exp( - 2 * Lamd * LT[j]);
            TN = LR[ j ] * ( 1 + Temp ) / ( 1 - Temp );
          }
          Rs[ i ] + = W[ k ] * TN * Lamd;
        }
        Rs[ i ] * = r[ i ];
      }
    }
```

3.3.5　直流激电一维正演模拟算例

(1) 汉克尔变换的精度

下面对三个解析函数进行积分，检验采用 Anderson 的滤波系数计算汉克尔积分的精度。图 3 - 3 - 2(a) 为数值解与解析解的拟合图，可以看出两者拟合的很好。图 3 - 3 - 2(b) 为数值解与解析解的绝对误差图，最大误差基本控制在 1×10^{-7} 以内。说明采用 Anderson 的滤波系数，计算汉克尔变换式的积分均可达到较高的计算精度。

函数一：　$$\int_0^{\infty}[\lambda^2\exp(-\lambda^2)]J_1(r\lambda)\mathrm{d}\lambda = r[\exp(-r^2/4)]/4$$

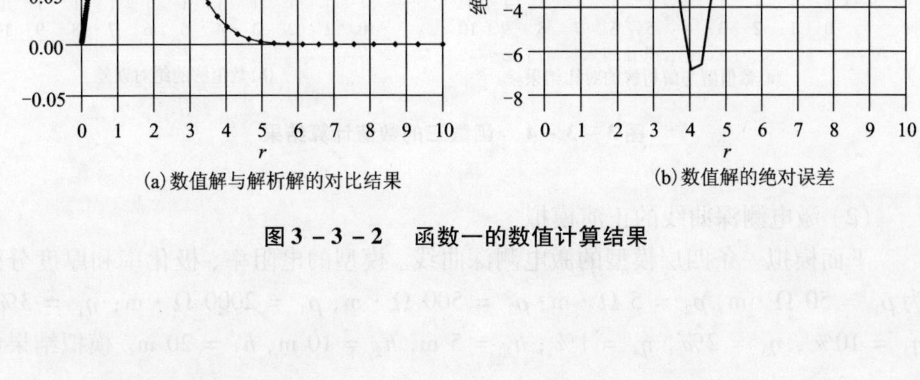

(a) 数值解与解析解的对比结果　　(b) 数值解的绝对误差

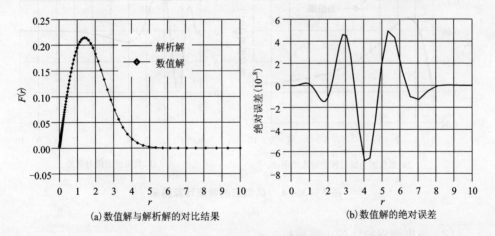

图 3 - 3 - 2　函数一的数值计算结果

函数二：$\int_0^{\infty}[\exp(-\lambda)]J_1(r\lambda)\mathrm{d}g = (\sqrt{1+r^2}-1)/(r\sqrt{1+r^2})$

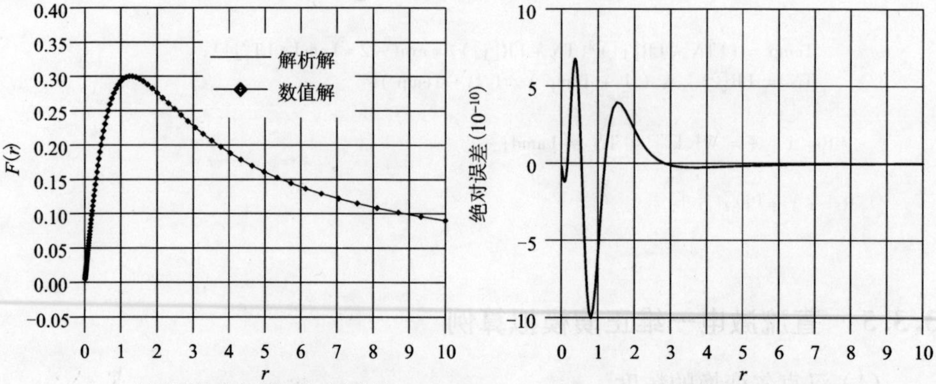

(a) 数值解与解析解的对比结果　　(b) 数值解的绝对误差

图 3-3-3　函数二的数值计算结果

函数三：$\int_0^{\infty}[\lambda\exp(-2\lambda)]J_1(r\lambda)\mathrm{d}\lambda = r/(4+r^2)^{3/2}$

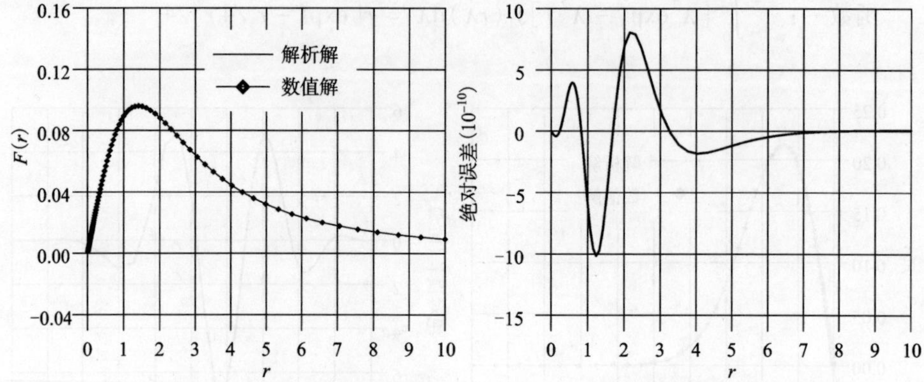

(a) 数值解与解析解的对比结果　　(b) 数值解的绝对误差

图 3-3-4　函数三的数值计算结果

(2) 激电测深曲线的正演模拟

下面模拟一条四层模型的激电测深曲线。模型的电阻率、极化率和厚度分别为 $\rho_1 = 50\ \Omega\cdot\mathrm{m}$，$\rho_2 = 5\ \Omega\cdot\mathrm{m}$，$\rho_3 = 500\ \Omega\cdot\mathrm{m}$，$\rho_4 = 2000\ \Omega\cdot\mathrm{m}$；$\eta_1 = 3\%$，$\eta_2 = 10\%$，$\eta_3 = 2\%$，$\eta_4 = 1\%$；$h_1 = 5\ \mathrm{m}$，$h_2 = 10\ \mathrm{m}$，$h_3 = 20\ \mathrm{m}$。模拟结果如

图 3-3-5 所示。对于任意极距序列 $AB/2$ 和任意层状模型的激电测深曲线，采用 Anderson 的汉克尔变换滤波系数，均能得到较好的模拟结果。

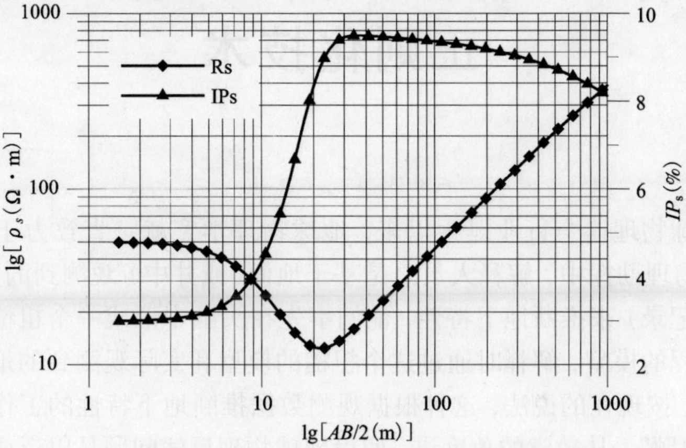

图 3-3-5　激电测深曲线的模拟结果

第4章 最小二乘广义线性反演及正则化技术

自从地球物理这个行业诞生以来，地球物理学家就一直致力于求解反演问题。在地球物理勘探中，解释人员总是基于地面(或井中)观测到的数据(如地震记录或势场记录)来推断地下特性，他们事先在头脑中形成一个粗糙的反映地面记录形成过程的模型，解释时通过这个粗糙的模型和实际观测到的地面记录来重构地下特性。按现在的说法，这种根据观测数据推断地下特性的工作就是求解所谓的“反演问题”。从数学的角度讲，假设地球物理反演问题是以泛函方程组的形式给出的，离散化后便得到某种类型的非线性方程组。由于地球物理数据的有限性和不精确性，涉及的方程组常常不存在精确的唯一解，或者不能用稳定收敛的数值方法求得精确解，这时我们只能根据某种准则(如线性化、Tikhonov 正则化)求出反问题的一个可以接受的解估计。我们把这种情况下反问题的求解方法统称为广义反演方法，它是现代数值分析方法和 BG 反演理论相结合的产物，或者说是在离散地球模型情况下 BG 反演理论的简化和应用。而广义线性反演是利用泰勒级数展开把非线性问题线性化的广义反演方法[1]，它作为地球物理反演的一个重要分支，发展较早，并且在理论和应用上较为成熟。本章将在简单阐述最小二乘广义线性反演方法的基础上，着重探讨不适定问题的正则化技术。

4.1 最小二乘广义线性反演

4.1.1 最小二乘法的应用条件

最小二乘法是以数据拟合差的 l_2 范数取极小为准则的一类方法，是数据处理和反演中最常使用的数值计算方法。但是，对它的应用也要具备一定的前提条件，本节将从概率的角度出发给出其应用条件。

设 d_i 为服从高斯分布的某个观测数据，$\bar{d}$ 和 σ^2 为它的均值和方差，则此数据的概率函数为[1]

$$P(d_i) = \frac{1}{\sqrt{2\pi}\sigma}\exp\left[-\frac{(d_i-\bar{d})^2}{2\sigma^2}\right] \tag{4-1-1}$$

如果假定数据集中所有数据的均值和方差都分别为 $\overline{d}$ 和 σ^2，由于 n 个互不相关的数据的联合概率分布等于 n 个独立的高斯分布的概率的乘积，则数据向量 $\boldsymbol{d}$ 的联合概率分布为

$$P(\boldsymbol{d}) = \prod_{i=1}^{n} \frac{1}{\sqrt{2\pi}\sigma}\exp\left[-\frac{(d_i-\overline{d})^2}{2\sigma^2}\right] = \left(\frac{1}{\sqrt{2\pi}\sigma}\right)^n \exp\left[-\frac{1}{2\sigma^2}\sum_{i=1}^{n}(d_i-\overline{d})^2\right] \tag{4-1-2}$$

根据极大似然的思想，对 $\ln P(\boldsymbol{d})$ 取极大，代入式(4-1-2) 便等效于对

$$\Phi = \sum_{i=1}^{n}(d_i-\overline{d})^2 \tag{4-1-3}$$

求极小值，这就是最小二乘准则。因此，最小二乘法的应用条件就是数据服从高斯分布。地球物理测量的数据大都是服从高斯分布的，而在观测时，由于受各种干扰因素的影响，总存在少量的“坏”数据，它们的存在使数据并不完全服从高斯分布的统计性质。在反演之前最好将其剔除，否则可能会造成反演不稳定及反演结果的假象。

4.1.2　最小二乘意义下的线性反演方程

在地球物理反问题中，假定数据服从高斯分布，在最小二乘意义下构造目标函数

$$\Phi(\boldsymbol{m}) = \|\boldsymbol{d}_s - \boldsymbol{d}_m(\boldsymbol{m})\|_2^2 \tag{4-1-4}$$

其中 $\boldsymbol{d}_s$ 为实测数据向量；$\boldsymbol{d}_m(\boldsymbol{m})$ 为模拟数据向量，它是模型和数据之间满足某种关系的多元非线性函数。将非线性函数 $\boldsymbol{d}_m(\boldsymbol{m})$ 在 $\boldsymbol{m}_0$ 的零域内经泰勒级数展开，并略去二次以上的项，可近似为

$$\boldsymbol{d}_m(\boldsymbol{m}) \approx \boldsymbol{d}_m(\boldsymbol{m}_0) + \boldsymbol{d}'_m(\boldsymbol{m}_0)(\boldsymbol{m}-\boldsymbol{m}_0) = \boldsymbol{d}_m(\boldsymbol{m}_0) + \boldsymbol{d}'_m(\boldsymbol{m}_0)\Delta\boldsymbol{m} \tag{4-1-5}$$

并将其代入式(4-1-4) 中，有

$$\Phi(\boldsymbol{m}) = \|\boldsymbol{d}_s - \boldsymbol{d}_m(\boldsymbol{m})\|_2^2 \approx \|\boldsymbol{d}_s - \boldsymbol{d}_m(\boldsymbol{m}_0) - \boldsymbol{d}'_m(\boldsymbol{m}_0)\Delta\boldsymbol{m}\|_2^2 \tag{4-1-6}$$

根据多元函数的极值理论，令 $\partial\Phi(\boldsymbol{m})/\partial\boldsymbol{m} = 0$，有

$$\frac{\partial\Phi(\boldsymbol{m})}{\partial\boldsymbol{m}} \approx -2\boldsymbol{d}'_m(\boldsymbol{m}_0)^{\mathrm{T}}[\boldsymbol{d}_s - \boldsymbol{d}_m(\boldsymbol{m}_0) - \boldsymbol{d}'_m(\boldsymbol{m}_0)\Delta\boldsymbol{m}] = 0 \tag{4-1-7}$$

令 $\boldsymbol{A} = \boldsymbol{d}'_m(\boldsymbol{m}_0)$ 为偏导数矩阵或灵敏度矩阵，$\Delta\boldsymbol{d} = \boldsymbol{d}_s - \boldsymbol{d}_m(\boldsymbol{m}_0)$ 为数据残差向量，最终可将式(4-1-7) 整理为

$$\boldsymbol{A}^{\mathrm{T}}\boldsymbol{A}\Delta\boldsymbol{m} = \boldsymbol{A}^{\mathrm{T}}\Delta\boldsymbol{d} \tag{4-1-8}$$

这就是在最小二乘意义下将非线性反问题经线性化得到的反演方程。由于采用了将非线性问题线性化的过程，反演必须经过多次迭代来更新模型参数

$$\boldsymbol{m}^{(k)} = \boldsymbol{m}^{(k-1)} + \Delta\boldsymbol{m}^{(k-1)} \tag{4-1-9}$$

才能使得解估计 $\boldsymbol{m}^{(k)}$ 不断逼近真解 $\boldsymbol{m}^*$。经多次反演迭代，当前后两次迭代的数据拟合差满足 $|\Phi^{(k)} - \Phi^{(k-1)}| < \varepsilon$ 时，反演迭代中止。

最小二乘线性反演并不像我们想象的那样，经过多次迭代能够稳步收敛到最优解。由于偏导数矩阵是严重病态的，最小二乘线性反演方程(4-1-8)求的解存在较大的误差，由于误差传播与不断积累，可能使解估计更加远离最优解，从而使迭代发散。由于最小二乘法反演的不稳定，因而实用性不高，但是它的最优化思想是恰当的，而且它的迭代步长大，所以只要改善了迭代过程的稳定性，它就可成为一种优秀的反演方法。从下一节开始，将探讨通过引入不同的正则化技术来改善最小二乘反演的稳定性和解估计方法。

4.2 不适定问题的正则化

4.2.1 正则化的基本概念

数学上的不适定问题是 J. Hadamard 在研究偏微分方程解的稳定性时提出来的。对于给定的偏微分方程和定解条件，定解问题中解的存在性、唯一性和稳定性是理论上的三个基本问题。如果偏微分方程的定解问题满足解的存在性、唯一性和稳定性三个基本要求，那么，就将这三个基本特性统称为定解问题的适定性。当上述三个适定条件有一个不能满足时，该定解问题则称为不适定问题[1, 88]。那么，所谓正则化就是将不适定问题转化为适定可解的问题。目前，常用的正则化方法主要有 Miller 正则化和 Tikhonov 正则化两大类，其中后者在理论上已发展成为较完善的理论体系[88]。

4.2.2 正则化技术的重要思想

地球物理反演问题多数情况下是多元、非线性函数的极值问题，经泰勒级数展开并略去二次以上的项后，得到的线性反演方程往往是不适定的。一般情况下，根据 Tikhonov 正则化理论，反问题正则化是对正则化了的泛函 $\Phi_d + \lambda\Phi_m$ 取极小值[88]，其中 Φ_d 是度量数据拟合质量的泛函，它是与某些后验知识有关的；Φ_m 称为稳定化泛函，它起到压制奇异性的作用，也有降低分辨率的副作用。因此正则化因子 λ 在泛函 Φ_d 和 Φ_m 之间起到了一种微妙的协调关系。

为便于说明，这里以最小二乘意义下的正则化目标函数

$$\min_{\Delta m}\Phi(\Delta\boldsymbol{m}) = \Phi_d(\Delta\boldsymbol{m}) + \lambda\Phi_m(\Delta\boldsymbol{m}) = \min_{\Delta m}\{\|\boldsymbol{A}\Delta\boldsymbol{m} - \boldsymbol{b}\|_2^2 + \lambda\|\boldsymbol{C}\Delta\boldsymbol{m}\|_2^2\} \tag{4-2-1}$$

进行讨论。其中 $\boldsymbol{b}$ 为数据残差向量；$\boldsymbol{A}$ 为偏导数矩阵或灵敏度矩阵；$\Delta\boldsymbol{m}$ 为模型参数修正向量；λ 为正则化因子；$\Phi_d(\Delta\boldsymbol{m})$ 为数据目标函数或数据拟合差泛函；$\Phi_m(\Delta\boldsymbol{m})$ 为模型目标函数或稳定化泛函；$\boldsymbol{C}$ 为某种拟算子，它以微分、积分或矩阵的形式存在，并且与某些先验信息或先验解有关。对 $\Delta\boldsymbol{m}^{\mathrm{T}}$ 取极小并令其等于零，则式(4-2-1)将转化为正则化条件下的最小二乘线性反演方程

$$(\boldsymbol{A}^{\mathrm{T}}\boldsymbol{A} + \lambda\boldsymbol{C}^{\mathrm{T}}\boldsymbol{C})\Delta\boldsymbol{m} = \boldsymbol{A}^{\mathrm{T}}\boldsymbol{b} \tag{4-2-2}$$

当 $\boldsymbol{C}$ 为单位矩阵时，式(4-2-2)为通常意义下的正则化最小二乘反演方程，它是标准(或零阶)Tikhonov 正则化的结果。在某种程度上，它与正则化的思想是不谋而合的，正则化最小二乘法多以矩阵为处理对象，而正则化方法多以算子和泛函理论为处理对象。当采用 Tikhonov 正则化方法解决反问题的不适定性时，正则化因子 λ 将在反演中起关键性的作用。当 $\lambda\to 0$ 时，由于反演方程的奇异性，必然会增大解的方差，导致反演过程的不稳定，最终导致反演失败。当 $\lambda\to\infty$ 时，解的光滑性和反演过程的稳定性最好，但它是以严重降低解的分辨率为代价的。可见正则解是介于两种极端情况之间的一种折衷解。因此，正则化因子的选择合理与否决定着反演求解过程成功或失败的命运，也决定着分辨率和模型方差这对不可调和的矛盾能否达到最佳折衷。自20世纪60年代 Tikhonov 正则化方法提出以来，尽管很多学者对正则化参数的选择进行了研究[1, 88]，提出了一些正则化参数的选择方法，具有一定的理论价值，但在解决不同的反问题时，在如何合理地选择正则化参数方面仍有很多研究工作要做。

4.3　广义线性反演的正则化技术

在本节中，除探讨正则化因子的选择外，将从稳定化泛函 $\boldsymbol{C}$ 的构造、对模型参数引入某种先验约束以及修正迭代步长等多个角度探讨如何将反演中的病态问题转化成良性问题，以改善反演的稳定性和提高反演的分辨率。

4.3.1　基于目标函数拟合差的正则化参数选择方法

地球物理反问题可归结为求解 Tikhonov 正则化下目标函数的极小值问题

$$\Phi = \Phi_d + \lambda\Phi_m \tag{4-3-1}$$

其中 Φ 为总目标函数；Φ_d 为数据目标函数；Φ_m 为模型目标函数，使模型具有某种先验信息；λ 为正则化因子。在反演迭代的过程当中，随着反演迭代次数的增加，数据目标函数大体上呈下降趋势，而模型由反演之初的基本模型变为非基本

模型，模型目标函数将会出现一种上升趋势。因此考虑以

$$\lambda^{(k)} = \frac{\Phi_d^{(k-1)}}{\Phi_d^{(k-1)} + \Phi_m^{(k-1)}} \tag{4-3-2}$$

作为第 k 次反演迭代的正则化因子[89]，无需人为干涉，实现了正则化因子的自适应。但在反演过程中，由于受各种干扰因素的影响，式(4－3－2)给出的正则化因子并不能始终保证数据拟合差

$$RMS = \sqrt{\frac{\sum_{i=1}^{n} \Delta d_i^2}{n}} \tag{4-3-3}$$

是单调下降的(Δd_i 为观测数据和模拟数据之间的残差)。这主要是由于 Φ_d 与 Φ_m 之间不会呈现良好的负变关系，使得自适应正则化因子不总是较优的。因此，在式(4－3－2)中引入数据目标函数前后两次拟合差的比，可将其修正为

$$\lambda^{(k)} = \frac{\Phi_d^{(k-1)}}{\Phi_d^{(k-1)} + \Phi_m^{(k-1)}} \cdot \frac{\Phi_d^{(k-1)}}{\Phi_d^{(k-2)}} \tag{4-3-4}$$

从式(4－3－4)可以看出，当数据目标函数增大时，相当于在原有的基础上乘以一个大于1的数；当数据目标函数减小时，则相当于乘以一个小于1的数。显然，这比原来的正则化因子更优一些。

4.3.2 基于线性方程求解的正则化参数选择方法

地球物理反问题多为大型、多元、非线性函数的极值问题，由于涉及到高阶偏导数矩阵的计算和存储，目前的计算机还不能完全解决这个问题。所以不能用直接法对其进行求解，必须将非线性问题通过泰勒级数展开并略去二次以上的高次项，即通过线性化手段将非线性问题转换成解方程组的问题，那么解方程方法的优劣直接影响到反演的结果。许多事实证明，有时候某个方法效果不好，并不是方法本身的缺陷，而是线性反演方程组的病态程度太高，用一般的解方程组的方法不能取得稳定合理的解所致。因此求解大型、超定、病态的方程组将成为反演所要研究的首要问题，特别是在求解电磁法的二维、三维反演问题时，解此类方程组是不可避免的。所以，本节将针对目前在地球物理反演中比较流行的两种解方程组的方法——奇异值分解算法和共轭梯度算法，根据其自身的特点，探讨如何通过正则化来压制或消除线性反演方程的奇异性，将病态问题转化为良性问题，进而增强反演过程的稳定性和健全性，以达到提高分辨率的目的。

(1) 基于奇异值分解算法选择正则化因子

奇异值分解算法是反演过程中解病态线性方程组的最有效的方法之一，由于具有抗病态能力强的特点，在地球物理反演中占有重要的地位。著名数值计算学家 Forsythe 教授的话更直截了当[90]：“我们还没有发现 SVD 法失败的例子，除非

你不正确地使用它”。而且奇异值分解算法已经在地球物理反演中取得了较好的应用[91-92]。使用它的关键在于如何修改奇异值，恰当地修改奇异值可以达到增强方程组求解稳定性的目的。如果没有修改奇异值，那么奇异值分解算法将同其他任何直接法一样病态。故本节将着重探讨奇异值的修改技巧。

对于线性方程组

$$\boldsymbol{Ax} = \boldsymbol{b} \tag{4-3-5}$$

其中系数矩阵 $\boldsymbol{A} \in R^{m\times n}$，并且 $m \geqslant n$，解向量 $\boldsymbol{x} \in R^{n}$，右端项 $\boldsymbol{b} \in R^{m}$。根据奇异值分解定理[93]，矩阵 $\boldsymbol{A}$ 的奇异值分解为

$$A = \boldsymbol{USV}^{\mathrm{T}} = \sum_{i=1}^{n} \boldsymbol{u}_i s_i \boldsymbol{v}_i^{\mathrm{T}} \tag{4-3-6}$$

其中左矩阵 $\boldsymbol{U} = (\boldsymbol{u}_1, \boldsymbol{u}_2, \cdots, \boldsymbol{u}_n)$，并且 $\boldsymbol{U} \in R^{m\times n}$，$\boldsymbol{U}^{\mathrm{T}}\boldsymbol{U} = \boldsymbol{I}_n$，$\boldsymbol{I}_n$ 为单位矩阵；右矩阵 $\boldsymbol{V} = (\boldsymbol{v}_1, \boldsymbol{v}_2, \cdots, \boldsymbol{v}_n)$，并且 $\boldsymbol{V} \in R^{n\times n}$，$\boldsymbol{V}^{\mathrm{T}}\boldsymbol{V} = \boldsymbol{I}_n$，对角阵 $\boldsymbol{S} = \mathrm{diag}(s_1, s_2, \cdots, s_n)$，并且奇异值 s_i 以 $s_1 \geqslant s_2 \geqslant \cdots \geqslant s_n \geqslant 0$ 的递减顺序排列。则解向量 $\boldsymbol{x}$ 为

$$\boldsymbol{x} = \boldsymbol{A}^{+} \cdot \boldsymbol{b} = \boldsymbol{V}^{\mathrm{T}}\boldsymbol{S}^{+}\,\boldsymbol{U} \cdot \boldsymbol{b} = \sum_{i=1}^{\mathrm{rank}(\boldsymbol{A})} \frac{(\boldsymbol{u}_i, \boldsymbol{b})}{s_i}\boldsymbol{v}_i \tag{4-3-7}$$

其中 $\boldsymbol{A}^{+}$ 为系数矩阵 $\boldsymbol{A}$ 的广义逆，$\boldsymbol{S}^{+}$ 为对角阵 $\boldsymbol{S}$ 的逆。从式(4-3-7)可以看出，当奇异值 $\boldsymbol{\sigma}_i$ 随 i 的增加逐渐趋于零时，或者说矩阵 $\boldsymbol{A}$ 的条件数 s_1/s_n 很大时，则 $\boldsymbol{Ax} = \boldsymbol{b}$ 的求解问题称为不适定问题。不适定问题并不意味着不可解，而是指采用直接方法(高斯消去法、LU 分解法等)求得的解与真实解相差甚远。为使所求得的解能更好地逼近真解，必须采用其他的手段来削弱小奇异值的影响。那么经正则化后，解向量的表达式为

$$\boldsymbol{x} = \sum_{i=1}^{\mathrm{rank}(A)} f_i \frac{(\boldsymbol{u}_i, \boldsymbol{b})}{s_i}\boldsymbol{v}_i \tag{4-3-8}$$

其中 f_i 为滤波函数。而对 SVD 法的正则化手段通常可分为两大类：Wiggins 零化小奇异值的方法和 Tikhonov 滤波正则化方法，下面分别介绍其原理。

①Wiggins 零化小奇异值的方法

该方法采用的方式就是去掉很小的奇异值，对系数矩阵 $\boldsymbol{A}$ 进行降维处理。那么式(4-3-8)中滤波函数 f_i 可表示为

$$f_i = \begin{cases} 1 & i \leqslant k \\ 0 & i > k \end{cases} \tag{4-3-9}$$

其中有效秩 $k \leqslant \mathrm{rank}(\boldsymbol{A})$。而 k 如何取值可以达到方差和分辨率之间的最佳折衷呢?从前面的分析可以知道，方程求解的误差过大是由方程组的病态(或者说条件数较大)引起的。那么就可以通过降低矩阵的条件数

$$\frac{s_1}{s_n} = \mathrm{cond}(\boldsymbol{A}) > \mathrm{cond}(\boldsymbol{B}) \tag{4-3-10}$$

来确定有效秩 k，这里假定条件数 $\mathrm{cond}(\boldsymbol{B})$ 是矩阵 $\boldsymbol{A}$ 经过良性处理后的条件数。从而可以确定小奇异值的门限值 s_k，可以表示为

$$s_k = \frac{s_1}{\mathrm{cond}(\boldsymbol{B})} = \theta \cdot s_1 > s_n \tag{4-3-11}$$

其中截止系数 $\theta = 1/\mathrm{cond}(\boldsymbol{B})$，通常在$10^{-7} \sim 10^{-3}$变化。当 $s_i < s_k$ 时，$s_i = 0$。那么解向量

$$\boldsymbol{x} = \sum_{i=1}^{k} \frac{(\boldsymbol{u}_i, \boldsymbol{b})}{s_i} \boldsymbol{v}_i \tag{4-3-12}$$

上述确定有效秩 k 的方法仅仅利用了最大奇异值的信息。下面将利用所有奇异值的信息来确定有效秩 k，即利用有效秩奇异值的和与所有奇异值和的比 γ(如选择0.95 ~ 0.99)来确定有效秩 k，那么 γ 可以表示为

$$\gamma = \sum_{i=1}^{k} s_i \Big/ \sum_{i=1}^{\mathrm{rank}(\boldsymbol{A})} s_i \tag{4-3-13}$$

利用此方法确定了有效秩 k 后，再用式(4-3-12)求得解向量。

Wiggins 方法在处理奇异值时，将小的奇异值及对应的特征向量删除，实际上是消除了模型参数中的不可靠成分，以此减少解估计的方差。但这样做也是以损失解估计的分辨率为代价的。当奇异值曲线呈阶梯状时，Wiggins 方法是比较合适的，因为这时确定成分和不可靠成分差别很大，容易区分，删除掉不确定成分对解估计的影响不大[1]。

② Tikhonov 滤波正则化方法

该方法是在矩阵的对角线上加上正则化因子 λ 来削弱矩阵的奇异性(即采用零阶 Tikhonov 正则化方式)。那么式(4-3-8)中滤波函数 f_i 可表示为[94]

$$f_i = \frac{s_i^2}{s_i^2 + \lambda^2} \tag{4-3-13}$$

而对于一阶或二阶 Tikhonov 正则化方式，滤波函数 f_i 可表示为[8]

$$f_i = \frac{s_i^2}{s_i^2 + \mu_i^2 \lambda^2} = \frac{\gamma_i^2}{\gamma_i^2 + \lambda^2} \tag{4-3-14}$$

其中 $\gamma_i = s_i/\mu_i$，μ_i 为一阶或二阶 Tikhonov 稳定化矩阵分解后的第 i 奇异值。从式(4-3-13)和式(4-3-14)可以看出，当 $s_i \gg \lambda$ 或 $r_i \gg \lambda$ 时，$f_i \approx 1$；当 $s_i \ll \lambda$ 或 $r_i \ll \lambda$ 时，$f_i \approx 0$。通过改变 λ 的值，滤波系数 f_i 将从 0 到 1 光滑变化。如果给定合理的正则化因子 λ，则可将较小的奇异值压制掉。下面介绍两种“最优”正则化参数 λ 的给定方法 —— 广义交叉验证法和 L - 曲线法。

(a) 广义交叉验证法

Golub[95] (1979) 提出了广义交叉验证法(generalized cross-validation，简称 GCV)，该方法用于估计正则化参数。其思想来源于统计学，当在数据项 $\boldsymbol{b}$ 中去掉一个分量 b_i 后，则由此产生的新模型解也能较好地预测 $\boldsymbol{b}$ 中被去掉的那一个分量 b_i。基于这一思想，Golub 给出了关于参数 λ 的广义交叉验证函数

$$GCV(\lambda) = \frac{\| \boldsymbol{b} - \boldsymbol{A}\boldsymbol{x}_\lambda \|_2^2}{[tr(\boldsymbol{I} - \boldsymbol{A}(\boldsymbol{A}\boldsymbol{A}^{\mathrm{T}} + \lambda^2\boldsymbol{I})^{-1}\boldsymbol{A}^{\mathrm{T}})]^2} \tag{4-3-15}$$

其中 tr 表示方阵的迹，即方阵对角线各元素的和。利用广义交叉验证方法确定“最优”的正则化参数 λ，也就是寻找使 $GCV(\lambda)$ 函数达到极小时的 λ 值。从式(4－3－15) 中可以看出，分子为正则解的残差，比较容易计算。而方阵的迹采用直接方法进行计算是比较困难的，并且计算量比较大，但根据矩阵 A 的奇异值分解形式即式(4－3－6)，可方便地求出迹估计[95]

$$tr[\boldsymbol{I} - \boldsymbol{A}(\boldsymbol{A}\boldsymbol{A}^{\mathrm{T}} + \lambda^2\boldsymbol{I})^{-1}\boldsymbol{A}^{\mathrm{T}}] = m - n + \sum_{i=1}^{n} \frac{\lambda^2}{s_i^2 + \lambda^2} \tag{4-3-16}$$

通过给定一系列的 λ 值，将 $GCV(\lambda)$ 函数取极小时的 λ 值作为“最优” 的正则化参数。但该方法有时并不像我们想象的那样理想，在许多实际问题中，GCV 函数在达到极小点时过于平坦，难于确定哪一点为最小值点。而且当数据中的噪声相关时，这一方法求得的正则化参数往往并不理想[96]。

(b) L－曲线法

所谓 L－曲线是指以($\ln\|\boldsymbol{x}_\lambda\|_2$, $\ln\|\boldsymbol{b} - \boldsymbol{A}\boldsymbol{x}_\lambda\|_2$) 为点坐标在直角坐标系中构成的曲线图(其中 $\|\boldsymbol{x}_\lambda\|_2$ 为正则化解的范数，$\|\boldsymbol{b} - \boldsymbol{A}\boldsymbol{x}_\lambda\|_2$ 为正则化解的残差范数)，由于该曲线的形状比较象字母 L，故命名 L－曲线法[96]。利用该曲线可以有效地确定出较优的正则化参数，将不适定问题转化为适定问题进行求解，使模型方差和分辨率之间达到“最佳” 折衷。根据 Tikhonov 滤波正则化方法，当正则化因子 λ 变大时，相当于给解的范数加较大的权，那么求得的正则解的范数 $\|\boldsymbol{x}_\lambda\|_2$ 变小，相应的拟合残差 $\|\boldsymbol{b} - \boldsymbol{A}\boldsymbol{x}_\lambda\|_2$ 变大；反之，$\|\boldsymbol{x}_\lambda\|_2$ 变大，拟合残差 $\|\boldsymbol{b} - \boldsymbol{A}x_\lambda\|_2$ 变小，如图4－3－1所示。从图中可以看出，在曲线的拐角处两个量达到较好的平衡。而且 Hassen 利用矩阵 $\boldsymbol{A}$ 的奇异值分解技术，在理论上证明了“拐角” 处的点是解范数和残差范数之间的最佳平衡点，并且在该平衡点处的曲率最大，如图 4－3－2 所示。

下面讨论如何根据 L－曲线确定正则化参数。首先假定

$$\eta = \|\boldsymbol{x}_\lambda\|_2^2,\ \rho = \|\boldsymbol{b} - \boldsymbol{A}\boldsymbol{x}_\lambda\|_2^2 \tag{4-3-17}$$

若令 $\hat{\eta} = \ln\eta$, $\hat{\rho} = \ln\rho$，则 L－曲线是以($\hat{\rho}/2$, $\hat{\eta}/2$) 为坐标的曲线，从而 L－曲线的曲率 $k(\lambda)$ 可表示为

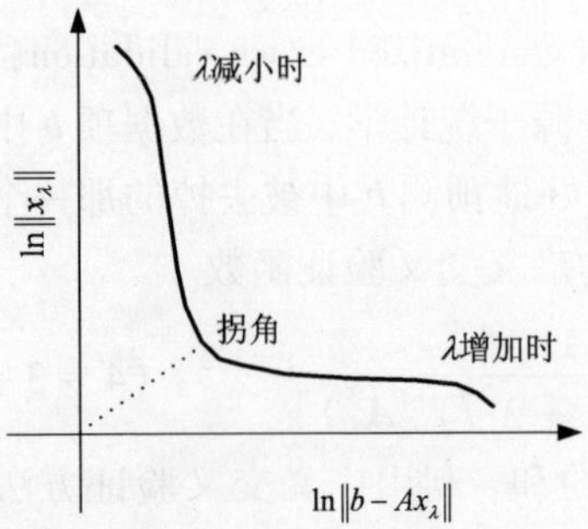

图 4-3-1 L-曲线示意图

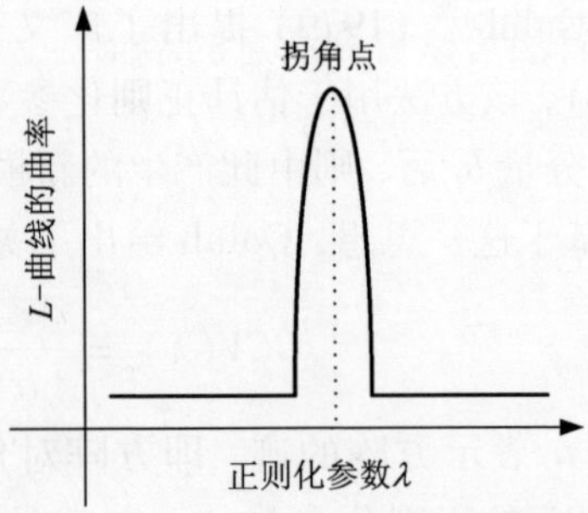

图 4-3-2 L-曲线的曲率示意图

$$k(\lambda)=2\frac{\hat{\rho}'\hat{\eta}''-\hat{\rho}''\hat{\eta}'}{[(\hat{\rho}')^2+(\hat{\eta}')^2]^{3/2}} \quad (4-3-18)$$

其中 $\hat{\eta}'$ 和 $\hat{\rho}'$ 分别表示 $\hat{\eta}$ 和 $\hat{\rho}$ 的一阶导数；$\hat{\eta}''$ 和 $\hat{\rho}''$ 分别表示 $\hat{\eta}$ 和 $\hat{\rho}$ 的二阶导数；接着分别将 $\hat{\eta}$ 和 $\hat{\rho}$ 对正则化参数 λ 求一阶导，得

$$\hat{\eta}'=\frac{\eta'}{\eta},\hat{\rho}'=\frac{\rho'}{\rho} \quad (4-3-19)$$

根据式(4-3-8)可给出 η 和 ρ 的一阶导数

$$\eta'=\frac{4}{\lambda}\sum_{i=1}^{n}(1-f_i)f_i^2\frac{\beta_i^2}{s_i^2},\ \rho'=-\frac{4}{\lambda}\sum_{i=1}^{n}(1-f_i)^2f_i\beta_i^2 \quad (4-3-20)$$

其中 $\beta_i=\boldsymbol{u}_i^{\mathrm{T}}\boldsymbol{b}$ 为付氏系数；$f_i=s_i^2/(s_i^2+\lambda^2)$ 为正则化方法的滤波因子。并且应用

$$\frac{f_i}{s_i^2}=\frac{1}{s_i^2+\lambda^2}=\frac{1-f_i}{\lambda^2} \quad (4-3-21)$$

有 $\rho'=-\lambda^2\eta'$ 成立。接着再给出 $\hat{\eta}$ 和 $\hat{\rho}$ 对正则化参数 λ 的二阶导数

$$\hat{\eta}''=\frac{\mathrm{d}}{\mathrm{d}\lambda}\frac{\eta'}{\eta}=\frac{\eta''\eta-(\eta')^2}{\eta^2},\ \hat{\rho}''=\frac{\mathrm{d}}{\mathrm{d}\lambda}\frac{\rho'}{\rho}=\frac{\rho''\rho-(\rho')^2}{\rho^2} \quad (4-3-22)$$

考虑到 $\rho'=-\lambda^2\eta'$，则

$$\rho''=\frac{\mathrm{d}}{\mathrm{d}\lambda}(-\lambda^2\eta')=-2\lambda\eta'-\lambda^2\eta'' \quad (4-3-23)$$

接着将 $\hat{\eta}'$、$\hat{\rho}'$、$\hat{\eta}''$ 和 $\hat{\rho}''$ 的表达式代入式(4-3-18)，便得到曲率的计算公式

$$k(\lambda)=2\frac{\eta\rho}{\eta'}\frac{\lambda^2\eta'\rho+2\lambda\eta\rho+\lambda^4\eta\eta'}{(\lambda^4\eta^2+\rho^2)^{3/2}} \quad (4-3-24)$$

最后，由式(4-3-24)可计算出曲率最大点处的正则化参数 λ。

③ 奇异值处理方法的测试与分析

下面采用奇异值分解算法求解病态程度较高的希尔伯特(Hilbert)矩阵方程组。该方程组如果采用常规解线性方程组的方法，如列选主元或全选主元高斯消去法及 LU 分解法等，当方程阶数大于 12 阶时，均不能得到合理的结果，而奇异值分解法可以得到满意的结果。

假定希尔伯特矩阵方程组

$$\boldsymbol{A}\boldsymbol{x} = \boldsymbol{b} \tag{4-3-25}$$

其中 Hilbert 矩阵 $\boldsymbol{A}$ 的元素和右端项元素分别为

$$a_{ij} = \frac{1}{i+j-1},\ b_i = \sum_{j=1}^{m} a_{ij},\ i = 1, 2, \cdots, m,\quad j = 1, 2, \cdots, n \tag{4-3-26}$$

式中 i, j 分别表示矩阵的行号和列号，并且要求 $m \geqslant n$。当方程组的解没有误差时，真解均等于1。由 $\boldsymbol{A}$ 作为系数矩阵所构成的线性方程组具有严重的病态特征，当矩阵 $\boldsymbol{A}$ 的阶数在 10 ~ 100 变化时，其条件数高达 10^8 ~ 10^{19} 数量级。

为检验上述奇异值处理方法解决病态问题的能力，以 100 阶希尔伯特方程组为例进行测算。图4-3-3 为100 阶希尔伯特方程组经奇异值分解后的主对角元素分布图，从图中可以看出，它的元素是非负的，并且以降序排列，最小奇异值已经达 10^{-19} 量级，可见方程病态程度非常严重。如果不对奇异值进行处理，奇异值分解法的求解效果与其他常规方法是一样的。

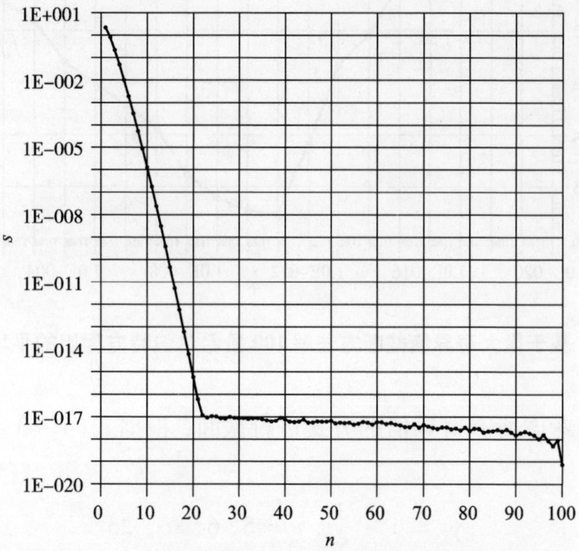

图4-3-3　100 阶希尔伯特矩阵的奇异值分布图

(a) Wiggins 零化小奇异值方法的测试分析

当采用式(4-3-11) 所述的奇异值截断方法降低方程病态程度时，截断系

数 θ 的取值如下

$$\theta_i = \frac{1}{10^i},\ i = 0,\ 1,\ \cdots,\ 19 \qquad (4-3-27)$$

通过给定一系列截断系数，尝试不同的奇异值截断的求解效果。这里采用解的平均均方误差

$$RMS = \sqrt{(1-\boldsymbol{x})^{\mathrm{T}}(1-\boldsymbol{x})/n} \qquad (4-3-28)$$

进行评价，其中 $\boldsymbol{x}$ 为解向量，n 为解的个数。图 4－3－4 为给定不同的截断系数，采用最大奇异值截断方法解 100 阶希尔伯特方程组的平均均方误差曲线。从图中可以看出，随着截断系数的减小，求解误差逐渐减小并达到最小，再继续减小截断系数，求解误差逐渐增大至错误结果。

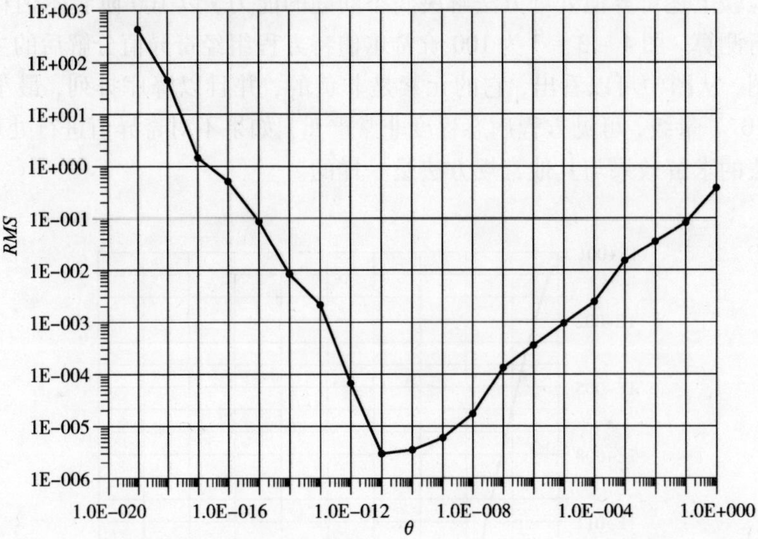

图 4－3－4　基于最大奇异值截断方法解 100 阶希尔伯特方程组的平均均方误差曲线

同理，采用考虑所有奇异值的方式进行截断，根据式(4－3－13)，截断系数 γ 取为

$$\gamma_i = 1 - \frac{1}{5^i},\ i = 5,\ 6,\ \cdots,\ 23 \qquad (4-3-29)$$

误差评价采用式(4－3－28)。图 4－3－5 为给定不同的截断系数 γ，采用所有奇异值截断方法求解 100 阶希尔伯特方程组的平均均方误差曲线。从图中可以看出，随着截断系数的减小，求解误差逐渐减小并达到最小，再继续减小截断系数，求解误差逐渐增大至错误结果。图 4－3－4 和图 4－3－5 的误差曲线形态类似，

都可以通过给定不同的截断系数，找到最佳截断系数，并获得最优解。

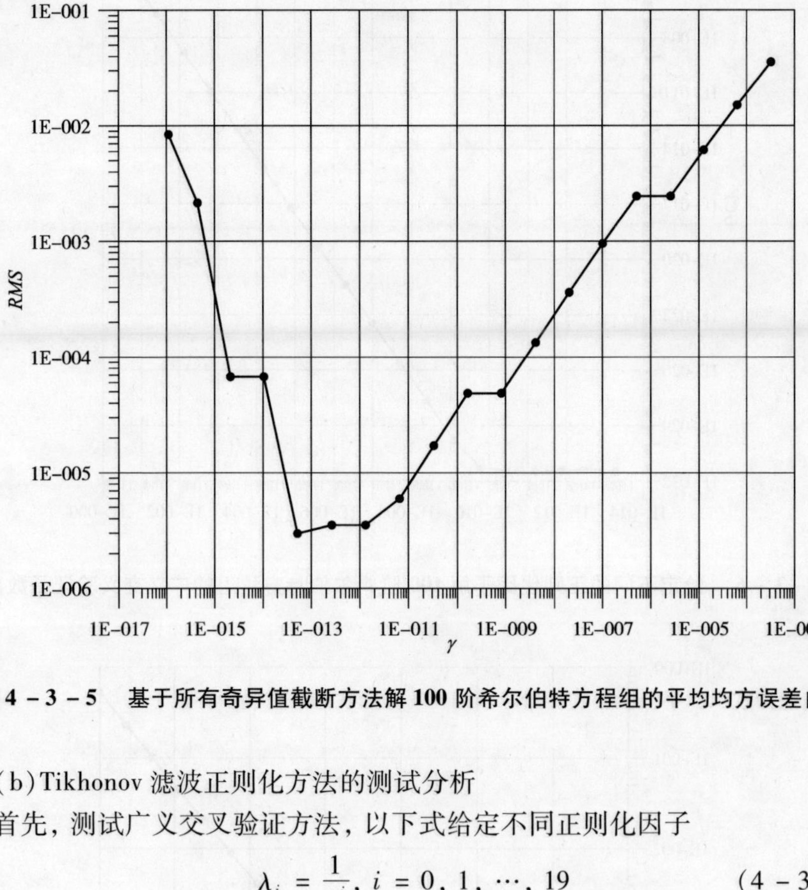

图 4 - 3 - 5　基于所有奇异值截断方法解 100 阶希尔伯特方程组的平均均方误差曲线

(b) Tikhonov 滤波正则化方法的测试分析

首先，测试广义交叉验证方法，以下式给定不同正则化因子

$$\lambda_i = \frac{1}{5^i},\ i = 0,\ 1,\ \cdots,\ 19 \tag{4-3-30}$$

它们在 10^{-14} ~ 1 变化。通过给定该正则化因子序列，计算出对应的广义交叉验证函数 $GCV(\lambda)$，如图 4 - 3 - 6 所示。从图中可以看出，广义交叉验证函数值基本在 10^{-32} ~ 10^{-2} 变化，在极小值附近曲线变化平缓，但仍可以找到极小值。当 GCV 函数曲线取得极小值时，正则化因子的最佳值约为 10^{-11}。将式(4 - 3 - 30) 得到的正则化因子逐一利用式(4 - 3 - 13) 正则化解希尔伯特方程组，并计算出平均均方误差 RMS，误差曲线如图 4 - 3 - 7 所示，从图中可以看出，平均均方误差最小时对应的正则化因子约为 10^{-11}，证明了采用广义交叉验证法自适应计算“最佳”正则化因子是有效的。

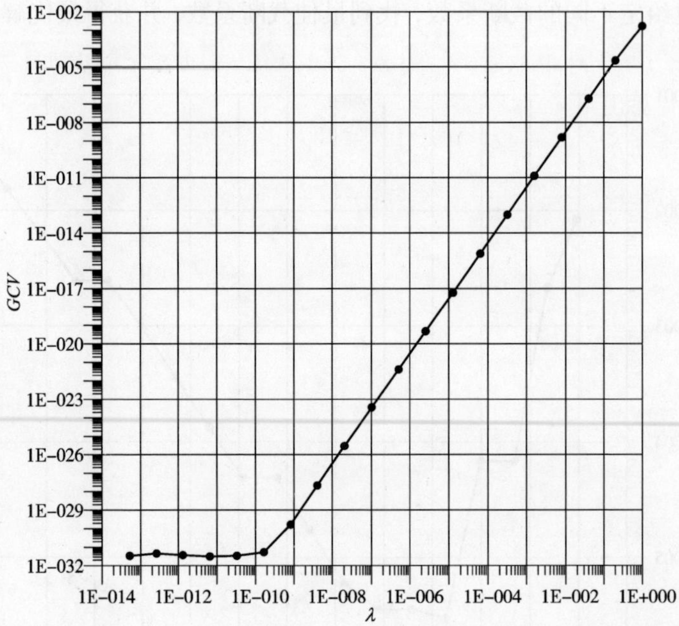

图 4-3-6　给定不同的正则化因子解 100 阶希尔伯特方程组的广义交叉验证函数曲线

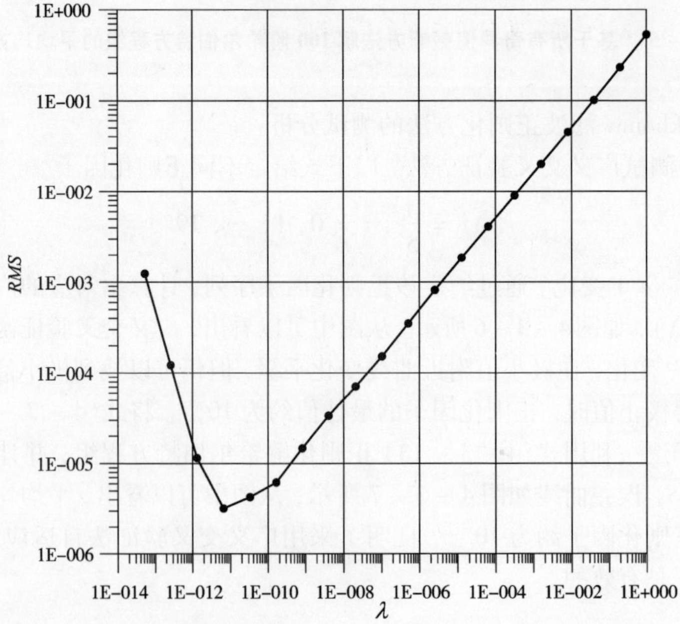

图 4-3-7　给定不同的正则化因子解 100 阶希尔伯特方程组的平均均方误差曲线

下面测试 L – 曲线法的自适应计算正则化因子的方法，根据式(4 – 3 – 30) 计算正则化因子，i 从 0 到 29 取值，λ 在 10^{-21} ~ 1 变化。根据给定的正则化因子解希尔伯特方程组，计算出不同正则化因子的 $\ln\|\boldsymbol{x}\|_2^2$ 和 $\ln\|\boldsymbol{b}-\boldsymbol{A}\boldsymbol{x}\|_2^2$，绘制出 L – 曲线，如图4 – 3 – 8 所示。从该曲线图可以看出，曲线的"L" 形态非常明显。根据该曲线计算出曲率，并绘制出正则化因子 – 曲率图，如图 4 – 3 – 9 所示。

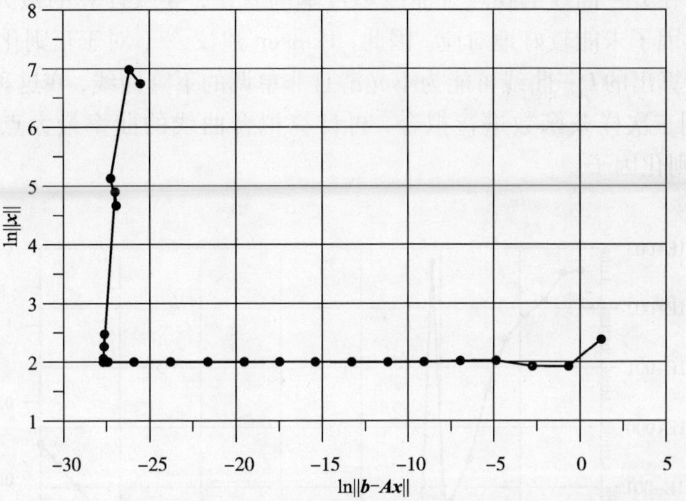

图 4 – 3 – 8 给定不同的正则化因子解 100 阶希尔伯特方程组的 L – 曲线

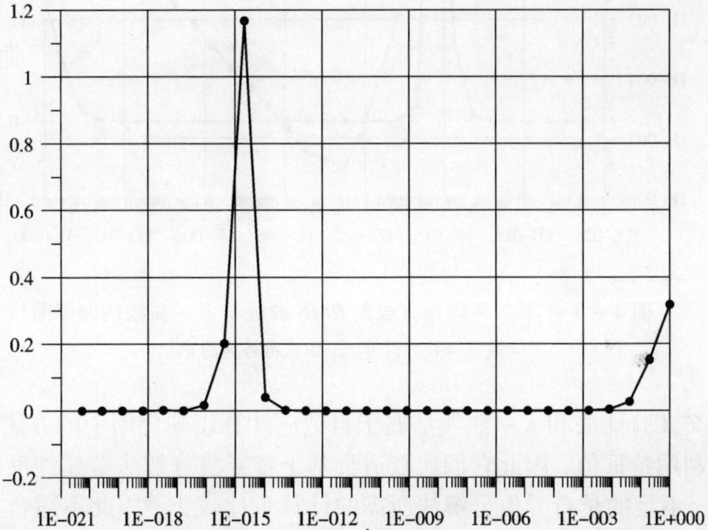

图 4 – 3 – 9　与图 4 – 3 – 8 对应的正则化因子 – 曲率曲线

将正则化因子序列逐一利用式(4－3－13)滤波正则化方法解希尔伯特方程组，并计算出平均均方误差 *RMS*，误差曲线与曲率的叠合如图4－3－10所示，从图中可以看出，平均均方误差最小时对应的正则化因子约为 10^{-11}，而最大曲率对应的正则化因子约为 10^{-15}，两者不重合。为说明本问题，将图4－3－8拐点处的数据(正则化因子在 10^{-16} ～ 10^{-10} 变化)重新绘制，如图4－3－11所示。从图中不难发现，在 *L*－曲线的拐点处曲线不再单调变化，导致计算的最大曲率与“最佳”正则化因子未能较好地对应。因此，Hansen 建议[96]，对于正则化参数不连续的情况，计算出的 *L*－曲线可能为不光滑且非单调的下降曲线，在这种情况下对 *L*－曲线采用三次样条函数进行拟合，再计算拟合曲线的曲率最大点，得到近似“最佳”正则化因子。

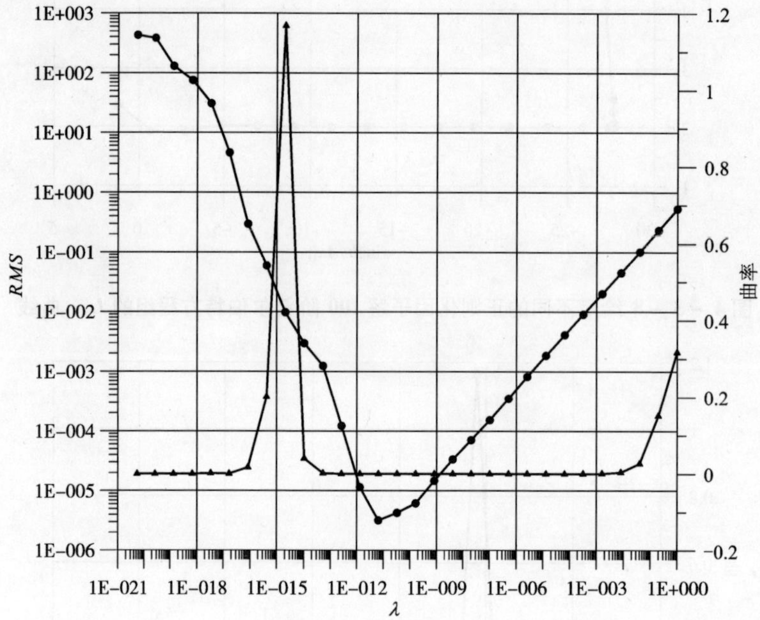

图4－3－10　平均均方误差 *RMS* 曲线与 *L*－曲线的曲率图

(圆形符号为误差，三角形符号为曲率)

广义交叉验证法和 *L*－曲线法属于自适应计算正则化因子的方法，由于计算过程需要利用特征值，因此它们比较适合基于奇异值分解法解线性反演方程的正则化过程。不足的是奇异值分解法所需的计算量比较大，因此不适合求解大型线性反演方程，但可作为求解小规模反问题的首选方法。

(2) 基于共轭梯度算法选择正则化因子

共轭梯度法是(conjugate gradient method，CG)最初是由计算数学家

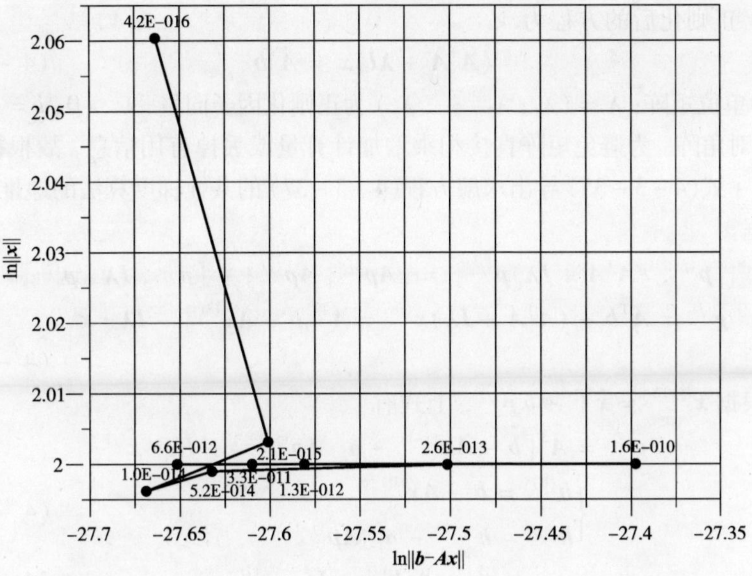

图 4 - 3 - 11　图 4 - 3 - 8 所示的 L - 曲线拐点处的曲线图

Hestenes 和几何学家 Stiefel 于 1952 年求正定系数矩阵线性方程组时独立提出的，他们的文章"Method of conjugate gradients for solving linear systems"被认为是共轭梯度法的奠基性文章。共轭梯度法是介于最速下降法与牛顿法之间的一种方法，它仅需利用一阶导数信息，但克服了最速下降法收敛慢的缺点，且避免了牛顿法需要存储和计算 Hessian 矩阵并求逆的缺点。共轭梯度法不仅是解决大型线性方程组最有用的方法之一，也是解大型非线性最优化问题最有效的算法之一。

对于线性方程组 $\boldsymbol{Ax} = \boldsymbol{b}$ 的经典共轭梯度算法的递推过程为[97]

$$a_j = [\boldsymbol{g}^{(j)}, \boldsymbol{g}^{(j)}]/[\boldsymbol{p}^{(j)}, \boldsymbol{Ap}^{(j)}] \tag{4-3-31}$$

$$\boldsymbol{x}^{(j+1)} = \boldsymbol{x}^{(j)} + a_j\boldsymbol{p}^{(j)} \tag{4-3-32}$$

$$\boldsymbol{g}^{(j+1)} = \boldsymbol{g}^{(j)} - a_j\boldsymbol{Ap}^{(j)} \tag{4-3-33}$$

$$\beta_{j+1} = [\boldsymbol{g}^{(j+1)}, \boldsymbol{g}^{(j+1)}]/[\boldsymbol{g}^{(j)}, \boldsymbol{g}^{(j)}] \tag{4-3-34}$$

$$\boldsymbol{p}^{(j+1)} = \boldsymbol{g}^{(j+1)} + \beta_{j+1}\boldsymbol{p}^{(j)} \tag{4-3-35}$$

其中[·, ·] 表示内积，$\boldsymbol{A}$ 为对称正定矩阵，$\boldsymbol{x}$ 为解向量，$\boldsymbol{b}$ 为数据向量，j 为迭代序号，$\boldsymbol{g}$ 和 $\boldsymbol{p}$ 分别为梯度向量和共轭方向向量，a_j 和 β_{j+1} 为标量，分别表示 $\boldsymbol{x}$ 和 $\boldsymbol{p}$ 的修正因子。当 $j = 0$ 时

$$\boldsymbol{g}^{(0)} = \boldsymbol{p}^{(0)} = \boldsymbol{b} - \boldsymbol{Ax}^{(0)} \tag{4-3-36}$$

其中 $\boldsymbol{x}^{(0)}$ 为解向量的初始估计，可以为零向量。

在地球物理反演过程中，线性方程组$\boldsymbol{Ax} = \boldsymbol{b}$多为病态矛盾方程组，将其零阶Tikhonov正则化后的方程为

$$(\boldsymbol{A}^{\mathrm{T}}\boldsymbol{A} + \boldsymbol{\lambda I})\boldsymbol{x} = \boldsymbol{A}^{\mathrm{T}}\boldsymbol{b} \tag{4-3-37}$$

其中$\boldsymbol{I}$为单位矩阵；$\boldsymbol{\lambda} = (\lambda_1, \lambda_2, \cdots, \lambda_n)$为正则化因子向量，$\lambda_i > 0, i = 1, 2, \cdots, n$。$\boldsymbol{\lambda I}$为对角阵。为避免矩阵直接相乘增加计算量或丢掉有用信息，故根据式(4-3-31)～式(4-3-35)导出求解方程(4-3-37)的共轭梯度算法的递推过程[98]：

根据

$$\begin{aligned} &[\boldsymbol{p}^{(j)}, (\boldsymbol{A}^{\mathrm{T}}\boldsymbol{A} + \boldsymbol{I\lambda})\boldsymbol{p}^{(j)}] = [\boldsymbol{Ap}^{(j)}, \boldsymbol{Ap}^{(j)}] + [\boldsymbol{p}^{(j)}, \boldsymbol{I\lambda}\cdot\boldsymbol{p}^{(j)}] \\ &\boldsymbol{g}^{(j)} = \boldsymbol{A}^{\mathrm{T}}\boldsymbol{b} - (\boldsymbol{A}^{\mathrm{T}}\boldsymbol{A} + \boldsymbol{I\lambda})\boldsymbol{x}^{(j)} = \boldsymbol{A}^{\mathrm{T}}[\boldsymbol{b} - \boldsymbol{Ax}^{(j)}] - \boldsymbol{I\lambda}\cdot\boldsymbol{x}^{(j)} \end{aligned} \tag{4-3-38}$$

再根据$\boldsymbol{x}^{(j+1)} = \boldsymbol{x}^{(j)} + a_j\boldsymbol{p}^{(j)}$，上式有

$$\boldsymbol{g}^{(j)} = \boldsymbol{A}^{\mathrm{T}}[\boldsymbol{b} - \boldsymbol{Ax}^{(j-1)} - a_{j-1}\boldsymbol{Ap}^{(j-1)}] - \boldsymbol{I\lambda}\cdot\boldsymbol{x}^{(j)}$$

若令

$$\begin{cases} \boldsymbol{h}^{(0)} = \boldsymbol{b} - \boldsymbol{Ax}^{(0)} \\ \boldsymbol{h}^{(j)} = \boldsymbol{h}^{(j-1)} - a_{j-1}\boldsymbol{Ap}^{(j-1)} \qquad j \geqslant 1 \end{cases} \tag{4-3-39}$$

则

$$\boldsymbol{g}^{(j)} = \boldsymbol{A}^{\mathrm{T}}\boldsymbol{h}^{(j)} - \boldsymbol{I\lambda}\cdot\boldsymbol{x}^{(j)} \tag{4-3-40}$$

综合式(4-3-38)、式(4-3-39)和式(4-3-40)，可得解方程(4-3-37)的共轭梯度递推算法：

$$a_j = [\boldsymbol{g}^{(j)}, \boldsymbol{g}^{(j)}] / \{[\boldsymbol{Ap}^{(j)}, \boldsymbol{Ap}^{(j)}] + [\boldsymbol{p}^{(j)}, \boldsymbol{I\lambda}\cdot\boldsymbol{p}^{(j)}]\} \tag{4-3-41}$$

$$\boldsymbol{x}^{(j+1)} = \boldsymbol{x}^{(j)} + a_j\boldsymbol{p}^{(j)} \tag{4-3-42}$$

$$\boldsymbol{h}^{(j+1)} = \boldsymbol{h}^{(j)} - a_j\boldsymbol{Ap}^{(j)} \tag{4-3-43}$$

$$\boldsymbol{g}^{(j+1)} = \boldsymbol{A}^{\mathrm{T}}\boldsymbol{h}^{(j+1)} - \boldsymbol{I\lambda}\cdot\boldsymbol{x}^{(j)} \tag{4-3-44}$$

$$\beta_{j+1} = [\boldsymbol{g}^{(j+1)}, \boldsymbol{g}^{(j+1)}] / [\boldsymbol{g}^{(j)}, \boldsymbol{g}^{(j)}] \tag{4-3-45}$$

$$\boldsymbol{p}^{(j+1)} = \boldsymbol{g}^{(j+1)} + \beta_{j+1}\boldsymbol{p}^{(j)} \tag{4-3-46}$$

假设初始解向量$\boldsymbol{x}^{(0)} = 0$，并且当$j = 0$时

$$\begin{cases} \boldsymbol{h}^{(0)} = \boldsymbol{b} \\ \boldsymbol{g}^{(0)} = \boldsymbol{p}^{(0)} = \boldsymbol{A}^{\mathrm{T}}\boldsymbol{h}^{(0)} \end{cases} \tag{4-3-47}$$

利用式(4-3-41)～式(4-3-47)的递推过程即可求解方程组(4-3-37)。

对于非零阶Tikhonov正则化方程

$$(\boldsymbol{A}^{\mathrm{T}}\boldsymbol{A} + \lambda\boldsymbol{C}^{\mathrm{T}}\boldsymbol{C})x = \boldsymbol{A}^{\mathrm{T}}\boldsymbol{b} \tag{4-3-48}$$

其中$\boldsymbol{C}$为非零阶Tikhonov稳定化矩阵。根据上述推导过程，直接给出求解方程(4-3-48)。共轭梯度算法的递推过程：

假设初始解向量$\boldsymbol{x}^{(0)} = 0$，并且当$j = 0$时

$$\begin{cases} \boldsymbol{h}^{(0)} = \boldsymbol{b} \\ \boldsymbol{g}^{(0)} = \boldsymbol{p}^{(0)} = \boldsymbol{A}^{\mathrm{T}}\boldsymbol{h}^{(0)} \end{cases} \tag{4-3-49}$$

对于 $j=0,1,\cdots$，直到 $\|\boldsymbol{g}^{(0)}\|\leqslant\varepsilon$ 终止迭代。

$$a_j=[\boldsymbol{g}^{(j)},\boldsymbol{g}^{(j)}]/\{[\boldsymbol{Ap}^{(j)},\boldsymbol{Ap}^{(j)}]+[\boldsymbol{Cp}^{(j)},\lambda\boldsymbol{Cp}^{(j)}]\}\tag{4-3-50}$$

$$\boldsymbol{x}^{(j+1)}=\boldsymbol{x}^{(j)}+a_j\boldsymbol{p}^{(j)}\tag{4-3-51}$$

$$\boldsymbol{h}^{(j+1)}=\boldsymbol{h}^{(j)}-a_j\boldsymbol{Ap}^{(j)}\tag{4-3-52}$$

$$\boldsymbol{g}^{(j+1)}=\boldsymbol{A}^{\mathrm{T}}\boldsymbol{h}^{(j+1)}-\lambda\boldsymbol{C}^{\mathrm{T}}\boldsymbol{Cx}^{(j+1)}\tag{4-3-53}$$

$$\beta_{j+1}=[\boldsymbol{g}^{(j+1)},\boldsymbol{g}^{(j+1)}]/[\boldsymbol{g}^{(j)},\boldsymbol{g}^{(j)}]\tag{4-3-54}$$

$$\boldsymbol{p}^{(j+1)}=\boldsymbol{g}^{(j+1)}+\beta_{j+1}\boldsymbol{p}^{(j)}\tag{4-3-55}$$

利用式(4-3-49)~式(4-3-55)的递推过程即可求解方程(4-3-48)。

如果式(4-3-41)和式(4-3-47)中的正则化向量 $\boldsymbol{\lambda}$ 为常向量，则该递推过程与传统的正则化共轭梯度算法的递推过程相同；如果正则化向量 $\boldsymbol{\lambda}$ 的分量 λ_i 在解向量 $\boldsymbol{x}$ 的每个分量方向上是逐点可变的。那么，上述递推过程则为变正则化因子共轭梯度算法的递推过程。

下面将探讨基于共轭梯度算法的变正则化因子的给定方法。众所周知，引入正则化因子的目的是：①保证反演过程能够稳步快速地收敛到全局最优解；②要确保反演结果能够最大限度的分辨小构造信息，而不产生多余的虚假异常。那么选择合理的正则化因子是达到上述目的的关键一步。首先回顾一下传统的固定正则化因子的给定方法。它是在反演迭代的每一步，给定一个固定不变的正则化因子，而解向量在各个分量方向上的收敛速度是不一样的，为了保证每次反演迭代收敛，必须先给定一个保守的正则化因子，也就是说给定一个相对较大的正则化因子，以保证反演收敛稳定，这必将影响整个反演过程的收敛速度。对于大多数反问题，雅可比系数矩阵不仅随解决问题的不同而变化，而且对于每次迭代都将发生变化，所以固定正则化因子将表现出较大的局限性。因此考虑寻求一种更加合理的正则化因子的计算方法来解决此问题。

在地球物理反演过程中，每迭代一步都需要计算雅可比系数矩阵 $\boldsymbol{A}$，它可以表示为如下形式

$$\boldsymbol{A}=\begin{Bmatrix}\partial f_1/\partial x_1 & \partial f_1/\partial x_2 & \cdots & \partial f_1/\partial x_n\\ \partial f_2/\partial x_1 & \partial f_2/\partial x_2 & \cdots & \partial f_2/\partial x_n\\ \vdots & \vdots & & \vdots\\ \partial f_m/\partial x_1 & \partial f_m/\partial x_2 & \cdots & \partial f_m/\partial x_n\end{Bmatrix}_{m\times n}\tag{4-3-56}$$

其中 $\partial f_i/\partial x_j$ 为模型函数 f_i 对解分量 x_j 的偏导数，它的含义表示模型函数 f_i 在解分量 x_j 方向上的变化程度。而$(\partial f_1/\partial x_j,\partial f_2/\partial x_j,\cdots,\partial f_m/\partial x_j)^{\mathrm{T}}$ 恰好是式(4-3-56)的列向量，它的长度(或二范数)可表示式为

$$\|L\|_2^j=\left[\sum_{i=1}^{m}\left(\frac{\partial f_i}{\partial x_j}\right)^2\right]^{\frac{1}{2}}\tag{4-3-57}$$

实际上 $\| L \|_2^j$ 为雅可比矩阵 $\boldsymbol{A}$ 的第 j 列的模，它的含义为模型函数 $f(x_1, x_2, \cdots, x_n)$ 在解分量 x_j 方向上的总变化率。$\| L \|_2^j$ 的值越大，表示 x_j 的作用就越大。由于地球物理反问题在多数情况下为多元非线性函数的极值问题，为了避免非线性的影响，对 x_j 的限制应该大一些，即在 x_j 方向上的正则化因子也要取得大一些。因此，可根据式(4－3－57)构造变正则化因子向量 $\boldsymbol{\lambda} = (\lambda_1, \lambda_2, \cdots, \lambda_n)$，即

$$\lambda_j = \| L \|_2^j \tag{4－3－58}$$

我们知道，随着迭代次数的增加，目标函数 φ 收敛的速度也越来越慢，故在每次迭代中要设置一个截止正则化因子 λ_c，当 $\lambda_j < \lambda_c$ 时，令 $\lambda_j = \lambda_c$，这样可保证反演过程收敛稳定。对于截止正则化因子 λ_c，可按如下方法给定：

$$\lambda_c = \frac{\overline{\lambda}}{K}, \ \overline{\lambda} = \left(\sum_{i=1}^{n} \lambda_i \right) / n \tag{4－3－59}$$

其中 $\overline{\lambda}$ 为正则化向量的平均值；K 为一常数序列，并随着迭代次数的增加而增大，K 值也逐渐增大。

(3) 两种算法的性能对比

下面通过求解不同阶次的 Hilbert 方程组(4－3－25)来检验两种方法应对病态问题的能力。图4－3－12显示了计算精度随方程阶数的变化关系，从图中可以看出，CG 法比 SVD 法的求解精度略低，但数值解的平均均方误差基本控制在2%以内。从耗费时间对比图中可以看出，SVD 法需要的计算时间较多，随方程阶数的增加耗费时间近似呈指数递增，如图4－3－13所示。而 CG 法需要的计算时间很少，在奔腾四 1.7 Ghz 的 PC 机上解 500 阶的方程组仅需 0.39 s。

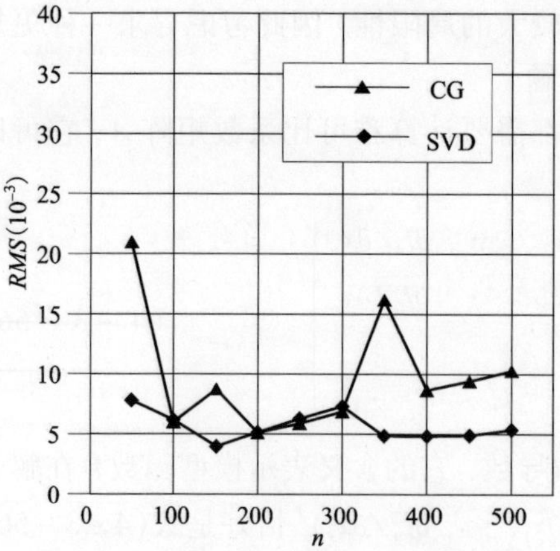

图4－3－12　计算精度对比图

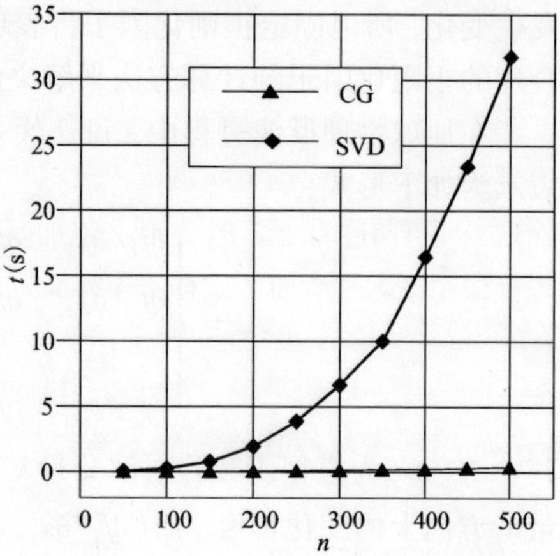

图4－3－13　耗费时间对比图

奇异值分解方法作为地球物理广义反演的一个重要工具，其优点主要有：它可以提供几个有用的辅助信息，即模型分辨矩阵、数据分辨矩阵和协方差矩阵，这些信息对我们加深对反演本质的理解和评价反演结果的可靠性是有重要意义的。其不足之处就在于它的计算成本太高，计算过程中破坏了原始矩阵。在求解中、小规模反问题（如激电测深一维反演）时，选择奇异值分解法是非常有效的，而对于大型反问题[如电（磁）法的三维反演]在计算效率方面将受到限制。在地球物理反演迅速发展的今天，采用共轭梯度算法（包括正则化共轭梯度算法和预条件共轭梯度算法）求解大型正、反问题已经成为一种趋势。由于它计算速度快、精度高，并且计算过程中不破坏原始矩阵，以及保持系数矩阵的稀疏特征等优点，颇受地球物理工作者的青睐。对于直流激电二维、三维反演问题，求解线性反演方程通常比较耗时，从计算效率和精度方面考虑，选用变正则化因子的共轭梯度算法解此类病态方程组是一种比较好的选择。

4.3.3　基于 Tikhonov 稳定化泛函的正则化方法

在地球物理反问题中，Tikhonov 正则化是正则化方法中最经典的一种形式，通过最小化目标函数

$$\Phi(\Delta\boldsymbol{m}) = \Phi_d(\Delta\boldsymbol{m}) + \lambda\Phi_m(\Delta\boldsymbol{m}) = \|\boldsymbol{A}\Delta\boldsymbol{m} - \boldsymbol{b}\|_2^2 + \lambda\|\boldsymbol{C}\Delta\boldsymbol{m}\|_2^2 \tag{4-3-60}$$

可得最小二乘意义下的正则解为：

$$\Delta\boldsymbol{m} = (\boldsymbol{A}^{\mathrm{T}}\boldsymbol{A} + \lambda\boldsymbol{C}^{\mathrm{T}}\boldsymbol{C})^{-1}\boldsymbol{A}^{\mathrm{T}}\boldsymbol{b} \tag{4-3-61}$$

其中 $\boldsymbol{b}$ 为数据残差向量；$\boldsymbol{A}$ 为偏导数矩阵或灵敏度矩阵；$\Delta\boldsymbol{m}$ 为模型参数修正向量；λ 为正则化因子；$\Phi_d(\Delta\boldsymbol{m})$ 为数据目标函数，或称为数据拟合差泛函；$\Phi_m(\Delta\boldsymbol{m})$ 为模型目标函数或稳定化泛函；$\boldsymbol{C}$ 为 Tikhonov 稳定化算子，以微分、积分或矩阵形式给出，并且目标函数通常采用零阶、一阶和二阶 Tikhonov 正则化。对于式(4-3-60)，当 $\boldsymbol{C} = \boldsymbol{I}$（单位矩阵）时，表示施加了零阶 Tikhonov 正则化；当 $\boldsymbol{C} = \boldsymbol{G}$（梯度算子）时，表示施加了一阶 Tikhonov 正则化；当 $\boldsymbol{C} = \boldsymbol{L}$（拉普拉斯算子）时，表示施加了二阶 Tikhonov 正则化。Tikhonov 正则化的阶数越高，对解的平滑程度越高，反演过程也相对越稳定。

在构造一阶和二阶 Tikhonov 稳定化泛函时，为便于进行计算，通常以网格节点间的模型参数或其修正量与节点间距的差商进行构造[99]。对于一阶的情况，仅相邻节点便可计算出一阶差商，其矩阵形式的一阶稳定化算子 $\boldsymbol{G}$ 的元素定义为[48]

$$G_{ij} = \begin{cases} -\dfrac{1}{r_{ij}} \Big/ \sum\limits_{j=1}^{k} \dfrac{1}{r_{ij}} & \text{当 } j \text{ 为与 } i \text{ 相邻的节点号时} \\ 1 & \text{当 } j \text{ 等于 } i \text{ 时} \\ 0 & \text{当 } j \text{ 为其他节点号时} \end{cases} \tag{4-3-62}$$

其中 k 为与 i 相邻的节点数；r_{ij} 为 i 与 j 节点间的距离。对于二阶的情况，除相邻节点外，还需要次相邻网格节点才能计算出二阶差商，这也是它平滑度高的原因。其矩阵形式的二阶稳定化算子 $\boldsymbol{L}$ 的元素定义为

$$L_{ij} = \begin{cases} -\dfrac{1}{r_{ij}} \Big/ \sum\limits_{j=1}^{k} \dfrac{1}{r_{ij}} & \text{当 } j \text{ 为与 } i \text{ 相邻和次相邻的节点号时} \\ 1 & \text{当 } j \text{ 等于 } i \text{ 时} \\ 0 & \text{当 } j \text{ 为其他节点号时} \end{cases} \tag{4-3-63}$$

各参数的含义同式(4－3－62)。

在反演过程中，为使模型方差和分辨率之间达到较好的平衡，除改变正则化参数和 Tikhonov 稳定化算子外，还可以改变模型目标函数的稳定化泛函 Φ_m。当将算子 $\boldsymbol{C}$ 作用于模型参数的修正量时，称 Φ_m 为局部稳定化泛函，即

$$\Phi_m = \Phi_m(\Delta \boldsymbol{m}) = \| \boldsymbol{C}\Delta \boldsymbol{m} \|_2^2 \tag{4-3-64}$$

它使每次迭代模型参数的修正量分片光滑，而不能保证反演后的模型参数分片光滑。将算子 $\boldsymbol{C}$ 作用于模型参数时，称 Φ_m 为全局稳定化泛函，即

$$\Phi_m = \Phi_m(\boldsymbol{m} + \Delta \boldsymbol{m}) = \| C(\boldsymbol{m} + \Delta \boldsymbol{m}) \|_2^2 \tag{4-3-65}$$

它能保证反演后的模型参数也是分片光滑的。那么通过在模型目标函数中改变稳定化算子 $\boldsymbol{C}$ 的作用形式，改变模型参数的光滑程度。

4.3.4 基于先验约束的正则化方法

地球物理反问题的多解性并不意味着地球物理反演工作没有意义。事实上，只要观测数据可靠，物理场的存在就反映了场源的存在。此外，地球物理反演并不是单纯的数学过程，它是在一定地球物理条件和地质条件下进行的，人们对这些条件的认识作为反演的先验信息，可以在很大程度上减少反演的多解性。在反演中，可将模型参数的背景、取值范围以及源于钻孔或测井资料的已知属性等作为先验信息对模型参数施加约束来减少反演的多解性。

(1) 对模型施加背景约束

在地球物理勘探中，假设已经知道了某种区域地球物理场的背景信息，那么可将其作为反演过程中的约束来减少反演的多解性。比如，在电法勘探中，如果我们已经知道工区的电性参数背景为 $\boldsymbol{m}_{\mathrm{b}}$，就可以选择它与模型 $\boldsymbol{m}$ 之差的 L_2 范数定义模型空间的目标函数

$$\boldsymbol{\Phi}_m = \| \boldsymbol{m} + \Delta\boldsymbol{m} - \boldsymbol{m}_{\mathrm{b}} \|_2^2 \tag{4-3-66}$$

而数据空间的目标函数为

$$\boldsymbol{\Phi}_d = \| \boldsymbol{A}\Delta\boldsymbol{m} - \boldsymbol{d} \|_2^2 \tag{4-3-67}$$

其中 $\Delta\boldsymbol{m}$ 为模型参数的修正向量；$\boldsymbol{d}$ 为数据残差向量。那么，在反演过程中，把模型目标函数作为约束，并引入正则化因子 λ，则总目标函数 $\boldsymbol{\Phi}$ 为

$$\boldsymbol{\Phi} = \boldsymbol{\Phi}_d + \lambda\boldsymbol{\Phi}_m = \| \boldsymbol{A}\Delta\boldsymbol{m} - \boldsymbol{d} \|_2^2 + \lambda \| \boldsymbol{m} + \Delta\boldsymbol{m} - \boldsymbol{m}_{\mathrm{b}} \|_2^2 \tag{4-3-68}$$

对其取极小，令 $\partial\boldsymbol{\Phi}/\partial\Delta\boldsymbol{m}^{\mathrm{T}} = 0$ 得

$$(\boldsymbol{A}^{\mathrm{T}}\boldsymbol{A} + \lambda)\Delta\boldsymbol{m} = \boldsymbol{A}^{\mathrm{T}}\boldsymbol{d} + \lambda(\boldsymbol{m}_{\mathrm{b}} - \boldsymbol{m}) \tag{4-3-69}$$

即为施加了背景约束的线性反演方程。通过对上述反演方程进行迭代求解，便可得到地下模型 $\boldsymbol{m}$。背景模型约束可以单独使用，也可以同上节所述的稳定化泛函结合使用。施加背景模型约束的电阻率二维反演已经得到成功应用[48]，这种约束方法也可用到其他地球物理反问题当中。

（2）对模型施加已知属性值约束

在测区有钻孔和测井资料的情况下，我们可能知道地球模型中的部分参数，并且它满足线性约束条件[1]，可写为 $F(\boldsymbol{m} + \Delta\boldsymbol{m}) = \boldsymbol{h}$，其中 $\boldsymbol{F}$ 为对角阵，$\boldsymbol{h}$ 为已知节点构成的列向量。假如我们已知 i, j 两节点的物性参数 h_i 和 h_j 时，上述线性约束便可有以下形式

$$\boldsymbol{F}\boldsymbol{m} = \begin{vmatrix} 0 & & & & & & \\ & \ddots & & & & & \\ & & 1 & & & & \\ & & & \ddots & & & \\ & & & & 1 & & \\ & & & & & \ddots & \\ & & & & & & 0 \end{vmatrix} \begin{vmatrix} m_1 + \Delta m_1 \\ \vdots \\ m_i + \Delta m_i \\ \vdots \\ m_j + \Delta m_j \\ \vdots \\ m_n + \Delta m_n \end{vmatrix} = \begin{vmatrix} 0 \\ \vdots \\ h_i \\ \vdots \\ h_j \\ \vdots \\ 0 \end{vmatrix} = \boldsymbol{h} \tag{4-3-70}$$

那么，在模型空间定义的目标函数 $\boldsymbol{\Phi}_m$ 可写为

$$\boldsymbol{\Phi}_m = \| \boldsymbol{F}(\boldsymbol{m} + \Delta\boldsymbol{m}) - \boldsymbol{h} \|_2^2 \tag{4-3-71}$$

结合式(4-3-67)，则引入正则化因子的总目标函数为

$$\boldsymbol{\Phi} = \boldsymbol{\Phi}_d + \lambda\boldsymbol{\Phi}_m = \| \boldsymbol{A}\Delta\boldsymbol{m} - \boldsymbol{d} \|_2^2 + \lambda \| \boldsymbol{F}(\boldsymbol{m} + \Delta\boldsymbol{m}) - \boldsymbol{h} \|_2^2 \tag{4-3-72}$$

对其取极小，令 $\partial\boldsymbol{\Phi}/\partial\Delta\boldsymbol{m}^{\mathrm{T}} = 0$，得

$$(\boldsymbol{A}^{\mathrm{T}}\boldsymbol{A} + \lambda\boldsymbol{F})\Delta\boldsymbol{m} = \boldsymbol{A}^{\mathrm{T}}\boldsymbol{d} + \lambda(\boldsymbol{h} - \boldsymbol{F}\boldsymbol{m}) \tag{4-3-73}$$

该式为施加了已知属性值约束的线性反演方程。通过对上述反演方程进行迭代求解，便可得到地下模型 $\boldsymbol{m}$。在有地质资料的情况下，在反演中施加已知属性值约束可以有效地提高最小二乘解估计的质量。

(3) 对模型施加界限约束

我们知道，在地球物理勘探中，由观测到的地球物理场反演出的物性参数大都为正值，比如电阻率、速度等，在反演过程中也可将此作为一种约束进行反演，可有效地减少反演的多解性。下面以电阻率反演为例来说明如何引入界限约束。

假设模型参数向量 $\boldsymbol{m}$ 为电阻率向量 $\boldsymbol{\rho}$ 的对数，即 $\boldsymbol{m}=\ln\boldsymbol{\rho}$。在迭代过程中，以下式

$$\boldsymbol{m}^k=\boldsymbol{m}^{k-1}+\Delta\boldsymbol{m}^{k-1} \tag{4-3-74}$$

进行参数更新，则电阻率以

$$\boldsymbol{\rho}^k=\boldsymbol{\rho}^{k-1}\exp(\Delta\boldsymbol{m}^{k-1}) \tag{4-3-75}$$

进行更新，这样总能保证电阻率为正数。

根据电阻率的对数总为正的思想，可以给定电阻率的下限 $\boldsymbol{\rho}_l$，则模型参数 $\boldsymbol{m}=\ln(\boldsymbol{\rho}-\boldsymbol{\rho}_l)$，那么将其代入式(4-3-74)有

$$\ln(\boldsymbol{\rho}^k-\boldsymbol{\rho}_l)=\ln(\boldsymbol{\rho}^{k-1}-\boldsymbol{\rho}_l)+\ln[\exp(\Delta\boldsymbol{m}^{k-1})] \tag{4-3-76}$$

经整理，有

$$\boldsymbol{\rho}^k=\boldsymbol{\rho}_l+(\boldsymbol{\rho}^{k-1}-\boldsymbol{\rho}_l)\exp(\Delta\boldsymbol{m}^{k-1}) \tag{4-3-77}$$

这种引入下限的技术在磁法反演中也有涉及[100]。当然，也可以对电阻率引入上限 $\boldsymbol{\rho}_u$，则模型参数 $\boldsymbol{m}=\ln(\boldsymbol{\rho}_u-\boldsymbol{\rho})$，那么电阻率的更新公式为

$$\boldsymbol{\rho}^k=\boldsymbol{\rho}_u-(\boldsymbol{\rho}_u-\boldsymbol{\rho}^{k-1})\exp(\Delta\boldsymbol{m}^{k-1}) \tag{4-3-78}$$

当同时引入上下限 $\boldsymbol{\rho}_l$ 和 $\boldsymbol{\rho}_u$ 约束时，则模型参数为

$$\boldsymbol{m}=\ln\left(\frac{\boldsymbol{\rho}_u-\boldsymbol{\rho}}{\boldsymbol{\rho}-\boldsymbol{\rho}_l}\right) \tag{4-3-79}$$

电阻率的更新公式为

$$\boldsymbol{\rho}^k=\frac{\boldsymbol{\rho}_u(\boldsymbol{\rho}^{k-1}-\boldsymbol{\rho}_l)+\boldsymbol{\rho}_l(\boldsymbol{\rho}_u-\boldsymbol{\rho}^{k-1})\exp(\Delta\boldsymbol{m}^{k-1})}{\boldsymbol{\rho}^{k-1}-\boldsymbol{\rho}_l+(\boldsymbol{\rho}_u-\boldsymbol{\rho}^{k-1})\exp(\Delta\boldsymbol{m}^{k-1})} \tag{4-3-80}$$

从式(4-3-80)可以看出，对于小对比度的电阻率反演，可能会给出相似的反演结果；而对于大对比度的电阻率反演，采用界限约束可以改善反演的稳定性和减少反演的多解性。

4.3.5 基于修正迭代步长的正则化方法

在实测数据的反演过程中，由于受多方面因素的影响，即使正则化因子、稳定化泛函以及约束都做了较优的处理，仍然不能保证每次反演迭代的数据拟合差总是下降的。这主要由于反问题的非线性程度较大，使得更新的模型参数越过极

值点，向反方向前进。所以对每次迭代的步长进行修正是有必要的，特别是在前几次反演迭代过程中，将模型参数的更新公式(4-1-9)修正为

$$\boldsymbol{m}^{k} = \boldsymbol{m}^{k-1} + \alpha \cdot \Delta \boldsymbol{m}^{k-1} \tag{4-3-81}$$

其中α为修正因子($0 < \alpha < 1$)，下面给出两种方法来确定修正因子α。

(1) 三点二次插值法

考虑利用α_1，α_2，α_3三点处的函数值$\varphi(\alpha_1)$，$\varphi(\alpha_2)$，$\varphi(\alpha_3)$构造二次函数。要求插值条件满足[97]

$$\begin{cases} a\alpha_1^2 + b\alpha_1 + c = \varphi(\alpha_1) \\ a\alpha_2^2 + b\alpha_2 + c = \varphi(\alpha_2) \\ a\alpha_3^2 + b\alpha_3 + c = \varphi(\alpha_3) \end{cases} \tag{4-3-82}$$

解上述方程组得

$$a = -\frac{(\alpha_2 - \alpha_3)\varphi_1 + (\alpha_3 - \alpha_1)\varphi_2 + (\alpha_1 - \alpha_2)\varphi_3}{(\alpha_1 - \alpha_2)(\alpha_2 - \alpha_3)(\alpha_3 - \alpha_1)} \tag{4-3-83}$$

$$b = -\frac{(\alpha_2^2 - \alpha_3^2)\varphi_1 + (\alpha_3^2 - \alpha_1^2)\varphi_2 + (\alpha_1^2 - \alpha_2^2)\varphi_3}{(\alpha_1 - \alpha_2)(\alpha_2 - \alpha_3)(\alpha_3 - \alpha_1)} \tag{4-3-84}$$

于是可算出极值点的修正步长α

$$\alpha = -\frac{b}{2a} = \frac{1}{2}\frac{(\alpha_2^2 - \alpha_3^2)\varphi_1 + (\alpha_3^2 - \alpha_1^2)\varphi_2 + (\alpha_1^2 - \alpha_2^2)\varphi_3}{(\alpha_2 - \alpha_3)\varphi_1 + (\alpha_3 - \alpha_1)\varphi_2 + (\alpha_1 - \alpha_2)\varphi_3} \tag{4-3-85}$$

在计算修正步长之前，首先要计算出$\boldsymbol{m}^{k-1} + \alpha_1 \cdot \Delta \boldsymbol{m}^{k-1}$，$\boldsymbol{m}^{k-1} + \alpha_2 \cdot \Delta \boldsymbol{m}^{k-1}$，$\boldsymbol{m}^{k-1} + \alpha_3 \cdot \Delta \boldsymbol{m}^{k-1}$三点处的模拟与实测数据的拟合方差$\varphi(\alpha_1)$，$\varphi(\alpha_2)$，$\varphi(\alpha_3)$。特别地取$\alpha_1$，$\alpha_2$，$\alpha_3$分别为0，0.5和1，在$\alpha_1 = 0$时，$\varphi(0)$已经在前一次反演迭代时计算出，再做两次额外的正演，计算出$\varphi(0.5)$和$\varphi(1)$。然后将$\alpha_1 = 0$、$\alpha_2 = 0.5$、$\alpha_3 = 1$及其对应的函数值$\varphi(0)$、$\varphi(0.5)$、$\varphi(1)$代入到式(4-3-85)中，便得到极值点处的修正因子α。

(2)0.618 黄金分割搜索法

在三点二次插值法中，要做两次额外的正演才能算出迭代步长的修正因子。而在本节中仅做一次额外的正演，再采用0.618 黄金分割搜索法，即可找到相对较好的修正因子。首先在$\alpha = 1$(即$\boldsymbol{m}^{k} = \boldsymbol{m}^{k-1} + \Delta \boldsymbol{m}^{k-1}$)处做一次正演，计算出正演值$f(1)$，$\alpha = 0$(即$\boldsymbol{m}^{k} = \boldsymbol{m}^{k-1}$)处的正演结果$f(0)$已在前一次正演中计算出，可构造线性插值公式

$$f(\alpha) = af(0) + (1 - a)f(1) \tag{4-3-86}$$

其中$f(\alpha)$为α处的正演值。接着可得拟合差函数

$$\varphi(a) = \sum [f - f(a)]^2 \tag{4-3-87}$$

其中f为观测数据。根据已计算的$\varphi(0)$和$\varphi(1)$，就可以采用0.618法在$\varphi(0)$和$\varphi(1)$之间搜索使$\varphi(a)$取得极小的α值。

0.618法要求一维搜索的函数是单峰函数，为避免出现非单峰函数的情况，Höpfinger(1976)建议每次缩小区间时，不要只比较两个内点处的函数值，而是要比较两个内点和两个端点的函数值。当左边第一个或第二个点是这四个点中函数值最小的点时，丢弃右端点，构造新的搜索区间；否则丢弃左端点，构造新的搜索区间。经过这样的修改，算法更加可靠[97]。具体搜索步骤如下

① 确定初始搜索区间$[a_1, b_1]$和精度要求$\delta > 0$，在这里$a_1 = 0$，$b_1 = 1$。然后计算两内点

$$\begin{cases} x_1 = a_1 + 0.382(b_1 - a_1) \\ y_1 = a_1 + 0.618(b_1 - a_1) \end{cases}$$

并计算函数值$\varphi(a_1)$、$\varphi(x_1)$、$\varphi(y_1)$、$\varphi(b_1)$。比较函数值，令$i = 1$，$\varphi_t \Leftarrow \min\{\varphi(a_1), \varphi(x_1), \varphi(y_1), \varphi(b_1)\}$。

② $\varphi \Leftarrow \varphi_t$，若$t < 3$(前两个函数值较小)，转步④；否则，转步③。

③ 若$b_i - a_i < \delta$，则停止计算，输出修正因子$\alpha \Leftarrow y_i$。否则，令

$a_{i+1} \Leftarrow x_i$，$x_{i+1} \Leftarrow y_i$，$b_{i+1} \Leftarrow b_i$，

$\varphi(a_{i+1}) \Leftarrow \varphi(x_i)$，$\varphi(x_{i+1}) \Leftarrow \varphi(y_i)$，

$y_{i+1} \Leftarrow a_{i+1} + 0.618(b_{i+1} - a_{i+1})$，

计算$\varphi(y_{i+1})$，如果$(-1)^{-t}\varphi_3 < (-1)^{-t}\varphi$，令$t \Leftarrow t - 1$，转步②；否则，转步②。

④ 若$b_i - a_i < \delta$，则停止计算，输出修正因子$\alpha \Leftarrow x_i$。否则，令

$a_{i+1} \Leftarrow a_i$，$b_{i+1} \Leftarrow y_i$，$y_{i+1} \Leftarrow x_i$，

$\varphi(b_{i+1}) \Leftarrow \varphi(y_i)$，$\varphi(y_{i+1}) \Leftarrow \varphi(x_i)$，

$x_{i+1} \Leftarrow a_{i+1} + 0.382(b_{i+1} - a_{i+1})$，

计算$\varphi(x_{i+1})$，如果$(-1)^{-t}\varphi_2 \leqslant (-1)^{-t}\varphi$，令$t \Leftarrow t + 1$，转步②；否则，转步②。

经i次搜索，找到相对较优的修正因子α，便可根据式(4-3-81)计算出下一次反演迭代的模型参数。在反演过程中，前几次迭代模型参数的修正量较大，引入修正迭代步长的正则化方法可有效提高反演的稳定性。

第 5 章　混合范数下的最优化反演方法

地球物理反演在地球物理数据处理中占有重要的地位，一些反演技术已被广泛地应用到地球物理数据处理当中，其中主要有基于最小二乘准则的线性反演方法(Oldenburg, O. W., 1974; Inman, 1975; Oristaglio, M. L. 和 Worthington, M. H., 1980; Gjoystdal, H. 和 Ursin, B., 1981)[101-104]，基于全局最优化的模拟退火方法(Sharma 和 Kaikonen, 1998)[105]，基因遗传方法(王兴泰等, 1996)[56] 和人工神经网络方法(Zhang 和 Zhou, 2002)[106]。而受计算机能力的限制，全局最优化反演方法还不能全面应用到地球物理反演当中，目前仍然以基于最小二乘准则的线性反演为主。最小二乘法反演是以假设实测数据误差服从正态分布为前提。当受非高斯噪声的影响，该前提条件得不到满足时，也就得不到满意的反演结果，这是实践中经常面临的问题。然而，在求解地球物理反问题时，经常以 L_p 范数($p \geqslant 1$) 作为测度进行解估计的。考虑到野外观测数据经常受各种突变噪声的影响这一客观因素，本章介绍混合范数下的最优化反演方法，即根据观测数据品质的优劣，对数据空间和模型空间分别采用不同的测度进行规范化，达到压制干扰，突出有用异常的目的，最终使反演结果对真解的逼近程度更高。

在本章中，首先简要介绍 L_p 范数的特性，接着导出混合范数下的线性反演方程。由于混合范数的引入，增加了线性反演方程的复杂性，对其求解比较困难。为此，首先对加权矩阵进行规范化，再导出混合范数下线性反演方程的共轭梯度解法，通过求解希尔伯特矩阵构成的病态方程组，验证了算法的求解精度和效率。为提高反演过程的稳定性，结合前后两次反演迭代的拟合差设计拉格朗日乘子。最后通过对含有和不含突变噪声的模拟电阻率数据进行反演，验证混合范数下最优化反演方法的可行性和有效性。

5.1　L_p 范数的误差分布特性

在反演中，目标函数 Φ 可基于 p 阶范数进行构造，即

$$\Phi = \left\| \frac{\boldsymbol{e}}{\boldsymbol{\sigma}} \right\|_p^p = \left(\sum_i \left| \frac{e_i}{\sigma_i} \right|^p \right)^{1/p} = \left(\sum_i \left| \frac{d_i - F_i(\boldsymbol{m})}{\boldsymbol{\sigma}_i} \right|^p \right)^{1/p} \quad (5-1-1)$$

其中 $\boldsymbol{e}$ 为误差或残差向量，σ_i 为第 i 个数据的协方差，d_i 和 $F_i(\boldsymbol{m})$ 分别为第 i 个观测数据和对应的模型响应。最优阶数 p 如何选择，主要取决于数据误差的分布特

性。对目标函数 Φ 取极小，相当于对 p 阶广义高斯概率密度函数 $P(\boldsymbol{e})$ 取极大。$P(\boldsymbol{e})$ 的表达式为

$$P(\boldsymbol{e}) = k \cdot \exp\left(-\frac{1}{p} \sum_i \frac{|e_i|^p}{\sigma_i^p} \right) \tag{5-1-2}$$

其中 k 为与阶数 p 和协方差 σ_i 有关的常数。概率密度函数 $P(\boldsymbol{e})$ 用来描述误差的分布，它可理解为目标函数 Φ 在概率意义下的一种表示形式。特别地，当 $p=1, 2, \infty$ 时，分别对应拉普拉斯分布、高斯正态分布和均匀分布，这是常用的三种分布。对于一维广义高斯概率密度函数，即 $i=1$ 时，取 $p=1, 2, 100$ 的广义高斯概率密度分布，如图 5-1-1 所示，常数 k 和协方差 σ_i 均为 1。可以看出，随参数 p 的增大，概率密度分布曲线逐渐趋于均匀分布。

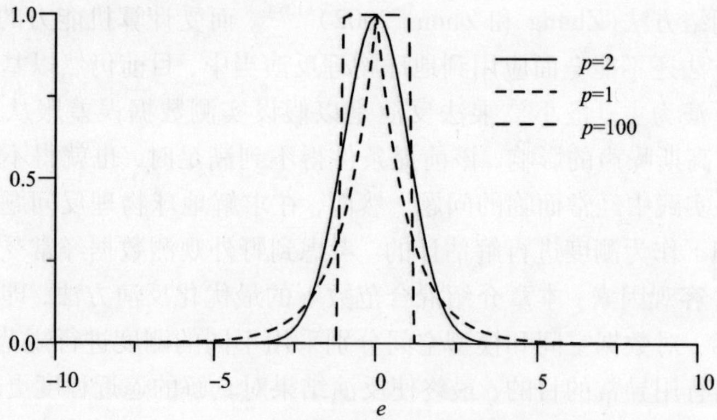

图 5-1-1　对应 $p=1, 2, 100$ 的广义高斯概率密度分布曲线

由于选择的范数不同，对观测数据（或模型参数）统计特性的要求也不同，进而对统计量所加的权值也不同。当 $p=2$ 时，对所有观测数据（或模型参数）给定相同的权；当 $p=1$ 时，对零误差的数据有无穷大的权，而对误差大的数据不敏感；当 $p\to\infty$ 时，突出最大者，此时不允许有误差大的数据存在。考虑到观测数据受各种因素的影响，其误差分布特性不尽相同。因此必须根据数据品质的优劣，选择合理的范数来构造目标函数。

5.2　混合范数下的线性反演方程

为确保反演的稳定性和健全性，又不过分损失反演结果的分辨率，De Groot-Hedin C. 和 Constable S. C. (1990) 对模型参数引入最大光滑约束[107]；Ellis R. G. 和 Oldenburg D. W. (1994) 对模型参数引入基本模型约束[108]；阮百尧等(1999) 将两

种约束应用到电阻率和极化率的二维反演当中[48]。在此基础上，对数据空间和模型空间分别施加 p 范数和 q 范数，得到混合范数下的目标函数为：

$$\boldsymbol{\Phi} = \| |\Delta\boldsymbol{d} - \boldsymbol{A}\Delta\boldsymbol{m}| \|_p^p + \lambda \| |\boldsymbol{C}(\boldsymbol{m} - \boldsymbol{m}_{\mathrm{b}} + \Delta\boldsymbol{m})| \|_q^q, \ (p \geqslant 1, \ q \geqslant 1) \tag{5-2-1}$$

其中 $\Delta\boldsymbol{d}$ 为数据残差向量，$\boldsymbol{A}$ 为偏导数矩阵，$\Delta\boldsymbol{m}$ 为模型参数的改正向量，$\boldsymbol{m}$ 为预测模型参数向量，$\boldsymbol{m}_{\mathrm{b}}$ 为基本模型参数向量，λ 为拉格朗日乘子，$\boldsymbol{C}$ 为光滑度矩阵。

对式(5－2－1)中的 $\Delta\boldsymbol{m}$ 求导得：

$$\frac{\partial \boldsymbol{\Phi}}{\partial \Delta\boldsymbol{m}} = p \cdot |\Delta\boldsymbol{d} - \boldsymbol{A}\Delta\boldsymbol{m}|^{p-1} \cdot (-\boldsymbol{A}^{\mathrm{T}}) \cdot \frac{\Delta\boldsymbol{d} - \boldsymbol{A}\Delta\boldsymbol{m}}{|\Delta\boldsymbol{d} - \boldsymbol{A}\Delta\boldsymbol{m}|} + q \cdot \lambda |\boldsymbol{C}(\boldsymbol{m} - \boldsymbol{m}_{\mathrm{b}} + \Delta\boldsymbol{m})|^{q-1} \cdot \boldsymbol{C}^{\mathrm{T}} \cdot \frac{\boldsymbol{C}(\boldsymbol{m} - \boldsymbol{m}_{\mathrm{b}} + \Delta\boldsymbol{m})}{|\boldsymbol{C}(\boldsymbol{m} - \boldsymbol{m}_{\mathrm{b}} + \Delta\boldsymbol{m})|} \tag{5-2-2}$$

然后，令式(5－2－2)等于零，并整理得

$$|\Delta\boldsymbol{d} - \boldsymbol{A}\Delta\boldsymbol{m}|^{p-2} \cdot (-\boldsymbol{A}^{\mathrm{T}}\Delta\boldsymbol{d} + \boldsymbol{A}^{\mathrm{T}}\boldsymbol{A}\Delta\boldsymbol{m}) + \frac{q}{p} \cdot \lambda |\boldsymbol{C}(\boldsymbol{m} - \boldsymbol{m}_{\mathrm{b}} + \Delta\boldsymbol{m})|^{q-2} \cdot [\boldsymbol{C}^{\mathrm{T}}\boldsymbol{C}(\boldsymbol{m} - \boldsymbol{m}_{\mathrm{b}}) + \boldsymbol{C}^{\mathrm{T}}\boldsymbol{C}\Delta\boldsymbol{m}] = 0$$

令 $\boldsymbol{R}_{\mathrm{d}} = |\Delta\boldsymbol{d} - \boldsymbol{A}\Delta\boldsymbol{m}|^{p-2}$ 为数据加权对角矩阵，$\boldsymbol{R}_m = |\boldsymbol{C}(\boldsymbol{m} - \boldsymbol{m}_{\mathrm{b}} + \Delta\boldsymbol{m})|^{q-2}$ 为模型加权对角矩阵。最后得到混合范数下的线性反演方程：

$$\left(\boldsymbol{A}^{\mathrm{T}}\boldsymbol{R}_{\mathrm{d}}A + \frac{q}{p} \cdot \lambda \cdot \boldsymbol{C}^{\mathrm{T}}\boldsymbol{R}_m\boldsymbol{C}\right)\Delta\boldsymbol{m} = \boldsymbol{A}^{\mathrm{T}}\boldsymbol{R}_{\mathrm{d}}\Delta\boldsymbol{d} + \frac{q}{p} \cdot \lambda \cdot \boldsymbol{C}^{\mathrm{T}}\boldsymbol{R}_m\boldsymbol{C}(\boldsymbol{m}_{\mathrm{b}} - \boldsymbol{m}) \tag{5-2-3}$$

在求解地球物理反问题时，通常仅基于最小二乘 LS 或最小绝对偏差 LAD 准则，所以这里仅考虑 p、q 为 1 和 2 的情况。下面给出四组线性反演方程：

(a) 当 $p = q = 2$ 时，线性反演方程为：

$$(\boldsymbol{A}^{\mathrm{T}}\boldsymbol{A} + \lambda \cdot \boldsymbol{C}^{\mathrm{T}}\boldsymbol{C})\Delta\boldsymbol{m} = \boldsymbol{A}^{\mathrm{T}}\Delta\boldsymbol{d} + \lambda \cdot \boldsymbol{C}^{\mathrm{T}}\boldsymbol{C}(\boldsymbol{m}_{\mathrm{b}} - \boldsymbol{m}) \tag{5-2-4}$$

它为通常意义下的最小二乘反演的求解方程。

(b) 当 $p = 1$, $q = 2$ 时，令 $\lambda' = 2\lambda$，线性反演方程为：

$$(\boldsymbol{A}^{\mathrm{T}}\boldsymbol{R}_{\mathrm{d}}A + \lambda' \cdot \boldsymbol{C}^{\mathrm{T}}\boldsymbol{C})\Delta\boldsymbol{m} = \boldsymbol{A}^{\mathrm{T}}\boldsymbol{R}_{\mathrm{d}}\Delta\boldsymbol{d} + \lambda' \cdot \boldsymbol{C}^{\mathrm{T}}\boldsymbol{C}(\boldsymbol{m}_{\mathrm{b}} - \boldsymbol{m}) \tag{5-2-5}$$

该方程对数据空间 D 采用最小绝对偏差准则，对模型空间 M 采用最小二乘准则。

(c) 当 $p = 2$, $q = 1$ 时，令 $\lambda' = \lambda/2$，线性反演方程为：

$$(\boldsymbol{A}^{\mathrm{T}}\boldsymbol{A} + \lambda' \cdot \boldsymbol{C}^{\mathrm{T}}\boldsymbol{R}_m\boldsymbol{C})\Delta\boldsymbol{m} = \boldsymbol{A}^{\mathrm{T}}\Delta\boldsymbol{d} + \lambda' \cdot \boldsymbol{C}^{\mathrm{T}}\boldsymbol{R}_m\boldsymbol{C}(\boldsymbol{m}_{\mathrm{b}} - \boldsymbol{m}) \tag{5-2-6}$$

该方程对数据空间 D 采用最小二乘准则，对模型空间 M 采用最小绝对偏差准则。

(d) 当 $p = q = 1$ 时，线性反演方程为：

$$(\boldsymbol{A}^{\mathrm{T}}\boldsymbol{R}_{\mathrm{d}}A + \lambda \cdot \boldsymbol{C}^{\mathrm{T}}\boldsymbol{R}_m\boldsymbol{C})\Delta\boldsymbol{m} = \boldsymbol{A}^{\mathrm{T}}\boldsymbol{R}_{\mathrm{d}}\Delta\boldsymbol{d} + \lambda \cdot \boldsymbol{C}^{\mathrm{T}}\boldsymbol{R}_m\boldsymbol{C}(\boldsymbol{m}_{\mathrm{b}} - \boldsymbol{m}) \tag{5-2-7}$$

该求解方程对数据空间 D 和模型空间 M 都采用了最小绝对偏差准则。

5.3 加权矩阵的规范化

根据上述推导过程，数据和模型的加权对角矩阵分别为$\boldsymbol{R}_{\mathrm{d}} = |\Delta \boldsymbol{d} - \boldsymbol{A}\Delta \boldsymbol{m}|^{p-2}$和$\boldsymbol{R}_m = |\boldsymbol{C}(\boldsymbol{m} - \boldsymbol{m}_{\mathrm{b}} + \Delta \boldsymbol{m})|^{q-2}$，由于它们形式的相似性，特别地，仅对数据加权矩阵进行讨论。矩阵元素的表示形式为：

$$R_{dij} = \begin{cases} \dfrac{1}{|\Delta d_i - a_{ij}\Delta m_j|^{2-p}}, & i = j \\ 0, & i \neq j \end{cases} \tag{5-3-1}$$

对于式(5－3－1)，当采用最小二乘准则时，即$p = 2$，$\boldsymbol{R}_{\mathrm{d}}$为单位矩阵。而当采用最小绝对偏差准则时，即$p = 1$，$\boldsymbol{R}_{\mathrm{d}}$为对角矩阵，此时会遇到两个困难：一是解向量$\Delta \boldsymbol{m}$为待求向量，无法计算$\boldsymbol{R}_{\mathrm{d}}$，二是当实测数据和模拟数据精确逼近时，$\boldsymbol{R}_{\mathrm{d}}$矩阵是奇异的。

针对上述两个问题，通常只能退而求其次，在每次解线性反演方程之前，假定$\Delta \boldsymbol{m}$为零向量，只能对加权矩阵$\boldsymbol{R}_{\mathrm{d}}$作一个粗略估计，在$p = 1$时，式(5－3－1)简化为：

$$R_{dij} = \begin{cases} \dfrac{1}{|\Delta d_i|}, & i = j \\ 0, & i \neq j \end{cases} \tag{5-3-2}$$

为防止加权矩阵奇异，以及考虑到反演的分辨率问题，避免权因子过大、过小的情况，将加权矩阵的元素限定在某个窗口范围内。随着反演迭代次数的增加，实测数据和模拟数据的拟和差逐渐减小，因此以所有数据拟和差的平均值作为中心来动态开辟一个窗口，将加权矩阵的对角线元素限定在该窗口内，那么加权矩阵的对角线元素进一步表示为

$$R_{d_i} = \begin{cases} 1/(\Delta \bar{d} \cdot Er), & |\Delta d_i| \leqslant \Delta \bar{d} \cdot Er \\ 1/|\Delta d_i|, & \Delta \bar{d} \cdot Er < |\Delta d_i| < \Delta \bar{d}/Er \\ 1/(\Delta \bar{d}/Er), & |\Delta d_i| \geqslant \Delta \bar{d}/Er \end{cases} \tag{5-3-3}$$

$$\Delta \bar{d} = \frac{1}{n}\sum_{i=1}^{n} |\Delta d_i|,$$

其中n为实测数据的个数，$Er(0 < Er < 1)$为事先给定的加权截止因子，通常取$10^{-6} \sim 10^{-1}$。这样可以根据式(5－3－3)给定线性反演方程的加权矩阵，并且每次反演迭代都按此过程计算数据加权矩阵。模型加权矩阵的计算过程与此类似，具体不再赘述。

在混合范数反演当中，数据和模型权截止因子Er、Et对噪声的压制起着关键

性的作用。通过增大或减小权截止因子来改变数据和模型的权，起到了一个调焦的作用。减小权截止因子，则削弱大拟和差数据，达到了压制干扰的目的，增大截止因子则相反。

5.4　混合范数下线性反演方程的共轭梯度解法

对于上述线性反演方程，由于加权对角矩阵的存在，增加了方程的求解难度。对此，Scales J. A. 等(1988)[109] 采用迭代再加权最小二乘法(IRLS) 解此类问题，并且 Darche G. (1989)[110]，Nichols D. (1994)[111] 和周竹生(1996)[98] 通过修正共轭梯度法，将迭代再加权最小二乘法用于求解 L_p 范数下的反问题。在此基础上，本节给出了混合范数下迭代再加权阻尼共轭梯度算法。并且又考虑到偏导数矩阵 $\boldsymbol{A}$ 的元素为非零元素，光滑度矩阵 $\boldsymbol{C}$ 是由相邻模型参数之间的简单关系构成的，仅有几条斜对角线为非零元素，可仅将非零元素进行压缩存储。那么，可将线性反演方程(5－2－4) ~ 方程(5－2－7) 转化为其等价形式，不失一般性，方程(5－2－4) 的等价形式为：

$$\begin{vmatrix} \boldsymbol{A} \\ \sqrt{\lambda}\cdot\boldsymbol{C} \end{vmatrix} \Delta\boldsymbol{m} = \begin{vmatrix} \Delta\boldsymbol{d} \\ \sqrt{\lambda}\cdot\boldsymbol{C}\cdot(\boldsymbol{m}_{\mathrm{b}}-\boldsymbol{m}) \end{vmatrix} \tag{5-4-1}$$

其中，光滑度矩阵 C 按斜对角线仅存储非零元素。为便于计算，将方程(3－4－1) 左右两侧的矩阵和向量以分块形式进行存储，即令 $\boldsymbol{A}_1=\boldsymbol{A}$，$\boldsymbol{A}_2=\sqrt{\lambda}\cdot\boldsymbol{C}$，$\boldsymbol{b}_1=\Delta\boldsymbol{d}$，$\boldsymbol{b}_2=\sqrt{\lambda}\cdot\boldsymbol{C}\cdot(\boldsymbol{m}_{\mathrm{b}}-\boldsymbol{m})$。其他三个线性方程也与此类似，不再赘述。

下面给出混合范数下迭代再加权阻尼共轭梯度算法的具体迭代步骤：

(1) 给定误差限 ε，阻尼因子 λ。根据数据空间和模型空间范数的组合方式，给定数据和模型的权截止因子 Er 和 Et，并计算数据和模型的初始加权对角矩阵 $\boldsymbol{R}_{\mathrm{d}}^{(0)}$ 和 $\boldsymbol{R}_{m}^{(0)}$。

(2) 初始向量 $\Delta\boldsymbol{m}^{(0)}=0$，$\boldsymbol{h}^{(0)}=|\boldsymbol{h}_1^{(0)}\boldsymbol{h}_2^{(0)}|^{\mathrm{T}}=|\Delta\boldsymbol{d}\sqrt{\lambda}\cdot\boldsymbol{C}\cdot(\boldsymbol{m}_{\mathrm{b}}-\boldsymbol{m})|^{\mathrm{T}}$。对于不同的范数组合方式，初始共轭方向和梯度向量为：

当 $p=2$，$q=2$ 时，$\boldsymbol{p}^{(0)}=\boldsymbol{g}^{(0)}=\boldsymbol{A}^{\mathrm{T}}\Delta\boldsymbol{d}+\lambda\boldsymbol{C}^{\mathrm{T}}\boldsymbol{C}(\boldsymbol{m}_{\mathrm{b}}-\boldsymbol{m})$；

当 $p=2$，$q=1$ 时，$\boldsymbol{p}^{(0)}=\boldsymbol{g}^{(0)}=\boldsymbol{A}^{\mathrm{T}}\Delta\boldsymbol{d}+\lambda\boldsymbol{C}^{\mathrm{T}}R_m^{(0)}C(\boldsymbol{m}_{\mathrm{b}}-\boldsymbol{m})$；

当 $p=1$，$q=2$ 时，$\boldsymbol{p}^{(0)}=\boldsymbol{g}^{(0)}=\boldsymbol{A}^{\mathrm{T}}R_{\mathrm{d}}^{(0)}\Delta\boldsymbol{d}+\lambda\boldsymbol{C}^{\mathrm{T}}\boldsymbol{C}(\boldsymbol{m}_{\mathrm{b}}-\boldsymbol{m})$；

当 $p=1$，$q=1$ 时，$\boldsymbol{p}^{(0)}=\boldsymbol{g}^{(0)}=\boldsymbol{A}^{\mathrm{T}}R_{\mathrm{d}}^{(0)}\Delta\boldsymbol{d}+\lambda\boldsymbol{C}^{\mathrm{T}}R_m^{(0)}C(\boldsymbol{m}_{\mathrm{b}}-\boldsymbol{m})$。

(3) 如果 $\|\boldsymbol{g}^{(0)}\|\leqslant\varepsilon$，则终止，否则转入步(4)。

共轭梯度算法迭代开始，对于 $j=0,1,\cdots,n_{\max}$，计算到步(11)。

(4) 计算解的修正因子 a_j。

$$\text{当} p=2,\ q=2 \text{时},\ a_j=\frac{[\boldsymbol{g}^{(j)},\boldsymbol{g}^{(j)}]}{[\boldsymbol{Ap}^{(j)},\boldsymbol{Ap}^{(j)}]+[\lambda\boldsymbol{Cp}^{(j)},\boldsymbol{Cp}^{(j)}]}$$

$$\text{当} p=2,\ q=1 \text{时},\ a_j=\frac{[\boldsymbol{g}^{(j)},\boldsymbol{g}^{(j)}]}{[\boldsymbol{Ap}^{(j)},\boldsymbol{Ap}^{(j)}]+[\lambda\boldsymbol{Cp}^{(j)},R_m^{(j)}\boldsymbol{Cp}^{(j)}]}$$

$$\text{当} p=1,\ q=2 \text{时},\ a_j=\frac{[\boldsymbol{g}^{(j)},\boldsymbol{g}^{(j)}]}{[\boldsymbol{Ap}^{(j)},R_{\mathrm{d}}^{(j)}\boldsymbol{Ap}^{(j)}]+[\lambda\boldsymbol{Cp}^{(j)},\boldsymbol{Cp}^{(j)}]} \tag{5-4-2}$$

$$\text{当} p=1,\ q=1 \text{时},\ a_j=\frac{[\boldsymbol{g}^{(j)},\boldsymbol{g}^{(j)}]}{[\boldsymbol{Ap}^{(j)},R_{\mathrm{d}}^{(j)}\boldsymbol{Ap}^{(j)}]+[\lambda\boldsymbol{Cp}^{(j)},R_m^{(j)}\boldsymbol{Cp}^{(j)}]}$$

(5) $\Delta\boldsymbol{m}^{(j+1)}=\Delta\boldsymbol{m}^{(j)}+a_j\boldsymbol{p}^{(j)}$ (5-4-3)

(6) $\boldsymbol{h}_1^{(j+1)}=\boldsymbol{h}_1^{(j)}-a_j\boldsymbol{Ap}^{(j)},\ \boldsymbol{h}_2^{(j+1)}=\boldsymbol{h}_2^{(j)}-a_j\sqrt{\lambda}\boldsymbol{Cp}^{(j)}$ (5-4-4)

(7) 重新生成权。当 $p=1$ 时，数据权 $\boldsymbol{R}_{\mathrm{d}}^{(j+1)}=|\boldsymbol{h}_1^{(j+1)}|^{-1}$；当 $q=1$ 时，模型权 $\boldsymbol{R}_m^{(j+1)}=|\boldsymbol{h}_2^{(j+1)}|^{-1}$，并且要满足事先给定的数据和模型权截止因子。

(8) 计算梯度向量 $\boldsymbol{g}^{(j+1)}$。

$$\text{当} p=2,\ q=2 \text{时},\ \boldsymbol{g}^{(j+1)}=\boldsymbol{A}^{\mathrm{T}}\boldsymbol{h}_1^{(j+1)}+(\sqrt{\lambda}\boldsymbol{C})^{\mathrm{T}}\boldsymbol{h}_2^{(j+1)}$$

$$\text{当} p=2,\ q=1 \text{时},\ \boldsymbol{g}^{(j+1)}=\boldsymbol{A}^{\mathrm{T}}\boldsymbol{h}_1^{(j+1)}+(\sqrt{\lambda}\boldsymbol{C})^{\mathrm{T}}\boldsymbol{R}_m^{(j+1)}\boldsymbol{h}_2^{(j+1)}$$

$$\text{当} p=1,\ q=2 \text{时},\ \boldsymbol{g}^{(j+1)}=\boldsymbol{A}^{\mathrm{T}}\boldsymbol{R}_{\mathrm{d}}^{(j+1)}\boldsymbol{h}_1^{(j+1)}+(\sqrt{\lambda}\boldsymbol{C})^{\mathrm{T}}\boldsymbol{h}_2^{(j+1)} \tag{5-4-5}$$

$$\text{当} p=1,\ q=1 \text{时},\ \boldsymbol{g}^{(j+1)}=\boldsymbol{A}^{\mathrm{T}}\boldsymbol{R}_{\mathrm{d}}^{(j+1)}\boldsymbol{h}_1^{(j+1)}+(\sqrt{\lambda}\boldsymbol{C})^{\mathrm{T}}\boldsymbol{R}_m^{(j+1)}\boldsymbol{h}_2^{(j+1)}$$

(9) 如果 $\|\boldsymbol{g}^{(j+1)}\|\leqslant\varepsilon$，终止，否则转入步(10)。

(10) $\beta_{j+1}=\dfrac{[\boldsymbol{g}^{(j+1)},\boldsymbol{g}^{(j+1)}]}{[\boldsymbol{g}^{(j)},\boldsymbol{g}^{(j)}]}$ (5-4-6)

(11) $\boldsymbol{p}^{(j+1)}=\boldsymbol{g}^{(j+1)}+\beta_{j+1}\boldsymbol{p}^{(j)}$ (5-4-7)

其中括号[·,·]表示内积，j 表示迭代序号，a_j 和 β_{j+1} 为标量，分别表示 $\Delta\boldsymbol{m}$ 和 $\boldsymbol{p}$ 的修正因子。通过将线性反演方程中的矩阵进行分块存储，可大大减少内存的使用，特别当模型参数较多时，效果更显著。而且求解过程不破坏原有系数矩阵，有助于与拟牛顿方法结合计算偏导数矩阵，能进一步提高反演速度，具体内容将在后续章节中进行探讨。

将该算法应用到混合范数下的最优化反演当中，其求解精度和运算速度也是要考虑的因素，下面用其求解由希尔伯特矩阵构成的病态方程组，检验共轭梯度算法对付病态问题的能力。图 5-4-1 为共轭梯度算法 CG(包括最小二乘共轭梯度法 LSCG 和迭代再加权共轭梯度法 IRCG) 和奇异值分解算法 SVD 解希尔伯特病态方程组的性能对比结果，其中图 5-4-1(a) 为计算精度的对比结果，图 5-4-1(b) 为耗费时间的对比结果。从图 5-4-1(a) 中可见，无论 LSCG 法还是 IRCG 法，数值解与真解的平均均方误差基本都控制在 2% 以下，但 IRCG 法的抗病态能力要强于 LSCG 法，基本可与 SVD 法相媲美。但从耗费时间来看，CG 法比 SVD 法的运算速度要快得多，并且随着方程阶数的增大，运算速度快的特征更加显著。其中 LSCG 法与 IRCG 法的运算速度相当，如图 5－2－1(b) 所示。

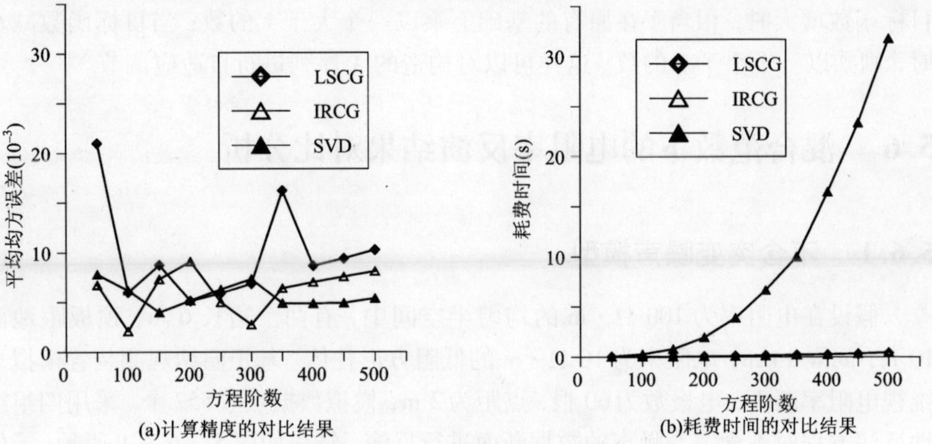

图 5－4－1　几种算法的性能对比

5.5　拉格朗日乘子 λ 的优化选取

拉格朗日乘子又称阻尼因子或正则化因子，它在反演中起着关键性的作用。在反演过程中，假定在每次反演迭代中选取的拉格朗日乘子 λ 都是比较合理的，它既能保证解的方差和分辨率之间的最佳折衷，又能保证误差收敛曲线是稳步下降的，并且在前几次，迭代误差下降较快，随后下降极为缓慢。因此，可以构造一近似理想误差收敛曲线的 λ 序列，使反演过程随着迭代次数的增加逐步松弛约束。采用函数：

$$\lambda(k) = a \cdot k^{-2} + b \qquad (5-5-1)$$

构造 λ 序列。其中 k 为迭代序号，a 和 b 为待求系数。首先，给定最大反演迭代次数 $n_{\max}$，并根据数据所含噪声情况选择一相对合理的初始拉格朗日乘子 $\lambda_{\max}$(通常在 0.1 ~ 1 时选择)，为方便起见，最小拉格朗日乘子可为 $\lambda_{\min} = \lambda_{\max}/10$，这样可以确定 a、b 及中间的拉格朗日乘子。如 $n_{\max} = 5$，$\lambda_{\max} = 0.5$，$\lambda_{\min} = 0.05$，则根据式(5－5－1)得 λ 序列为 0.5、0.1529、0.089、0.066、0.056、0.05。至此，虽然本节已经给出了拉格朗日乘子的构造方法，但在实际反演当中，无法保证 λ 序列是最佳的，能使误差收敛曲线稳步下降及解估计最优。因此，在反演中可通过下式：

$$\lambda_k' = \lambda_k \cdot \frac{\Phi_d^{(k-1)}}{\Phi_d^{(k-2)}} \tag{5-5-2}$$

对 λ 序列进行修正。其中 $\Phi_d^{(k-1)}$ 和 $\Phi_d^{(k-2)}$ 分别为第 $k-1$ 和 $k-2$ 次迭代的数据拟合差，λ_k 和λ_k' 分别为构造的和修正的第 k 次迭代的拉格朗日乘子。可以看出，当目标函数增大时，相当于在原有的基础上乘以一个大于 1 的数；当目标函数减小时，则乘以一个小于 1 的数。这样可以对构造的 λ 序列进行自适应调节。

5.6 混合范数下的电阻率反演结果对比分析

5.6.1 不含突变噪声模型

假设在电阻率为 100 Ω · m 的均匀半空间中，有两个边长 6 m，顶板距地面 10 m，间隔 14 m，电阻率为 10 Ω · m 的低阻方形柱体。基于温纳观测装置模拟二维视电阻率断面，电极数为60 根，点距为2 m，模拟数据点数552 个。采用四组线性反演方程对不含突变噪声的数据断面进行反演，结果如图 5 - 6 - 1 所示（等值线间隔为 8 Ω · m，方形框为两低阻体的位置）。从图中可以看出，当数据空间和模型空间均基于 L_2 范数时（在图中用 $D = LS$，$M = LS$ 表示），如图 5 - 6 - 1(a) 所示，电阻率等值线平滑流畅，两低阻体的埋深和形态基本被反映出来。当数据空间和模型空间基于另外三种组合时，反演结果如图 5 - 6 - 1(b) ~ 图 5 - 6 - 1(d) 所示，与图 5 - 6 - 1(a) 相比，虽然两低阻体的大致形态已被反映出来，但略增加了横向的平滑度，使分辨率都有不同程度的降低，特别是数据空间和模型空间均基于 L_1 范数时，横向分辨率下降得最为严重。原因在于数据不含突变噪声时，数据和模型不服从拉普拉斯分布，使有用成分也作为噪声被压制掉。说明在无噪声的情况下，数据空间和模型空间都基于 L_2 范数作为测度是最佳的。

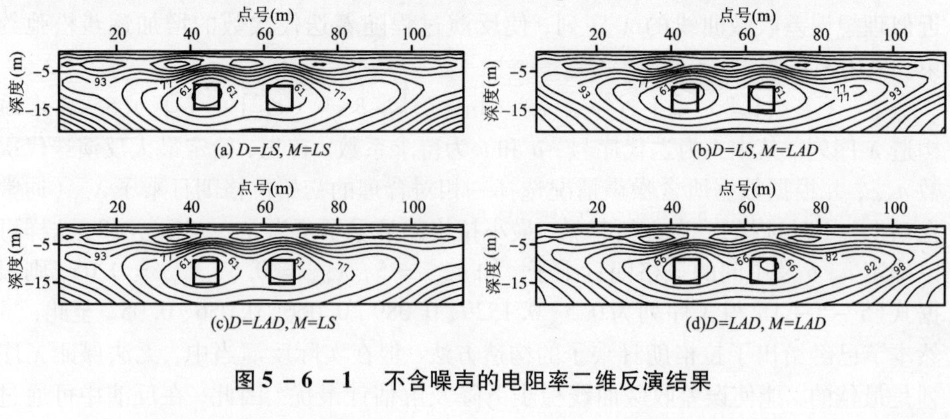

图 5 - 6 - 1　不含噪声的电阻率二维反演结果

5.6.2　含有突变噪声模型

为了进一步检验不同范数组合的反演特性，将上述模拟数据断面加入几个较大的突变数据，如图5－6－2(a)所示。采用四种范数组合进行反演，拉格朗日乘子都从0.3到0.03变化，反演结果如图5－6－2(b)～图5－6－2(e)所示。从图中可以看出，当数据和模型空间均基于L_2范数时，异常体的形态出现畸变，并且出现一些冗余的虚假信息，如图5－6－2(b)所示；当数据空间基于L_2范数、模型空间基于L_1范数时，反演结果如图5－6－2(c)所示。与图5－6－2(b)相比，异常形态在一定程度上得到改善，但仍然存在少量的冗余信息，主要是由于模型加权矩阵中引入了最大光滑约束，削弱了模型加权矩阵元素之间的差异，使其对模型粗差的压制能力降低。当数据空间基于L_1范数，模型空间基于L_2范数或基于L_1范数时，两低阻体的形态和位置基本被反映出来，并且无冗余信息。说明当实测数据存在突变噪声，使数据误差服从拉普拉斯长尾状分布时，数据空间基于L_1范数、模型空间基于L_2范数或基于L_1范数，能够压制突变噪声突出有用异常。

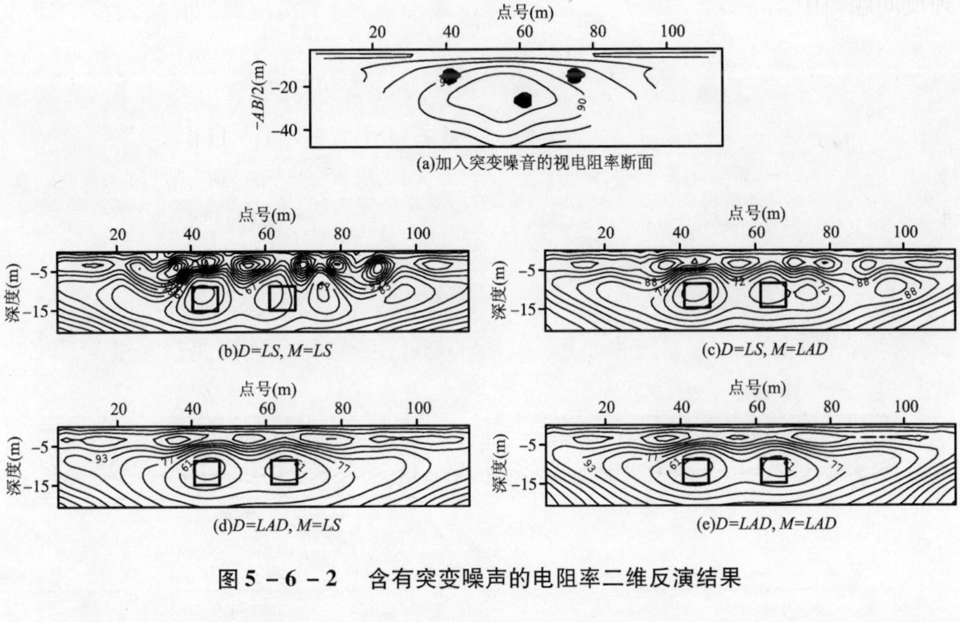

图5－6－2　含有突变噪声的电阻率二维反演结果

考虑到增大拉格朗日乘子也有压制噪声的作用，故增大拉格朗日乘子，使其从5到0.5变化。基于式(5－2－4)和式(5－2－5)进行反演，结果如图5－6－3所示。当数据空间和模型空间都基于L_2范数时，通过增大阻尼因子可以将噪声压制掉，并且两低阻体也能被粗略地分辨出来，但在横向上的分辨率有些下降，如图5-6-3(a)所示。当数据空间基于L_1范数，模型空间基于L_2范数时，不但噪声被压制掉，而且在横向上的分辨率也明显提高，如图5-6-3(b)所示。这再次显示了数据空间基于L_1范数、模型空间基于L_2范数对突变噪声具有较强的压制能力，但又不过分损失反演的分辨率。

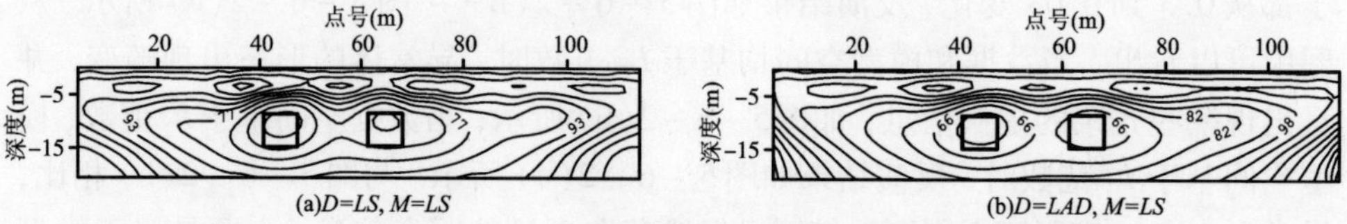

图5-6-3　对含有突变噪声的数据增大拉格朗日乘子的反演结果

通过模型反演对比可知，当数据噪声服从高斯分布或近似服从高斯分布时，数据空间和模型空间均基于L_2范数的反演效果较好；当数据噪声服从拉普拉斯分布时，数据空间基于L_1范数，模型空间基于L_2或L_1范数的反演结果较好。混合范数下的最优化反演方法作为一种广义线性反演方法，同样也可应用到其他地球物理反问题当中。

第 6 章　直流激电广义线性反演方法

目前，直流激电反演多以广义线性反演方法为主，其理论研究已基本趋于成熟，而且直流激电的广义线性反演技术已在实际资料处理中得到了较广泛的应用[112-117]。本章首先介绍电阻率和极化率的反演方法，然后给出反演中偏导数矩阵的混合计算方法及性能对比。在此基础上，介绍几种特定观测方式的直流激电广义线性反演方法，主要包括垂直激电测深一维、二维反演、电阻率二维延时反演及直流激电三维反演。

6.1　直流激电数据的广义线性反演方法

直流激电数据反演包括电阻率反演和极化率反演，下面分别对其进行介绍。

6.1.1　电阻率反演方法

在电阻率反演过程中，考虑到电阻率值变化范围较大，为提高反演的稳定性，视电阻率和模型电阻率通常使用对数值，电阻率的线性反演方程可表示为：

$$\boldsymbol{A}\Delta\boldsymbol{m} = \Delta\boldsymbol{d} \tag{6-1-1}$$

其中 $\Delta\boldsymbol{d}$ 为数据残差矢量，其值等于实测视电阻率的对数值与模拟的视电阻率的对数值之差（$\Delta d_i = \ln\rho_{ai} - \ln\rho_{ci}$，$i = 1, 2, \cdots, n$）；$\Delta\boldsymbol{m}$ 为模型参数的改正向量（$\Delta m_j = \ln\Delta\rho_j$，$j = 1, 2, \cdots m$）；$\boldsymbol{A}$ 为偏导数矩阵（$a_{ij} = \partial\ln\rho_{ci}/\partial\ln\rho_j$），$\rho_j$ 为第 j 个网格节点的电阻率。

在电阻率的二维或三维反演中，方程（6-1-1）通常是欠定的。为得到较优的解估计并增强反演的稳定性，通常在模型空间引入某种稳定化泛函，具体地说，也就是对模型参数施加某种先验约束[118]。可以单独施加光滑模型或背景模型约束，或将两者同时施加，在程序设计时，可将其设置为选择项，以增加程序的通用性。稳定化泛函可表示为：

局部光滑约束：

$$\Phi_m = \| \boldsymbol{C}\Delta\boldsymbol{m} \|_2^2 \tag{6-1-2}$$

总体光滑约束：

$$\Phi_m = \| \boldsymbol{C}(\boldsymbol{m} + \Delta\boldsymbol{m}) \|_2^2 \tag{6-1-3}$$

同时施加光滑模型和背景模型约束：

$$\boldsymbol{\Phi}_m = \|\boldsymbol{C}(\boldsymbol{m} + \Delta\boldsymbol{m} - \boldsymbol{m}_{\mathrm{b}})\|_2^2 \tag{6-1-4}$$

亦可将式(6－1－4)的光滑约束与背景约束分离，即

$$\boldsymbol{\Phi}_m = \boldsymbol{\Phi}_{\mathrm{s}} + \boldsymbol{\Phi}_{\mathrm{b}} = \|\boldsymbol{C}(\boldsymbol{m} + \Delta\boldsymbol{m})\|_2^2 + \|\boldsymbol{m} + \Delta\boldsymbol{m} - \boldsymbol{m}_{\mathrm{b}}\|_2^2 \tag{6-1-5}$$

其中 $\boldsymbol{m}$ 为模型参数向量；$\boldsymbol{C}$ 为光滑度矩阵(参见4.3.3节)。若式(6－1－4)中 $\boldsymbol{C}$ 为单位矩阵，则仅施加了背景模型约束。

根据式(6－1－1)和式(6－1－4)，同时引入光滑和背景模型约束的目标函数 $\boldsymbol{\Phi}$ 为[48]：

$$\boldsymbol{\Phi} = \|\Delta\boldsymbol{d} - \boldsymbol{A}\Delta\boldsymbol{m}\|_2^2 + \lambda\|\boldsymbol{C}(\boldsymbol{m} + \Delta\boldsymbol{m} - \boldsymbol{m}_{\mathrm{b}})\|_2^2 \tag{6-1-6}$$

式中：右端第一项为通常的数据拟合差的最小二乘项，第二项为同时引入光滑模型和背景模型约束项。其中 $\boldsymbol{m}_{\mathrm{b}}$ 为背景模型；λ 为正则化因子或拉格朗日乘子，其余参数含义与上述相同。然后，将式(6－1－6)两端对 $\Delta\boldsymbol{m}^{\mathrm{T}}$ 求导并令其等于零，得到下面的最小二乘线性反演方程：

$$(\boldsymbol{A}^{\mathrm{T}}\boldsymbol{A} + \lambda\boldsymbol{C}^{\mathrm{T}}\boldsymbol{C})\Delta\boldsymbol{m} = \boldsymbol{A}^{\mathrm{T}}\Delta\boldsymbol{d} + \lambda\boldsymbol{C}^{\mathrm{T}}\boldsymbol{C}(\boldsymbol{m}_{\mathrm{b}} - \boldsymbol{m}) \tag{6-1-7}$$

式(6－1－7)也等效于下面的线性方程组：

$$\begin{vmatrix} \boldsymbol{A} \\ \sqrt{\lambda}\,\boldsymbol{C} \end{vmatrix} \Delta\boldsymbol{m} = \begin{vmatrix} \Delta\boldsymbol{d} \\ \sqrt{\lambda}\,C(\boldsymbol{m}_{\mathrm{b}} - \boldsymbol{m}) \end{vmatrix} \tag{6-1-8}$$

通过求解方程组(6－1－8)，将得到的模型修正量 $\Delta\boldsymbol{m}$ 代入下式：

$$\boldsymbol{m}^{(k+1)} = \boldsymbol{m}^{(k)} + \Delta\boldsymbol{m} \tag{6-1-9}$$

即可得到新的预测模型参数向量 $\boldsymbol{m}^{(k+1)}$。重复这个过程直至实测数据和模拟数据之间的平均均方误差满足要求。其中，平均均方误差 RMS 定义为

$$RMS = \sqrt{\Delta\boldsymbol{d}^{\mathrm{T}}\Delta\boldsymbol{d}/n} \tag{6-1-10}$$

6.1.2 极化率反演方法

在激电法理论和实践研究中，为使问题简化，将岩、矿石的激发极化分为理想的两大类——面极化和体极化[10]。应该指出，“面极化”和“体极化”只有相对的意义，从微观的角度，所有激发极化都是面极化的。然而，在找矿中仍从宏观的角度考察某个大的极化体的激发极化，故将激发极化视为“体极化”更为常见。所以，对于极化率的反演，依然根据Seigel体激发极化理论[119]，假定地电模型可以通过电导率 $\sigma(x, y, z)$ 和极化率 $\eta(x, y, z)$ 两个物理参数来描述，并且极化率被定义在区间[0, 1)，变化幅度要远远小于电导率的变化幅度。直流激电的反演通常分为两步，即先完成电阻率反演，在固定电阻率不变的基础上完成极化率的反演。下面介绍三种极化率反演方法[38]：

(1) 线性反演方法

假定视电阻率ρ_a是以电导率$\sigma(x, y, z)$为自变量的函数，当地下介质存在激发极化时，它可以表示成：

$$\rho_a^* = \rho_a[\sigma(1-\eta)] \tag{6-1-11}$$

其中ρ_a^*为等效视电阻率；η为极化率。再假定地下模型由M块不同的电导率为σ_j和η_j的岩矿石组成($j = 1, 2, \cdots, M$)，并将式(6-1-11)右端关于电导率σ用泰勒级数展开并略去二次以上的项，得：

$$\rho_a^* = \rho_a(\sigma - \eta\sigma) \approx \rho_a(\sigma) - \sum_{j=1}^{M} \frac{\partial \rho_a}{\partial \sigma_j}\eta_j\sigma_j \tag{6-1-12}$$

则极化率响应η_a可根据等效视电阻率公式计算得到：

$$\eta_a = \frac{\rho_a^* - \rho_a}{\rho_a^*} = \frac{\rho_a[\sigma(1-\eta)] - \rho_a(\sigma)}{\rho_a[\sigma(1-\eta)]} \approx \frac{-\sum_j \frac{\partial \rho_a}{\partial \sigma_j}\eta_j\sigma_j}{\rho_a(\sigma) - \sum_j \frac{\partial \rho_a}{\partial \sigma_j}\eta_j\sigma_j} \tag{6-1-13}$$

再做一次近似，式(6-1-13)可写为：

$$\eta_a \approx -\sum_j \frac{\sigma_j \cdot \partial \rho_a}{\rho_a \cdot \partial \sigma_j}\eta_j = -\sum_j \frac{\partial \ln \rho_a}{\partial \ln \sigma_j}\eta_j \tag{6-1-14}$$

那么第i点的极化率响应为：

$$\eta_{ai} \approx -\sum_j \frac{\partial \ln \rho_{ai}}{\partial \ln \sigma_j}\eta_j = \sum_j \frac{\partial \ln \rho_{ai}}{\partial \ln \rho_j}\eta_j = A_{ij}\eta_j, \ (i = 1, 2, \cdots, N) \tag{6-1-15}$$

根据式(6-1-15)可知，通过将视极化率和极化率之间的非线性关系作线性近似，便得到偏导数矩阵A_{ij}。由于没有考虑它们之间的非线性特性，当极化率越大，它们之间的非线性关系表现得越明显。但是，由于在电阻率反演中已经计算出偏导数矩阵A_{ij}，所以只需将实测视极化率代替式(6-1-15)中的η_{ai}，再解一次线性方程组，便可求出每个模型块(或节点)的极化率，所需计算量很小。虽然该反演方法具有一定的近似性，但依然不失为一种好的反演方法，在极化率反演中使用较广泛[48]。

(2) 精确形式反演方法

首先给定一次场电位U_σ，它的算子形式为：

$$U_\sigma = F(\sigma) \tag{6-1-16}$$

其中正演算子F满足微分方程$\nabla(\sigma \cdot \nabla U_\sigma) = -I\delta(\boldsymbol{r} - \boldsymbol{r}_A)$，$r_A$为场源的位置。那么总场电位$U_\eta$也可以写为算子形式：

$$U_\eta = F[\sigma(1-\eta)] \tag{6-1-17}$$

同理它满足微分方程$\nabla[\sigma(1-\eta)\cdot\nabla U_\eta]=-I\delta(\boldsymbol{r}-\boldsymbol{r}_A)$。对式(6-1-15)和式(6-1-16)分别求逆运算，则电导率和等效电导率分别为：

$$\sigma=F^{-1}(U_\sigma),\ \sigma(1-\eta)=F^{-1}(U_\eta) \tag{6-1-18}$$

因此得到极化率：

$$\eta=\frac{F^{-1}(U_\sigma)-F^{-1}(U_\eta)}{F^{-1}(U_\sigma)} \tag{6-1-19}$$

从式(6-1-19)可以看出，用该方法进行极化率反演，必须在实际勘探过程中，记录一次场电位和总场电位，并分别进行电阻率和等效电阻率的反演，再换算出地下模型的极化率。该方法不仅要求实测数据准确，还要求电阻率的反演过程稳定及反演结果准确，才会得到较好的极化率反演结果。从实际勘探的角度讲，分别采集一次场电位和总场电位是不经济的，该反演方法的计算量几乎是上述线性反演方法的两倍。

(3) 非线性反演方法

根据体极化介质视极化率的计算公式直接给出第i个测点的极化率响应：

$$\eta_{ai}=\frac{\rho_{ai}^*-\rho_{ai}}{\rho_{ai}^*} \tag{6-1-20}$$

其中ρ_{ai}和ρ_{ai}^*分别为第i个测点的视电阻率和等效视电阻率。然后用第i测点的极化率响应η_{ai}对第j个模型块的极化率η_j求导，得：

$$\frac{\partial\eta_{ai}}{\partial\eta_j}=\frac{\rho_{ai}}{(\rho_{ai}^*)^2}\frac{\partial\rho_{ai}^*}{\partial\eta_j} \tag{6-1-21}$$

那么，只需求出$\partial\rho_{ai}^*/\partial\eta_j$即可。根据等效电阻率公式：

$$\rho^*=\frac{\rho}{1-\eta} \tag{6-1-22}$$

其中ρ和ρ^*分别为电阻率和等效电阻率。则$\partial\rho_{ai}^*/\partial\eta_j$：

$$\frac{\partial\rho_{ai}^*}{\partial\eta_j}=\frac{\partial\rho_{ai}^*}{\partial\rho_j^*}\cdot\frac{\partial\rho_j^*}{\partial\eta_j}=\frac{\partial\rho_{ai}^*}{\partial\rho_j^*}\cdot\frac{\rho_j}{(1-\eta_j)^2}=\frac{\partial\rho_{ai}^*}{\partial\rho_j^*}\cdot\frac{(\rho_j^*)^2}{\rho_j} \tag{6-1-23}$$

将式(6-1-23)代入式(6-1-21)中，经整理，便得到第i点的视极化率对第j个模型块的极化率η_j的偏导数：

$$J_{ij}=\frac{\partial\eta_{ai}}{\partial\eta_j}=\frac{\rho_{ai}}{\rho_j}\cdot\left(\frac{\rho_j^*}{\rho_{ai}^*}\right)^2\cdot\frac{\partial\rho_{ai}^*}{\partial\rho_j^*} \tag{6-1-24}$$

为增强反演过程的稳定性，可将视极化率和极化率采用对数形式，有：

$$J_{ij}=\frac{\partial\ln\eta_{ai}}{\partial\ln\eta_j}=\frac{\eta_j}{\eta_{ai}}\cdot\frac{\rho_{ai}}{\rho_j}\cdot\left(\frac{\rho_j^*}{\rho_{ai}^*}\right)^2\cdot\frac{\partial\rho_{ai}^*}{\partial\rho_j^*} \tag{6-1-25}$$

对于非线性极化率反演的偏导数矩阵即式(6-1-24)或式(6-1-25)，与电阻率反演的偏导数矩阵有一定的相似性，因此只需将电阻率的反演过程略作修改便可完成极化率反演。

极化率的线性和非线性反演方法都是可靠的。从理论而言，非线性反演方法可能是最好的。它的主要优点就是可以处理较大的极化率值，并且反演过程和电阻率的反演过程基本相同。同样它的计算量几乎是线性反演方法的两倍，这也成为它的一个不足。在实际反演中，大多采用线性反演方法，主要是因为我们可以很容易地通过增加电阻率反演的迭代次数，尽量地提高电阻率反演结果的质量来改善极化率的反演结果。

6.2　偏导数矩阵的快速计算方法

6.2.1　基于互换原理的偏导数矩阵计算方法

在电阻率二维、三维广义线性反演过程中，需要计算模拟视电阻率对模型参数的偏导数，它是电阻率二维、三维反演的核心问题。Tripp[20]（1984）和Sasaki[31]（1994）介绍了利用互换定理来计算偏导数矩阵的方法，阮百尧（2001）[121] 系统地推导了其计算过程。与差分方法相比，由于其计算过程仅仅是节点电位的线性组合，计算量相对较少。

在电阻率反演过程中，考虑到电阻率的变化范围过大，视电阻率和模型参数电阻率都取对数。这样，其偏导数矩阵 $\boldsymbol{J}$ 的形式为：

$$J_{ij} = \frac{\partial \lg\rho_{\mathrm{ai}}}{\partial \lg\rho_j} = \frac{\rho_j \partial\rho_{\mathrm{ai}}}{\rho_{\mathrm{ai}} \partial\rho_j},\ i = 1, 2, \cdots, M;\ j = 1, 2, \cdots, N \quad (6-2-1)$$

其中 ρ_{ai} 为预测模型的视电阻率数据，它与 M 个实测视电阻率数据相对应；ρ_j 是 N 个预测模型中的第 j 个模型参数。我们知道预测模型的视电阻率是由电位 $\boldsymbol{V}$ 组合组成，则视电阻率对模型电阻率的偏导数矩阵的计算，可归结到网格节点电位对模型电阻率偏导数矩阵的计算问题，即求 $\partial\boldsymbol{V}/\partial\rho$。而电位 $\boldsymbol{V}$ 可以通过有限元数值模拟方法计算得到，即电位 $\boldsymbol{V}$ 可通过解下面的线性方程组求得：

$$\boldsymbol{KV} = \boldsymbol{S} \quad (6-2-2)$$

其中 $\boldsymbol{K}$ 为 $N \times N$ 阶对称系数矩阵，也是数值模拟中的刚度矩阵，其各项元素与模型电阻率分布和网格剖分有关；$\boldsymbol{V}$ 为 N 个网格节点的电位向量；$\boldsymbol{S}$ 为电流源向量，其元素除含电流源的网格节点处等于 1 外，其他均等于零。对式(6-2-2)两端求导，由于向量 $\boldsymbol{S}$ 与模型电阻率分布无关，有：

$$\frac{\partial(\boldsymbol{KV})}{\partial\rho_j} = \frac{\partial\boldsymbol{K}}{\partial\rho_j}\boldsymbol{V} + \boldsymbol{K}\frac{\partial\boldsymbol{V}}{\partial\rho_j} = 0$$

则

$$\boldsymbol{K}\frac{\partial\boldsymbol{V}}{\partial\rho_j} = -\frac{\partial\boldsymbol{K}}{\partial\rho_j}\boldsymbol{V} \quad (6-2-3)$$

在式(6-2-3)的右端项中，系数矩阵 $\boldsymbol{K}$ 和电位向量 $\boldsymbol{V}$ 已在正演计算中求得。

$\partial \boldsymbol{K}/\partial \rho_j$ 矩阵的元素等于系数矩阵 $\boldsymbol{K}$ 中的元素对第 j 个节点电阻率 ρ_j 的导数。根据有限元网格的剖分规律，由于 $\boldsymbol{K}$ 中仅几个元素与 ρ_j 有关，所以 $\partial \boldsymbol{K}/\partial \rho_j$ 矩阵中大部分元素是零。因此，$-(\partial \boldsymbol{K}/\partial \rho_j)\cdot \boldsymbol{V}$ 是已知的，可令它等于 $\boldsymbol{D}$，$\boldsymbol{D}=\{d_1, d_2, \cdots, d_N\}^{\mathrm{T}}$ 为列向量。这样式(6-2-3)可写为：

$$\boldsymbol{K}\frac{\partial \boldsymbol{V}}{\partial \rho_j}=\boldsymbol{D} \tag{6-2-4}$$

由此可得：

$$\begin{aligned}\frac{\partial \boldsymbol{V}}{\partial \rho_j} &= \boldsymbol{K}^{-1}\boldsymbol{D} \\ &= d_1\boldsymbol{K}^{-1}\{1, 0, 0, \cdots, 0\}^{\mathrm{T}} + d_2\boldsymbol{K}^{-1}\{0, 1, 0, \cdots, 0\}^{\mathrm{T}} + \cdots + \\ &\quad d_i\boldsymbol{K}^{-1}\{0, 0, 0, \cdots, 1, \cdots, 0\}^{\mathrm{T}} + \cdots + d_N\boldsymbol{K}^{-1}\{0, 0, 0, \cdots, 1\}^{\mathrm{T}}\end{aligned} \tag{6-2-5}$$

根据式(6-2-2)可知，$d_i\boldsymbol{K}^{-1}\{0, 0, 0, \cdots, 1, \cdots, 0\}^{\mathrm{T}}$ 表示在第 i 个网格节点上供电流强度为 d_i 时各网格节点上的电位向量。式(6-2-5)表示所有模型节点分别供以向量 $\boldsymbol{D}$ 各元素大小的电流强度，分别得到所有网格节点的电位响应并求和，便得到所有模型网格节点的电位对第 j 个节点电阻率的导数。然而，在实际勘探中并不是所有网格节点都布设了测量电极，仅少数节点布设了测量电极。因此，当第 i_A 节点供电第 j_M 节点测量时的电位为 $V(i_A, j_M)$，偏导数 $\partial V(i_A, j_M)/\partial \rho_j$ 表示为所有网格节点分别供以向量 $\boldsymbol{D}$ 各元素大小的电流强度时 j_M 处电位的线性组合，即有：

$$\begin{aligned}\frac{\partial V(i_A, j_M)}{\partial \rho_j} &= d_1V(1, j_M) + d_2V(2, j_M) + \cdots + d_MV(M, j_M) \\ &= \sum_{i=1}^{N} d_iV(i, j_M)\end{aligned} \tag{6-2-6}$$

利用互换原理：

$$V(i_A, j_M) = V(j_M, i_A) \tag{6-2-7}$$

即在网格节点 i_A 处供电时节点 j_M 处的电位等于在网格节点 j_M 处供电时节点 i_A 处的电位。则式(6-2-6)可写为：

$$\frac{\partial V(i_A, j_M)}{\partial \rho_j} = \frac{\partial V(j_M, i_A)}{\partial \rho_j} = \sum_{i=1}^{N} d_iV(j_M, i) \tag{6-2-8}$$

即网格节点 i_A 处供电时，节点 j_M 处电位对第 j 个节点电阻率的导数 $\partial V(i_A, j_M)/\partial \rho_j$ 等价为网格节点 j_M 处供电时，所有网格节点上电位的线性组合。因此，在正演时依次计算和存储各供电和测量节点供单位电流时所有网格节点的电位，即可换算出任意观测装置的视电阻率对模型参数（电阻率）的偏导数矩阵 $\boldsymbol{J}$。

偏导数矩阵的计算步骤如下：

(1) 正演模拟。对任一供电或测量电极供电时，利用乔里斯基分解法解刚度矩阵方程(6－2－2)，并存储不同电极供电时(包括供电和测量电极)所有网格节点的电位；

(2) 计算 $\partial \boldsymbol{K}/\partial \rho_j$, $j = 1, 2, \cdots, N$;

(3) 计算 $-(\partial \boldsymbol{K}/\partial \rho_j) \cdot \boldsymbol{V}$, $j = 1, 2, \cdots, N$;

(4) 利用式(6－2－8) 计算 $\partial V(i_A, j_M)/\partial \rho_j$;

(5) 根据观测装置并结合式(6－2－1) 计算偏导数矩阵。

这里需要注意的是：对于电阻率二维反演问题，需根据波数重复步(1)～步(5)，将波数域偏导数矩阵转化为空间域的偏导数矩阵。

6.2.2　基于拟牛顿法的偏导数矩阵计算方法

从 6.2.1 节中可以看出，利用互换原理计算偏导数矩阵已经很优。但从电阻率二维、三维反演的整个过程分析，大部分计算量仍主要耗费在偏导数矩阵的计算上。因此，这里采用拟牛顿法中的 Broyden 秩一校正公式来近似计算偏导数矩阵[97]，其计算公式为：

$$\boldsymbol{B}_{k+1} = \boldsymbol{B}_k + \frac{(\boldsymbol{y}_k - \boldsymbol{B}_k \boldsymbol{s}_k)\boldsymbol{s}_k^{\mathrm{T}}}{\boldsymbol{s}_k^{\mathrm{T}} \boldsymbol{s}_k} \tag{6-2-9}$$

其中 $\boldsymbol{B}$ 为 Hessian 矩阵的近似，$\boldsymbol{s}_k = \boldsymbol{x}_{k+1} - \boldsymbol{x}_k$, $\boldsymbol{y}_k = \boldsymbol{g}_{k+1} - \boldsymbol{g}_k$，而 $\boldsymbol{x}$ 和 $\boldsymbol{g}$ 分别为解和一阶导数。Broyden 秩一校正有利于保持上一次迭代的信息，即更新得到的 $\boldsymbol{B}_{k+1}$ 最靠近 $\boldsymbol{B}_k$。当将该公式应用到电阻率反演中时，其参数含义分别为：$\boldsymbol{B}_k$ 为第 k 次迭代计算的偏导数矩阵；$\boldsymbol{B}_{k+1}$ 为更新后的偏导数矩阵；$\boldsymbol{s}_k$ 为第 k 次迭代模型参数的改正量；$\boldsymbol{g}_k$ 和 $\boldsymbol{g}_{k+1}$ 分别为第 k 和第 $k+1$ 次迭代的模拟视电阻率。在本书中，由于偏导数矩阵的元素是模拟视电阻率的对数对模型参数的对数的导数，所以向量 $\boldsymbol{s}_k$ 和 $\boldsymbol{g}_k$ 要以对数形式参与计算。

采用上述偏导数矩阵的 Broyden 更新技术，可以大大加快反演的速度。然而，为确保每次迭代都能稳步收敛，将互换原理和 Broyden 更新技术结合起来计算偏导数矩阵。

6.2.3　偏导数矩阵的混合计算方法

将互换原理和 Broyden 更新技术结合起来计算偏导数矩阵，即先用互换原理计算偏导数矩阵，在后续迭代中采用 Broyden 更新技术。下面通过对模拟数据进行反演，观察误差收敛曲线和反演结果，评价两种方法结合的可行性和最佳结合方式。

算例一： 假定在地下均匀半空间介质中有一低阻柱体，高 7 m、宽 15 m、顶板距地面 5 m，首先设定其电阻率为 5 Ω · m，围岩电阻率为 100 Ω · m，对比度(围岩电阻率与异常体电阻率的比) 相对较小。模拟的 wena－alpha 装置视电阻率拟断面如图6－2－1(a)所示。由于体积效应，使得低阻异常体的边界较模糊，并向下出现长尾状分布。在反演中，采用互换原理(用 *GN* 表示）和 Broyden 更新技术(用 *QN* 表示）相结合的方式计算偏导数矩阵，反演迭代6次，反演结果如图6－2－1(b) ～图6－2－1(f) 所示，低阻异常体的埋深和形态基本被反映出来，*GN* = 2、*QN* = 4 的反演结果与 *GN* = 6、*QN* = 0 的反演结果相差不大。误差收敛曲线也稳步下降，但反演耗费的时间却随着 *GN* 的增大而增加，如图6－2－2所示。

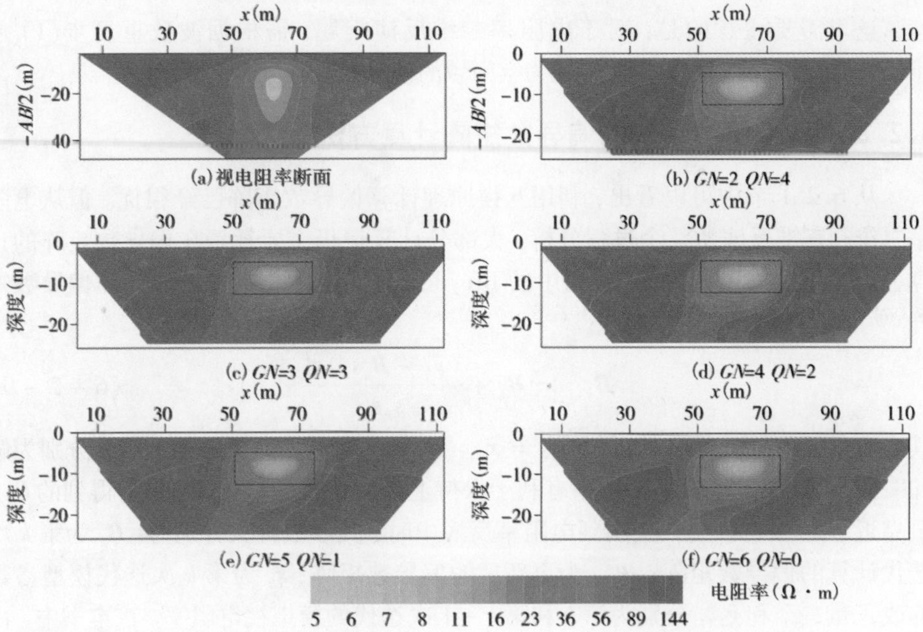

图6－2－1　低对比度模型不同结合方式的反演结果

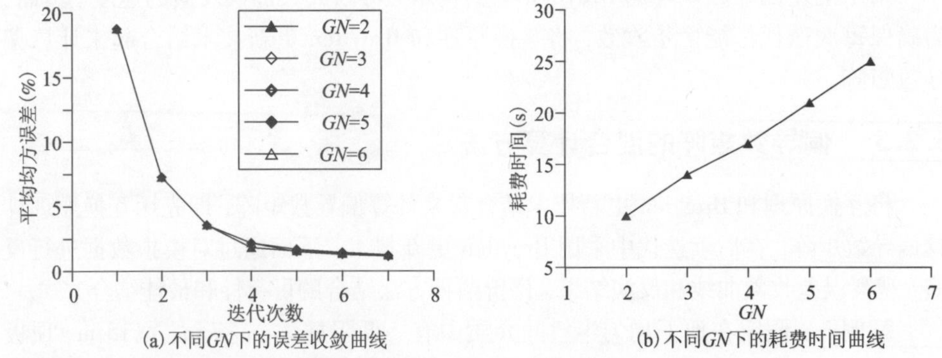

图6－2－2　低对比度数据反演的误差收敛和耗费时间对比结果

增大围岩与异常体对比度，异常体的电阻率变为 0.5 Ω · m，围岩的电阻率保持不变。图 6 - 2 - 3 为视电阻率拟断面和不同 *GN* 下的反演结果图；图 6 - 2 - 4 为不同 *GN* 下的误差收敛曲线和耗费时间曲线。从不同结合方式的反演结果来看，在大对比度情况下，反演效果仍然较好，说明将两种方式结合起来计算偏导数矩阵是可行的。随着 *GN* 的增大，反演效果没有明显改善，但耗费的时间却明显增加，说明采用 Broyden 更新技术近似计算偏导数矩阵比较节省反演时间。

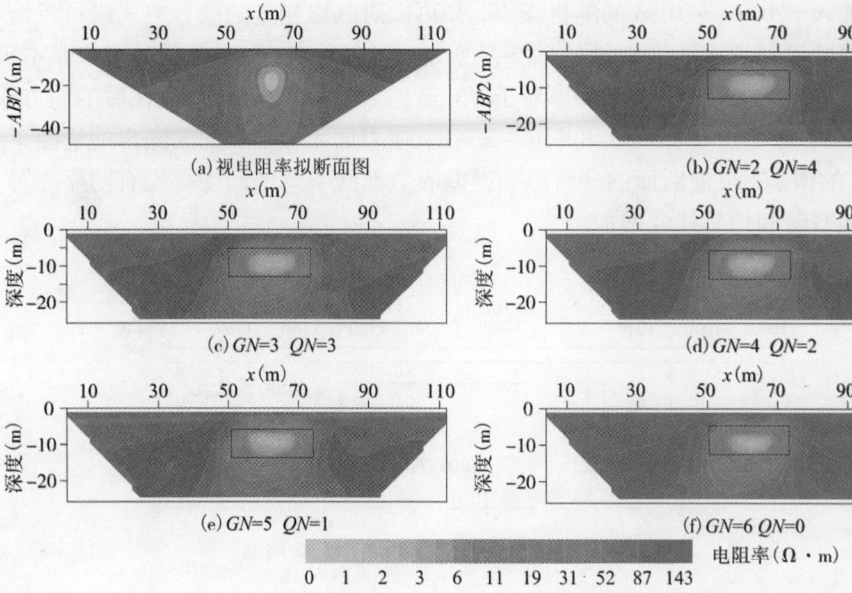

图 6 - 2 - 3　高对比度模型不同结合方式的反演结果

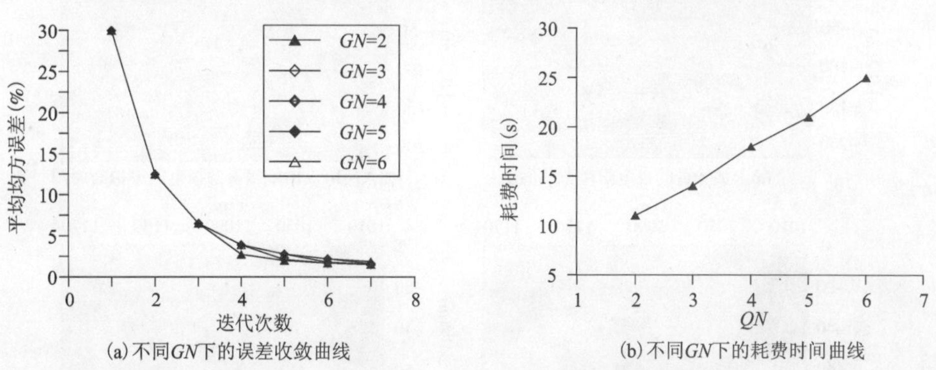

图 6 - 2 - 4　高对比度数据反演的误差收敛和耗费时间对比结果

算例二：为进一步验证两种方法结合的可行性，现对图 6 - 2 - 5 所示地电模型模拟对称四极电测深(*VES*) 曲线，测深点数 10 个，点号为 1000 ~ 1180，间距 20 m，最大电极距(*AB*/2)220 m。在反演时，将两种方法以不同的结合方式计算偏导数矩阵，图 6 - 2 - 6 为其相应的模拟和反演结果。从图中可以看出，经反演后的断面图可以清晰分辨出地垒构造，即使仅第一次迭代采用互换原理计算偏导数矩阵，其余迭代采用 Broyden 更新技术，反演结果仍然很好，且经 6 次迭代后的均方误差为 1.5%。为检验 Broyden 更新技术计算偏导数矩阵的稳健性，对全部模拟数据加入 - 10% ~ 10% 的随机噪声，并再次对其以相应的结合方式进行反演，视电阻率断面和反演结果如图 6 - 2 - 7 所示。可以看出，对异常的分辨率基本没有降低，并且反演仍能稳步收敛。对于 *GN* = 1、*QN* = 5 的情况，迭代后的均方误差为 5.6%。根据图 6 - 2 - 7 和图 6 - 2 - 8，在未加入噪声和加入噪声的情况下，随着 *GN* 的增加，反演断面的分辨率和误差收敛曲线下降的幅度都没有明显改善，但反演耗费时间均呈线性增加。

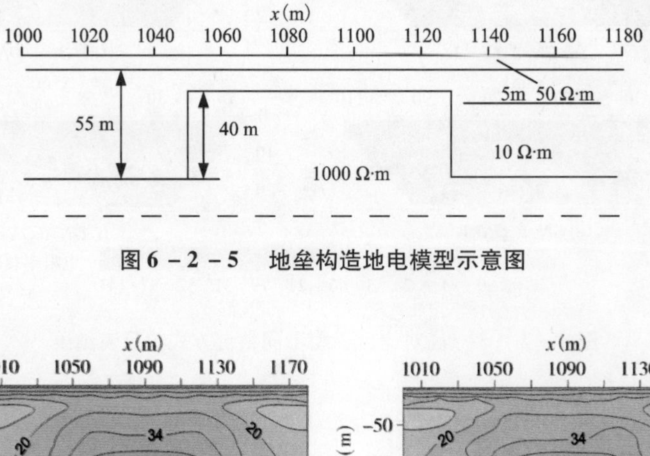

图 6 - 2 - 5　地垒构造地电模型示意图

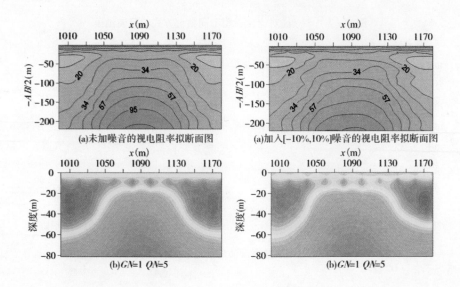

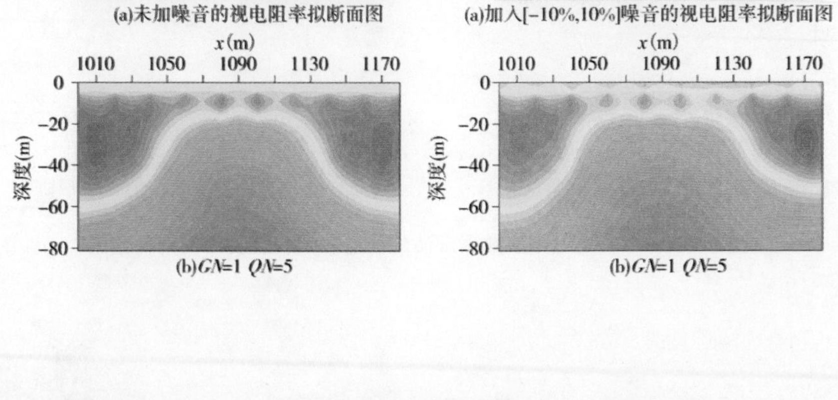

(a)未加噪音的视电阻率拟断面图　(a)加入[−10%,10%]噪音的视电阻率拟断面图

(b)*GN*=1 *QN*=5　(b)*GN*=1 *QN*=5

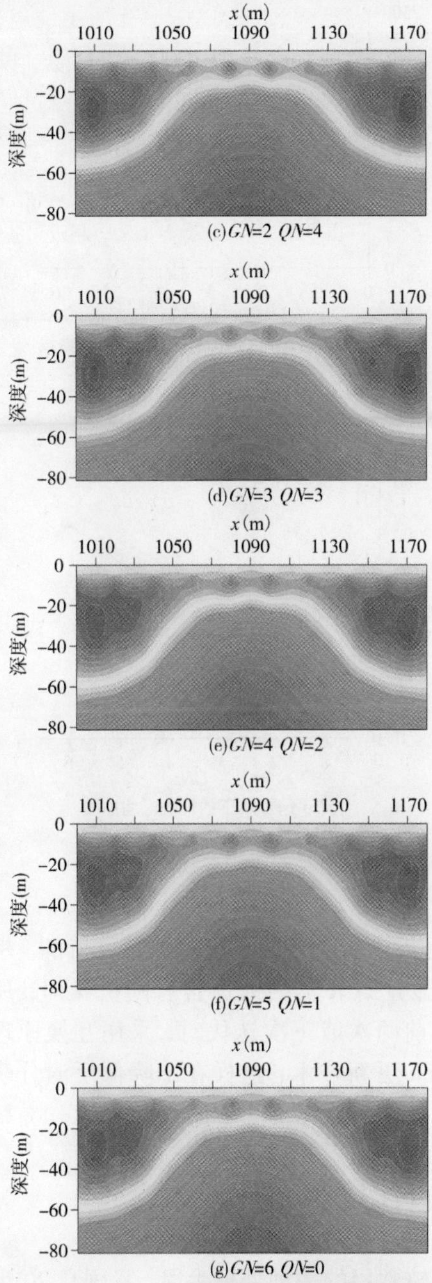

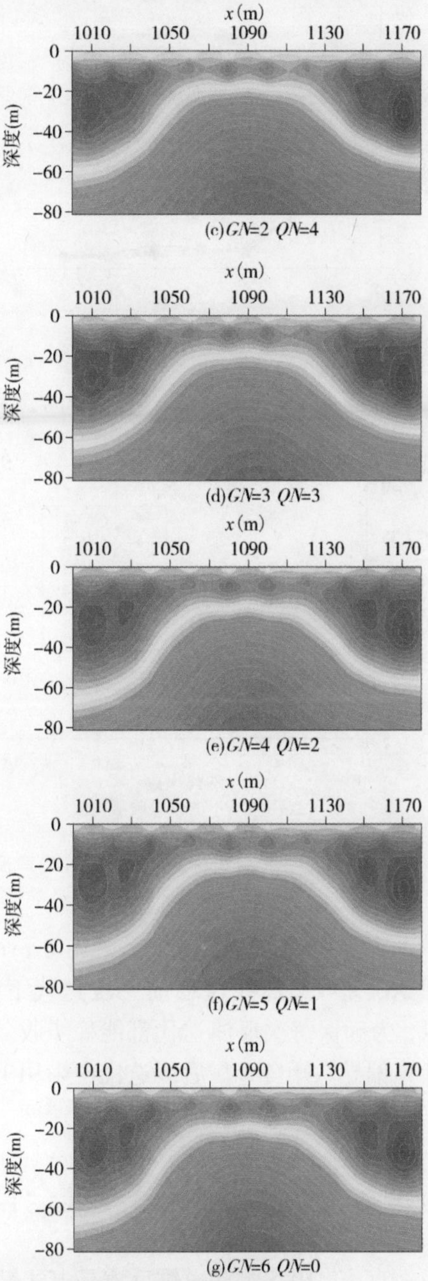

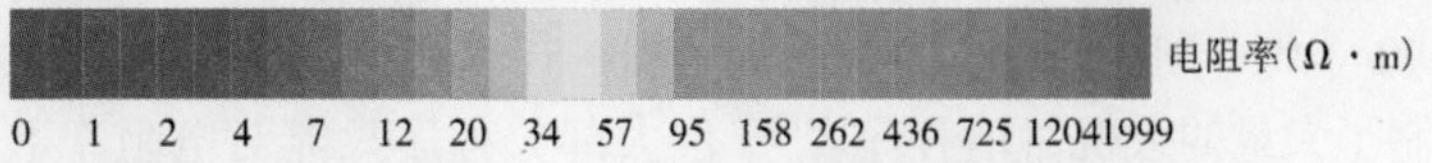

图 6-2-6　未加噪声的电阻率反演结果　　**图 6-2-7　加入噪声的电阻率反演结果**

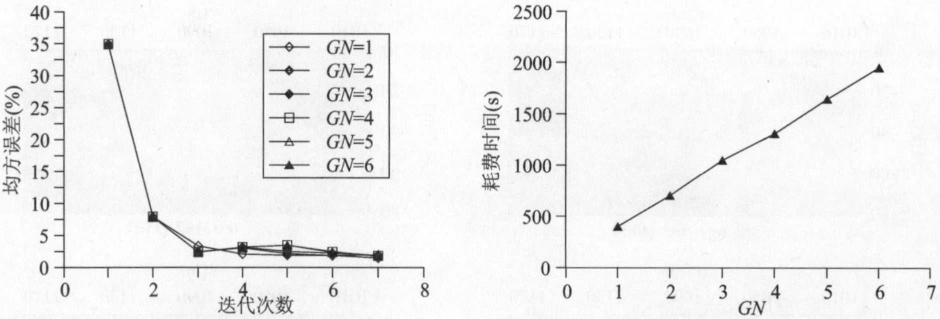

(a)不同GN下的误差收敛曲线　　(b)不同GN下的耗费时间曲线

图 6－2－8　未加噪声反演的误差收敛和耗费时间曲线

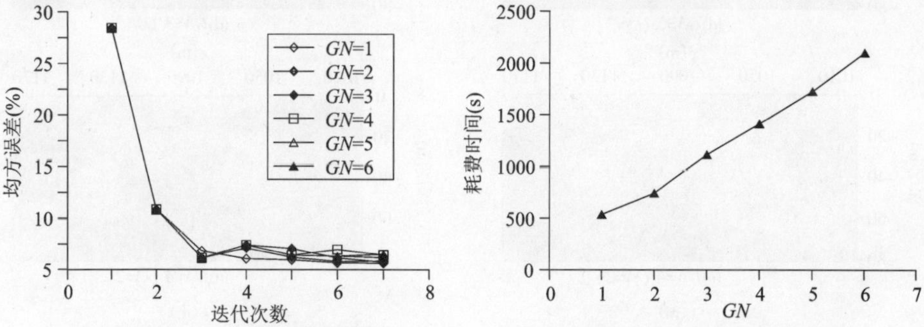

(a)不同GN下的误差收敛曲线　　(b)不同GN下的耗费时间曲线

图 6－2－9　加入噪声反演的误差收敛和耗费时间曲线

从前面测试结果来看，采用 Broyden 更新技术计算偏导数矩阵是可行的。考虑到误差收敛曲线仅在前三次迭代下降明显且野外实测数据含有随机噪声，所以，为确保每次反演迭代都能稳步收敛，在前两次或三次迭代时，采用互换原理计算偏导数矩阵，在后续迭代中采用 Broyden 更新技术，这样在不降低反演分辨率的情况下，可大大加快反演的速度。

6.3　垂直激电测深一维全自动迭代反演

直流电阻率测深一维反演是电法勘探中较常用的一种处理手段。我国自 20 世纪 70 年代中期就开始进行电测深资料的计算机自动迭代反演解释的研究工作[84]，编制了大量的人机对话程序[121]，但大部分程序只能对电阻率数据进行一维反演。阮百尧(1999) 实现了激电测深一维最优化反演[122]。这些反演方法均要求模型层数准确，需要手动输入初始模型的层厚和层阻，它们应该属于人机交互自动迭代反演的范围。Zohdy(1989) 提出了多层等效模型的自动迭代反演方法[123]，通过自动调整电性层埋深和迭代修改等效模型对电阻率进行反演，并且反演中无需人为干预。本节在阮百尧和 Zohdy 工作的基础上，实现了垂直激电测深一维全自动迭代反演。

6.3.1　基本原理

由于所建立的地电模型是以观测的极距数作为层数，使得实测数据少于模型参数，导致线性反演方程欠定，以至于无法对其求解，需要对目标函数施加光滑约束条件。施加局部光滑约束的目标函数 φ 为：

$$\varphi = \|\Delta \boldsymbol{d} - \boldsymbol{A}\Delta \boldsymbol{m}\|^2 + \lambda \|\boldsymbol{C}\Delta \boldsymbol{m}\|^2 \tag{6-3-1}$$

式中：$\Delta \boldsymbol{d}$ 为残差矢量，实测视电阻率与模拟视电阻率之差($\Delta d_i = \rho_{ai} - \rho_{ci}$，$\rho_{ai}$ 和 ρ_{ci} 分别为实测和模拟视电阻率，$i = 1, 2, \cdots, NS$)；$\Delta \boldsymbol{m}$ 为模型参数修正向量；$\boldsymbol{A}$ 为偏导数矩阵($a_{ij} = \partial\rho_{ci}/\partial m_j$，$m_j$ 为第 j 个模型参数，$j = 1, 2, \cdots, NM$)；λ 为阻尼因子；$\boldsymbol{C}$ 为光滑度矩阵，定义形式为：

$$\boldsymbol{C} = \left|\begin{array}{cccccccccccc}
1 & -1 & & & & & & 0 & & & & \\
-1 & 2 & -1 & & & & & & & & & \\
\cdots & \cdots & \cdots & \cdots & \cdots & \cdots & \cdots & \cdots & \cdots & \cdots & \cdots & \cdots \\
 & & & -1 & 2 & -1 & & & & & & \\
 & 0 & & & -1 & 1 & & & & & 0 & \\
 & & & & & & 1 & -1 & & & & \\
 & & & & & & -1 & 2 & -1 & & & \\
\cdots & \cdots & \cdots & \cdots & \cdots & \cdots & \cdots & \cdots & \cdots & \cdots & \cdots & \cdots \\
 & & & & & & & & & -1 & 2 & -1 \\
 & & & & 0 & & & & & & -1 & 1
\end{array}\right|$$

$$\begin{array}{cccccccccccc} 1 & & & & & N & N+1 & & & & & NM \end{array}$$

其中前 N 列是对电性修正参数施加的约束，后 $NM - N$ 列是对层厚修正参数施加的约束。

将式(6 - 3 - 1) 两端对 $\Delta \boldsymbol{m}^{\mathrm{T}}$ 求导并令其等于零，得线性反演方程：

$$(\boldsymbol{A}^{\mathrm{T}}\boldsymbol{A} + \lambda \boldsymbol{C}^{\mathrm{T}}\boldsymbol{C})\Delta \boldsymbol{m} = \boldsymbol{A}^{\mathrm{T}}\Delta \boldsymbol{d} \tag{6-3-2}$$

其等价形式为

$$\left|\begin{array}{c} \boldsymbol{A} \\ \sqrt{\lambda}\,\boldsymbol{C} \end{array}\right| \Delta \boldsymbol{m} = \left|\begin{array}{c} \Delta \boldsymbol{d} \\ 0 \end{array}\right| \tag{6-3-3}$$

通过解方程组(6 - 3 - 3)，将得到的模型修正量 $\Delta \boldsymbol{m}$ 代入下式：

$$\boldsymbol{m}^{(k+1)} = \boldsymbol{m}^{(k)} + \Delta \boldsymbol{m}^{(k)} \tag{6-3-4}$$

即得新的预测模型参数向量 $\boldsymbol{m}^{(k+1)}$。重复这个过程直至实测和模拟视电阻率之间的拟合差不再下降为止。其中拟合差的定义形式见式(6 - 1 - 9)。

6.3.2 构建多层等效模型

多层等效模型即以电测深曲线的极距数作为层数；以相邻电极距的差作为层厚；以对应极距的视电阻率作为层阻。采用这种方式创建模型，主要考虑了电测深浅部分辨率高、深部分辨率低的特点。以极距差作为层厚恰好符合电测深曲线的纵向分辨规律；以观测极距的视电阻率作为层阻，可以保证等效模型的电性参数与电测深曲线在深度方向上具有同等变化规律。另外，由于电测深曲线所记录的视深度($AB/2$)总是大于所反映地层的真实深度，故在反演之前，对初始层厚乘以一个系数c($c<1$，如0.6)，以改善初始模型从而加快收敛速度。而且，自动构建多层等效模型还要保证激电测深曲线的首、尾枝完整，否则，可能使得分层过于偏离真实情况，导致反演结果不可靠。

6.3.3 偏导数矩阵的差分计算方法

文献[122]用差分方法计算偏导数矩阵，通过对偏导数矩阵、解向量及方程右端项中的元素无量纲化，解决了电测深曲线虽然拟合得很好，但预测模型与真实模型之间却相差很大的问题。此方法在初始模型层参不是很准确的情况下，均能快速稳定地收敛到最优解。利用差分法计算偏导数矩阵的过程如下：

取模型改正量$\Delta m_j = 0.1m_j$，则视电阻率对模型参数的偏导数可近似写为：

$$\frac{\partial \rho_{ci}}{\partial m_j} \approx \frac{\rho_{ci}(m_1, m_2, \cdots, 1.1m_j, \cdots, m_{NM}) - \rho_{ci}(m_1, m_2, \cdots, m_j, \cdots, m_{NM})}{0.1m_j} \tag{6-3-5}$$

对式(6-3-1)右端第一项中的$\boldsymbol{\Delta m}$求偏导，并令其等于零，则得线性方程：

$$\sum_{j=1}^{NM} \frac{\partial \rho_{ci}}{\partial m_j}\Delta m_j = \rho_{ai} - \rho_{ci}, \quad i = 1, 2, \cdots, NS \tag{6-3-6}$$

将式(6-3-5)代入式(6-3-6)，有：

$$\sum_{j=1}^{NM} 10[\rho_{ci}(m_1, m_2, \cdots, 1.1m_j, \cdots, m_{NM}) - \rho_{ci}(m_1, m_2, \cdots, m_j, \cdots, m_{NM})]\frac{\Delta m_j}{m_j}$$
$$= [\rho_{ai} - \rho_{ci}(m_1, m_2, \cdots, m_j, \cdots, m_{NM})], \quad i = 1, 2, \cdots, NS \tag{6-3-7}$$

再将式(6-3-7)两端同时除以$\rho_{ci}(m_1, m_2, \cdots, m_j, \cdots, m_{NM})$，使其两端向量元素无量纲化，得：

$$\sum_{j=1}^{NM} 10\left[\frac{\rho_{ci}(m_1, m_2, \cdots, 1.1m_j, \cdots, m_{NM})}{\rho_{ci}(m_1, m_2, \cdots, m_j, \cdots, m_{NM})} - 1\right]\frac{\Delta m_j}{m_j} = \frac{\rho_{ai}}{\rho_{ci}} - 1, \ i = 1, 2, \cdots, NS \tag{6-3-8}$$

若令 $a_{ij} = 10\left[\dfrac{\rho_{ci}(m_1,\ m_2,\ \cdots,\ 1.1m_j,\ \cdots,\ m_{NM})}{\rho_{ci}(m_1,\ m_2,\ \cdots,\ m_j,\ \cdots,\ m_{NM})} - 1\right]$

$$x_j = \frac{\Delta m_j}{m_j}$$

$$B_i = \rho_{ai}/\rho_{ci} - 1$$

式(6－3－8)可以写成矩阵形式:

$$\boldsymbol{Ax} = \boldsymbol{B} \tag{6－3－9}$$

6.3.4　自动迭代反演方程与实现过程

将电阻率反演的线性方程即式(6－3－9)加入光滑约束条件，得:

$$\begin{vmatrix} \boldsymbol{A} \\ \sqrt{\lambda}\,\boldsymbol{C} \end{vmatrix} x = \begin{vmatrix} \boldsymbol{B} \\ \boldsymbol{0} \end{vmatrix} \tag{6－3－10}$$

用奇异值分解法解该超定方程组，将得到的模型修正量加到预测模型参数向量中，便得到新的预测模型参数向量 $\boldsymbol{m}^{(k+1)}$ ($m_j^{(k+1)}$, $j = 1,\ 2,\ \cdots,\ NM$) 为:

$$m_j^{(k+1)} = m_j^{(k)} + \Delta m_j^{(k)} = (1 + x_j)m_j^{(k)} \tag{6－3－11}$$

为防止模型参数修改过量，实际过程中对解向量 $\boldsymbol{x}$ 中各变量 x_j 作如下限定: $x_j > 1.5$ 时，取 $x_j = 1.5$; $x_j < -0.5$ 时，取 $x_j = -0.5$，即每次修改量不超过原有模型参数值的一半，以保证反演过程稳步收敛。

极化率反演是在电阻率反演结束以后，固定层阻和层厚，再求解一次方程组就可完成极化率数据的反演，所需计算量很少。根据 Siegel 体激发极化理论，假定地下空间由 N 层不同电阻率 ρ_j 和本征极化率为 η_j 的岩层组成 $j = 1,\ 2,\ \cdots,\ N$，则视极化率的响应可近似为[84]:

$$\begin{aligned}
\eta_{ai} &= \frac{\rho_{ai}^{*} - \rho_{ai}}{\rho_{ai}^{*}} \\
&\approx \sum_{j=1}^{N} \frac{\partial \ln\rho_{ai}}{\partial \ln\rho_j}\eta_j \\
&= \sum_{j=1}^{N} \frac{\rho_j \partial\rho_{ai}}{\rho_{ai}\partial\rho_j}\eta_j \\
&= \sum_{j=1}^{N} 10\left[\frac{\rho_{ai}(\rho_1,\ \rho_2,\ \cdots,\ 1.1\rho_j,\ \cdots,\ \rho_N)}{\rho_{ai}(\rho_1,\ \rho_2,\ \cdots,\ \rho_j,\ \cdots,\ \rho_N)} - 1\right]\eta_j \\
&= \sum_{i=1}^{N} a'_{ij}\eta_j,\ i = 1,\ 2,\ \cdots,\ NS,\ j = 1,\ 2,\ \cdots,\ N
\end{aligned} \tag{6－3－12}$$

式(6－3－12)亦可写成矩阵形式:

$$\boldsymbol{A}'\boldsymbol{\eta} = \boldsymbol{\eta}_{a} \tag{6－3－13}$$

其中 $\boldsymbol{\eta}_a$ 为实测视极化率向量；$\boldsymbol{\eta}$ 为地层极化率参数向量；$\boldsymbol{A}'$ 为偏导数矩阵。

将极化率反演的线性方程组(6－3－13)引入光滑约束条件，得：

$$\begin{vmatrix} \boldsymbol{A}' \\ \sqrt{\lambda}\,\boldsymbol{C}' \end{vmatrix} \boldsymbol{\eta} = \begin{vmatrix} \boldsymbol{\eta}_a \\ \boldsymbol{0} \end{vmatrix} \tag{6-3-14}$$

其中光滑度矩阵$\boldsymbol{C}'$与$\boldsymbol{C}$不同的是其仅对极化率参数施加约束。用奇异值分解法解式(6－3－14)，即得各层极化率 $\eta_j(j=1, 2, \cdots, N)$。

由于反演过程无需输入初始模型参数，使得整个反演过程实现了全自动化。其实现过程如下：

(1) 将同一断面的多条激电测深曲线数据保存在同一文件中；

(2) 读取数据文件，设置深度修正系数 c 和最大电阻率界限 ρ_{max}；

(3) 对多条激电测深曲线进行逐一反演，将反演结果保存成 Surfer 软件的数据文件格式；

(4) 利用 Surfer 软件绘制以电阻率或极化率数据为属性值的桩号－深度断面图，便于二维地质推断解释。

6.3.5 反演算例

假定地下介质为三层地垒构造，各层地电参数如图 6－3－1 所示。对该地电模型以 10 m 的点距进行一维激电测深正演模拟，视电阻率和视极化率等值线图如 6－3－2 所示。采用上述方法对其进行一维全自动迭代反演，结果如图 6－3－3 所示。从反演结果图可以看出，虽然反演的电性值还存在一些偏差，但对构造的形态反映较好，已经基本归位。与传统一维激电测深反演方法相比，它不需要人工输入初始模型参数，能够对多条电测深曲线进行批量反演，计算效率高，占用内存少，可作为实测激电测深资料的初步解释手段[122]。

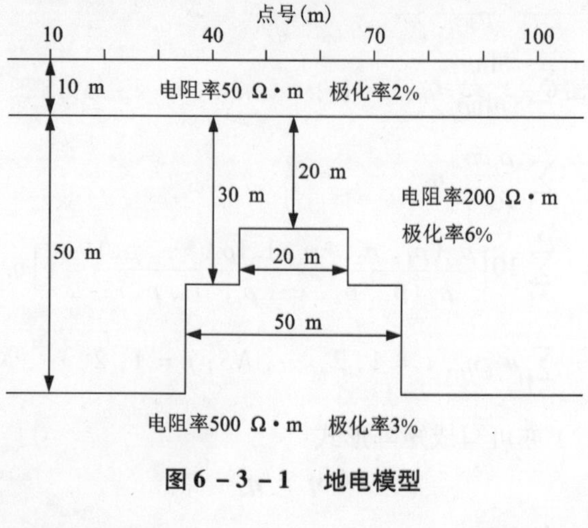

图 6－3－1 地电模型

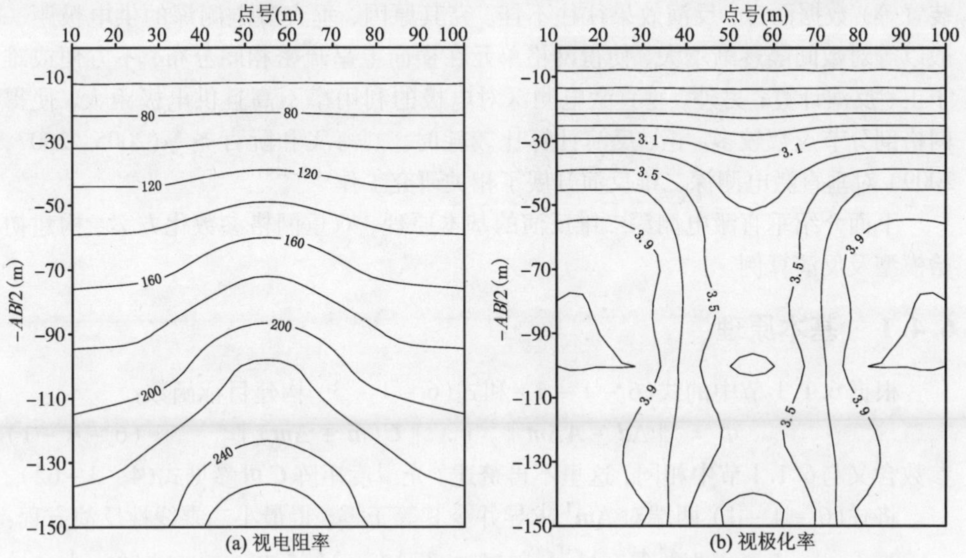

图 6－3－2　视电阻率(a)和视极化率(b)等值线图

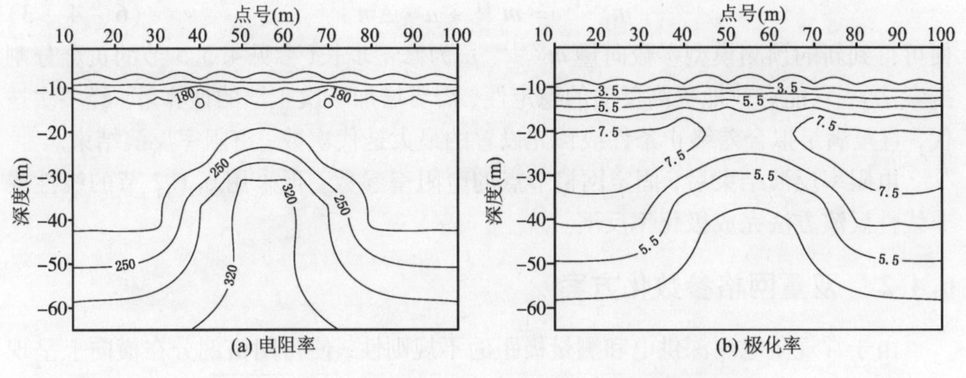

图 6－3－3　电阻率(a)和极化率(b)反演等值线图

6.4　垂直激电测深二维反演

目前，直流激电二维反演方法已趋于成熟[19-22, 47-48]，并且开发了较成熟的商业反演软件，如 Res2DInv、EarthImager2D 及桂林理工大学开发的直流激电二维反演系统，都已在实践中取得了较好应用。这些反演软件主要针对等电极间隔采集的激电数据方面较有优势，对于常规激电测深(如对称四极、三极装置和等比装置等）数据而言，反演效果往往不佳。究其原因，垂直激电测深的供电极距一般以等对数间隔逐渐增大，使得网格单元在横向上呈疏密相间分布，不方便或难于正、反演计算；另外，垂直激电测深对电极的利用率不高且供电极距大，使得网格剖分节点数较多，正、反演计算比较耗时。刘海飞和阮百尧等（2005，2007，2009）对垂直激电测深二维反演开展了相关研究工作[125-129]。

下面介绍垂直激电测深二维反演的基本原理、双重网格参数化方案、构建初始模型及反演算例。

6.4.1 基本原理

根据6.1.1节中的式（6-1-1）和式（6-1-3）构建目标函数：

$$\Phi = \|\Delta \boldsymbol{d} - \boldsymbol{A}\Delta \boldsymbol{m}\|_2^2 + \lambda \|\boldsymbol{C}(\boldsymbol{m} + \Delta \boldsymbol{m})\|_2^2 \tag{6-4-1}$$

参数含义与6.1.1节中相同，这里不再赘述。光滑度矩阵$\boldsymbol{C}$可参见式（4-3-62）。

将式（6-4-1）两端对$\Delta \boldsymbol{m}^{\mathrm{T}}$求导并令其等于零，得最小二乘线性反演方程：

$$(\boldsymbol{A}^{\mathrm{T}}\boldsymbol{A} + \lambda \boldsymbol{C}^{\mathrm{T}}\boldsymbol{C})\Delta \boldsymbol{m} = \boldsymbol{A}^{\mathrm{T}}\Delta \boldsymbol{d} - \lambda \boldsymbol{C}^{\mathrm{T}}\boldsymbol{C}\boldsymbol{m} \tag{6-4-2}$$

采用4.3.2节的变阻尼共轭梯度法解方程（6-4-2），得到模型参数的修正量$\Delta \boldsymbol{m}$，并代入：

$$\boldsymbol{m}^{(k+1)} = \boldsymbol{m}^{(k)} + \mu \cdot \Delta \boldsymbol{m}^{(k)} \tag{6-4-3}$$

便可得到新的预测模型参数向量$\boldsymbol{m}^{(k+1)}$。μ为修正步长（参见4.3.5节的黄金分割搜索法），它能有效地提高反演的稳定性，需要增加一次正演的计算量。经多次迭代，直至满足拟合差终止条件或预先设置的最大迭代次数，电阻率反演结束。

电阻率反演结束后，固定网格节点的电阻率参数，再采用6.1.2节的线性或非线性反演方法完成极化率反演。

6.4.2 双重网格参数化方案

由于常规激电测深供电和测量极距的不规则性，使得网格剖分在横向上呈现密、疏、密等形态，不方便正、反演计算，故采用双重网格（包括细网格和粗网格，其中细网格用于正演模拟，粗网格用于反演成像）对地电模型进行参数化，这样可以较好地解决横向网格的剖分问题。在纵向上，细网格和粗网格采用同一套网格（即重叠）。考虑到激电测深的数据采集仅限于地表，并且由浅至深其分辨能力逐渐降低，故从上到下网格剖分单元由小到大，即先给定首层网格单元（通常与最小供电极距有关，要尽量小一些，以减少近场源的影响），其余网格单元由上至下按指数逐渐增加。

具体实现步骤如下：

（1）根据同一条测线上所有测深点的相对位置构建横向粗网格节点；

（2）根据测深点的最小供电极距确定首层网格单元大小，通常可取为最小供电极距的 0.2 ~ 0.5 倍；

(3) 根据测深点的最大供电极距确定反演深度，通常可取为最大供电极距的 0.3 ~ 0.5 倍；

(4) 设置纵向网格单元由上至下的递增比例，通常可取为 1.2 ~ 1.5；

(5) 利用步(1) 至步(4) 即可完成粗网格的剖分，如图 6 - 4 - 1 中的红线所示；

(6) 在粗网格的基础上，根据每个测深点的供电和测量电极的相对位置关系，相应叠加到粗网格之上，便构成用于正演模拟的细网格。为保证正演模拟的精度，在网格的左、右和下边缘做一定程度的网格外延，如图 6 - 4 - 1 中的蓝线所示。

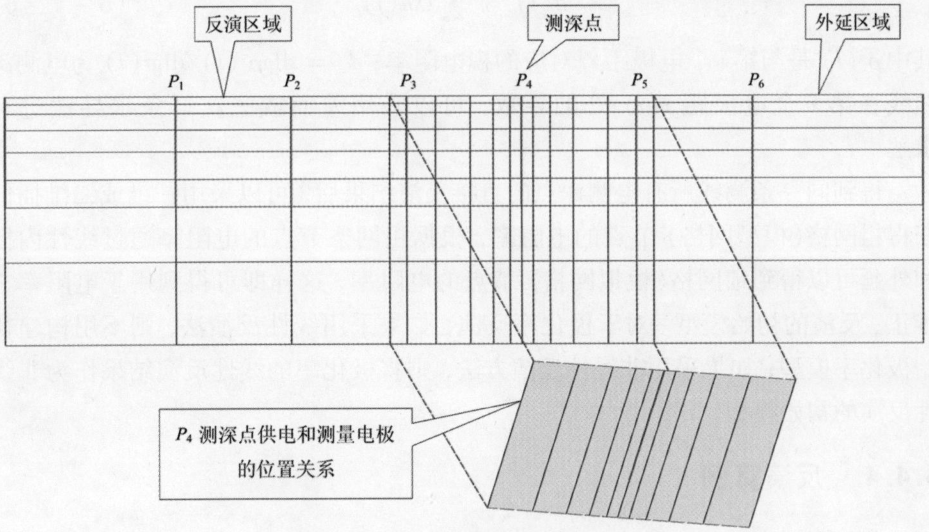

图 6 - 4 - 1　双重网格剖分示意图

6.4.3　构建初始反演模型

对于广义线性反演方法，初始反演模型的好坏直接影响着最终反演结果的优劣。目前一些商业化反演软件通常默认为均匀初始模型，容易导致异常边界模糊或异常移位。因此，可以考虑将电测深的一维反演结果作为二维反演的初始模型，这里选择文献[130] 的直接反演公式：

第 i 层的近似真实电阻率为：

$$\rho(i) = \begin{cases} \rho_s(i)\sqrt{\dfrac{1+d_{si}}{1-d_{si}}}, & d_{si} \geqslant 0 \\ \rho_s(i)\sqrt{\dfrac{8+d_{si}}{8-d_{si}}}, & d_{si} < 0 \end{cases} \tag{6-4-4}$$

第 i 层对应的近似厚度为：

$$\Delta h(i) = \begin{cases} [r(i) - r(i-1)] \cdot \sqrt{1-d_{si}^2}, & -1 < d_{si} < 0.8 \\ 0, & \text{其他} \end{cases} \tag{6-4-5}$$

而 $\rho(i)$ 所对应的深度为：

$$h(i) = \sum_{j=1}^{i} \Delta h(j) \tag{6-4-6}$$

其中 $\rho_s(i)$ 是与第 i 个电极距 r_i 对应的视电阻率；$d_{si} = \mathrm{dlg}\rho_s(i)/\mathrm{dlg}r(i)$ 为电测深曲线在第 i 个电极距 $r(i)$ 处的导数，可以采用差商或三次样条求导法进行求解[129]。

得到同一条测线所有电测深点的直接反演结果后，可以采用一维或二维插值获得粗网格(模型网格)节点的电阻率，根据粗网格节点的电阻率通过线性内插和外延可以得到细网格(模拟网格)节点的电阻率，这样即可得到用于电阻率二维正、反演的初始模型。对于极化率反演，如果采用线性反演法，则不用构建初始极化率模型；如果采用非线性反演方法，则将极化率的线性反演结果作为非线性反演的初始模型。

6.4.4 反演算例

(1) 算例一

假定起伏地形下地层是由两层介质组成，第一层底界面深 5 m，电阻率为 50 Ω · m，极化率为2%。第二层介质电阻率为10 Ω · m，极化率为1%，并且在其内部有一电阻率为1000 Ω · m、极化率为10% 的平行四边形柱体，其顶板和底板分别距地面 12 m 和 50 m。设计 10 个对称四极激电测深点，点号从 1000 至 1180，测点间距 20 m，最小和最大供电极距分别为 1.5 m 和 220 m。模拟的视电阻率和视极化率拟断面图如图 6 – 4 – 2(a) 和图 6 – 4 – 2(b) 所示，由于受起伏地形的影响，视电阻率等值线呈现出非对称性。图6 – 4 – 2 (c) 为电阻率直接反演结果，虽然改善了电测深曲线异常偏深的缺点，但仍不能较好地反映异常体的形态。经过 6 次反演迭代后，平均均方拟合差 *RMS* 达到 4.8%。给定均匀和非均匀初始模型的电阻率反演结果分别如图 6 – 4 – 2(d) 和图6 – 4 – 2(e) 所示，可以看出，两者的反演结果基本都反映出了异常的埋深和形态，但非均匀初始模型的反演结果冗余异常相对较少。图 6 – 4 – 2(f) 和 6 – 4 – 2(g) 分别为极化率的线性和广义线性反演结果，广义线性相对线性反演结果而言，异常体在形态和属性方面均有明显改善。图 6 – 4 – 2(h) 为给定均匀和非均匀初始模型的电阻率反演的误差收敛曲线，相比而言，非均匀初始模型的反演过程收敛速度较快。

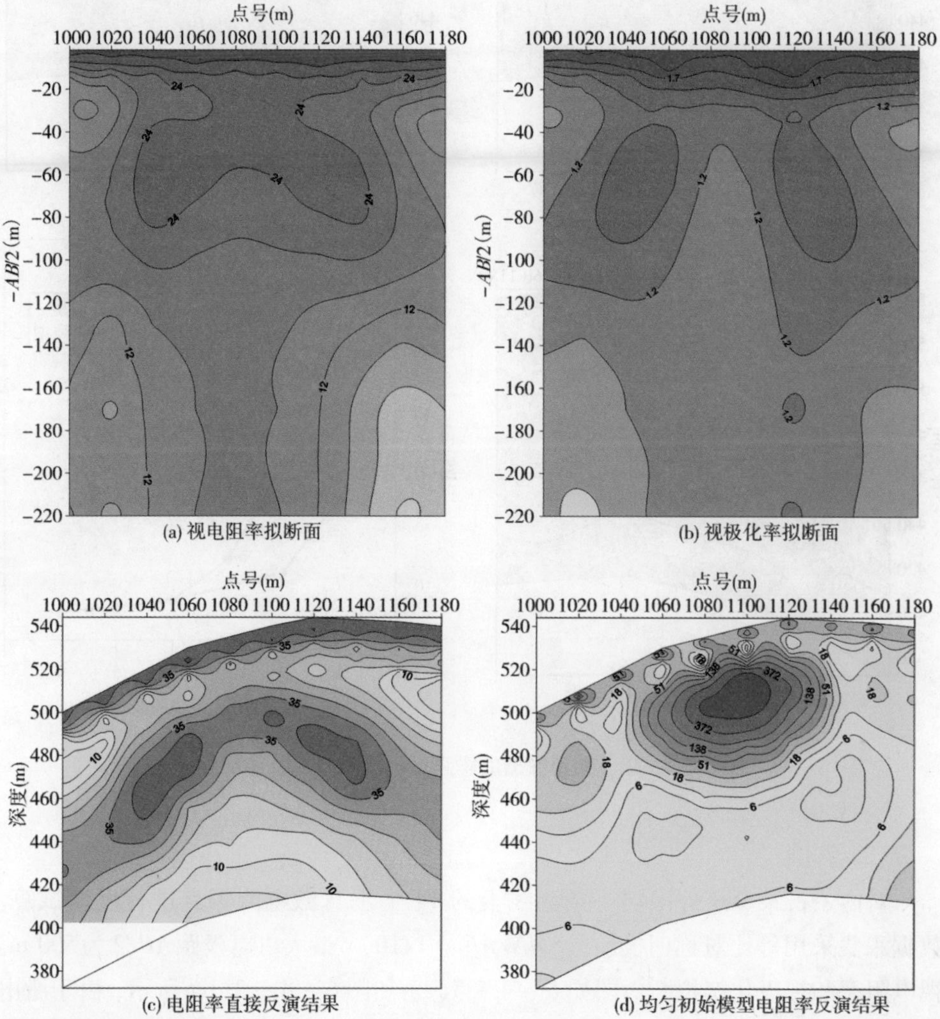

(a) 视电阻率拟断面　　(b) 视极化率拟断面

(c) 电阻率直接反演结果　　(d) 均匀初始模型电阻率反演结果

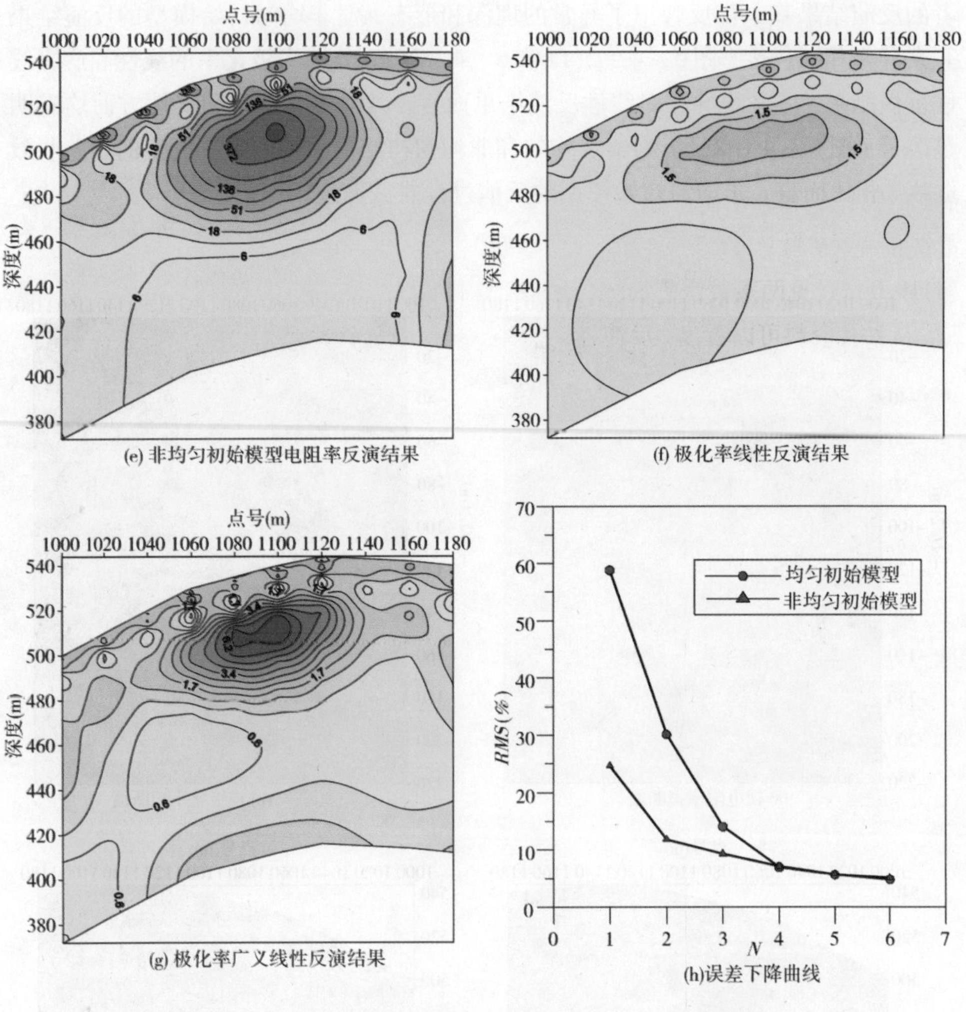

图 6-4-2　模拟数据的垂直激电测深二维反演结果

(2) 算例二

对内蒙古某金矿外围同一条测线上的 14 个垂直激电测深点进行反演试算。数据采集采用等比对称四极装置($MN/AB=1/10$)，最大供电极距 $AB/2$ 为 500 m。视电阻率和视极化率拟断面图如 6-4-3(a) 和图 6-4-3(b) 所示，由于激电测深曲线的记录深度大于真实深度，使得激电异常向深部呈长尾状分布，难于推断异常体的埋深和形态。经过二维反演后，电阻率和极化率的广义线性反演断面直观地展示了异常体的形态和埋深情况，并且极化率的非线性结果要优于线性反演结果，如图 6-4-3(c) ~ 图 6-4-3(e)。图中倾斜直线为验证钻孔的位置，终孔深度316.7 m。矿脉主要集中在深度38 ~ 120 m，其中：38.65 ~ 39.2 m为闪锌矿、方铅矿矿脉；45.40 ~ 48.9 m为闪锌、方铅矿化破碎带；48.9 ~ 49.8 m为黄铁矿化带；49.9 ~ 55.25 m为变质粉砂岩，其中含有黄铁矿脉和黄铜矿化石英脉；58.35 ~ 104.50 m为变质粉砂岩和闪长玢岩的交替互层，其中含黄铁矿、黄铜矿、闪锌矿和方铅矿矿脉及其矿化；105.65 ~ 106.9 m为高岭土蚀变带，含有黄铁和黄铜矿脉；117.7 ~ 120.8 m为高岭土化、强硅化角砾岩带，分别在117.95 m和119.0 m处见两条黄铁矿细脉，随深度的继续增加，仅有部分地段矿化，未发现矿脉。从钻孔资料可以看出，反演结果与实际情况吻合较好。

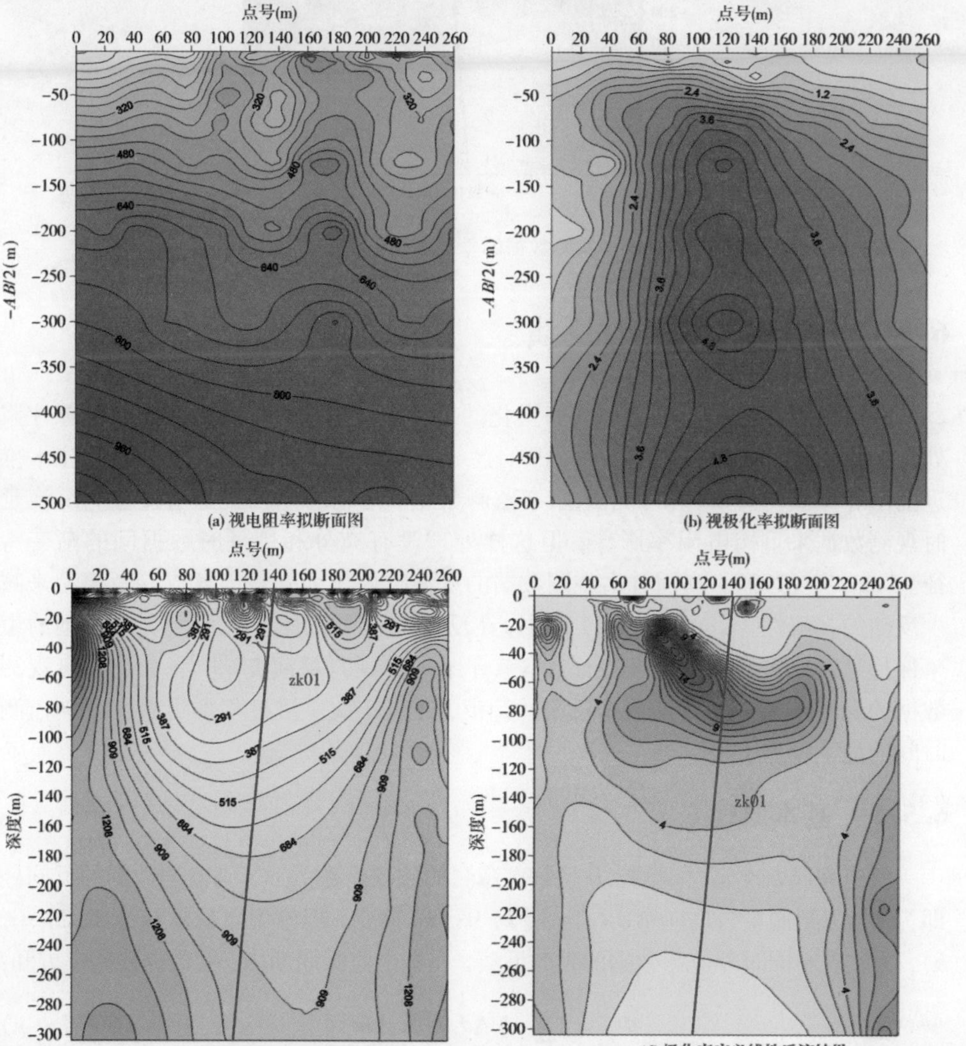

(a) 视电阻率拟断面图

(b) 视极化率拟断面图

(c) 电阻率广义线性反演结果

(d) 极化率广义线性反演结果

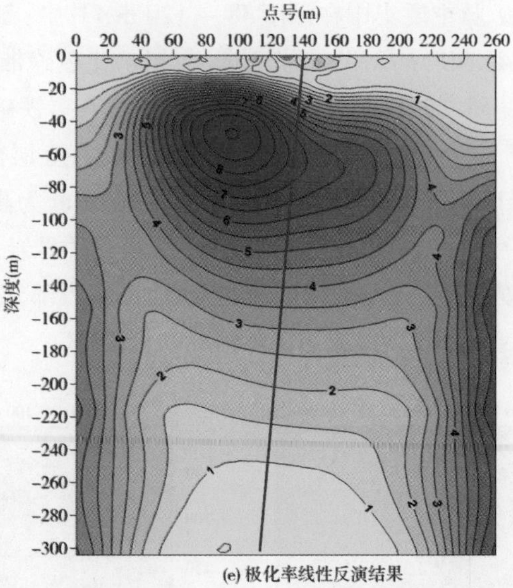

(e) 极化率线性反演结果

图 6-4-3　实测数据的垂直激电测深二维反演结果

6.5　电阻率二维延时反演

直流电阻率法是监测地下动态变化的一种有效手段，在监测溶洞或裂隙注浆处理、滑坡体的移动、土壤和水资源的污染、高含水油田的剩余油分布和注水推进前沿等方面均有应用。对于电阻率监测数据，常用的途径就是通过独立反演延时观测数据来重构电阻率影像，但这样处理没有充分利用延时数据间的渐变特征。Loke[131]（1999）利用首次观测数据的反演结果作为先验信息或参考模型来减少反演的多解性。Kim[132]（2011）通过在反演方程中施加空间可变交叉模型约束来保持延时反演成像的渐变特征。本节介绍一种延时反演方法，将前期所有观测数据的反演结果作为后期数据反演的约束，通过一次反演过程即可获得不同监测时间的地下模型。

6.5.1　基本原理

假定完成 k 次延时观测，并且每次观测的数据个数为 m，则监测数据的反问题即为通过 k 组测量数据向量 $\boldsymbol{d}_i(i=1,2,\cdots,k)$ 确定 k 组模型向量 $\boldsymbol{m}_i(i=1,2,\cdots,k)$。为实现不同时刻监测数据的延时反演，在整个监测周期内，使数据残差平方和：

$$\Phi_{\mathrm{d}} = \sum_{i=1}^{k} \|\Delta \boldsymbol{d}_i - \boldsymbol{A}_i \Delta \boldsymbol{m}_i\|_2^2 \qquad (6-5-1)$$

最小。其中 $\Delta \boldsymbol{d}_i$ 为第 i 个监测周期的数据残差向量；$\boldsymbol{A}_i$ 为第 i 个监测周期的偏导数矩阵；$\Delta \boldsymbol{m}_i$ 为第 i 个监测周期的模型参数的改正向量。在空间域上，对模型施加总体光滑约束，则空间域的约束函数为：

$$\Phi_{ms} = \sum_{i=1}^{k} \|\boldsymbol{C}(\boldsymbol{m}_i + \Delta \boldsymbol{m}_i)\|_2^2 \qquad (6-5-2)$$

其中 $\boldsymbol{m}_i$ 为第 i 个监测周期的预测模型参数向量；$\boldsymbol{C}$ 为光滑度矩阵。在时间域上，假定地下模型是随时间渐进变化的，也就是后续观测数据的地下模型为前期地下模型在时间轴上的外延。则时间域的约束函数为

$$\Phi_{mt} = \sum_{i=1}^{k} \left\| \boldsymbol{m}_i + \Delta \boldsymbol{m}_i - \sum_{l=1}^{i-1} \alpha_l \boldsymbol{m}_l \right\|_2^2 \qquad (6-5-3)$$

其中 $\boldsymbol{m}_l$ 为第 l 个监测周期的预测模型参数向量；α_l 为与相邻监测周期的时间间隔有关的系数，即：

$$\alpha_l = (1/s_l) \Big/ \sum_{j=1}^{i-1} (1/s_j) \text{ 且 } s_l = \sum_{j=1}^{l} t_j \qquad (6-5-4)$$

其中 t_j 为第 j 与第 $j+1$ 个监测周期的时间间隔。在空间域和时间域分别引入阻尼因子 λ_s 和 λ_t，将式(6－5－1)、式(6－5－2) 和式(6－5－3) 联立，构建目标函数

$$\begin{aligned}\Phi &= \Phi_d + \lambda_s \cdot \Phi_{ms} + \lambda_t \cdot \Phi_{mt} \\ &= \sum_{i=1}^{k} \|\Delta \boldsymbol{d}_i - \boldsymbol{A}_i \Delta \boldsymbol{m}_i\|_2^2 + \lambda_s \sum_{i=1}^{k} \|\boldsymbol{C}(\boldsymbol{m}_i + \Delta \boldsymbol{m}_i)\|_2^2 + \\ &\quad \lambda_t \sum_{i=1}^{k} \left\|\boldsymbol{m}_i + \Delta \boldsymbol{m}_i - \sum_{l=1}^{i-1} \alpha_l \boldsymbol{m}_l\right\|_2^2 \end{aligned} \qquad (6-5-5)$$

将方程(6－5－5) 对每个模型扰动向量 $\Delta \boldsymbol{m}_i^{\mathrm{T}}$ 取极小，得

$$(\boldsymbol{A}_i^{\mathrm{T}} \boldsymbol{A}_i + \lambda_s \boldsymbol{C}^{\mathrm{T}} \boldsymbol{C} + \lambda_t \cdot \boldsymbol{I}) \Delta \boldsymbol{m}_i = \boldsymbol{A}_i^{\mathrm{T}} \Delta \boldsymbol{d} - \lambda_s \boldsymbol{C}^{\mathrm{T}} \boldsymbol{C} m_i + \lambda_t \left(\sum_{l=1}^{i-1} \alpha_l \boldsymbol{m}_l - \boldsymbol{m}_i\right) \qquad (6-5-6)$$

令 $m_t = \sum_{l=1}^{i-1} \alpha_l \boldsymbol{m}_l$，与式(6－5－6) 等价的线性方程为：

$$\begin{vmatrix} \boldsymbol{A}_i \\ \sqrt{\lambda_s} \cdot \boldsymbol{C} \\ \sqrt{\lambda_t} \cdot \boldsymbol{I} \end{vmatrix} \Delta \boldsymbol{m}_i = \begin{vmatrix} \Delta \boldsymbol{d}_i \\ -\sqrt{\lambda_s} \cdot \boldsymbol{C} \boldsymbol{m}_i \\ \sqrt{\lambda_t} \cdot (\boldsymbol{m}_t - \boldsymbol{m}_i) \end{vmatrix} \qquad (6-5-7)$$

通过求解方程(6－5－7)，可得到第 i 个监测周期的模型改正向量 $\Delta \boldsymbol{m}_i$，将其代入：

$$\boldsymbol{m}_i^{(q+1)} = \boldsymbol{m}_i^{(q)} + \Delta \boldsymbol{m}_i^{(q)} \qquad (6-5-8)$$

中，便得到第 q 次反演迭代中第 i 个监测周期的预测模型参数向量 $\boldsymbol{m}_i^{(q+1)}$。

该反演方法是综合前期观测数据的反演结果作为后期数据反演的约束，通过

一个反演过程获取不同监测周期的地下模型，使得前期的反演信息得到了充分利用。

6.5.2 延时反演过程

在延时反演中，可将延时反演过程分为顺次反演和同时反演。

顺次反演：它的反演次序是按监测数据体的先后顺序顺次进行的，并且在反演中以前一监测数据体的反演结果作为下一监测数据体反演的初始模型，以前期监测数据体的最终反演结果作为后期监测数据体反演的约束或参考模型。反演过程如图6－5－1所示，其中纵向为反演的迭代序号 $i = 1, 2, \cdots, n$，n 为反演迭代的次数；横向为延时反演数据体随时间的编号 j，$j = 1, 2, \cdots, m$，m 为监测数据体的个数；$[i, j]$ 表示第 j 个数据体的第 i 次迭代。

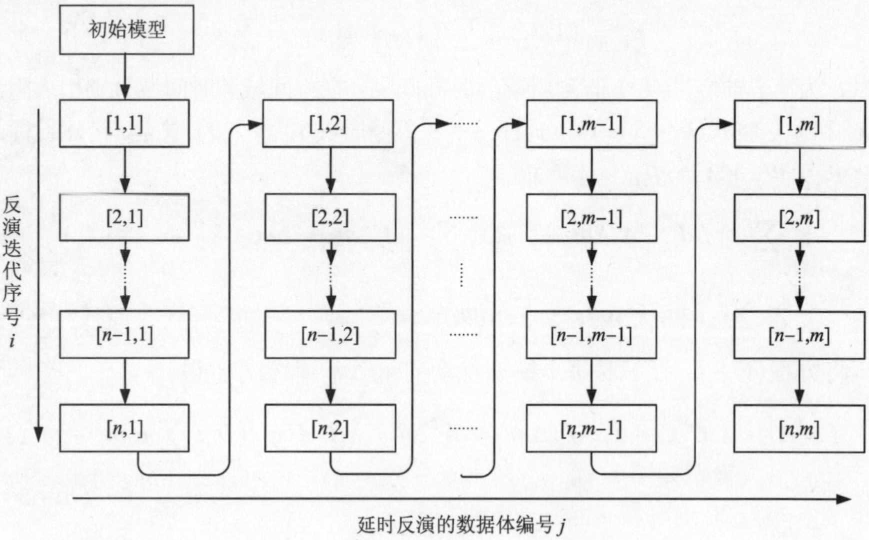

图6－5－1　顺次反演过程示意图

同时反演：它的反演次序是先进行第1个数据体的第1次迭代，再进行第2个数据体的第1次迭代，直至第 m 个数据体的第1次迭代。然后再进行第1个数据体的第2次迭代，直至第 m 个数据体的第2次迭代。如此下去，直至第 m 个数据体的第 n 次迭代，反演过程如图6－5－2所示。在反演过程中，它将前期监测数据的中间反演结果作为后期监测数据反演迭代的约束或参考模型。

对于图6－5－1和图6－5－2所示反演过程，从理论上讲，反演结果应该是相同的，但是第二种反演方案要相对复杂，它不便于与拟牛顿法结合，如果与拟

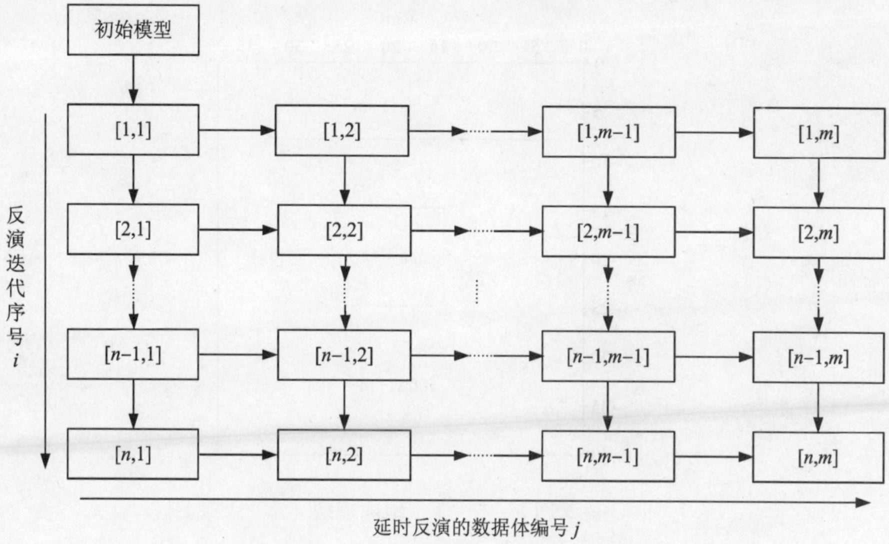

图6－5－2　同时反演过程示意图

牛顿法结合，需存储 m 个偏导数矩阵，占用内存较大。另外，在计算机内存允许的情况下，可以尝试将不同监测时间的反演方程式(6－5－6)联立，合成一个总的线性反演方程，再求解不同监测时间的模型参数修正量，经多次迭代即可完成真正的同时反演，理论上该反演思路要优于图6－5－1、图6－5－2所示方法，但反演方程的规模将随观测次数的增加而迅速增大。

6.5.3　反演算例

井间监测模型如图6－5－3所示，两口井相距38 m，井深40 m，在每口井中和地表各布设20根电极，相邻电极间隔2 m，采用偶极－偶极装置($AB-MN$)观测，$AB=MN=2$ m，最大隔离系数为58。地下由两层介质组成，电阻率分别为50 Ω · m、100 Ω · m。在第二层介质中有一高阻体，初始电阻率为100 Ω · m，并随时间顺次增加至200 Ω · m、300 Ω · m、400 Ω · m和500 Ω · m，异常体位置如图6－5－3中红色方框所示。电阻率顺次和同时延时反演结果分别如图6－5－4(a)和图6－5－4(b)所示，可以看出两者均反映了高阻异常体的埋深、形态及渐进变化特征，同一监测时刻两种反演过程的断面图仅存在细微的差别。与真实模型相比，顺次和同时反演结果对异常值的反映均偏低，它是时间和空间约束强度过大的结果，如果减少约束强度提高异常值的幅度，则产生的冗余异常将增加。相对一次观测数据的反演方法，延时反演同样受反演参数的影响，获取准确的电性参数仍较难。

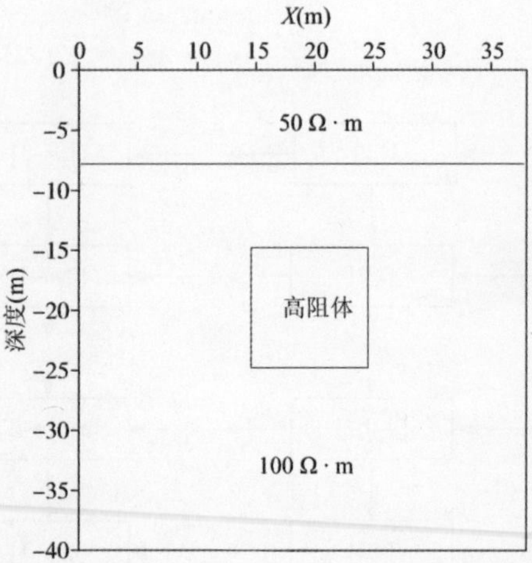
X(m)
0 5 10 15 20 25 30 35
50 Ω · m
高阻体
100 Ω · m
深度(m)
0 -5 -10 -15 -20 -25 -30 -35 -40

图 6-5-3　地电模型

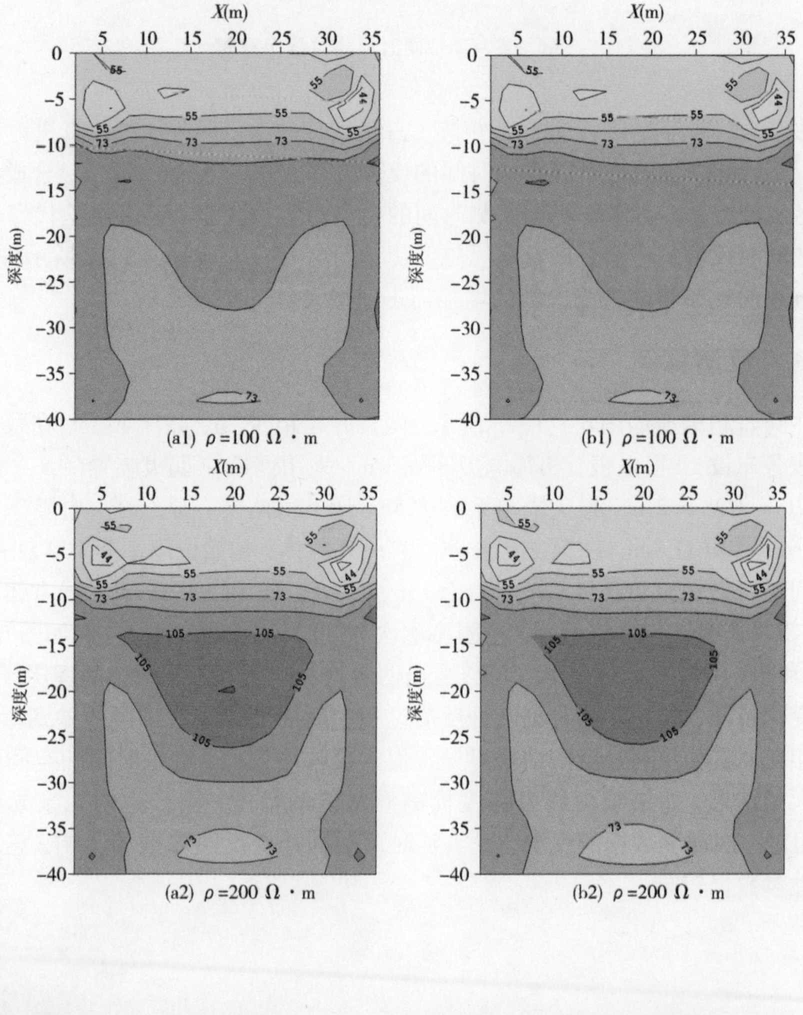
X(m)
5 10 15 20 25 30 35
深度(m)
0 -5 -10 -15 -20 -25 -30 -35 -40
55
44
73
105
(a1) ρ=100 Ω · m
(b1) ρ=100 Ω · m
(a2) ρ=200 Ω · m
(b2) ρ=200 Ω · m

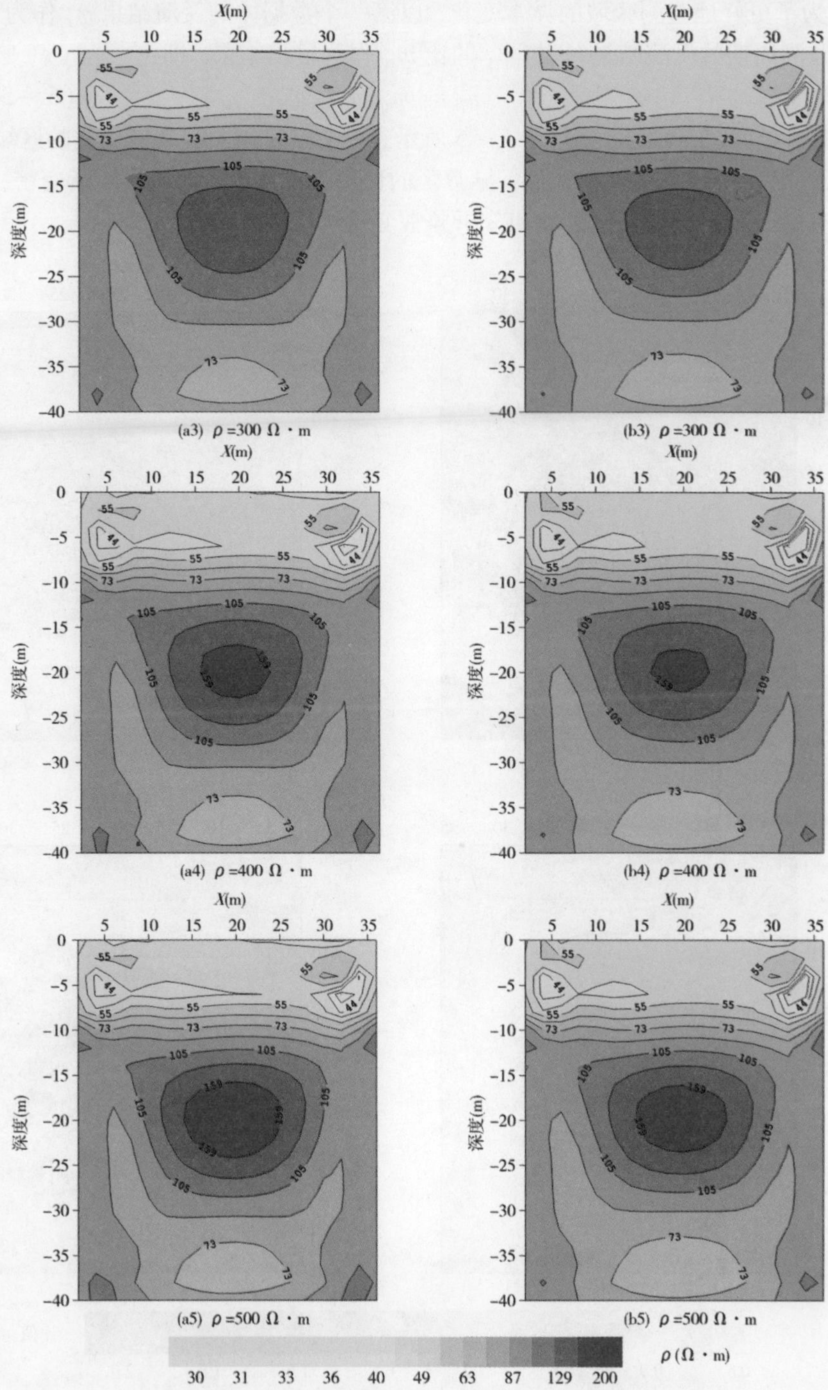

图 6 - 5 - 4　顺次反演[图(a1) ~ 图(a5)]和同时反演[图(b1) ~ 图(b5)]结果图

为了更好地监测区域的异常变化，以第一个数据体的反演结果 m_1 作为背景，后续监测周期的反演结果 m_i 与 m_1 的比 m_{i1} 作为输出结果，即：

$$m_{i1} = m_i / m_0 \tag{6-5-9}$$

比值处理结果的断面图如图 6-5-5 所示，图中仅在电性有明显变化的区域出现等值圈闭，从第 2 至第 5 次监测，异常区的比值逐渐增大，等值线逐渐变密，这样处理有助于圈定异常变化区域和分析异常变化规律。

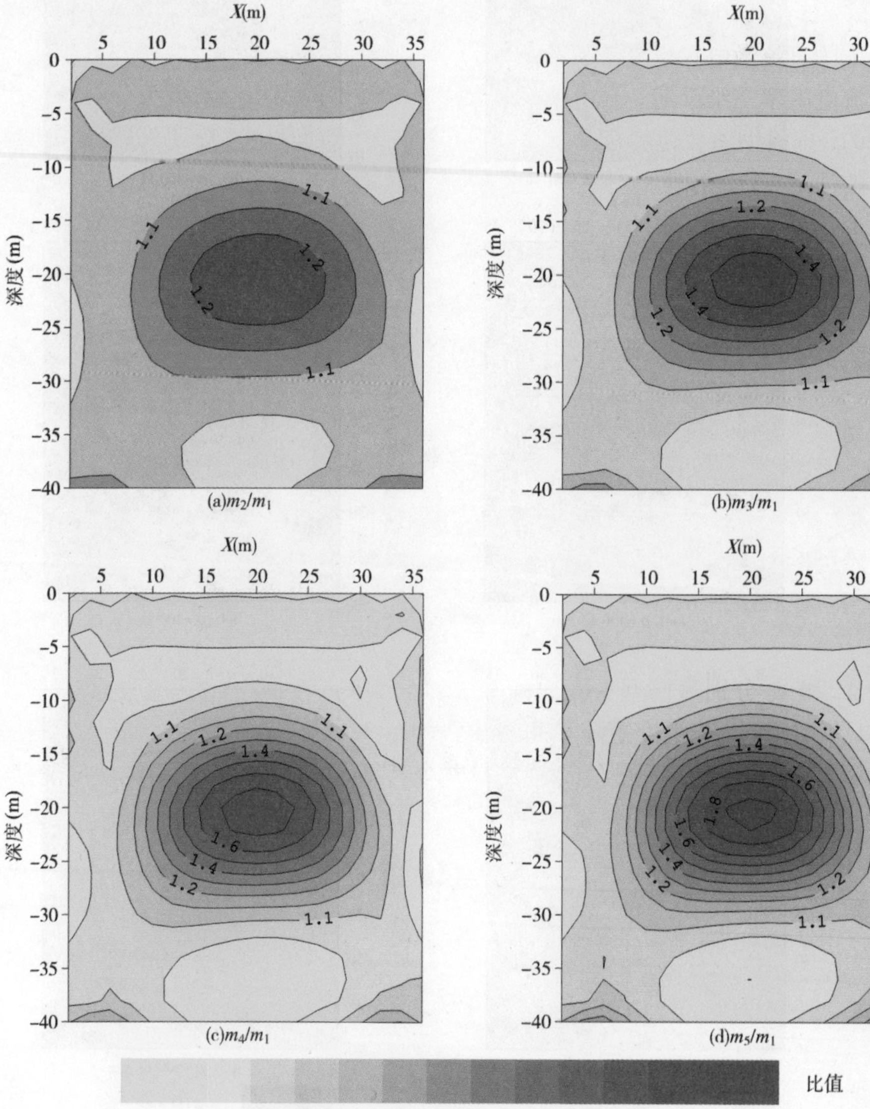

图 6-5-5 延时反演的比值结果

6.6　起伏地形直流激电三维快速反演

近些年，随着计算机技术、直流激电仪器的快速发展，三维直流激电反演也取得了很大进展。Shima(1992)[26] 基于 α 中心法实现了井间电阻率三维反演；Sasaki(1994)[31] 基于有限单元法实现了起伏地形下的直流电阻率三维反演；Li 和 Oldenburg(2000)[39]、黄俊革和阮百尧(2004)[133] 基于有限单元法实现了水平地形下的直流激电三维反演；Zhang 等[32]、吴小平等[35-36] 基于有限差分法实现了直流电阻率三维反演。上述电阻率和极化率三维反演是以地下电性分块均匀为基础的，即模型参数化的每个三维块体为同一电性值。由于模型参数化方法没有明确的理论，只能根据一些先验信息进行。若模型参数化尺度小，则参数个数必将增加，模拟和反演的计算量也随之增加；反之，参数虽然减少，但容易放大规模较小的异常体，使得模型参数化存在一定的主观性。为了克服这个缺陷，本节将介绍一种电阻率和极化率参数分块线性连续变化的三维参数化方法，该方法对模型参数化尺度的要求要宽松得多，而且地下介质的物性参数在多数情况下是随温度、湿度连续变化的，这为基于连续电性介质模型研究三维直流激电快速反演方法奠定了基础。

6.6.1　基本原理

根据6.1.1节中的式(6－1－1)和式(6－1－5)构建目标函数：

$$\Phi = \|\Delta\boldsymbol{d} - \boldsymbol{A}\Delta\boldsymbol{m}\|_2^2 + \lambda_s\|\boldsymbol{C}(\boldsymbol{m}+\Delta\boldsymbol{m})\|_2^2 + \lambda_b\|\boldsymbol{m}+\Delta\boldsymbol{m}-\boldsymbol{m}_b\|_2^2 \tag{6-6-1}$$

其中 λ_s 和 λ_b 分别为模型空间光滑和背景约束的正则化因子，其余参数含义与6.1.1节中相同。光滑度矩阵 $\boldsymbol{C}$ 可参见式(4－3－62)。

将式(6－6－1)两端对 $\Delta\boldsymbol{m}^{\mathrm{T}}$ 求导并令其等于零，得最小二乘线性反演方程：

$$(\boldsymbol{A}^{\mathrm{T}}\boldsymbol{A} + \lambda_s\boldsymbol{C}^{\mathrm{T}}\boldsymbol{C} + \lambda_b\boldsymbol{I})\Delta\boldsymbol{m} = \boldsymbol{A}^{\mathrm{T}}\Delta\boldsymbol{d} - \lambda_s\boldsymbol{C}^{\mathrm{T}}\boldsymbol{C}\boldsymbol{m} + \lambda_b(\boldsymbol{m}_b - \boldsymbol{m}) \tag{6-6-2}$$

其等价形式为：

$$\begin{vmatrix} \boldsymbol{A} \\ \sqrt{\lambda_s}C \\ \sqrt{\lambda_b}\boldsymbol{I} \end{vmatrix}\Delta\boldsymbol{m} = \begin{vmatrix} \Delta\boldsymbol{d} \\ -\sqrt{\lambda_s}Cm \\ \sqrt{\lambda_b}(\boldsymbol{m}_b - \boldsymbol{m}) \end{vmatrix} \tag{6-6-3}$$

在式(6－6－3)中，偏导数矩阵 $\boldsymbol{A}$ 的元素为非零元素，光滑度矩阵 $\boldsymbol{C}$ 由相邻模型参数之间的简单关系构成，仅有几条斜对角线为非零元素，$\sqrt{\lambda_b}\boldsymbol{I}$ 为对角阵。为减少解方程组的计算量和内存，将方程(6－6－3)左右两侧的矩阵和向量以分块形式进行存储。采用4.3.2节的变阻尼共轭梯度法解方程(6-6-3)，得到模型参数的修正量 $\Delta \boldsymbol{m}$，并代入：

$$\boldsymbol{m}^{(k+1)} = \boldsymbol{m}^{(k)} + \Delta \boldsymbol{m}^{(k)} \tag{6-6-4}$$

便可得到新的预测模型参数向量 $\boldsymbol{m}^{(k+1)}$。经多次迭代，直至满足拟合差终止条件或预先设置的最大迭代次数，电阻率反演结束。

电阻率反演结束后，固定网格节点的电阻率参数，再采用6.1.2节的线性或非线性反演方法完成极化率反演。直流激电三维反演的计算量主要耗费在正演计算上(由于网格节点与供电和测量电极均较多，完成一次正演需要解电极数次大型方程组)，为减少极化率的反演时间，采用6.1.2节的极化率线性反演方法。

将视极化率与极化率之间的线性关系即式(6-1-15)写成矩阵形式：

$$\boldsymbol{A\eta} = \boldsymbol{\eta}_{\mathrm{a}} \tag{6-6-5}$$

其中 $\boldsymbol{\eta}_{\mathrm{a}}$ 为实测视极化率向量，$\boldsymbol{\eta}$ 为极化率模型参数向量，$\boldsymbol{A}$ 为电阻率最后一次反演迭代的偏导数矩阵。对方程(6-6-5)引入光滑和背景约束，则极化率线性反演的目标函数：

$$\Phi = \|\boldsymbol{A\eta} - \boldsymbol{\eta}_{\mathrm{a}}\|_2^2 + \lambda_{\mathrm{s}} \|\boldsymbol{C\eta}\|_2^2 + \lambda_{\mathrm{b}} \|\boldsymbol{\eta} - \boldsymbol{\eta}_{\mathrm{b}}\|_2^2 \tag{6-6-6}$$

将式(6-6-6)两端对 $\boldsymbol{\eta}^{\mathrm{T}}$ 求导并令其等于零，得极化率线性反演方程：

$$(\boldsymbol{A}^{\mathrm{T}}\boldsymbol{A} + \lambda_{\mathrm{s}}\boldsymbol{C}^{\mathrm{T}}\boldsymbol{C} + \lambda_{\mathrm{b}}\boldsymbol{I})\boldsymbol{\eta} = \boldsymbol{A}^{\mathrm{T}}\Delta \boldsymbol{d} + \lambda_{\mathrm{b}}\boldsymbol{\eta}_{\mathrm{b}} \tag{6-6-7}$$

其等价形式为：

$$\begin{vmatrix} \boldsymbol{A} \\ \sqrt{\lambda_{\mathrm{s}}}\,\boldsymbol{C} \\ \sqrt{\lambda_{\mathrm{b}}}\,\boldsymbol{I} \end{vmatrix} \boldsymbol{\eta} = \begin{vmatrix} \boldsymbol{\eta}_{\mathrm{a}} \\ 0 \\ \sqrt{\lambda_{\mathrm{b}}}\,\boldsymbol{\eta}_{\mathrm{b}} \end{vmatrix} \tag{6-6-8}$$

解线性方程(6-6-8)，便得到地下介质的极化率参数 $\boldsymbol{\eta}$。

6.6.2 三维模型参数化

构建三维连续电性介质模型，即假定地下介质的电阻率 $\rho(x, y, z)$ 和极化率 $\eta(x, y, z)$ 都是随空间坐标 (x, y, z) 连续变化的函数。为便于在计算机上实现数值模拟和反演，将三维连续函数 $\rho(x, y, z)$ 和 $\eta(x, y, z)$ 离散化为有限个参数表示的地电模型，将这一离散化过程称为参数化。模型参数化过程是实现反演的首要问题，也是必经之路。但到目前为止，还没有明确的模型参数化理论，只能根据反演研究的目的、对象及先验知识进行参数化。模型参数化的原则就是尽可能地利用先验知识减少模型参数，并满足反演结果的分辨率和精度要求。

针对三维连续电性介质模型参数化方法，其实现过程为：首先将地电模型[图6-6-1(a)]剖分成有限个平行六面体单元[图6-6-1(b)]，然后再将任意一六面体单元剖分成5个四面体单元[图6-6-1(c)]，并且将每一个四面体单

元的 i、j、k 和 m 节点间的电性参数均设计为线性连续变化。对于直流激电三维反演问题，这样处理不仅可以减少人为因素对模型参数化的影响，而且还可以应对起伏地形的情况，以及容易将三维反演结果绘制成立体图和切片图，解释方便、直观。

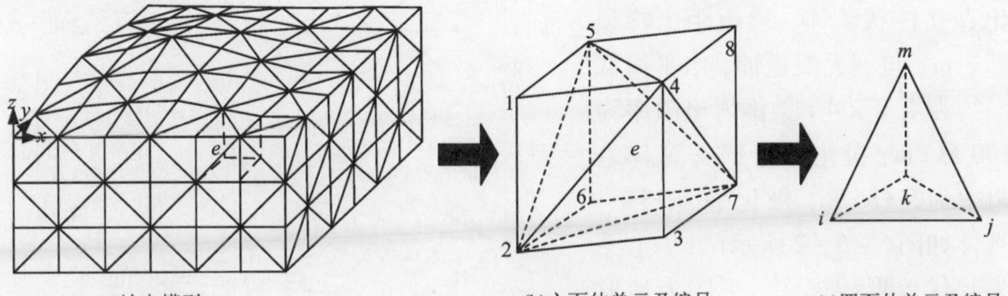

图 6－6－1　地电模型参数化示意图

6.6.3　三维反演的加速技术

（1）反演问题的降维

直流激电三维反演问题要涉及到求解几万甚至几十万阶的线性反演方程组，其阶数直接影响着反演的计算速度。在三维激电模型中，为保证模拟和反演的精度，模型参数化的区域通常包括目标和外延区域：目标区域是感兴趣的区域或探查区域（在目标区域还可利用 6.4.2 节的双网格参数化方案），而外延区域是为了保证模拟的精度额外设计的区域。如果对整个区域（目标区和外延区构成的总区域）的模型参数进行反演，必将造成反演计算量成倍的增加。

为了解决这个问题，采用对反演问题降维策略：假定外延区域的电性参数变化不大，那么可以只对目标区的模型参数进行反演，一次迭代反演结束后，根据反演目标区的模型参数对外延区域的模型参数进行外推（如果在目标区采用了 6.4.2 节的双网格参数化方案，还需对细网格进行内插），可获取整个区域的模型参数；然后再进行一次正演模拟，接着对目标区进行反演；重复这个过程，直到收敛误差满足要求为止。通过对反演问题采用降维手段，可使反演的计算效率迅速提高，并且不损失或少损失目标区的反演解释精度。

（2）计算偏导数矩阵的加速技术

在 6.2.1 节和 6.2.2 节中分别介绍了利用互换原理和 Broyden 秩一校正公式计算偏导数矩阵的算法，同理，可以将两种算法结合起来应用于直流激电三维反演，在前 1 或前 2 次反演迭代中采用互换原理计算偏导数矩阵，在后续迭代中采用 Broyden 秩一校正公式更新偏导数矩阵，可以提高反演的计算效率。

6.6.4 反演算例

(1) 算例一

在山脊地形下有一低阻高极化直立柱状矿体，顶板距山峰顶部3 m，向下无限延伸，水平横截面约为4 m × 4 m。围岩电阻率为100 Ω · m，极化率为1%；矿体电阻率为5 Ω · m，极化率为15%，具体如图6－6－2所示(其中上图为起伏地形线框图，下图为地形等高线图)。将100 根电极以 2 m间隔布设于线框节点处，采用 1 根电极供电，其他所有电极测量的单极－单极观测方式，如图6－6－3所示。该地电模型沿x、y、z方向的网格节点数分别为45、45、17，总节点数34425 个，其中目标区域沿x、y、z方向的网格节点数分别为 25、25、7，目标区域周围外延网格剖分节点数均为 10)。在 Intel(R) Duo Core CPU E6550@2.33GHz 的 PC 机上对模拟的激电数据进行反演，经6 次迭代(前2 次利用互换原理计算偏导数矩阵，后6 次采用 Broyden 更新技术)，平均均方误差为1.67%，耗费时间为178 s。电阻率和极化率的反演结果如图6－6－4 所示，可以看出异常体基本归位。

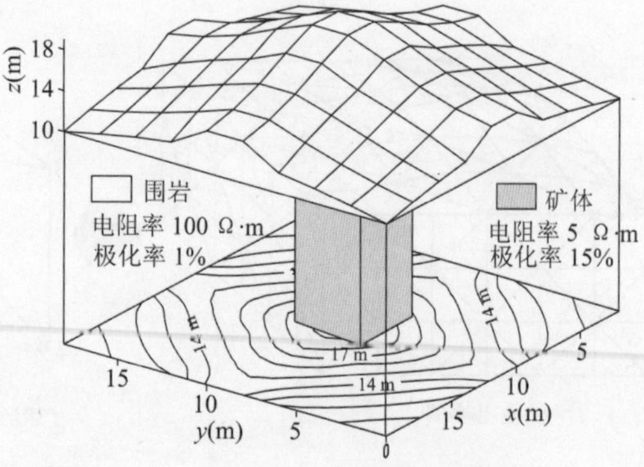

图6－6－2　地表观测模型

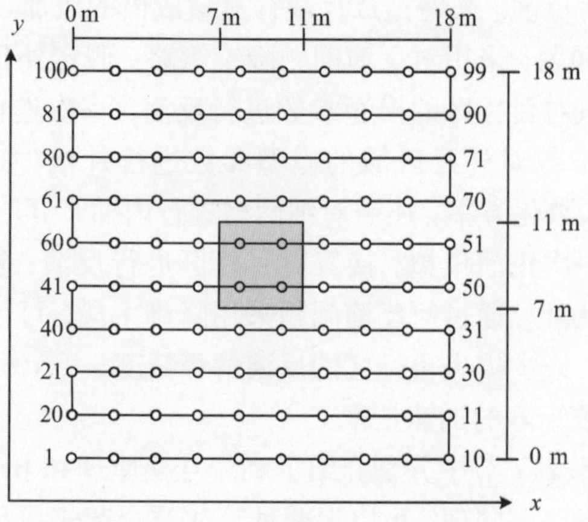

图6－6－3　电极和模型平面位置

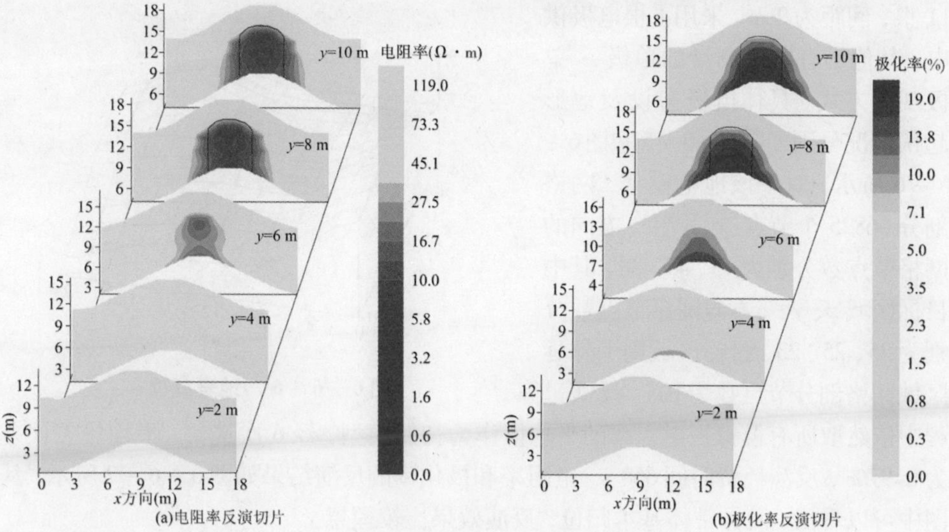

图 6 – 6 – 4　算例一直流激电三维反演切片图

(2) 算例二

在围岩电阻率和极化率分别为1 Ω · m和1% 的均匀半空间中，存在一低阻和一高阻异常体。低阻体电阻率为 0.1 Ω · m，极化率为 10%，体积为 4 m × 4 m × 4 m，顶板距地面2 m；高阻体电阻率为100 Ω · m，极化率为5%，体积为4 m × 4 m × 4 m，顶板距地面 6 m。异常体周围有 9 口测井，每口井深 22 m，相邻井之间的距离为 12 m。研究区域共布设了 148 根电极，其中地面布设49 根，间距4 m；每口井中布设

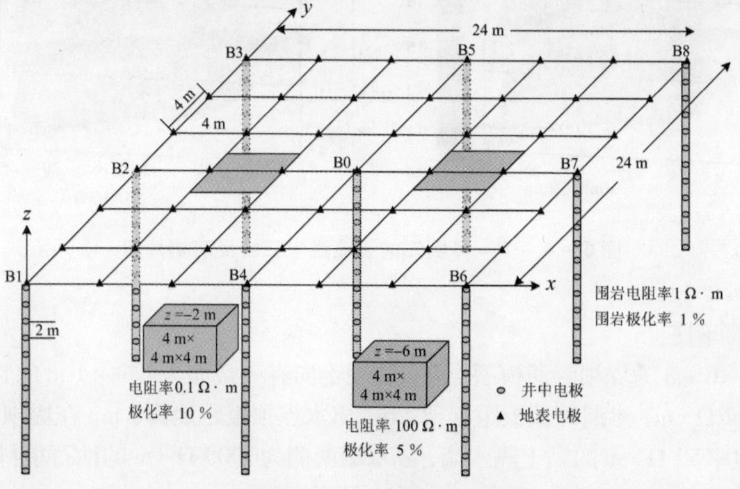

图 6 – 6 – 5　井间观测模型

11 根，间距为2 m，采用1 根电极供电，其他所有电极测量的单极 - 单极观测方式。具体电极布设及地形起伏情况分别如图6 -6 -5 和图6 -6 -6 所示。对于该地电模型，网格剖分 66825 个节点(x、y 和 z 方向的网格节点数分别为45、45、33，其中目标区域 x、y、z 方向网格节点数分别为25、25、23，目标区域周围外延区域网格剖分节点数为10)。反演过程中依然取所有模拟视电阻率的平均值作为初始模型，经6 次迭代，平均均方误差为0.97%，反演耗费时间668 s。电阻率和极化率的反演结果如图6 -6 -7 所示，从图中可以看出，两异常体基本归位，反演效果比较理想。

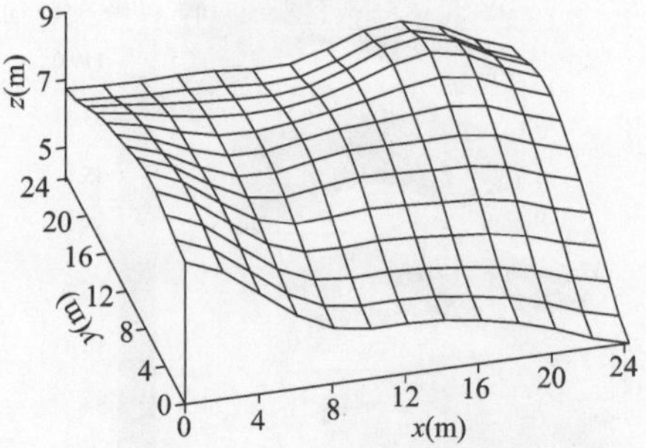

图6 -6 -6　地表高程

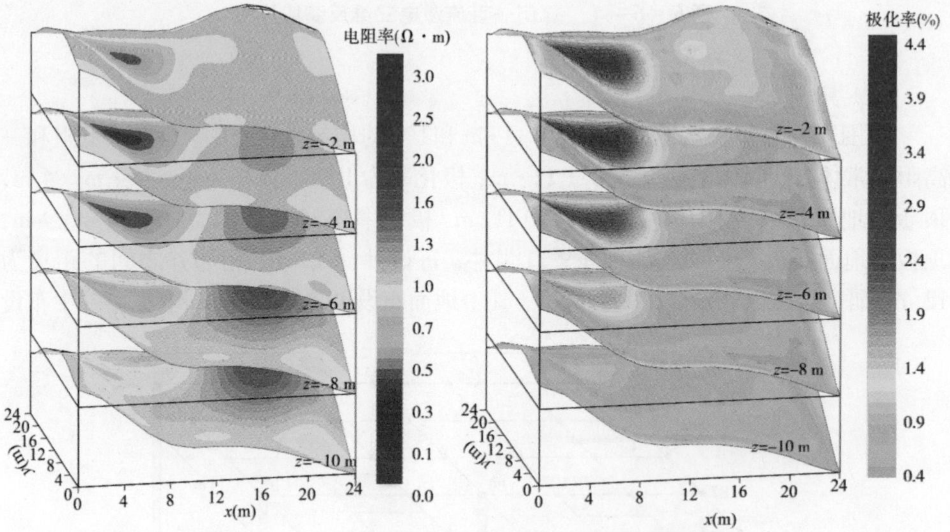

图6 -6 -7　算例二的直流激电三维反演切片图

(3) 算例三

图6 -6 -8 为堤坝管涌模型，垂直堤坝走向有一截面为1 m×1 m的管涌通道，电阻率为2 Ω·m，渗漏源顶板距坝顶2 m，出水点顶板距地面3 m。在堤坝中间有宽5 m、电阻率50 Ω·m 的黏土隔水墙，隔水墙两侧为1000 Ω·m 的沙石填料，下方为5000 Ω·m 的基岩，具体如图6 -6 -8(a) 所示。在出水点 A 处供电，在其周围沿 x、y 方向共观测了168 个电位数据点，点距2 m，如图6 -6 -8(b) 所示。

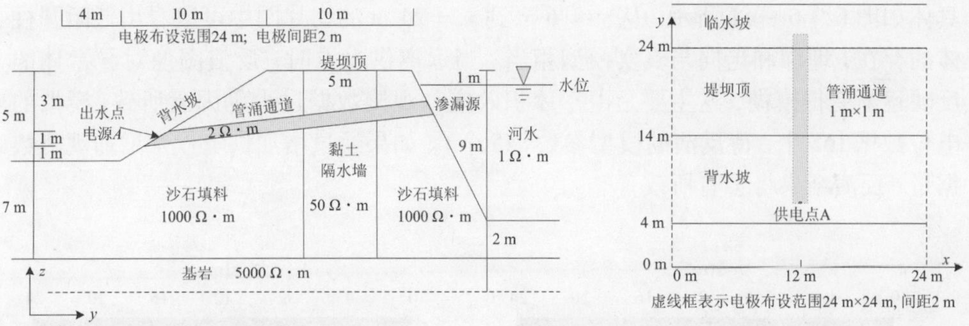

(a)堤坝横截面图　　　(b) 堤坝俯视图

图 6 －6 －8　堤坝管涌模型

采用3.1.4节有限元法模拟6－6－8所示地电模型，模拟168个电位数据，电位等值线如图6－6－9所示，从图上可以看出，沿异常体走向电位值较高，并且等值线相对异常体呈对称状分布，可以推断出异常体是垂直堤坝走向的，但无法对其产状、埋深等情况进行推断解释。采用电阻率三维反演方法对模拟的电位数据进行反演，经6次迭代(前2次迭代采用互换原理计算偏导数矩阵，后4次迭代采用Broyden更新技术)，平均均方误差约为9%，误差收敛曲线如图6－6－10所示，反演过程收敛稳定。

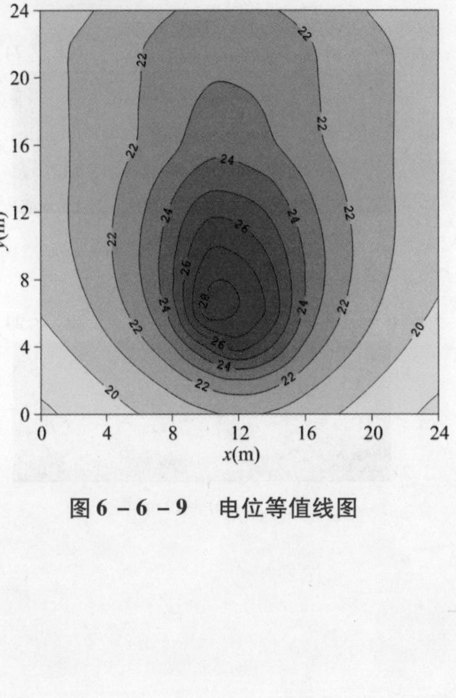

图 6 －6 －9　电位等值线图

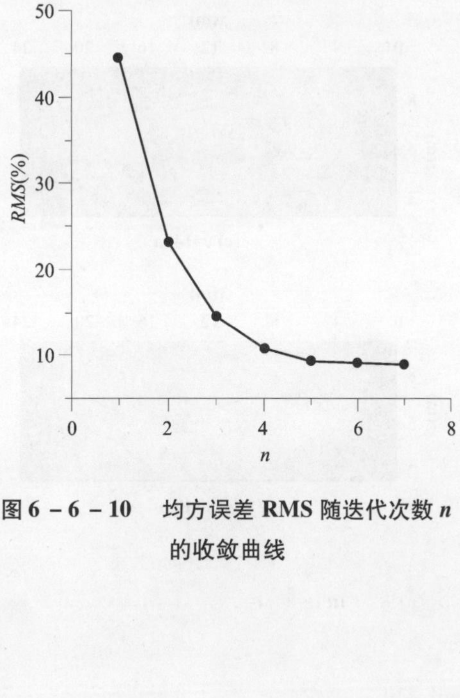

图 6 －6 －10　均方误差 RMS 随迭代次数 *n* 的收敛曲线

将反演的电阻率数据体沿 y 方向间隔2 m进行切片，并将其绘制成等值线图，具体如图 6 - 6 - 11 所示。从 y = 6 m 到 y = 24 m 的切片图中可以看出低阻圆柱体的存在，埋深和走向与真实模型相当。当远离供电点时，反演图像对异常体的反映逐渐变得模糊，这主要是由于体积效应和观测数据过少等因素所致（模拟的电位数据168 个，待反演的模型参数845 个）。如果通过增加供电点来增加观测数据量，反演结果将会有所改善。

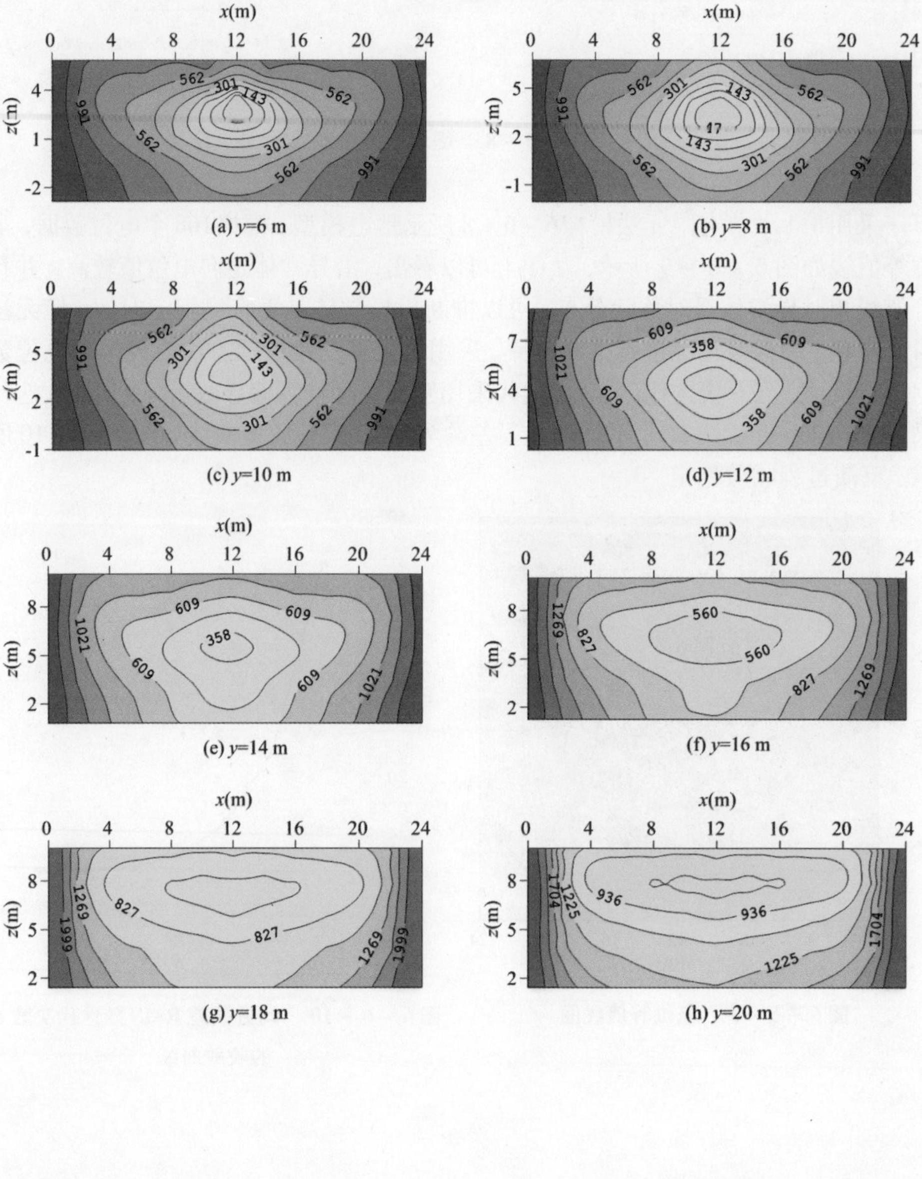

(a) y=6 m (b) y=8 m

(c) y=10 m (d) y=12 m

(e) y=14 m (f) y=16 m

(g) y=18 m (h) y=20 m

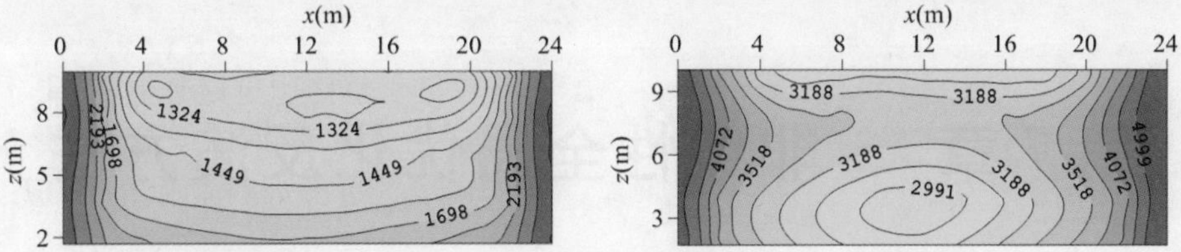

(i) y=22 m　　(j) y=24 m

图 6－6－11　算例三的电阻率反演切片等值线图

沿 x = 12 m 和 z = 2 m 的位置进行切片，电阻率等值线图分别如图 6－6－12 和图 6－6－13 所示。图 6－6－12 更加清晰地显示了异常体的走向和埋深，但在供电点的下方形成了一个大的低阻体假象，这可能是由于低阻体的屏蔽效应，淹没了其下方介质的真实电性情况。平面切片图 6－6－13 对异常体走向的反映效果不明显。通过对充电法观测的电位数据进行反演，获取地下介质和充电体的电性信息，结合电位或其他地质资料，可提高地质推断解释的精度。

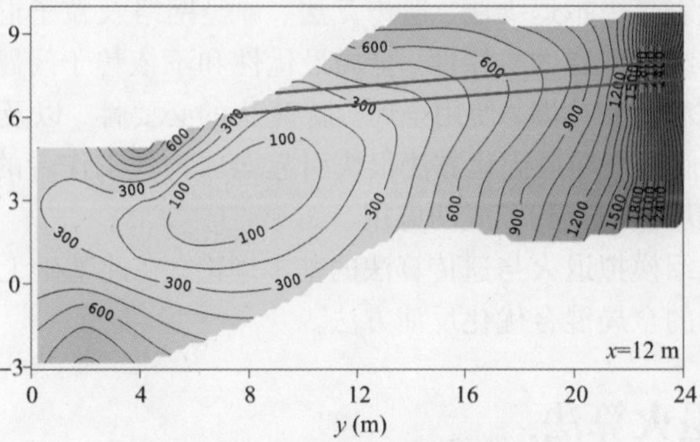

图 6－6－12　x = 12 m 的电阻率反演等值线图

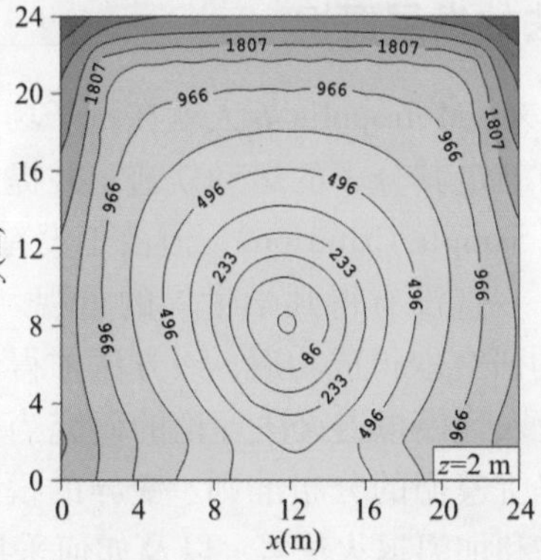

图 6－6－13　z = 2 m 的电阻率反演等值线图

第7章 非线性全局优化反演方法

地球物理中的反问题大多具有多参数、非线性的特点，反演过程中的所依据的目标函数含有多个局部极值。线性或拟线性反演方法往往得到的只是局部最优解，并且反演结果常常与初始模型有关，如果初始模型选择得合适，它可以得到较好的结果，反之，则易于造成反演的假象。另外，广义线性反演通常要用到目标函数的导数值，对于许多实际问题来说，计算目标函数的导数有些困难。然而，以随机过程为基础的全局最优化反演方法不受确定规则的限制，自由地在模型空间内随机搜索，这种较强的搜索能力能够保证反演结果基本上是全局最优解。全局方法的典型代表是模拟退火法、遗传算法、神经网络及粒子群优化方法，它们以其解决不同非线性问题的鲁棒性、全局最优性和不依赖于问题模型的特征，正引起广泛地研究和应用热潮。使用全局寻优算法的必要性，以及避开反问题求逆运算的奇异性，使得全局最优化方法很快引起地球物理工作者的注意和重视，并已经在地球物理反演中得到了成功应用。

本章首先介绍模拟退火与遗传算法的基本理论，在此基础上介绍全局与局部优化方法相结合的全局混合优化反演方法。

7.1 模拟退火算法

7.1.1 模拟退火算法的发展概况

自20世纪50年代以来，Metropolis 等人就在量子场论模拟磁偶极子的自旋运动中，采用模拟退火思想确定其分子的运动轨迹，并提出了 Metropolis 算法和重要性采样准则(Important Sample Criterion)。但由于没有形成完整的理论体系，以及受到应用领域的限制，一直没有得到学术界的重视。直到 1982 年，Krikpatrick 等人在对晶体生长过程的研究取得成功后，该方法才得到正式承认。在随后的几年里，许多学者也纷纷投入到模拟退火法理论的研究当中，主要体现在冷却进度表的合理选择、产生新解所遵循的分布准则、变异的模拟退火算法(如有记忆的模拟退火法、回火退火法和加温退火法等) 以及如何采用并行策略来缩减算法的运行时间等几个方面。Szu 和 Hartley[134] (1987) 采用 Cauchy 分布产生新解；Green 和 Supowit[135] (1986) 采用无舍弃法产生新解，这些都是通过改进新解产生的方式来提高算法的效率。而 Johnson 等[136]（1989）用函数 $1-\Delta E/T$ 取代式（7－1－2）中的指数 $\exp(-\Delta E/T)$，简化了判断运算，使算法加速约 30%；Sechen[137]（1988）采用查询表技巧缩减算法用于指数 $\exp(-\Delta E/T)$ 的运算时间。Johnson 等[136]（1986）以及 Laarhoven[138]（1987）通过计算若干次随机变换目标函数平均增量的方法来确定冷却进度表中的初始温度 T_0；Stoffa P. L. 和 Sen M. K 等[53]（1991）提出用实验方法估算最低温度，但没有从理论上解决问题，存在着很大的盲目性。姚姚[139]（1995）通过计算系统的局部势能来估算终止温度 T_c，避免了实验方法的盲目性，而且使计算效率大为提高。刘鹏程和纪晨[140]（1995）将模拟退火和单纯形法结合来提高算法的局部搜索能力，并用于一维声波波形反演，具有较强的抗干扰能力，为改进模拟退火算法的性能，它也产生了很多变种，康立山，谢云和尤矢勇[141]（1994）给出了加温退火算法，并引入了并行策略，并出版了专著《非数值并行算法 —— 模拟退火算法》，系统地介绍了模拟退火算法的理论和应用。何军[142]（1991）给出了退火回火算法。随着模拟退火算法研究的不断深入，它已经越来越广泛地应用于自然科学的各个领域，如计算机设计、图像处理、信号处理及地球物理等方面。

7.1.2　模拟退火算法的基本理论

1982 年 Krikpatrick 等在 Metropolis 研究的基础上提出了模拟退火算法（Simulated Annealing Algorithm），它源于对固体退火过程的模拟，采用 Metropolis 接受准则，并以冷却进度表的参数来控制算法的进程，使算法在有限的时间里得到最优解的近似解。固体退火过程的物理图象和统计性质是模拟退火算法的物理背景；Metropolis 接受准则使算法跳离局部最优的“陷阱”；而冷却进度表的合理选择是算法的应用前提。下面从这三方面简单介绍模拟退火算法的基本理论：

（1）模拟退火算法的物理背景

模拟退火算法源于对固体退火过程的模拟，而固体退火过程是先将固体加热至融化，再徐徐冷却使之凝固成规整晶体的热力学过程，它属于热力学与统计物理研究的范畴。

在加热固体时，固体粒子的热运动不断加强，随着温度的升高，粒子与其平均位置的距离越来越大。当温度升至溶解温度后，固体的规则性被彻底破坏，固体溶解成液体，粒子排列从较有序的结晶态变为无序的液态，这个过程叫溶解。溶解过程的目的是消除系统中原先可能存在的非均匀状态，使随后进行的冷却过程以某一平衡态为始点。在冷却固体时，液体粒子的热运动逐渐减弱，随着温度的徐徐降低，粒子运动渐趋有序。当温度降至结晶温度后，粒子运动变为围绕晶体格点的微小振动，液体凝固成固态的晶体，此过程为退火。退火过程之所以“徐徐”进行，是为了使系统在每一个温度下都达到平衡态，最终达到固体的基态。退火过程中系统的熵值不断减小，系统的能量也随温度降低趋于最小值[141]。

模拟退火算法之所以能够应用到地球物理反演当中，主要是由于地球物理模型空间中的模型参数变化与固体退火过程中的粒子运动有一定相似性，即逐步修正模型参数使其逐渐逼近最优解与逐渐冷却固体使粒子达到结晶状态存在共性。

(2) Metropolis 接受准则

Metropolis 接受准则是由 Metropolis 等在 1953 年提出的应用蒙特卡罗(Monte Carlo)技术的一种方法。其特点是算法简单，但必须大量采样才能得到比较精确的结果，计算量很大。1953 年，Metropolis 提出了重要性采样法：

先假定粒子的初始状态 i 作为固体的当前状态，其能量为 E_i；然后随机选取某个粒子，并使其随机产生一微小变化，得到新的状态 j，新状态的能量为 E_j；如果 $E_j < E_i$，则该新状态就作为“重要”状态；若 $E_j > E_i$，考虑到热运动的影响，该状态是否为“重要”状态，要依据固体在该温度下的能量变化进行判断。即：

$$r = \exp \frac{E_i - E_j}{K_b \cdot T} \tag{7-1-1}$$

其中 K_b 为 Boltnmann 常数，通常取 1。r 是一个小于 1 的数；用随机数产生器产生一个在[0, 1) 区间的随机数 ξ，若 $r > \xi$，则新状态 j 作为重要状态，否则舍去。

若新状态 j 是重要状态，就以 j 取代 i 成为当前状态，否则仍以 i 为当前状态。重复以上新状态的产生过程，在大量的状态变换后，系统趋于能量较低的平衡状态。由式(7-1-1)可知，在高温下，当 $T \to \infty$ 时，系统可接受比当前状态能差较大的新状态作为重要状态，而随着温度的降低，系统只能接受比当前状态能差较小的新状态作为重要状态，当 $T \to 0$ 时，系统就不能接受任一 $E_j > E_i$ 的新状态 j 了。

上述这种判断新解是否接受的准则被称为 Metropolis 接受准则，而由 Metropolis 准则对应的转移概率 P_t：

$$P_t = \begin{cases} 1, & \text{如果 } E_j \leqslant E_i \\ \exp\left(\dfrac{E_i - E_j}{T}\right), & \text{否则} \end{cases} \tag{7-1-2}$$

开始让温度 T 取较大的值(与固体溶解的温度相对应)，在进行足够多的转移后，缓慢减小 T 的值(与“徐徐”降温相对应)，如此重复，直至满足某个终止准则时，算法结束。因此，模拟退火算法可视为递减控制参数时的 Metropolis 算法的迭代。

(3) 冷却进度表及其选取原则

模拟退火算法能否在有限时间内收敛于整体最优解集分布，与一组控制算法进程的参数有关，这组参数集被称为冷却进度表。它们包括以下几个参数[141]：

① 控制参数 T 的初值 T_0；

② 控制参数 T 的衰减函数；

③ 控制参数 T 的终值 T_c；

④ Markov 链的长度 L_k。

冷却进度表是影响模拟退火算法实验性能的重要因素，其合理的选取是算法应用的关键。它的构造是建立在准平衡(quasi - equilibrium) 的基础之上的，准平衡的定义为：若在第 k 个 Markov 链的 L_k 次变换后，解的概率分布 $P(L_k, T_k)$ 充分逼近 $T = T_k$ 时的平衡分布 $Q(T_k)$，亦即 $\|P(L_k, T_k) - Q(T_k)\| < \varepsilon$ 成立，(ε 为某些确定的正数)，则称模拟退火算法达到准平衡。其中 T_k 为第 k 次循环迭代的温度。对于任意小的正数 ε，算法至少要进行解的空间规模的平方次变换才能达到准平衡。此外，对于多数问题而言，解的空间规模是问题规模的指数量级，因此对平稳分布任意近似的逼近将影响模拟退火算法指数时间的执行过程。所以，在模拟退火算法的实际应用中，不得不采用准平衡的较低量化标准去构造冷却进度表。

任一有效的冷却进度表都必须妥善解决两个问题：(1) 算法的收敛性问题，即根据热物理学的平衡统计理论以及随机过程的 Markov 链理论，前人已经证明模拟退火算法在一定条件下的渐进收敛性，但并不是任一冷却进度表都能保证算法收敛，不合理的冷却进度表可能使算法的解在某些解之间“振荡”而不能收敛于某一近似最优解。所以，我们只有通过合理选择冷却进度表中的各项参数使算法收敛于近似最优解。(2) 最终解的质量和 CPU 时间，可以证明模拟退火算法最终解的质量与相应的 CPU 时间呈反向关系。如果要得到高质量的最终解，就需要较高量化标准的准平衡，使算法在解空间内大范围地搜索，当然花费的 CPU 时间也就越长。一般采取折衷方案，即在合理的 CPU 时间内尽量提高最终解的质量。下面分别对各项参数的选取原则做详细讨论：

① 控制参数 T 的初值 T_0 的选取

基于“T_k 值只要选得充分大，就会立即达到准平衡”的论证，为使算法进程一开始就达到准平衡，应让初始接收率满足：

$$\chi_0 = \frac{\text{接收变换数}}{\text{提出变换数}} \approx 1$$

由 Metropolis 准则 $\exp(-\Delta E/T_0) \approx 1$，可推知 T_0 值很大。而 Krikpatrick 等在 1982 年提出的确定 T_0 的经验法则是：选取一个较大的值作为 T_0 的当前值，并进行若干次变换，若接收率 χ 小于预定的初始接收率 χ_0 (Krikpatrick 等取 $\chi_0 = 0.8$)，则将当前值加倍。以新的 T_0 作为当前值重复上述过程，直至得到使 $\chi > \chi_0$ 的 T_0 值。

Johnson 将 Krikpatrick 的经验法进一步深化，建议通过计算若干次随机变换目标函数的平均能量 $\overline{\Delta E}$ 的方法来确定 T_0 值，即由式：

$$\chi_0 = \exp(-\overline{\Delta E}/T_0)$$

求解 T_0。因此：

$$T_0 = \frac{\overline{\Delta E}}{\ln(\chi_0^{-1})} \tag{7-1-3}$$

Arts 也提出了与式(7-1-3)类似的计算公式。他们假定对控制参数的某个确定值 T 产生 m 个尝试的序列，并设 m_1 和 m_2 分别是其中目标函数减小和增大的变换数，$\overline{\Delta E}$ 为目标函数增大的平均能量。则接收率由下式近似：

$$\chi \approx \frac{m_1 + m_2 \cdot \exp(-\overline{\Delta E}/T)}{m_1 + m_2}$$

则可得：

$$T = \frac{\overline{\Delta E}}{\ln \dfrac{m_2}{m_2 \cdot \chi - m_1(1-\chi)}} \tag{7-1-4}$$

只要将 χ 设定为初始接收率 χ_0，就能求出相应的 T_0 值。

总之，T_0 值必须选得“足够大”，才能使解的质量较高，而过大的 T_0 值又可能导致过长的CPU时间，同样使模拟退火算法丧失可行性，故 T_0 必须依据折衷原则选取。

② 控制参数 T 的衰减函数的选取

为避免算法进程产生过长的 Markov 链，控制参数 T_k 的衰减量以较小为宜。在控制参数较小衰减量的情况下，两个相继值 T_k 和 T_{k+1} 是相互逼近的。因此，如果在 T_k 值上已经达到准平衡，那么可以期望在 T_k 衰减为 T_{k+1} 后，可能只需要进行少量的变换就足以恢复 T_{k+1} 上的准平衡。这样就可以选取较短长度的Markov链来缩减 CPU 时间。

控制参数小衰减量还可能导致算法进程迭代次数的增加，因而可以期望算法进程接受更多的变换，访问更多的邻域，搜索更大范围的解空间，返回高质量的最终解，当然花费更多的 CPU 时间，在这种情况下，只能通过缩短每一个准平衡状态时的 Markov 链来缩减 CPU 时间。

Krikpatrick[143] 提出的控制参数的衰减函数为：

$$T_k = \alpha \cdot T_{k-1} = \alpha^k \cdot T_0, \quad k = 0, 1, 2, \cdots \tag{7-1-5}$$

其中 α 是一个接近于1的常数，通常为0.7 ~ 0.99。由式(7-1-5)可知，α 值越小，退火速度越快。上述衰减函数具有随算法进程递减的衰减量，它可以控制 T_k 衰减的速率，因此可延缓变换接受概率随算法进程衰减的态势，这无疑有益于模拟退火算法实验性能的稳定。在模拟退火算法的实际应用中，它是最为常用的一种退火策略。

Nahar 固定控制参数的衰减步数 N，再通过实验确定 T_k 的值，$k = 1, \cdots, N$。Skiscim 等人把区间[0, T_0]划分为 N 个小区间，把控制参数的衰减函数取为：

$$T_k = \frac{N-k}{N}T_0, \quad k = 1, \cdots, N \tag{7-1-6}$$

由式(7－1－6)可知，这个衰减函数使控制参数相继值间的差值保持不变，亦即控制参数的衰减量不随算法进程而变，它属于一种直线下降的退火策略[141]。需要注意的是，Nahar 和 Skiscim 的衰减函数只适用于以迭代次数为终止准则的冷却进度表。

当以迭代次数 N 和终止温度 T_c 作为终止准则时，类似的退火方案还有以下几种[144]，如图 7－1－1(式中 $k = 0, 1, \cdots, N$) 所示。从降温曲线来看，图 7－1－1(b) 与图 7－1－1(i)、图 7－1－1(c) 与图 7－1－1(g)、图 7－1－1(e) 与图 7－1－1(h) 以及图 7－1－1(f) 与图 7－1－1(j) 的衰减特性类似。

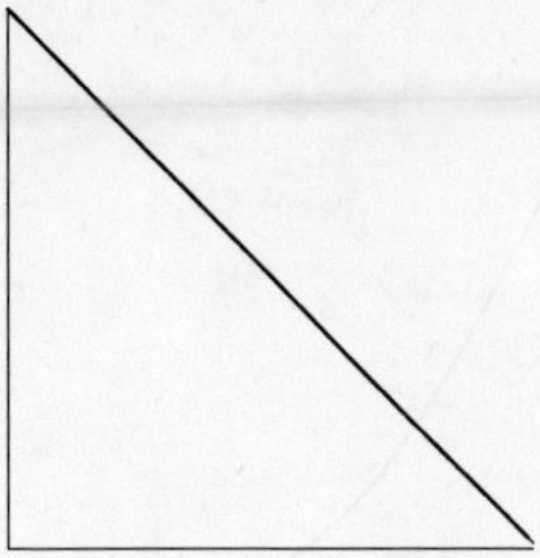

(a) $T_k = T_0 - k \cdot \frac{T_0 - T_c}{N}$

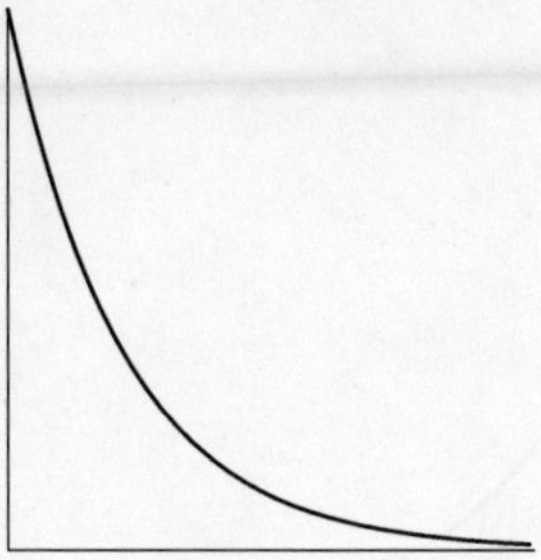

(b) $T_k = T_0 \cdot (T_c/T_0)^{k/N}$

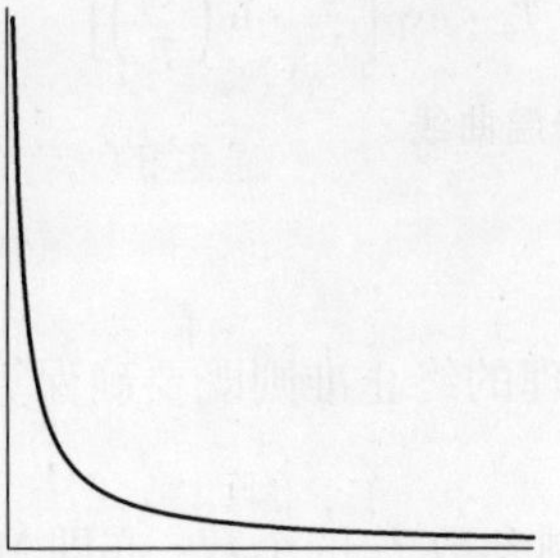

(c) $T_k = T_0 - \frac{k(T_0 - T_c)(N+1)}{(k+1)N}$

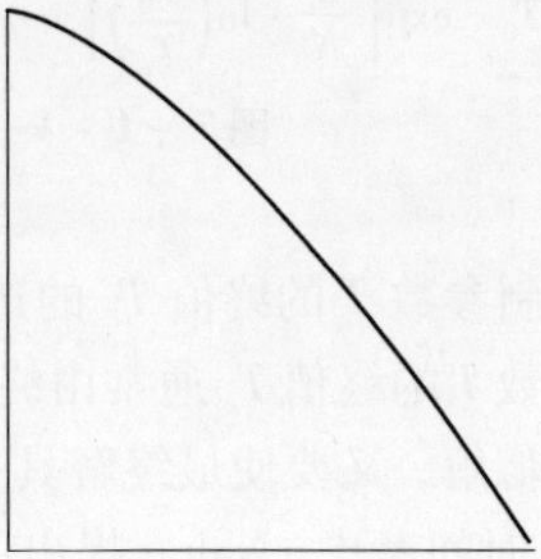

(d) $T_k = T_0 - k^{\frac{\ln(T_0 - T_c)}{\ln(N)}}$

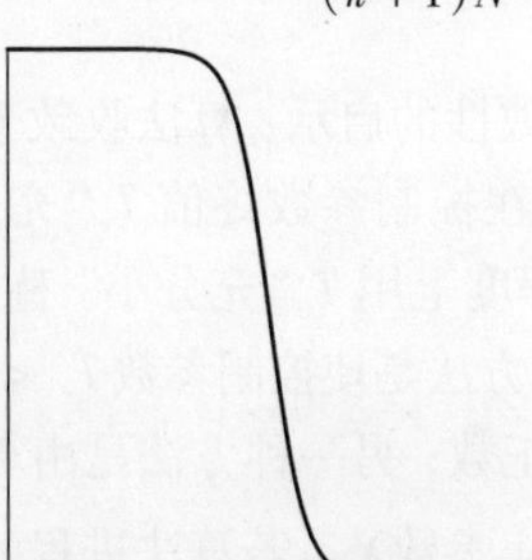

(e) $T_k = \frac{T_0 - T_c}{1 + e^{1.5(k - N/2)}} + T_c$

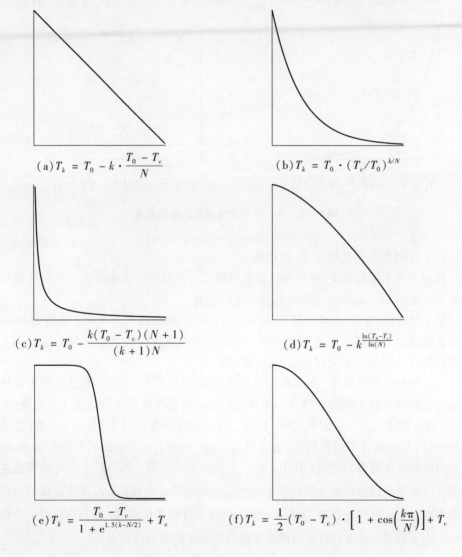

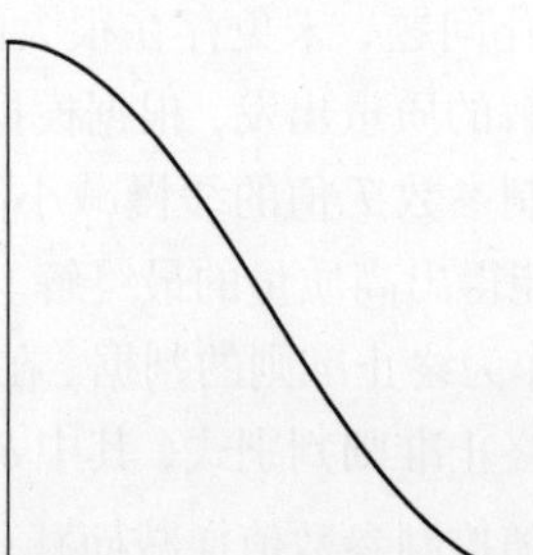

(f) $T_k = \frac{1}{2}(T_0 - T_c) \cdot \left[1 + \cos\left(\frac{k\pi}{N}\right)\right] + T_c$

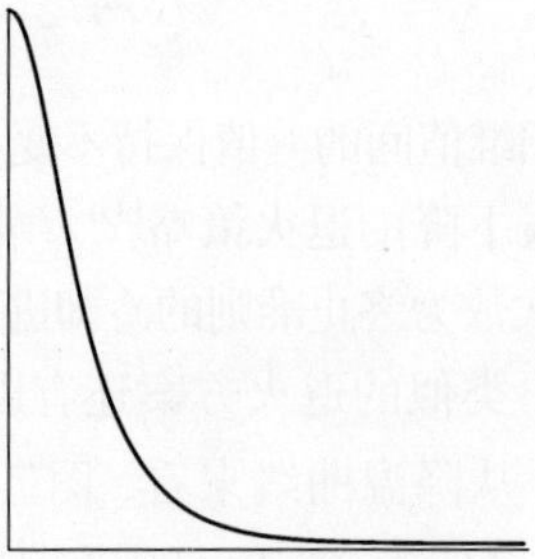

(g) $T_k = \dfrac{T_0 - T_c}{\cosh(10k/N)} + T_c$

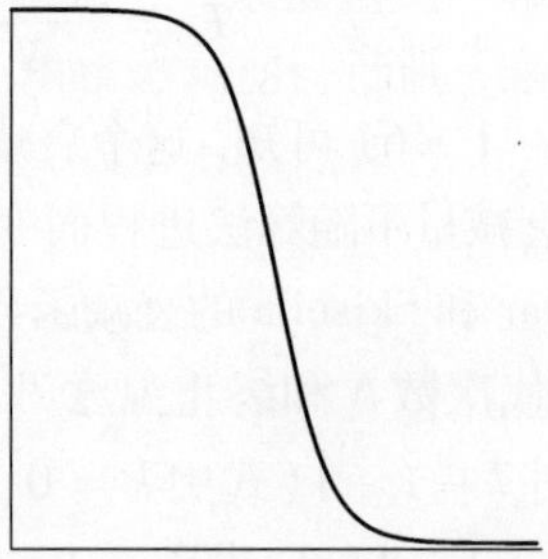

(h) $T_k = \dfrac{1}{2}(T_0 - T_c) \cdot \left[1 + \tanh\left(\dfrac{10k}{N} - 5\right)\right] + T_c$

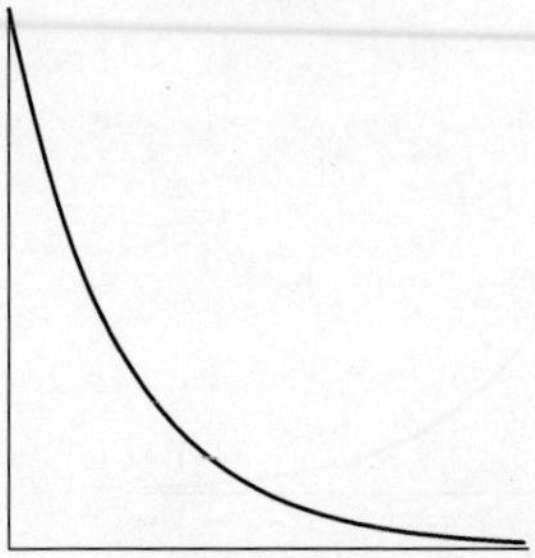

(i) $T_k = T_0 \cdot \exp\left[\dfrac{k}{N} \cdot \ln\left(\dfrac{T_0}{T_c}\right)\right]$

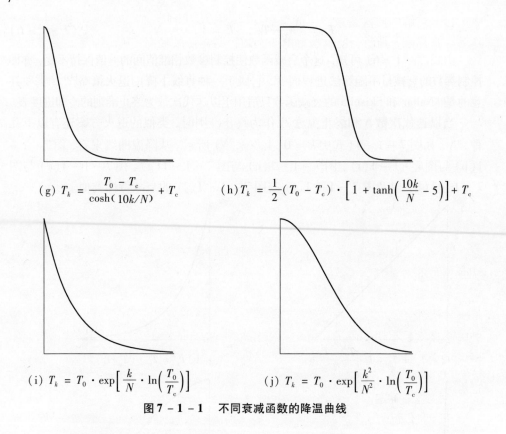

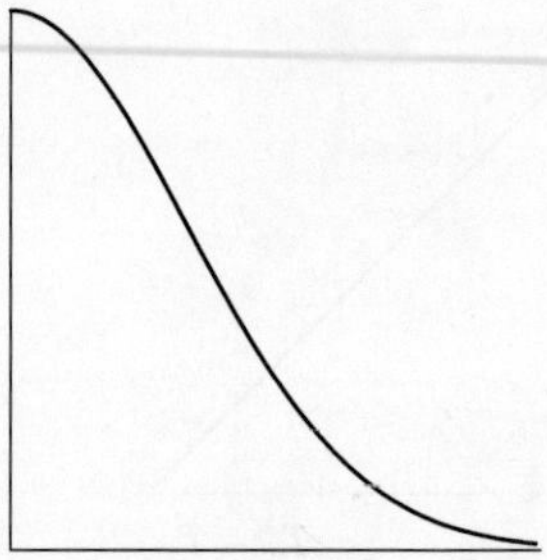

(j) $T_k = T_0 \cdot \exp\left[\dfrac{k^2}{N^2} \cdot \ln\left(\dfrac{T_0}{T_c}\right)\right]$

图7－1－1　不同衰减函数的降温曲线

(3) 控制参数 T 的终值 T_c 的选取

控制参数 T 的终值 T_c 通常由终止准则确定。合理的终止准则既要确保算法收敛于某一近似解，又要使最终解具有一定的质量。

从 CPU 时间考虑，Nahar 提出用事先确定好控制参数 T_k 的个数，亦即 Markov 链的长度或迭代次数 k 作为终止准则。他们选取的迭代次数为 6 ～ 50，这对于不同规模的优化问题，未免存在很大的局限性。

从最终解的质量出发，根据模拟退火算法渐进收敛性的启示：算法收敛于最优解集是随控制参数 T 值的缓慢减小渐进进行的。只有在控制参数终值 T_c"充分小"时，才有可能得出高质量的最终解。因此，可在某种程度上用 T_c"充分小" 替代"最终解质量" 作为终止准则的判据。在实际应用时，一种方法是使控制参数 $T_c < \delta$，由它直接构成终止准则判别式，其中 δ 是一个充分小的正数；另一种方法是由算法进程的接收率随控制参数值递减而减小的性质来确定终止参数χ_c，若算法进程的当前接收率$\chi_k < \chi_c$，就终止算法，Johnson 采用的就是这种终止准则。而合理地给定参数 δ 和χ_c 也不容易，也许只有采用理论分析的方法才能做到这一点。

由最终解的质量选取终止准则的另一途径是以算法进程所得到的某些近似解作为衡量标准，判断当前算法解的质量是否明显持续提高，从而确定是否终止算法。Krikpatrick 选取的终止准则是在若干个相继的 Markov 链中，解无任何变化(含优化或恶化)，就终止算法[143]，这种终止准则兼顾最优解质量和 CPU 时间，它是本书推荐使用的一种确定终止准则的方法。

(4) Markov 链长度 L_k 的选取

Markov 链长度的选取原则是：在控制参数 T 的衰减函数已选定的前提下，应选得 L_k 使在每一个控制参数 T_k 上都能恢复准平衡。

在控制参数 T_k 的每一取值上恢复准平衡需要进行的变换数，可通过恢复准平衡至少接受的变换数(某些固定数)来推算。但由于变换的接受概率随控制参数 T_k 的递减而减小，接受固定数量的变换需进行的变换数随之增多，最终在 $T_k \to 0$ 时，$L_k \to \infty$。为此可用某些常量 $\bar{L}$ 限定 L_k 的值，从而避免在小值 T_k 时产生过长的 Markov 链。

多数组合优化问题的解空间规模 $|S|$ 随问题规模 n 呈指数型增大，为使模拟退火算法最终解的质量得以保证，理应建立 L_k 和 n 之间的某种关系。然而指数型的关系显然是不切实际的，因此 $\bar{L}$ 通常取为问题规模 n 的一个多项式函数。如 Krikpatrick 等人采用 $\bar{L} = n$，本书算法也选取了这种方式，而有些学者选定 $\bar{L} = n^2$、$\bar{L} = 100n$ 等。这些多项式函数可以依据优化组合问题的性质、规模以及处理问题的经验来确定。

至此我们已经介绍了冷却进度表各项控制参数的选取原则，而冷却进度表对模拟退火算法的影响是所有参数共同作用的结果。因此，只有辨明各参数影响的主次关系及参数的交互作用，才能构造出有效的冷却进度表。各个参数的最佳组合可以使算法既能保证最终解的质量，又不显著增加 CPU 时间。

7.1.3 模拟退火算法的实现步骤

模拟退火反演的基本思想就是将待反演的模型参数看作是熔化物体的每一个分子，将目标函数看作是熔化物体的能量函数，通过徐徐降低温度，使目标函数在给定的模型空间内最终达到全局极小点。目前，常用的模拟退火算法的实现步骤为[145]：

(1) 确定模型空间：可通过地质信息或广义线性反演结果给定每一模型参数的变化范围[$\boldsymbol{m}^{\min}$, $\boldsymbol{m}^{\max}$]，在这个范围内随机选择一个初始模型 $\boldsymbol{m}_0$，并计算相应的目标函数值 $E(\boldsymbol{m}_0)$。

(2) 模型扰动：对当前模型 $\boldsymbol{m}_0$ 采用依赖于温度的似 Cauchy 分布产生新的扰动模型 $\boldsymbol{m}$，即：

$$\boldsymbol{m} = \boldsymbol{m}_0 + T_k \cdot \tan[\pi(\xi - 0.5)] \cdot (\boldsymbol{m}^{\max} - \boldsymbol{m}^{\min}) \qquad (7-1-7)$$

其中 T_k 表示第 k 步迭代的温度状态，ξ 为区间(0, 1)内均匀分布的随机数。接着，计算相应的目标函数 $E(\boldsymbol{m})$，得到 $\Delta E = E(\boldsymbol{m}) - E(\boldsymbol{m}_0)$。

(3) 接受概率：如果 $\Delta E \leqslant 0$，则新模型 $\boldsymbol{m}$ 被接收；否则新模型 $\boldsymbol{m}$ 按概率：

$$P = \exp(-\Delta E / T_k) \tag{7-1-8}$$

进行接收。当模型被接收时，置 $\boldsymbol{m}_0 = \boldsymbol{m}$，$E(\boldsymbol{m}_0) = E(\boldsymbol{m})$。

(4) 在温度 T_k 下，根据事先给定 Markov 链的长度，重复一定次数的扰动和接收过程，即重复步(2)、步(3)。

(5) 徐徐降温：根据 Ingber[146] (1989) 给出的快速模拟退火算法的降温方式：

$$T_k = T_0 \exp(-c \cdot k^{1/n}) \tag{7-1-9}$$

其中 T_0 为初始温度；k 为迭代次数；c 为给定常数；n 为待反演的参数个数。在实际应用中，通常将式(7-1-9)改写成：

$$T_k = T_0 \cdot \alpha^{k^{(1/n)}} \tag{7-1-10}$$

其中选择 $0.7 \leqslant \alpha < 1$，并采用 0.5 或 1 代替式(7-1-9)中的 $1/n$。

重复步(2) ~ 步(5)，直至满足收敛条件为止。以上算法实际上分两步交替进行计算：首先，随机扰动产生新模型并计算目标函数的变化；其次，决定新模型是否被接收。由于算法是在高温条件下开始进行的，因此使 E 增大的模型可能被接收，因而能舍去局部极小值，通过徐徐降低温度，算法能收敛到全局最优解或次全局最优解。

7.1.4 基于模拟退火的全局混合反演方法

在地球物理反演当中，没有一种反演方法对任何反问题都是有效的，每种方法都有各自的适用范围，而算法的混合正是拓宽其适用范围和提高性能的有效手段。我们知道，模拟退火算法虽然属于全局最优化方法，并且具有对初始模型依赖性小及不易收敛于局部极值的优点，但在实际应用当中，该方法往往只能得到次优解而不是最优解。据此，我们考虑到模拟退火法具有全局搜索能力强，而局部直接优化方法具有收敛速度快的特点，并且它们都不需要计算偏导数矩阵，因此可将两者有机地结合起来，起到取长补短的作用，在这里我们把它称为全局混合反演方法。那么作为混合反演方法，如何根据不同算法的特点将它们有机地结合起来，以改善算法的整体结构和搜索机制，最终达到提高算法的整体优化性能，这是本节乃至本章开展混合反演方法研究的目的。

谈及多种方法的结合就会涉及到结合方式问题，在这里我们给出了混合算法的串行和镶嵌结合方式：串行结构是混合算法中最简单的一种结合方式，如图 7-1-2 所示。它吸取不同算法的优点，用一种算法的搜索结果作为另一种算法的初始解依次对问题进行优化，其目的主要是在保证次全局最优解具有一定优化质量的前提下，再进一步提高全局最优解的质量。串行结构的混合算法需要解决的问题是确定算法的转换时机。镶嵌结构如图 7－1－3 所示，它表现为一种算法作为另一种算法某个步骤的优化操作，进而增强混合算法的整体优化性能。镶嵌结构的混合算法需要解决的问题主要是子算法与嵌入点的选择。

在本节中，我们分别采用镶嵌和串行结构方式将单纯形法和鲍尔方向加速法两种局部优化方法引入到模拟退火算法当中，以增强模拟退火算法的局部搜索性能。

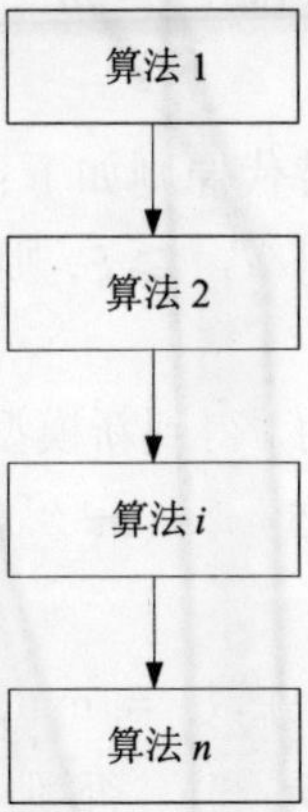

图 7－1－2　混合算法的串行结构图

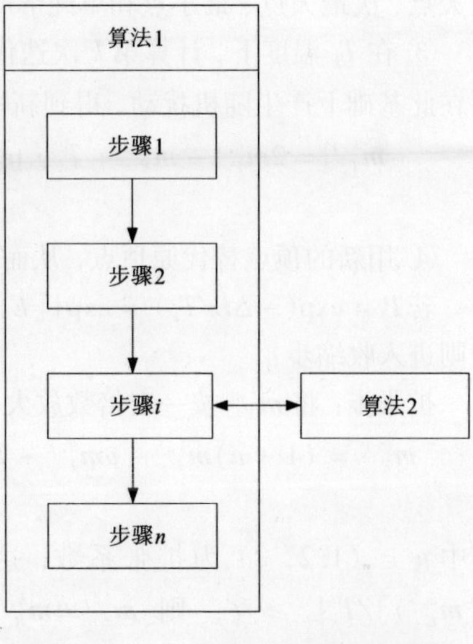

图 7－1－3　混合算法的镶嵌结构图

(1) 模拟退火算法与单纯形法的镶嵌式结合

模拟退火算法与单纯形法结合的实质就是由单纯形法产生一个中间模型，由模拟退火法对其进行随机扰动[139]。对于单纯形法这里不再赘述，下面直接给出模拟退火算法与单纯形法相结合的全局混合反演方法的迭代步骤：

① 构建初始模型：由式：

$$\boldsymbol{m} = \boldsymbol{m}^{\min} + T_0 \cdot \tan[\pi(\xi - 0.5)] \cdot (\boldsymbol{m}^{\max} - \boldsymbol{m}^{\min}) \quad (7-1-11)$$

自动生成 $n+1$ 个初始模型。其中 T_0 表示初始温度，ξ 表示区间 $[0, 1)$ 内均匀分布的随机数，$\boldsymbol{m}^{\max}$ 和 $\boldsymbol{m}^{\min}$ 为模型参数的上、下限。模型参数向量 $\boldsymbol{m}_1$，$\boldsymbol{m}_2$，…，$\boldsymbol{m}_i$，…，$\boldsymbol{m}_{n+1}$ 构成了由 $n+1$ 个顶点组成的初始单形，并计算每一个顶点上的目标函数值 $E(\boldsymbol{m}_1)$，…，$E(\boldsymbol{m}_{n+1})$。

② 模拟退火算法开始。首先确定

$$E_R^{k,j} = E(\boldsymbol{m}_R^{k,j}) = \max E(\boldsymbol{m}_i^{k,j}), 1 \leqslant i \leqslant n+1$$
$$E_G^{k,j} = E(\boldsymbol{m}_G^{k,j}) = \max E(\boldsymbol{m}_i^{k,j}), 1 \leqslant i \leqslant n+1 \text{ 且 } i \neq R$$
$$E_\mathrm{L}^{k,j} = E(\boldsymbol{m}_\mathrm{L}^{k,j}) = \min E(\boldsymbol{m}_i^{k,j}), 1 \leqslant i \leqslant n+1 \tag{7-1-12}$$
$$\boldsymbol{m}_F^{k,j} = \frac{1}{n}\sum_{n+1} \boldsymbol{m}_i^{k,j}$$

其中$E_R^{k,j}$、$E_G^{k,j}$和$E_\mathrm{L}^{k,j}$以及$\boldsymbol{m}_F^{k,j}$分别为第k次迭代、第j次模型更新时目标函数的最大点、次最大点、最小点和单纯形所有顶点的形心。

③ 在T_k温度下，计算第k次迭代、第j次模型更新时最坏点$\boldsymbol{m}_R^{k,j}$的对称点，并在此基础上产生随机扰动，得到新模型$\boldsymbol{m}_\mathrm{T}^{k,j}$：

$$\boldsymbol{m}_\mathrm{T}^{k,j} - 2\boldsymbol{m}_F^{k,j} - \boldsymbol{m}_R^{k,j} + T_k \cdot \tan[\pi(\xi - 0.5)] \cdot (\boldsymbol{m}^{\max} - \boldsymbol{m}^{\min}) \tag{7-1-13}$$

④ 用新的顶点替代原顶点，从而构成新的单形。替代原则如下：

若$P = \exp(-\Delta E/T_k) = \exp\{[E(\boldsymbol{m}_\mathrm{L}^{k,j}) - E(\boldsymbol{m}_\mathrm{T}^{k,j})]/T_k\} \geqslant \xi$，则进入扩张步，否则进入收缩步：

扩张步：将$\boldsymbol{m}_\mathrm{T}^{k,j}$按一定倍数放大，并产生随机扰动，得到新模型$m_E^{k,j}$：

$$\boldsymbol{m}_E^{k,j} = (1+u)\boldsymbol{m}_\mathrm{T}^{k,j} - u\boldsymbol{m}_F^{k,j} + T_k \cdot \tan[\pi(\xi - 0.5)] \cdot (\boldsymbol{m}^{\max} - \boldsymbol{m}^{\min}) \tag{7-1-14}$$

其中$u \in (1.2, 2)$为扩张系数，这里取为1.3。如果$P = \exp\{[E(\boldsymbol{m}_\mathrm{L}^{k,j}) - E(\boldsymbol{m}_E^{k,j})]/T_k\} \geqslant \xi$，则$\boldsymbol{m}_E^{k,j} \Rightarrow \boldsymbol{m}_R^{k,j}$，$E(\boldsymbol{m}_E^{k,j}) \Rightarrow E(\boldsymbol{m}_R^{k,j})$；否则$\boldsymbol{m}_\mathrm{T}^{k,j} \Rightarrow \boldsymbol{m}_R^{k,j}$，$E(\boldsymbol{m}_\mathrm{T}^{k,j}) \Rightarrow E(\boldsymbol{m}_R^{k,j})$。

收缩步：若$E(\boldsymbol{m}_\mathrm{T}^{k,j}) \leqslant E(\boldsymbol{m}_G^{k,j})$，则$\boldsymbol{m}_\mathrm{T}^{k,j} \Rightarrow \boldsymbol{m}_R^{k,j}$，$E(\boldsymbol{m}_\mathrm{T}^{k,j}) \Rightarrow E(\boldsymbol{m}_R^{k,j})$。若$E(\boldsymbol{m}_\mathrm{T}^{k,j}) > E(\boldsymbol{m}_G^{k,j})$。如果$E(\boldsymbol{m}_\mathrm{T}^{k,j}) < E(\boldsymbol{m}_R^{k,j})$，则$\boldsymbol{m}_\mathrm{T}^{k,j} \Rightarrow \boldsymbol{m}_R^{k,j}$，$E(\boldsymbol{m}_\mathrm{T}^{k,j}) \Rightarrow E(\boldsymbol{m}_R^{k,j})$。然后进行收缩，将$\boldsymbol{m}_F^{k,j}$按一定倍数缩小，并产生随机扰动，得到新模型$\boldsymbol{m}_S^{k,j}$：

$$\boldsymbol{m}_S^{k,j} = v\boldsymbol{m}_R^{k,j} + (1-v)\boldsymbol{m}_F^{k,j} + T_k \cdot \tan[\pi(\xi - 0.5)] \cdot (\boldsymbol{m}^{\max} - \boldsymbol{m}^{\min}) \tag{7-1-15}$$

其中$v \in (0, 1)$为收缩系数，这里取0.7。如果$P = \exp\{[E(\boldsymbol{m}_R^{k,j}) - E(\boldsymbol{m}_S^{k,j})]/T_k\} \geqslant \xi$，则$\boldsymbol{m}_S^{k,j} \Rightarrow \boldsymbol{m}_R^{k,j}$，$E(\boldsymbol{m}_S^{k,j}) \Rightarrow E(\boldsymbol{m}_R^{k,j})$；否则，重新生成$n+1$个单形顶点

$$\boldsymbol{m}_i^{k,j} \Leftarrow (\boldsymbol{m}_i^{k,j} + \boldsymbol{m}_\mathrm{L}^{k,j})/2,\ i = 1, 2, \cdots, n+1 \tag{7-1-16}$$
$$E_i^{k,j} = E(\boldsymbol{m}_i^{k,j}),\ i = 1, 2, \cdots, n+1$$

⑤ 接着返回到第②步，进行$j+1$次随机扰动，直至达到事先给定Markov链的长度。然后降低温度，进行$k+1$步迭代。

重复步②～步⑤，直至满足收敛条件为止。以上步骤描述了模拟退火法和

单纯形法的镶嵌式结合过程。从两种算法的本身特性分析，基于可变多面体结构的单纯形法收敛速度快，但容易陷入局部极小点。而基于概率分布机制的模拟退火法具有突跳性，不易陷入局部极小点，但收敛速度慢。两种算法的结合可以取长补短，有利于优化各自的搜索行为，增强全局和局部意义下的搜索能力和效率，而且可以削弱模拟退火算法对冷却进度表参数选择的苛刻性。

下面给出直流激电测深单纯形 - 模拟退火反演的 C ++ 程序代码，主程序见附录 B。

```
//==========================================================================//
// 函数名称: DCIP_SMSAInv()                                                 //
// 函数目的: 直流激电测深单纯形 - 模拟退火反演                              //
// 参数说明:       AB: 电极距                                               //
//               PRes: 实测视电阻率                                         //
//               MRes: 模拟视电阻率                                         //
//                  m: 实测数据的个数                                       //
//                 ms: 模型空间(电阻率和厚度)的上下界                       //
//                  n: 模型参数个数                                         //
//            BestInv: 最优解                                               //
//             IPFlag: 电阻率或极化率反演标识                               //
//==========================================================================//
void DCIP_SMSAInv( double * AB, double * PRes, double * MRes, int m,
                   double * ms, int n, double * BestInv, int IPFlag )
{
  // 初始化反演参数
  int MaxIterNum = 5000;          // 最大迭代数
  int MarkovLength = n;           // 马可夫链长度
  double DecayScale = 0.99;       // 温度衰减参数
  double T0 = 0.1;                // 初始温度
  double TC = 1e - 30;            // 终止温度
  double RMS = 1e - 12;           // 终止误差
  ////////////////////////////////////////////////////////////////////////////
  // 单纯形所用的数组
  int nn = n + 1;
  double * fv  = new double[ nn ];
  double * mp  = new double[ n * nn ];
  double * mt  = new double[ n ];
  double * mf  = new double[ n ];
  double * me  = new double[ n ];
  ////////////////////////////////////////////////////////////////////////////
  // 计算初始单形和残差
  int i, j, k;
  int LN = ( n - 1 ) / 2 + 1; // 层数

  double * detam = new double[ n ]; // 模型空间差值
  for( i = 0; i < n; i ++ ) detam[ i ] = ms[ i * 2 + 1 ] - ms[ i * 2 ];

  double sum = 0;
  for( i = 0; i < nn; i ++ )
  {
    for( j = 0; j < n; j ++ )
    {
      int jn = j * nn;
```

```
        if( IPFlag = = 1 && j > = LN )
        {
          mp[ jn + i ] = BestInv[ j ];
          mt[ j ] = BestInv[ j ];
        }
        else
        {
          int jj = j * 2;
          mt[ j ] = ms [ jj ] + Cauchy( T0 ) * detam[ j ];
          if( mt[ j ] < ms[ jj ] ) mt[ j ] = ms[ jj ];
          if( mt[ j ] > ms[ jj + 1 ] ) mt[ j ] = ms[ jj + 1 ];
          mp[ jn + i ] = mt[ j ];
        }
      }
    fv[ i ] = ObjectFunc( mt, n, AB, PRes, MRes, m );
    sum + = fv[ i ];
  }
//////////////////////////////////////////////////////////////////////////////////////////
//模拟退火
T0 = sum; //将误差和作为初始温度
for( i = 0; i < MaxIterNum; i ++ )
{
  double fr, fg, fl;
  int r, g, l;
  T0 * = DecayScale;
  for( j = 0; j < MarkovLength; j ++ )
  {
    double u = 1.3; //扩张系数
    double v = 0.7; //收缩系数
    ////////////////////////////////////////////////////////////////////////////////
    //开始引入单纯形,寻找最大,次最大,最小值。
    fr = fv[ 0 ];//最大
    fl = fv[ 0 ];//最小
    r = 0;
    l = 0;
    for( k = 1; k < nn; k ++ )
    {
      if( fv[ k ] > fr )
      {
        r = k;
        fr = fv[ k ];
      }
      if( fv[ k ] < fl )
      {
        l = k;
        fl = fv[ k ];
      }
    }
    g = 0;
    fg = fv[ 0 ]; //次最大
    for( k = 1; k < nn; k ++ )
    {
      if( ( k ! = r ) && ( fv[ k ] > fg ) )
      {
        g = k;
        fg = fv[ k ];
```

```
    }
}
//////////////////////////////////////////////////////////////////////////
//计算最坏点的对称点
for( k = 0; k < n; k ++ )
{
  mf[ k ] = 0.0;
  for( int kk = 0; kk < nn; kk ++ )
  {
    if( kk ! = r ) mf[ k ] += mp[ k * nn + kk ] / n;
  }
  if( IPFlag = = 1 && k > = LN ) mt[ k ] = BestInv[ k ];
  else
  {
    kk = k * 2;
    mt[ k ] = 2 * mf[ k ] - mp[ k * nn + r ] + Cauchy( T0 ) * detam[ k ];
    if( mt[ k ] < ms[ kk ] ) mt[ k ] = ms[ kk ];
    if( mt[ k ] > ms[ kk + 1 ] ) mt[ k ] = ms[ kk + 1 ];
  }
}
double ft = ObjectFunc( mt, n, AB, PRes, MRes, m );
//////////////////////////////////////////////////////////////////////////
//进行扩张和收缩
double deta = ft - fv[ l ];
double pe;
if( deta < 0 ) pe = 1;
else pe = exp( - deta / T0 );
if( pe > Random53( ) ) //扩张
{
  for( k = 0; k < n; k ++ )
  {
    if( IPFlag = = 1 && k > = LN ) mf[ k ] = BestInv[ k ];
    else
    {
      int kk = k * 2;
      mf[ k ] = ( 1 + u ) * mt[ k ] - u * mf[ k ] + Cauchy( T0 ) * detam[ k ];
      if( mf[ k ] < ms[ kk ] ) mf[ k ] = ms[ kk ];
      if( mf[ k ] > ms[ kk + 1 ] ) mf[ k ] = ms[ kk + 1 ];
    }
  }
  double ff = ObjectFunc( mf, n, AB, PRes, MRes, m );

  double deta = ff - fv[ l ];
  double pe;
  if( deta < 0 ) pe = 1;
  else pe = exp( - deta / T0 );
  if( pe > Random53( ) ) //扩张后按概率进行接收
  {
    for( k = 0; k < n; k ++ ) mp[ k * nn + r ] = mf[ k ];
    fv[ r ] = ff;
  }
  else
  {
    for( k = 0; k < n; k ++ ) mp[ k * nn + r ] = mt[ k ];
    fv[ r ] = ft;
  }
```

```
}
else // 收缩
{
  if( ft < = fv[ g ] )
  {
    for( k = 0; k < n; k ++ ) mp[ k * nn + r ] = mt[ k ];
    fv[ r ] = ft;
  }
  else
  {
    if( ft < = fv[ r ] )
    {
      for( k = 0; k < n; k ++ ) mp[ k * nn + r ] = mt[ k ];
      fv[ r ] = ft;
    }
    for( k = 0; k < n; k ++ )
    {
      if( IPFlag = = 1 && k > = LN ) mf[ k ] = BestInv[ k ];
      else
      {
        int kk = k * 2;
        mf[ k ] = v * mp[ k * nn + r ] + ( 1 - v ) * mf[ k ] + Cauchy(T0) * detam[ k ];
        if( mf[ k ] < ms[ kk ] ) mf[ k ] = ms[ kk ];
        if( mf[ k ] > ms[ kk + 1 ] ) mf[ k ] = ms[ kk + 1 ];
      }
    }
    double ff = ObjectFunc( mf, n, AB, PRes, MRes, m );

    deta = ff - fv[ r ];
    if( deta < 0 ) pe = 1;
    else pe = exp( - deta / T0 );
    if( pe > Random53( ) )
    {
      for( k = 0; k < n; k ++ ) mp[ k * nn + r ] = mf[ k ];
      fv[ r ] = ff;
    }
    else
    {
      for( k = 0; k < nn; k ++ )
      {
        for( int kk = 0; kk < n; kk ++ )
        {
          int kn = kk * nn;
          if( IPFlag = = 1 && kk > = LN )
          {
            mp[ kn + k ] = BestInv[ kk ];
            me[ kk ] = BestInv[ kk ];
          }
          else
          {
            mp[ kn + k ] = ( mp[ kn + k ] + mp[ kn + l ] ) / 2;
            me[ kk ] = mp[ kn + k ];
          }
        }
        fv[ k ] = ObjectFunc( me, n, AB, PRes, MRes, m );
      }
```

```
            }
        }
    }
    }
    cout << i << setw( 10 ) << TNum << setw( 15 ) << T0 << setw( 20 ) << fr << endl;
    if( T0 < TC || fr < RMS ) break;
  }
  ///////////////////////////////////////////////////////////////////////////////////
  //保存最优解
  for( i = 0; i < n; i ++ )
  {
    BestInv[ i ] = 0.0;
    for( j = 0; j < nn; j ++ ) BestInv[ i ] += mp[ i * nn + j ] / nn;
  }
  ///////////////////////////////////////////////////////////////////////////////////
  delete [ ]fv; delete [ ]mp; delete [ ]mt; delete [ ]mf; delete [ ]me;   delete [ ]detam;
}///////////////////////////////////////////////////////////////////////////////////
//以下为 DCIP - SMSAInv 子程序调用的全部函数。
//全局变量及相关函数
///////////////////////////////////////////////////////////////////////////////////////
//在[0,1) 产生一个随机数
/* generates a random number on [0,1) with 53 - bit resolution */
/* These real versions are due to Isaku Wada, 2002/01/09 */
/* Period parameters */
#define N 624
#define M 397
#define MATRIX_A 0x9908b0dfUL /* constant vector a */
#define UPPER_MASK 0x80000000UL /* most significant w - r bits */
#define LOWER_MASK 0x7fffffffUL /* least significant r bits */

static unsigned long mt[ N ]; /* the array for the state vector */
static int mti = N + 1; /* mti == N + 1 means mt[N] is not initialized */

/* initializes mt[N] with a seed */
void init_genrand( unsigned long s )
{
    mt[ 0 ] = s & 0xffffffffUL;
    for ( mti = 1; mti < N; mti ++ )
    {
        mt[ mti ] = ( 1812433253UL * ( mt[ mti - 1]^( mt[ mti - 1 ] >> 30 ) ) + mti );
        /* See Knuth TAOCP Vol2. 3rd Ed. P.106 for multiplier. */
        /* In the previous versions, MSBs of the seed affect   */
        /* only MSBs of the array mt[ ].                        */
        /* 2002/01/09 modified by Makoto Matsumoto              */
        mt[ mti ] &= 0xffffffffUL;
        /* for > 32 bit machines */
    }
}
/* initialize by an array with array - length */
/* init_key is the array for initializing keys */
/* key_length is its length */
/* slight change for C ++, 2004/2/26 */
void init_by_array( unsigned long init_key[ ], int key_length )
{
    int i, j, k;
    init_genrand( 19650218UL );
```

```
    i = 1;
    j = 0;
    k = ( N > key_length ? N : key_length );
    for ( ; k; k -- )
    {  /* non linear */
        mt[ i ] = ( mt[ i ]^( ( mt[ i - 1 ]^( mt[ i - 1 ] >> 30 ) ) * 1664525UL ) )
                  + init_key[ j ] + j;
        mt[ I ] &= 0xffffffffUL; /* for WORDSIZE > 32 machines */
        i ++; j ++;
        if( i >= N )
        {
            mt[ 0 ] = mt[ N - 1 ];
            i = 1;
        }
        if( j >= key_length ) j = 0;
    }
    for( k = N - 1; k; k -- )
    {  /* non linear */
        mt[ i ] = ( mt[ i ]^( ( mt[ i - 1 ]^( mt[ i - 1 ] >> 30 ) ) * 1566083941UL ) ) - i;
        mt[ i ] &= 0xffffffffUL; /* for WORDSIZE > 32 machines */
        i ++;
        if( i >= N )
        {
            mt[ 0 ] = mt[ N - 1 ];
            i = 1;
        }
    }
    mt[0] = 0x80000000UL; /* MSB is 1; assuring non - zero initial array */
}
/* generates a random number on [0,0xffffffff] - interval */
unsigned long genrand_int32( void )
{
    unsigned long y;
    /* mag01[x] = x * MATRIX_A  for x = 0,1 */
    static unsigned long mag01[ 2 ] = { 0x0UL, MATRIX_A };
    if( mti >= N )
    { /* generate N words at one time */
        int kk;
        /* if init_genrand( ) has not been called, */
        if( mti == N + 1 ) init_genrand( 5489UL ); /* a default initial seed is used */

        for( kk = 0; kk < N - M; kk ++ )
        {
            y = ( mt[ kk ] & UPPER_MASK ) | ( mt[ kk + 1 ] & LOWER_MASK );
            mt[ kk ] = mt[ kk + M ] ^ ( y >> 1 ) ^ mag01[ y & 0x1UL ];
        }
        for( ; kk < N - 1; kk ++ )
        {
            y = ( mt[ kk ] & UPPER_MASK ) | ( mt[ kk + 1 ] & LOWER_MASK );
            mt[ kk ] = mt[ kk + ( M - N ) ] ^ ( y >> 1 ) ^ mag01[ y & 0x1UL ];
        }
        y = ( mt[ N - 1 ] & UPPER_MASK ) | ( mt[ 0 ] & LOWER_MASK );
        mt[ N - 1 ] = mt[ M - 1 ] ^ ( y >> 1 ) ^ mag01[ y & 0x1UL ];
        mti = 0;
    }
    y = mt[ mti ++ ];
```

```
    /* Tempering */
    y ^= ( y >> 11 );
    y ^= ( y << 7 ) & 0x9d2c5680UL;
    y ^= ( y << 15 ) & 0xefc60000UL;
    y ^= ( y >> 18 );
    return y;
}
double Random53( void )
{
    unsigned long a = genrand_int32() >> 5, b = genrand_int32() >> 6;
    return( a * 67108864.0 + b ) * ( 1.0 / 9007199254740992.0 );
}
//=====================================================================//
// 函数名称:DC1DMod()                                                   //
// 函数目的:利用汉克尔变换进行电阻率一维正演模拟                            //
// 参数说明:      Rs: 视电阻率                                           //
//               AB: 极距 AB/2                                          //
//                m: 极距数                                             //
//               LR: 模型的层阻                                          //
//               LT: 模型的层厚                                          //
//               LN: 模型的层数                                          //
//               SP: 汉克尔积分的采样点位置(全局变量)                       //
//                W: 汉克尔积分的权系数(全局变量)                          //
//                n: 汉克尔积分的采样点个数(全局变量)                       //
//=====================================================================//
void DC1DMod( double *Rs, double *AB, int m, double *LR, double *LT, int LN )
{
   int i, j, k;
   double TN, Lamd, Temp;
   for( i = 0; i < m; i++ ) // 极距数
   {
     Rs[ i ] = 0; // 视电阻率
     for( k = 0; k < hn; k++ ) // 汉克尔积分
     {
       TN = LR[ LN - 1 ];
       Lamd = SP[ k ] / AB[ i ];
       for( j = LN - 2; j >= 0;j--) // 计算电阻率转换函数 T1
       {
         Temp = ( ( TN - LR[ j ] ) / ( TN + LR[ j ] ) ) * exp( -2 * Lamd * LT[ j ] );
         TN = LR[ j ] * ( 1 + Temp ) / ( 1 - Temp );
       }
       Rs[ i ] += W[ k ] * TN * Lamd;
     }
     Rs[ i ] *= AB[ i ];
   }
}
//=====================================================================//
// 函数名称:Cauchy()                                                    //
// 函数目的:随机产生模型扰动量                                            //
// 函数参数:T: 温度                                                     //
//=====================================================================//
double Cauchy( double T )
{
  double temp, PI = 3.1415926535897;
  while( 1 )
  {
```

```
        temp = T * tan( ( PI * Random53( ) - 0.5 ) );
        if( temp > = - 1 && temp < = 1 ) break;
    }
    return temp;
}
//=============================================================================//
// 函数名称:ObjectFunc( )                                                        //
// 函数目的:计算目标函数                                                          //
// 参数说明:      ModelPara: 模型参数                                             //
//                        n: 模型参数个数                                        //
//                       AB: 供电极距 AB/2                                       //
//                     PRes: 实测的视电阻率                                       //
//                     MRes: 模拟的视电阻率                                       //
//                        m: 数据个数                                            //
//=============================================================================//
int TNum = 0; // 全局变量,记录正演次数
double ObjectFunc( double * ModelPara, int n, double * AB, double * PRes, double * MRes, int m )
{
    int LN = ( n - 1 ) / 2 + 1;
    double * LR = new double[ LN ];
    double * LT = new double[ LN - 1 ];
    for( int i = 0; i < n; i ++ )
    {
        if( i < LN ) LR[ i ] = ModelPara[ i ];
        else LT[ i - LN ] = ModelPara[ i ];
    }
    /////////////////////////////////////////////////////////////////////////////
    // 正演
    DC1DMod( MRes, AB, m, LR, LT, LN );
    delete [ ]LR; delete [ ]LT;
    TNum + = 1;
    /////////////////////////////////////////////////////////////////////////////
    double temp, rms = 0;
    for( i = 0; i < m; i ++ )
    {
        temp = log( PRes[ i ] / MRes[ i ] );
        rms + = temp * temp;
    }
    return rms / = m;
}
```

(2) 模拟退火算法与鲍尔方向法的串行式结合

鲍尔方向加速法是鲍尔(Powell) 于 1964 年首先提出的解无约束最优化问题的一种直接搜索方法[147]，它不需要计算导数，只需要计算函数值和要求函数连续，许多学者不断对它进行改进，使其在理论上不断完善。1973 年 Sargent 提出一个改进方案[148]。1977 年吴方对 Powell 法共轭性度量中去掉哪一个方向最好的问题，提出了简单的判别条件，使算法得到进一步简化[149]。1979 年邓乃扬等人对 Powell 法的理论基础进行了探讨，使 Powell 方法在理论上逐步完善，得到了目前通用的 Powell 方向法[150]。由于此方法只要求函数连续，并且只需计算函数值，对凸二次函数可在有限步收敛到最优解，被公认为是目前解无约束最优化问题非常有效的直接法，应用十分广泛。下面给出修正鲍尔法的迭代过程[151]：

给定初始向量$\boldsymbol{m}^{(0)}$及n个搜索方向(n为参数个数)，通常设为$\boldsymbol{e}_1, \boldsymbol{e}_2, \cdots, \boldsymbol{e}_n$，$\boldsymbol{e}$为单位向量。给定控制误差$\varepsilon$，较大的正数$M$。

① $0 \Rightarrow k$, $\boldsymbol{e}_j \Rightarrow P_j$, $j = 1, 2, \cdots, n$。

② $0 \Rightarrow j$, $\boldsymbol{m}^{(k)} \Rightarrow \boldsymbol{m}^{(k,j)}$, $-M \Rightarrow \Delta$。

③ $\boldsymbol{m}^{(k,j+1)} = \boldsymbol{m}^{(k,j)} + \lambda_{j+1} P_{j+1}$，其中$f[\boldsymbol{m}^{(k,j)} + \lambda_{j+1} P_{j+1}] = \min\limits_{\lambda} f[\boldsymbol{m}^{(k,j)} + \lambda \cdot P_{j+1}]$。

④ 若$f[\boldsymbol{m}^{(k,j)}] - f[\boldsymbol{m}^{(k,j+1)}] > \Delta$，则$f[\boldsymbol{m}^{(k,j)}] - f[\boldsymbol{m}^{(k,j+1)}] \Rightarrow \Delta$, $j+1 \Rightarrow J$；若$f[\boldsymbol{m}^{(k,j)}] - f[\boldsymbol{m}^{(k,j+1)}] \leqslant \Delta$，则$\Delta$、$J$保持不变，转到⑤。

⑤ $j+1 \Rightarrow j$，如果$j < n$，转到③，否则，转到⑥。

⑥ 若$\| \boldsymbol{m}^{(k,n)} - \boldsymbol{m}^{(k,0)} \| \leqslant \varepsilon$，则最优解$m^* = \boldsymbol{m}^{(k,n)}$，终止计算。否则，转到⑦。

⑦ 计算$f_1 = f[\boldsymbol{m}^{(k,0)}]$, $f_2 = f[\boldsymbol{m}^{(k,n)}]$, $f_3 = f[2\boldsymbol{m}^{(k,n)} - \boldsymbol{m}^{(k,0)}]$。若$f_3 \geqslant f_1$，转到⑨。否则，转到⑧。

⑧ 若$(f_1 - 2f_2 + f_3) \cdot (f_1 - f_2 - \Delta)^2 \geqslant \Delta \cdot (f_1 - f_3)^2 / 2$，转到⑨。否则，转到⑩。

⑨ $\boldsymbol{m}^{(k,n)} \Rightarrow \boldsymbol{m}^{(k+1)}$, $k+1 \Rightarrow k$，转到②。

⑩ 令$P = \boldsymbol{m}^{(k,n)} - \boldsymbol{m}^{(k,0)}$, $\boldsymbol{m}^{(k+1)} = \boldsymbol{m}^{(k,n)} + \lambda^* P_{j+1}$，其中

$f[\boldsymbol{m}^{(k,n)} + \lambda^* \cdot P] = \min\limits_{\lambda} f[\boldsymbol{m}^{(k,n)} + \lambda \cdot P]$。

$$P_{j+1} \Rightarrow P_j,\ j = 1, 2, \cdots, n-1,\ \frac{P}{\| P \|} \Rightarrow P_n,\ k+1 \Rightarrow k，转到②。$$

式中λ是解向量$\boldsymbol{m}$在共轭方向P上的一维搜索步长。

从以上鲍尔方向加速法的迭代过程可以看出，由于要进行数次迭代和线性搜索才能得到局部极值点，需要的计算量较大，所以考虑将鲍尔方向加速法和模拟退火算法以串行方式结合，即只在模拟退火算法终止时，在近似全局最优解的基础上，进行一次局部寻优来改善最终解的质量。而对于模拟退火算法，终止方式有多种选择，诸如在若干个相继的Markov链中解未得到任何改善；控制参数T的值小于某个充分小的正数δ；两个相继Markov链所得解之差的绝对值小于某个正数ε；当前解的误差小于规定的误差e等，这些均可作为终止准则。但由于模拟退火算法的搜索过程是随机的，且当T值较大时可以接收部分恶化解，随着T值的减小，恶化解被接收的概率逐渐减小直至趋于零。另外，某些当前解要达到最优解时必须经过暂时恶化的“山脊”[141]。因此，上面的停止准则均无法保证算法得到的最终解必定是最优的，特别地，它们甚至无法保证最终解正好是在整个搜索过程中曾经达到过的最优解。对于那些多极值问题，这种情况更为突出。因此，给算法增加一个记忆器，使之能够记住搜索过程中遇到过的最好结果，当退火结束时，将记忆器中的解作为鲍尔方向加速法的初始解，进行一次局部寻优，尽量

使次最优解能达到全局最优。两种算法相结合的过程如下：

① 给定初始温度 T_0、终止温度 T_c 及 Markov 链的长度 L_k。根据先验信息给定模型空间$[\boldsymbol{m}^{\min}, \boldsymbol{m}^{\max}]$，随机产生初始解 $\boldsymbol{m}_{old}$，并计算目标函数值 $E(\boldsymbol{m}_{old})$。令抽样最优解和全局最优解分别为 $\boldsymbol{m}_{better}$ 和 $\boldsymbol{m}_{best}$，$\boldsymbol{m}_{best} = \boldsymbol{m}_{better} = \boldsymbol{m}_{old}$ 及 $E(\boldsymbol{m}_{best}) = E(\boldsymbol{m}_{better}) = E(\boldsymbol{m}_{old})$；迭代序号 $k = 0$；令 $p = q = 0$，其中 p、q 分别记录退火和抽样过程中最优解未改善的次数及分别对应的最大限制次数 p_{max}、q_{max}。

② 在 T_k 温度下，对当前模型 $\boldsymbol{m}_{old}$ 采用依赖于温度的似 Cauchy 分布产生新的扰动模型 $\boldsymbol{m}_{new}$，即：

$$\boldsymbol{m}_{new} = \boldsymbol{m}_{old} + T_k \cdot \tan[\pi(\xi - 0.5)] \cdot (\boldsymbol{m}^{\max} - \boldsymbol{m}^{\min})$$

式中 T_k 表示第 k 步迭代的温度状态；ξ 为区间$[0, 1)$内均匀分布的随机数。接着，计算相应的目标函数 $E(\boldsymbol{m}_{new})$，得到 $\Delta E = E(\boldsymbol{m}_{new}) - E(\boldsymbol{m}_{old})$。

③ 接受概率：如果 $\Delta E \leqslant 0$，则新模型 $\boldsymbol{m}_{new}$ 被接收，置 $\boldsymbol{m}_{old} = \boldsymbol{m}_{new}$，$E(\boldsymbol{m}_{old}) = E(\boldsymbol{m}_{new})$。否则，新模型按概率 $P = \exp(-\Delta E/T_k) \geqslant \xi$ 判断是否被接收。如果新模型 $\boldsymbol{m}_{new}$ 被接收，则继续判断：如果 $E(\boldsymbol{m}_{new}) < E(\boldsymbol{m}_{better})$，则 $\boldsymbol{m}_{better} = \boldsymbol{m}_{new}$，$E(\boldsymbol{m}_{better}) = E(\boldsymbol{m}_{new})$，$q = 0$；否则 $q = q + 1$。

④ 在温度 T_k 下，根据事先给定 Markov 链的长度 L_k，重复一定次数的扰动和接收过程，即重复 ②、③ 步。如果抽样次数达到 L_k 或 $q > q_{max}$ 则转 ⑤。

⑤ 如果 $E(\boldsymbol{m}_{better}) < E(\boldsymbol{m}_{best})$，则 $\boldsymbol{m}_{best} = \boldsymbol{m}_{better}$，$E(\boldsymbol{m}_{best}) = E(\boldsymbol{m}_{better})$，$p = 0$；否则，$p = p + 1$。

⑥ 如果退火满足终止温度 T_c 或 $p > p_{max}$，则终止模拟退火算法，并以次最优解 $\boldsymbol{m}_{best}$ 作为鲍尔方向加速法的初始解进行局部寻优，否则，继续降低温度，$T_{k+1} = T_0 \cdot \alpha^k$，$k = k + 1$，转到 ②，直到满足终止条件。

下面给出直流激电测深鲍尔 - 模拟退火反演的 C ++ 程序代码。

```
//==========================================================================//
// 函数名称：DCIP_PWSAInv()                                                  //
// 函数目的：直流激电鲍尔方向法 - 模拟退火反演                                  //
// 参数说明：    AB：电极距                                                   //
//            PRes：实测视电阻率                                              //
//            MRes：模拟视电阻率                                              //
//               m：实测数据的个数                                            //
//              ms：模型空间(电阻率和厚度) 的上下界                              //
//               n：模型参数个数                                              //
//         BestInv：最优解                                                    //
//          IPFlag：电阻率或极化率反演标识                                      //
//==========================================================================//
void DCIP_PWSAInv( double *AB, double *PRes, double *BestMRes, int m,
                   double *ms, int n, double *BestInv, int IPFlag )
{
  ////////////////////////////////////////////////////////////////////////////
  //初始化反演参数
  int MaxIterNum = 5000;              //最大迭代数
  int MarkovLength = 5 * n * n;       //马可夫链长度
```

```
double DecayScale = 0.98;          // 温度衰减参数
double T0 = 0.15;                  // 初始温度
double TC = 1e - 30;               // 终止温度
double RMS = 1e - 12;              // 终止误差
// 退火和抽样最优解未改善的最大次数
int pmax = MarkovLength, qmax = n;
int p, q;
double * SNew = new double[ n ];
double * SOld = new double[ n ];
double * SBetter = new double[ n ];   // 抽样最优解
double * SBest = new double[ n ];     // 退火最优解
double * MRes = new double[ m ];
double * detam = new double[ n ];     // 模型空间差值
int LN = ( n - 1 ) / 2 + 1;           // 层数
int i, j, k;
for( i = 0; i < n; i ++ ) detam [ i ] = ms[ i * 2 + 1 ] - ms[ i * 2 ];
//////////////////////////////////////////////////////////////////////
// 给入随机的初始点
for( i = 0; i < n; i ++ )
{
  if( IPFlag = = 1 && i > = LN )
  {
    SOld [ i ] = BestInv[ i ];
    SBetter[ i ] = BestInv[ i ];
    SBest [ i ] = BestInv[ i ];
  }
  else
  {
    int ii = i * 2;
    SOld[ i ] = ms [ ii ] + Cauchy( T0 ) * detam[ i ];
    if( SOld[ i ] < ms[ ii ] ) SOld[ i ] = ms[ ii ];
    if( SOld[ i ] > ms[ ii + 1 ] ) SOld[ i ] = ms[ ii + 1 ];

    SBetter[ i ] = SOld[ i ];
    SBest [ i ] = SOld[ i ];
  }
}
double OldRMS, NewRMS, BetterRMS, BestRMS;

OldRMS = ObjectFunc( SOld, n, AB, PRes, MRes, m );
BetterRMS = OldRMS;
BestRMS = OldRMS;
T0 = OldRMS;
//////////////////////////////////////////////////////////////////////
// 模拟退火主要程序段
p = 0;
for( i = 0; i < MaxIterNum; i ++ ) // 退火过程
{
  q = 0;
  T0 * = DecayScale;
  for( j = 0; j < MarkovLength; j ++ ) // 抽样过程
  {
    // 产生新的扰动量
    for( k = 0; k < n; k ++ )
    {
      if( IPFlag = = 1 && k > = LN ) SNew[ k ] = BestInv[ k ];
```

```
        else
        {
          int kk = k * 2;
          SNew[ k ] = SOld[ k ] + Cauchy( T0 ) * detam[ k ];
          if( SNew[ k ] < ms[ kk ] ) SNew[ k ] = ms[ kk ];
          if( SNew[ k ] > ms[ kk + 1 ] ) SNew[ k ] = ms[ kk + 1 ];
        }
      }
      // 计算目标函数
      NewRMS = ObjectFunc( SNew, n, AB, PRes, MRes, m );
      double deta = NewRMS - OldRMS;
      double pe;
      if( deta < 0 ) pe = 1;
      else pe = exp( - deta / T0 );
      if( pe > Random53( ) )
      {
        for( k = 0; k < n; k ++ ) SOld[ k ] = SNew[ k ];
        OldRMS = NewRMS;
        if( NewRMS < BetterRMS )
        {
          for( k = 0; k < n; k ++ ) SBetter[k] = SNew[ k ];
          BetterRMS = NewRMS;
          q = 0;
        }
        else q ++;
      }
      if( q > qmax ) break;
    }
    if( BetterRMS < BestRMS )
    {
      for( k = 0; k < n; k ++ ) SBest[ k ] = SBetter[ k ];
      BestRMS = BetterRMS;
      p = 0;
    }
    else p ++;

    // 输出迭代误差
    cout << i << setw( 20 ) << T0 << setw( 20 ) << BestRMS << endl;

    if( T0 < TC || BestRMS < RMS || p > pmax ) break;
  }
  for( k = 0; k < n; k ++ ) cout << SBest[ k ] << endl;
  ////////////////////////////////////////////////////////////////////////////////
  // 调用鲍尔法进行搜索
  double *xi = new double[ n * n ]; // 初始矩阵,n 个初始方向,通常为单位矩阵
  int iter;  // 执行的迭代数
  for( i = 0; i < n; i ++ ) // 初始化初始搜索方向
  {
    for( j = 0; j < n; j ++ )
    {
      if( i == j ) xi[ i * n + j ] = 1;
      else         xi[ i * n + j ] = 0;
    }
  }
  Powell( SBest, xi, n, iter, BestRMS, AB, PRes, MRes, m, IPFlag );
  ////////////////////////////////////////////////////////////////////////////////////
```

```
    cout < < " 正演次数:" < < setw(20) < < TNum < < endl;
    ////////////////////////////////////////////////////////////////////////////
    // 返回最终反演结果
    for( i = 0; i < n; i ++ ) BestInv[ i ] = SBest[ i ];
    for( i = 0; i < m; i ++ ) BestMRes[ i ] = MRes[ i ];
    ////////////////////////////////////////////////////////////////////////////
    // 释放内存
    delete [ ]SNew; delete [ ]SOld; delete [ ]SBetter; delete [ ]SBest;
    delete [ ]MRes; delete [ ]detam; delete [ ]xi;
}
//////////////////////////////////////////////////////////////////////////////
// 以下为 DCIP - PWSAInv 子程序调用的函数,部分子程序在前面小节中。
//////////////////////////////////////////////////////////////////////////////
#include < math. h >
#include < iostream. h >
#include < iomanip. h >
//////////////////////////////////////////////////////////////////////////////
#define SIGN( a, b ) ( b > = 0.0 ? fabs( a ) : - fabs( a ) )
#define FMAX( a, b ) a > b ? a : b
#define SQR( a ) a * a
#define shift( a, b, c, d ) a = b; b = c; c = d;
//==========================================================================//
// 函数名称: fidim( )                                                        //
// 函数目的: 计算新解向量的函数值                                            //
// 参数说明:        x: 修正量                                                //
//                pcm: 解向量                                                //
//                xcm: 搜索方向向量                                          //
//                  n: 解的维数                                              //
//               其余: 计算目标函数所需参量                                  //
//==========================================================================//
double fidim( double x, double * AB, double * PRes, double * MRes, int m,
            double * pcm, double * xcm, int n, int IPFlag )
{
    int LN = ( n - 1 ) / 2 + 1;
    double * xt = new double[ n ]; // 新解向量
    for( int i = 0; i < n; i ++ )
    {
      if( IPFlag = = 1 && i > = LN ) xt[ i ] = pcm[ i ];
      else xt[ i ] = pcm[ i ] + x * xcm[ i ];
    }
    double f = ObjectFunc( xt, n, AB, PRes, MRes, m );
    delete [ ]xt;
    return f;
}
//==========================================================================//
// 函数名称: mnbrak( )                                                       //
// 函数目的: 根据不同的初始点计算包含函数最小值的新初始点                    //
// 参数说明:    ax,bx: 初始点                                                //
//           ax,bx,cx: 返回的新点                                            //
//           fa,fb,fc: 返回新点的函数值                                      //
//                pcm: 解向量                                                //
//                xcm: 搜索方向向量                                          //
//                  n: 解的维数                                              //
//               其余: 计算目标函数所需参量                                  //
//==========================================================================//
void mnbrak( double &ax, double &bx, double &cx, double &fa, double &fb, double &fc,double * AB,
```

```
    double * PRes, double * MRes, int m, double * pcm, double * xcm, int n, int IPFlag )
{
  const double tiny = 1e - 20;
  const double gold = 1.618034;
  const int glimit = 100;
  double ulim, u, r, q, fu, dum;

  fa = fidim( ax, AB, PRes, MRes, m, pcm, xcm, n, IPFlag );
  fb = fidim( bx, AB, PRes, MRes, m, pcm, xcm, n, IPFlag );

  if( fb > fa )
  {
    shift( dum, ax, bx, dum );
    shift( dum, fb, fa, dum );
  }
  cx = bx + gold * ( bx - ax );
  fc = fidim( cx, AB, PRes, MRes, m, pcm, xcm, n, IPFlag );

  while( fb > fc )
  {
    r = ( bx - ax ) * ( fb - fc );
    q = ( bx - cx ) * ( fb - fa );
    u = ( bx - ( ( bx - cx ) * q - ( bx - ax ) * r ) /
      ( 2 * SIGN( FMAX( fabs( q - r ), tiny ), q - r ) ) );
    ulim = bx + glimit * ( cx - bx );
    if( ( bx - u ) * ( u - cx ) > 0 )
    {
      fu = fidim( u, AB, PRes, MRes, m, pcm, xcm, n, IPFlag );
      if( fu < fc )
      {
        ax = bx;
        bx = u;
        fa = fb;
        fb = fu;
        return;
      }
      else if( fu > fb )
      {
        cx = u;
        fc = fu;
        return;
      }
      u = cx + gold * ( cx - bx );
      fu = fidim( u, AB, PRes, MRes, m, pcm, xcm, n, IPFlag );
    }
    else if( ( cx - u ) * ( u - ulim ) > 0 )
    {
      fu = fidim( u, AB, PRes, MRes, m, pcm, xcm, n, IPFlag );

      if( fu < fc )
      {
        shift( bx, cx, u, cx + gold * ( cx - bx ) );
        shift( fb, fc, fu, fidim( u, AB, PRes, MRes, m, pcm, xcm, n, IPFlag ) );
      }
    }
```

```
    else if( ( u - ulim ) * ( ulim - cx ) >= 0 )
    {
      u = ulim;
      fu = fidim( u, AB, PRes, MRes, m, pcm, xcm, n, IPFlag );
    }
    else
    {
      u = cx + gold * ( cx - bx );
      fu = fidim( u, AB, PRes, MRes, m, pcm, xcm, n, IPFlag );
    }
    shift( ax, bx, cx, u );
    shift( fa, fb, fc, fu );
  }
}
//=====================================================================//
// 函数名称: brent()                                                     //
// 函数目的: 利用 brent 法寻找函数最小值                                   //
// 参数说明: ax,bx: 初始点                                                //
//          ax,bx,cx: 返回的新点                                          //
//          fa,fb,fc: 返回新点的函数值                                    //
//               pcm: 解向量                                             //
//               xcm: 搜索方向向量                                       //
//                 n: 解的维数                                           //
//              其余: 计算目标函数所需参量                                //
//=====================================================================//
double brent( double ax, double bx, double cx, double &xmin, double * AB, double * PRes,
              double * MRes, int m, double * pcm, double * xcm, int n, int IPFlag )

{
  const double tol = 2.0e-4;
  const int ITMAX = 500;
  const double CGOLD = 0.3819660;
  const double ZEPS = 1.0e-5;

  double a, b, d, etemp, fu, fv, fw, fx, p, q, r, tol1, tol2, u, v, w, x, xm;
  double e = 0;

  a = ( ax < cx ? ax : cx );
  b = ( ax > cx ? ax : cx );
  x = w = v = bx;
  fw = fv = fx = fidim( x, AB, PRes, MRes, m, pcm, xcm, n, IPFlag );

  for( int iter = 0; iter < ITMAX; iter ++ )
  {
    xm = ( a + b ) / 2;
    tol2 = 2 * ( tol1 = tol * fabs( x ) + ZEPS );
    if( fabs( x - xm ) <= ( tol2 - ( b - a ) / 2 ) )
    {
      xmin = x;
      return fx;
    }
    if( fabs( e ) > tol1 )
    {
      r = ( x - w ) * ( fx - fv );
      q = ( x - v ) * ( fx - fw );
```

```
        p = ( x - v ) * q - ( x - w ) * r;
        q = 2 * ( q - r );
        if( q > 0 ) p = - p;
        q = fabs( q );
        etemp = e;
        e = d;
        if( fabs( p ) > = fabs( 0.5 * q * etemp ) ||
          p < = q * ( a - x ) || p > = q * ( b - x ) )
        {
          e = ( x > = xm ? a - x : b - x );
          d = CGOLD * e;
        }
        else
        {
          d = p / q;
          u = x + d;
          if( u - a < tol2 || b - u < tol2 ) d = SIGN( tol1, xm - x );
        }
      }
      else
      {
        e = ( x > = xm ? a - x : b - x );
        d = CGOLD * e;
      }
      u = ( fabs( d ) > = tol1 ? x + d : x + SIGN( tol1, d ) );
      fu = fidim( u, AB, PRes, MRes, m, pcm, xcm, n, IPFlag );

      if( fu < = fx )
      {
        if( u > = x ) a = x;
        else b = x;
        shift( v, w, x, u );
        shift( fv, fw, fx, fu );
      }
      else
      {
        if( u < x ) a = u;
        else b = u;
        if( fu < = fw || w = = x )
        {
          v = w;
          w = u;
          fv = fw;
          fw = fu;
        }
        else if( fu < = fv || v = = x || v = = w)
        {
          v = u;
          fv = fu;
        }
      }
    }
    return 0;
  }
```

```
//==========================================================================//
// 函数名称: linmin()                                                        //
// 函数目的: 沿向量 xi 方向计算解向量和函数最小值                              //
// 参数说明: p: 解向量                                                        //
//          xi: 搜索方向向量                                                  //
//           n: 解的维数                                                      //
//        fret: 函数值                                                        //
//        其余: 计算目标函数所需参量                                           //
//==========================================================================//
void linmin( double *p, double *xi, int n, double &fret, double *AB, double *PRes, double *MRes,
        int m, int IPFlag )
{
  double xx, xmin, fx, fb, fa, bx, ax;
  int LN = ( n - 1 ) / 2 + 1;

  double *pcm = new double[ n ];
  double *xcm = new double[ n ];
  for( int i = 0; i < n; i ++ )
  {
    pcm[ i ] = p[ i ];
    xcm[ i ] = xi[ i ];
  }
  ax = 0.0; // 区间的初始猜测
  xx = 1.0;
  mnbrak( ax, xx, bx, fa, fx, fb, AB, PRes, MRes, m, pcm, xcm, n, IPFlag );
  fret = brent( ax, xx, bx, xmin, AB, PRes, MRes, m, pcm, xcm, n, IPFlag );
  for( i = 0; i < n; i ++ ) // 构造返回的结果
  {
    if( IPFlag == 1 && i >= LN ) break;
    xi[ i ] *= xmin;
    p[ i ] += xi[ i ];
  }
  delete [ ]pcm; delete [ ]xcm;
}
//==========================================================================//
// 函数名称: Powell()                                                        //
// 函数目的: 鲍尔方向法搜索最优解                                              //
// 参数说明: p: 解向量                                                        //
//          xi: 搜索方向向量                                                  //
//           n: 解的维数                                                      //
//        fret: 函数值                                                        //
//        iter: 迭代数                                                        //
//        其余: 计算目标函数所需参量                                           //
//==========================================================================//
void Powell( double *p, double *xi, int n, int &iter, double &fret, double *AB, double *PRes,
        double *MRes, int m, int IPFlag )
{
  const int IterMax = 300; // 迭代的终止条件
  double ftol = 1e-15; // 迭代的终止条件
  int LN = ( n - 1 ) / 2 + 1; // 层数

  int i, j, ibig;
  double del, fp, fptt, t;

  double *pt = new double[ n ]; // 临时解向量
```

```
    double * ptt = new double[ n ];
    double * xit = new double[ n ];
    fret = ObjectFunc( p, n, AB, PRes, MRes, m ); // 计算初始解的目标函数值

    for( i = 0; i < n; i ++ ) pt[ i ] = p[ i ]; // 保存初始解向量
    for( iter = 1; i < IterMax; iter ++ ) // 开始迭代搜索
    {
      fp = fret; // 初始目标函数值
      ibig = 0;
      del = 0; // 最大的函数减小量
      for( i = 0; i < n; i ++ ) // 沿 n 个方向进行遍历
      {
        if( IPFlag == 1 && i >= LN ) break;
        for( j = 0; j < n; j ++ ) xit[ j ] = xi[ j * n + i ]; // 第 i 个方向

        fptt = fret;

        linmin( p, xit, n, fret, AB, PRes, MRes, m, IPFlag ); // 沿 xit 方向最小化
        if( fabs( fptt - fret ) > del )
        {
          del = fptt - fret; // 最大残差
          ibig = i; // 及对应的 i 方向
        }
      }
      if( 2.0 * ( fp - fret ) <= ftol * ( fabs( fp ) + fabs( fret ) ) )
      {
        delete [ ]xit; delete [ ]ptt; delete [ ]pt;
        return;
      }
      for( j = 0; j < n; j ++ )
      {
        ptt[ j ] = 2 * p[ j ] - pt[ j ]; // 构造外推点
        xit[ j ] = p[ j ] - pt[ j ];
        pt [ j ] = p[ j ];
      }
      fptt = ObjectFunc( ptt, n, AB, PRes, MRes, m ); // 外推点的函数值
      // 输出迭代误差
      cout << iter << setw( 20 ) << fptt << endl;

      if( fptt < fp )
      {
        t = 2.0 * ( fp - 2.0 * fret + fptt ) * SQR( fp - fret - del ) - del * SQR( fp - fptt );
        if( t < 0.0 )
        {
          linmin( p, xit, n, fret, AB, PRes, MRes, m, IPFlag ); // 寻找新方向最小点
          for( j = 0; j < n; j ++ )
          {
            xi[ j * n + ibig ] = xi [ j * n + n - 1 ];
            xi[ j * n + n - 1 ] = xit[ j ];
          }
        }
      }
    }
}
```

7.2　遗传算法

遗传算法(GA)、演化策略(ES) 和演化规划(EP) 均属于演化计算的范畴。而遗传算法则是应用最广泛、最具代表性的一种演化计算模式。遗传算法与模拟退火法相似，也是一种具有指导性地、而不是盲目性地进行随机搜索的全局最优化反演方法，它可以解决复杂的、大尺度、多变量非线性问题，但它是模拟生物在自然环境中的遗传和进化过程而形成的一种自适应全局概率搜索算法。目前，遗传算法的理论基础不如模拟退火法成熟，但它在某些方面表现出的优越性能是模拟退火法无法比拟的，因此，它具有更强的潜在生命力。迄今为止，遗传算法已经在信号处理、图像识别、地球物理、城市规划、社会科学以及家用电器控制等方面得到了越来越广泛的应用。

由 John Holland 最早建立的遗传算法，又称为基本遗传算法，或简单遗传算法。它以采用二进制编码、单点交叉、单点变异及遗传参数为常数等为主要特征。在实际应用中，存在对参数选择敏感、进化过程后期收敛速度慢，且有早熟收敛现象，易于陷入局部极值点。针对这种情况，目前许多学者把注意力转移到遗传算法的理论研究上，并提出一些改进方法。在本节中，首先综述遗传算法的发展概况，并简要介绍遗传算法的基本思想、理论基础及参数选择，最后给出基于遗传算法的混合反演方法。

7.2.1　遗传算法的发展概况

早在 20 世纪 40 年代就有许多学者开始研究如何利用计算机进行生物模拟，他们从生物学的角度进行了生物进化过程的模拟、遗传过程模拟等研究工作。进入20 世纪60 年代后，美国密西根大学的John Holland与他的学生们受到这种生物模拟技术的启发，提出了基于生物遗传和进化机制的适合于复杂系统的自适应概率优化技术 —— 遗传算法(Genetic Algorthm, GA)。20 世纪 70 年代初，Holland 提出了遗传算法的基本原理 —— 模式定理，从而奠定了遗传算法研究的理论基础。1975 年，Holland 教授的专著《自然界和人工系统的自适应性》问世[152]，该书系统地论述了遗传算法和人工自适应系统的原理，因此遗传算法得到正式承认，Holland 也被誉为遗传算法的创始人。此后，遗传算法无论在理论研究方面，还是在实际应用方面都有了长足的发展。20 世纪70 年代中期，Jong 在他的博士论文中设计了一系列遗传算法的执行策略和性能评价指标，对遗传算法的性能做了大量的分析，他的在线(on - line) 和离线(off - line) 指标仍是目前衡量遗传算法性能的主要指标，而他精心挑选的 5 个实验函数也是目前遗传算法数值实验中用得最多的实验函数[153]。1989 年，Goldberg 在前人研究的基础上，出版了专著《搜索、优化和机器学习中的遗传算法》[154]，系统总结了遗传算法的主要研究成果，全面而完整地论述了遗传算法的基本原理及应用，可以说这本书奠定了现代遗传算法的科学基础，也标志着遗传算法从古典阶段进入现代阶段。

近些年，为了提高遗传算法的性能和效率，许多学者在编码策略、基因操作、参数选择以及全局混合优化方法等方面进行了大量的研究。在编码策略方面，Vose(1991) 扩展了Holland的模式概念，揭示了不同编码之间的同构性[155]。张晓姬等(1997) 研究了二进制和十进制编码在搜索能力和保持群体稳定性上的差异，发现二进制编码比十进制编码搜索能力强，但前者不能保持群体的稳定性[156]。孙建永(2000) 提出的可分解/可拼接的二进制编码方式，可以以任意精度获得问题的全局最优解[157]。在某些问题上，许多学者发现，采用大字符集编码的遗传算法比用二进制编码的遗传算法的性能要好，并且 Autonisse 从理论上证明了 Holland 在推导最小字符集规则时存在的错误，指出了大字符编码的设计可提供更多的模式，与最小字符集编码规则得出的结论截然不同[158]。基因操作主要包括繁殖、交叉和变异，它是遗传算法实施优化进程的关键步骤，优良的基因操作对改善算法性能和提高算法效率具有重大作用。对于二进制编码的遗传算法，其操作算子为串型操作算子。目前，许多高级基因操作得到了研究，如显性操作、倒位操作、分离和易位操作、增加和缺失操作以及迁移操作等，这些操作来源于遗传学，其机理和应用还有待于进一步研究[158]。参数选择是影响遗传算法性能和效率的关键，然而，由于参数空间的庞大和各参数的相关性，尚无确定最优参数的一般方法，求解实际问题时主要靠经验选取。Grefenstette 提出用上层遗传算法来优化下层遗传算法参数的方法，这种有自组织能力的遗传算法具有更高全局最优性和效率，适用范围较广，但工作量较大[159]。Davis(1991) 提出了交叉和变异概率随遗传操作的性能而自适应取值的方法，性能提高则交叉概率增加，反之则变异概率增加[160]；Srinivas 等(1994) 提出一种交叉和变异概率随父串的适应度值自适应变化的新方法，并进行了详细的理论分析和广泛的试验研究，结果显示该方法在非线性和多目标问题的优化中性能优异[161]。宋爱国等(1999) 提出了一种基于排序操作的进化算子自适应遗传算法，在该算法中，每个个体按适应度大小进行排序，个体的选择、交叉、变异算子的概率均根据个体排序值来自适应地确定，其中进化概率还随进化进程而调节，并用 Markov 链证明了该算法的全局收敛性[162]。袁慧梅(2000) 针对简单遗传算法存在的收敛速度慢、易陷入局部极小等缺陷，设计出随相对遗传代数呈双曲线下降的自适应交换概率。实例测试表明，具有自适应交换概率和变异概率的遗传算法在收敛速度和获得全局最优解的概率两个方面都有很大提高[163]。为了提高优化性能和效率，一些并行策略和混合搜索算法应运而生。Grefenstette 全面研究了遗传算法并行实现的结构问题，给出同步主从式、半同步主从式、非同步分布式及网络式等结构形式[159]。

Masumoto(1991) 等用并行遗传算法在 64 个处理器的并行机上求出了 400 维 Rastrigin 模型函数的全局最小解[164]。Goldberg(1989) 提出了遗传算法与爬山法、梯度法等局部搜索算法相结合的思想[154]。张讲社等(1997)、王凌等(1998) 将模拟退火法和遗传算法相结合，以克服模拟退火法收敛缓慢和遗传算法易早熟的缺点[165-166]。对于混合法的收敛性和复杂性的严格理论分析还有待于进一步研究。

对于遗传算法尽管有各种新策略和新提案不断地被提出，但它们几乎都是针对特定问题求解而言的，对它们的评估也都是基于对比实验，缺乏深刻而且更具有普遍意义的理论分析。因此，遗传算法现阶段的研究重点又回到了基本理论的开拓和深化，以及更通用、有效的操作技术和方法的研究上[167]。

7.2.2 遗传算法的理论基础

本节将从模式定理、隐含并行性、积木块假设三个方面介绍遗传算法的理论基础。

(1) 模式定理(Schema theorem)

遗传算法的核心由选择、交叉和变异三个基本步骤组成，那么，它为何能通过这三步使群体向优化(高适应度) 方向发展，其真正的内涵是什么?Holland 所提出的模式定理对遗传算法的原理作了本质的揭示。为了引出模式定理，首先分别给出模式(Schema)、模式阶(Schema order) 以及定义距(Defining length) 的定义[167, 168]。

模式：基于字符集{0, 1, ∗} 的具有结构相似的字符串。

其中符号"∗"代表不确定符号，即在一特定位置上与0 或1 相匹配。例如，模式 $H = 1*0*$ 表示长度为4，且在位置1、3 分别取值为"1" 和"0"，则所有字符串的集合为{1000, 1100, 1001, 1101}；而位串 $A = 1101$ 是模式 H 的一个表示，这是由于位串 A 与模式 H 在确定位置1、3 上相匹配。

模式阶：模式 H 中确定位置的个数，记为 $O(H)$。例如模式 $H = 1*0*$ 的阶数为2，模式 $H = *101$ 的阶数为3，而模式 $H = 1101$ 的阶数为4。显然，模式的阶数越高，其样本数就越少，因而确定性越高。

定义距：模式 H 中第一个确定位置和最后一个确定位置之间的距离，记为 $\delta(H)$。例如模式 $H = 1*0*$ 的定义距为2，模式 $H = **01$ 的定义距为1，模式 $H = **0*$ 的定义距为0。

在严格地讨论和区分串的相似性时，模式、模式阶以及定义距是非常有用的符号，有这三个概念，就可以讨论模式在遗传操作下的变化。由前面的叙述知道，在引入模式的概念后，遗传算法的实质可看作是对模式的一种运算，即某一模式 H 的各种样本经过选择运算、交叉运算以及变异运算之后，得到一些新的样本和新的模式。

假设在进化过程中的第 t 代时，当前群体 $A(t)$ 中能与模式 H 匹配的样本数记为 $m(H, t)$，下一代群体 $A(t+1)$ 中能与模式 H 匹配的样本数记为 $m(H, t+1)$。下面对遗传算法在选择算子、交叉算子和变异算子的连续作用下，模式 H 的样本数 $m(H, t)$ 的变化情况进行分析。

首先，讨论选择操作对模式的作用。在选择阶段，每个串是以它的适应度值 f_i 进行选择，或者更确切地说，一个串 A_i 是以选择概率 $P_i = f_i \Big/ \sum f_j$ 进行选择的。若一代中群体大小（群体中的总数）为 n，则模式 H 在 $t+1$ 代中的样本数为：

$$m(H, t+1) = m(H, t) \cdot n \cdot f(H) \Big/ \sum f_i \qquad (7-2-1)$$

其中 $f(H)$ 为在时间步 t 模式 H 下的所有可能的样本适应度的平均值，称为模式 H 的适应度或适应值。设群体平均适应度为 $\bar{f} = \sum f_i / n$，则有：

$$m(H, t+1) = m(H, t) \cdot f(H) / \bar{f} \qquad (7-2-2)$$

若再假设 H 的平均适应度总是高于群体平均适应度的 c 倍，即 $f(H) = (1+c) \cdot \bar{f}$。则有：

$$m(H, t+1) = m(H, t) \cdot (1+c) \qquad (7-2-3)$$

当从 $t = 0$ 开始时，假设 c 是一固定值，则有：

$$m(H, t+1) = m(H, 0) \cdot (1+c)^t \qquad (7-2-4)$$

由此式可知，在选择算子作用下，平均适应度高于（低于）群体平均适应度的模式将按指数增长（衰减）的方式进行选择。在一定程度上，选择可以把按指数增长或减少的模式并行地分配到下一代。但仅有选择过程并无助于检测搜索空间中的新区域，这是因为选择的结果并没有搜索新的点，需要进行交叉步。

下面讨论交叉操作对模式的作用。更一般地，对任意模式可计算出交叉生存概率 P_s 的下界。由于当交叉位置落在定义长度之外时，这个模式就可以生存。在单点交叉算子作用下的生存概率为 $P_s = 1 - \delta(H)/(l-1)$，$l$ 为串长。考虑到交叉操作本身也是按随机选择方式执行的，即以概率 P_c 进行特定的交配，则生存概率的估计：

$$P_s \geqslant 1 - P_c \cdot \delta(H)/(l-1) \qquad (7-2-5)$$

这样，经过选择操作和交叉操作以后，模式 H 的样本数满足下面的估计：

$$m(H, t+1) \geqslant m(H, t) \cdot \frac{f(H)}{f} \cdot \left[1 - P_c \cdot \frac{\delta(H)}{(l-1)}\right] \qquad (7-2-6)$$

式(7-2-6)表明：模式增长和衰减依赖于两个因素：一是模式的适应度值 $f(H)$ 与平均适应度值的相对大小；另一个是模式定义阶 $\delta(H)$ 的大小（当交叉概率 P_c 和串长 l 一定时）。显然，那些既在群体平均适应度值之上又具有短的定义距的模式样本数将按指数增长。

最后，考虑变异操作对模式的作用。假设编码串的某个位置发生改变的概率为P_m，则该位置不变的概率为$1-P_m$，而模式H在变异算子的作用下若要不受破坏，则其中所有确定位置必须保持不变。因此H保持不变的概率为$(1-P_m)^{O(H)}$，其中$O(H)$为模式的阶数。当$P_m \ll 1$时，模式H在变异算子作用下的生存概率为：

$$P_s = (1-P_m)^{O(H)} \approx 1 - O(H) \cdot P_m \tag{7-2-7}$$

因此，在复制、杂交和变异算子的作用下，一个特定模式H在下一代中期望出现的次数可近似地表示为：

$$m(H, t+1) \geqslant m(H, t) \cdot \frac{f(H)}{f} \cdot \left[1 - P_c \frac{\delta(H)}{l-1} - O(H) \cdot P_m\right] \tag{7-2-8}$$

从式(7-2-8)可以看出，增加变异几乎不改变先前的结论。

综上所述，可以得到遗传算法的一个非常重要的结论——模式定理。

模式定理：在遗传算法中变异的概率很小，且在选择、交叉和变异三种操作相继作用下，则具有低阶、短定义距以及平均适应度高于群体平均适应度的模式，在子代中将以幂指数增长。

模式定理奠定了遗传算法的理论基础。尽管模式定理在一定意义上解释了遗传算法的有效性，但它仍然存在一些缺点：① 它仅适用于二进制编码的遗传算法，对其他编码方式此定理未必成立。② 仅提供了期望值的下界，仍不能说明算法的收敛性。③ 对算法参数的选择不能提供实用的指导。

(2) 隐含并行性(Implict parallelism)

一个串实际上隐含着多个模式，遗传算法实质上是模式的运算。对于一个长度为l的二进制串，其中隐含着2^l个模式。那么，若群体规模为n，则其中隐含的模式个数介于2^l和$n \cdot 2^l$之间。显然，由于交叉操作的作用，一些定义距较长的模式将遭到破坏，并非所有的模式都能以较高的概率进行处理[168]。下面通过一定的分析来给出隐含并行性定理的结论。

假如在n个串长为l的二进制串中，我们仅考虑那些生存概率大于P_s的模式(其中P_s为一常数)，即在单点交叉和低概率变异的情况下，出错率ε小于$1-P_s$的模式。因此，我们考虑那些定义距$l_s < \varepsilon(l-1)+1$的模式。

以$l_s = 5$为例，计算下面串长l为10的串中所包含的这样的模式数：

1011100010

首先考虑在下面下划线中所包含的模式数：

<u>10111</u>00010

则第5位是固定的，既计算下列模式的个数：

◇◇◇◇1 * * * * *

其中‘ * ’代表不确定符号；而◇既可表示确定值(0或1)，也可表示为不确定值。显然，由于在 $l_s - 1 = 4$ 个位置上可以是确定的值或不确定的值，因此这样的模式有 $2^{l_s - 1} = 16$ 个。为了计算整个串中的这类模式数，我们将上面的下划线向右移动一个位置，即

1 011100010

共可移动 $l - l_s + 1$ 次，由此得出一个长度为 l 的串，定义距小于等于 l_s 的模式数为 $2^{l_s - 1} \cdot (l - l_s + 1)$。若群体数为 n，则此类模式总数为 $n \cdot 2^{l_s - 1} \cdot (l - l_s + 1)$。显然，这个结论在群体规模较大的情况下存在着重复计算的问题。为了修正它，取群体数 $n = 2^{l_s/2}$，由此期望阶数不低于 $l_s/2$ 的模式最多重复计数一次。另外，考虑到模式数目的分布呈二项式分布，则阶数高于 $l_s/2$ 的模式与低于 $l_s/2$ 的模式的数目大致相等，各占一半。如果只考虑高阶的部分，则有关模式数的下界为：

$$n_s \geq n \cdot (l - l_s + 1) \cdot 2^{l_s - 2} \tag{7-2-9}$$

如果 $n = 2^{l_s/2}$，则有：

$$n_s = (l - l_s + 1) \cdot n^3/4 = C \cdot n^3 \tag{7-2-10}$$

由式(7－2－10)可得到这个结论：模式数与群体规模的立方成正比，记为 $O(n^3)$。Holland 称之为遗传算法的隐含并行性。此定理表明，表面上仅对 n 个串进行处理，但实际上并行处理了约 $O(n^3)$ 个模式，并且无需额外的存储，这正是遗传算法具有高效搜索的能力所在，即隐含并行性。

(3) 积木块假设(Buliding block hypothesis)

根据模式定理可知，具有低阶、短定义距以及平均适应度高于群体平均适应度的模式在子代中按指数增长，这类模式在遗传算法中非常重要。通常情况下，把具有低阶、短定义距以及高适应度的模式称为积木块(Buliding block)。正如搭积木一样，好的模式是在遗传操作的作用下相互拼搭、结合，产生适应度更高的串，从而找到更优的可行解，这正是积木块假设所揭示的内容[167]。

积木块假设：低阶、短定义距、高平均适应度的模式(积木块)在遗传算子的作用下，通过相互结合能生成高阶、长定义距、高平均适应度的模式，从而最终生成全局最优解。

积木块假设指出，遗传算法具备寻找到全局最优解的能力，即积木块在遗传算子的作用下，能生成高阶、长距、高平均适应度的模式，最终生成全局最优解。然而，遗憾的是上述结论并没有得到证明，正因为如此才被称为假设而非定理。目前已有大量的实践证据支持这一假设，从 Bagley(1967)[169] 和 Rosenberg(1967)[170] 的两篇开创性的文章到现在，大量遗传算法的应用实例都表明，积木块假设在许多领域都获得了成功。尽管在理论上还未得到证明，但至少可以肯定，对多数经常遇到的问题，遗传算法都是适用的。

7.2.3 遗传算法的基本思想

遗传算法是基于 Darwin 进化论和 Mendel 的遗传学说演化而来的一种随机搜

索优化方法。Darwin 进化论最重要的是适者生存原理。它认为每一物种在发展中越来越适应环境。物种每个个体的基本特征由后代继承，但后代又会产生一些异于父代的新变化。在环境变化时，只有那些能适应环境的个体特征才能保留下来。Mendel 遗传学说最重要的是基因遗传原理。它认为遗传以密码方式存在于细胞中，并以基因形式包含在染色体内。每个基因有特殊的位置并控制某种特殊性质。所以，每个基因产生的个体对环境具有某种适应性。基因突变和基因杂交可产生更适应于环境的后代。经过存优去劣的自然淘汰，适应性高的基因结构得以保存下来。基于进化论和遗传学而发展起来的遗传算法主要是由选择、交叉和变异三步组成，也就是这三个基本步骤构成了遗传算法的核心。其中每一步都可以千变万化，由此形成各具特色的具体遗传算法。但是，它们都有共同的要求和目的[171]。

(1) 选择(Selection)：选择是从当前群体中选择出生命力较强的个体，使其能将自身的特征传给下一代，以产生新的群体过程，故有时也称这一操作为再生(Reproduction)。对“选择”的要求是当前群体中的所有成员均有机会被“选”上，但生命力较强的(对应于适应度值较大的)个体被选中的机会更多一些。所遵循的原则就是自然界“适者生存”原则。

(2) 交叉(Crossover)：交叉是对选择出的父本模型通过遗传物质的变换，并重新组合构成新的子本模型的过程。即在被选中的用于繁殖下一代的个体中，对两个不同个体的相同位置的基因进行交换，从而产生新个体的过程。“交叉”要求子本模型继承父本模型的特征，但又不能与父本模型完全一样。

(3) 变异(Mutation)：变异即随机的扰动模型，增加群体的多样性。对变异操作的要求是以一个较小的变异概率进行的。

由上述三个基本步骤即可组成遗传算法的转移过程，但是作为一个完整的算法，仅有这三个基本步骤还不够，还必须有许多其他方面的考虑，我们将在下节做具体介绍。

7.2.4　遗传算法的实现技术

本节主要从遗传算法的编码方案、适应度函数、操作算子以及遗传参数设置等几个方面介绍遗传算法的实现技术。

(1) 编码方案

将待处理问题空间中的参数转换成遗传空间的由基因按一定结构组成的染色体，这一转换操作称为编码，其反操作称为解码。遗传算法中的进化过程是建立在编码机制基础上的，它是遗传算法实现从参数空间到遗传空间非线性映射的桥梁。编码的形式决定了搜索空间的大小，直接影响算法的运行效率。对编码的基本要求是两个空间的解需一一对应，并且编码尽量简明。

优化问题的一般形式为：

$$\min f(\boldsymbol{m}), \ \boldsymbol{m} = (m_1, m_2, \cdots, m_n)$$
$$a_i \leqslant m_i \leqslant b_i, \ i = 1, 2, \cdots, n$$

式中 $f(\boldsymbol{m})$ 为目标函数，$\boldsymbol{m}$ 为模型参数，a_i 和 b_i 为第 i 个模型参数的下限和上限，n 为模型空间的维数。对于这类优化问题，可选择的编码方式较多，如二进制编码、十进制编码、浮点数编码及指数编码等[156]。

① 二进制编码

二进制编码是应用最早、最广泛的一种编码方式，它根据公式：

$$m_i = a_i + \frac{\sum_{j=1}^{L} t_j 2^{j-1}}{2^L - 1}(b_i - a_i) \tag{7-2-11}$$

将模型参数 m_i 映射成长度为 L 的二进制位串，然后按顺序将每个模型参数 m_i 所对应的位串连接起来，即构成种群的基本单位(个体或染色体)，其长度为 $n \times L$。式中 t_j 为长为 L 的子串中第 j 位的值，取为 0 或 1。L 的大小根据实际要求确定，与模型参数所要求的精度 ε 和模型的取值范围有关，即可由式：

$$2^L \geqslant (b_i - a_i)/\varepsilon + 1 \tag{7-2-12}$$

确定，其中模型参数 $m_i \in [a_i, b_i]$。

② 十进制编码

与二进制编码相似，只是每个基因位有 10 种取值可能(0 ~ 9)。

③ 浮点数编码

浮点数编码则直接把每个变量当作基因处理，它是一种变形的十进制编码。与二进制编码相比，它在变异操作上能保持更好的种群多样性，但搜索能力不如二进制编码强。对于地球物理反演中的优化问题涉及到的反演参数较多，二进制编码和解码过程要耗费大量的计算时间，从这个角度考虑，采用浮点数编码还是有一定优势的。

④ 指数编码

指数编码将变量分成数字段与一位指数位进行编码，其中数字段由变量所有的有效数字组成，它特别适合于大范围搜索。

(2) 适应度函数

在遗传算法中，适应度函数是用来区分群体中个体好坏的标准，是算法演化过程的驱动力，也是进行自然选择的唯一依据。在进化过程中，利用种群中每个个体的适应度值进行搜索。因此适应度函数的选取至关重要，直接影响到遗传算法的收敛速度以及能否搜索到最优解。一般而言，适应度函数是由目标函数变换而成的。适应度函数可以按下列方式给出[172]：

① 若目标函数 $f(m)$ 为最小问题，则适应度函数：

$$F(m)=\begin{cases}f_{\max}-f(m), & \text{如果} f(m)<f_{\max} \\ 0, & \text{否则}\end{cases} \qquad (7-2-13)$$

式中 $f_{\max}$ 为 $f(m)$ 的最大值估计。$f(m)$ 的另一种形式为：

$$F(m)=\frac{1}{1+f_c+f(m)}, f_c \geqslant 0, f_c+f(m) \geqslant 0, \qquad (7-2-14)$$

式中 f_c 为目标函数的一个保守估计值。

② 若目标函数 $f(m)$ 为最大问题，则适应度函数：

$$F(m)=\begin{cases}f(m)-f_{\min}, & \text{如果} f(m)>f_{\min} \\ 0, & \text{否则}\end{cases}, \qquad (7-2-15)$$

式中 $f_{\min}$ 为 $f(m)$ 的最小值估计。$f(m)$ 的另一种形式为：

$$F(m)=\frac{1}{1+f_c-f(m)}, f_c \geqslant 0, f_c-f(m) \geqslant 0, \qquad (7-2-16)$$

式中 f_c 的含义同上。

在遗传算法的早期群体中，常常会出现某一个体适应度远远超过群体平均适应度，使其在应用比例选择时出现过多的复制机会而导致早熟现象。当后期群体个体适应度差异较小时，容易导致遗传迭代继续优化的潜能降低或出现停滞现象。因此，在遗传迭代中要采取一些措施对适应度函数进行调节。通常采用的方式有：

$$\text{线性变换：} F'=\alpha F+\beta, \qquad (7-2-17)$$

$$\text{指数变换：} F'=\exp(-\mu F), \qquad (7-2-18)$$

$$\text{幂变换：} F'=F^k, \qquad (7-2-19)$$

式中 F 和 F' 分别为变换前后的适应度函数。α、β 和 μ 为修正系数。k 为幂指数。Kreinovich(1993) 详细讨论了如何选取变换方式来克服遗传迭代中的早熟和停滞现象[173]。在本书中，我们选择式(7-2-18)进行指数比例变换。对于修正系数 μ，在进化初期要选择较大的值，减少适应度函数的差异。在进化后期要选择较小的值，增加适应度函数的差异。因此我们将修正系数 μ 化为以进化世代数为自变量的函数，即

$$\mu=1/\sqrt{g_n}$$

其中 g_n 为进化的世代序号。

(3) 遗传操作

在应用遗传算法求解优化问题时，首先要确定初始种群，求出每个个体的适应度，并进行适应度变换，再通过编码转化为染色体群，这时就可进行遗传操作。遗传操作包括三个基本操作算子：选择算子、交叉算子和变异算子。它们都采用随机搜索的方法，但不是传统的无方向的随机搜索，而是高效的有方向的随机搜索，这点与模拟退火方法相同。

① 选择算子

选择也被称为复制，即对群体中的个体进行优胜劣汰操作，适应度高的个体被遗传到下一代群体中的概率较大，适应度较低的个体被遗传到下一代中的概率较小。所以，选择操作就是选出一部分最佳个体直接复制到下一代，它为进化过程提供了历史信息，避免了最佳个体被交叉操作破坏，可提高全局收敛性和计算效率。

目前普遍采用的选择算子为比例选择算子，它的基本思想是每个个体被选中的概率与其适应度大小成正比。则个体 i 被选中的概率为：

$$P_i = F_i \Big/ \sum_{j}^{n} F_j \tag{7-2-20}$$

式中 F_i 和 F_j 分别为个体 i 和 j 的适应度，n 为种群规模。除比例选择算子外，针对不同的问题还有许多其他选择算子，如最优保存策略、随机联赛选择、排序选择等[172]。

② 交叉算子

所谓交叉操作，是指两个相互配对的染色体按某种方式交换部分基因，从而形成新的个体。它在进化过程中起到了关键性作用，有效的交叉策略可保证全局搜索的质量和效率。常用的交叉算子主要有单点交叉算子、双点交叉算子、多点交叉算子及算术交叉算子等[168]。下面以双点交叉为例简要说明交叉操作的运算过程，双点交叉是在个体编码串中随机设置两个交叉点，然后进行部分基因交换，图 7-2-1 为双点交叉示意图。假设 A、B 为两两随机配对后的两条染色体随机设置某一基因座（图中的虚竖线位置）作为交叉点，然后以一定的交叉概率 P_c 相互交换两交叉点的中间部分基因。图中的 A'、B' 为交叉运算后产生的两个新的染色体。

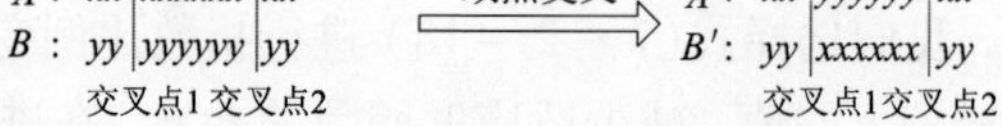

图 7-2-1　双点交叉示意图

在本书中，笔者选择算术交叉算子进行运算，它常用于浮点数编码遗传算法中。对于选择的两个母体 $s_1 = (u_1, u_2, \cdots, u_n)$ 和 $s_2 = (v_1, v_2, \cdots, v_n)$，通过交叉操作获得两个后代 $s'_1 = (u'_1, u'_2, \cdots, u'_n)$ 和 $s'_2 = (v'_1, v'_2, \cdots, v'_n)$。则算术交叉过程可描述为：首先随机产生 n 个[0, 1]区间的随机数 $r_1, r_2, \cdots, r_n$，两个后代的个体可表示为：

$$\begin{cases} u_i' = r_i u_i + (1 - r_i) v_i = v_i + r_i (u_i - v_i) \\ v_i' = r_i v_i + (1 - r_i) u_i = u_i + r_i (v_i - u_i) \end{cases}, \quad i = 1, 2, \cdots, n \tag{7-2-21}$$

可以看出，通过算术交叉后产生的两个子代，分量仍在限定的区域之内。

③ 变异算子

变异是生物进化中产生新种群的重要环节，即遗传基因不完全来源于父母，而是由于受外界环境的影响发生少量改变。遗传算法中的变异操作，是指将个体编码串中的某些基因座上的基因值用该基因座的其他等位基因来替换，从而形成一个新的个体。交叉运算是产生新个体的主要方法，它决定了遗传算法的全局搜索能力。而变异运算只是产生新个体的辅助方法，但它决定了遗传算法的局部搜索能力。交叉算子和变异算子相互配合，共同完成对搜索空间的全局和局部搜索，从而使得遗传算法能够以良好的搜索性能完成最优化问题的寻优过程。

对于浮点数编码，我们选择均匀变异算子进行计算。均匀变异操作是指分别用在某一范围内均匀分布的随机数，以某一较小的概率来替换个体编码串中各个基因座上原有的基因值。假设某染色体 $s = (u_1, u_2, \cdots, u_i, \cdots, u_n)$ 的元素 u_i 被选择变异，且 $u_i \in [u_i^l, u_i^u]$。变异后的结果为 $s' = (u_1, u_2, \cdots, u'_i, \cdots, u_n)$，则经变异的元素 u' 可表示为：

$$u_i' = u_i^l + r(u_i^u - u_i^l), \; i = 1, 2, \cdots, n \qquad (7-2-22)$$

式中 r 为[0, 1] 区间的随机数。目前常用的变异算子还有：基本变异算子、逆转变异算子、非均匀变异算子等[168]。

(4) 遗传参数设置

在遗传算法中，控制参数主要有编码长度、种群规模、交叉概率、变异概率和终止代数等。编码长度与选择的编码方式有关，对于二进制编码可由式(7-2-12)进行估计。对于浮点数编码，编码长度一般与模型参数个数相等。种群规模一般在数十到数百之间。如果种群过小，初始群体中所含有的模式就较少，遗传算法只在有限的模式空间，不易得到最优解。如果种群规模过大，遗传操作所处理的模式越多，就越有利于生成好的积木块，从而得到最优解的可能性就越大，但群体规模过大会影响计算效率[168]。

在遗传操作中最重要的控制参数是交叉概率 P_c 和变异概率 P_m。交叉概率控制着交叉操作被使用的频度，较大的交叉概率可增强遗传算法的大范围搜索的能力，但会使群体中优良模式遭到破坏的可能性增大，可能产生较大的代沟，不利于形成积木块。交叉概率越低，产生的代沟就越小，这样可保持一个连续的解空间，使找到全局最优解的可能性增大，但进化的速度变慢。若交叉概率很低，就会使得较多的个体直接复制到下一代，遗传搜索可能陷入停滞状态，因此，建议交叉概率取值范围为 0.4 ~ 0.99[174]。变异概率控制着变异操作被使用的频度，变异概率取值较大时，虽然能够增加群体的多样性，但也有可能破坏掉很多较好的模式，使得遗传算法的性能近似于随机搜索算法的性能。变异概率取得过小时，则变异操作产生新个体和抑制早熟现象的能力会变得较差，因此，建议变异概率的取值范围为 0.0001 ~ 0.1[174]。

鉴于上述原因，不少学者提出了自适应调整遗传概率的策略[161, 163, 175, 176]。他们的基本思想是：遗传概率根据适应度函数自适应给出，在进化的初期使用较大的遗传概率，从而使得种群具有多样性，以保证遗传算法有较高的搜索能力。在进化的后期，较小的遗传概率将使算法具有良好的收敛性。Srinivas(1994)[161]等首先提出了一种自适应遗传算法，P_c 和 P_m 能够随适应度值自适应地改变。其交叉概率 P_c 和变异概率 P_m 的自适应计算公式为：

$$P_c = \begin{cases} k_1(F_{max} - F')/(F_{max} - \overline{F}) & F \geqslant \overline{F} \\ k_2 & F < \overline{F} \end{cases} \tag{7-2-155}$$

$$P_m = \begin{cases} k_3(F_{max} - F)/(F_{max} - \overline{F}) & F \geqslant \overline{F} \\ k_4 & F < \overline{F} \end{cases} \tag{7-2-24}$$

式中 k_1、k_2、k_3、k_4 在区间(0, 1)上取值，本书在计算过程中，令 $k_1 = k_2 = 0.8$，$k_3 = k_4 = 0.05$。F_{max} 为群体中最大的适应度值。$\overline{F}$ 为群体的平均适应度值。F' 为两个待交叉个体中较大的适应度值。F 为两个待交叉个体中较小的适应度值或待变异个体的适应度值。分析式(7-2-23)和式(7-2-24)，当适应度值低于平均适应度值时，说明该个体性能不好，对它就采用较大的 P_c 和 P_m，使该个体被淘汰掉。反之，说明该个体性能优良，则根据适应度值计算 P_c 和 P_m。然而，当适应度值越接近最大适应度值时，P_c 和 P_m 就越小。当适应度值等于最大适应度值时，P_c 和 P_m 等于零，相当于采用了精英选择策略，使其直接复制到下一代。因此，自适应的遗传算法在保持群体多样性的同时，还可以保证遗传算法的收敛性。

对于遗传算法的终止准则，主要有以下几种：① 已经找到能接受的优秀个体。② 预先设定最大世代数。③ 在连续若干代种群最优个体上没有改进。④ 最适应个体占群体的比例已达到规定比例。⑤ 在预定世代数内种群平均适应度无改进(变化量小于某一阈值)。⑥ 以上几种形式的组合。

7.2.5 基于遗传算法的全局混合反演方法

遗传算法由于运算简单和解决问题的高效性而被广泛应用于众多领域。理论上已经证明，遗传算法能从概率的意义上以随机的方式搜索到问题的最优解。但实践表明，遗传算法在应用中易出现早熟、局部搜索能力差等问题。那么，怎样才能使遗传算法在实践中得到更好的应用呢?一个有效的途径就是采用混合策略，即把遗传算法与其他一些局部搜索能力较强的优化方法(如单纯形法、共轭梯度法和鲍尔方向法等)有机地结合起来[167, 172, 177]，融合成一种非线性全局混合优化算法，以提高遗传算法的运行效率和求解质量。在本节中，我们将介绍遗传算法与单纯形算法以及遗传算法与鲍尔方向法相结合的混合反演方法，并给出C ++

程序代码。

(1) 遗传算法与单纯形法的串行式结合

遗传算法与单纯形法相结合的全局混合优化方法在工程领域应用上较为广泛[178-181]。遗传算法是指导性搜索算法，全局搜索能力较强。单纯形法是确定性下降算法，局部搜索能力较强。将搜索机制存在较大差异的两种算法进行结合，有利于丰富搜索行为，能够增强全局和局部意义下的搜索行为和效率。下面给出遗传算法与单纯形法串行式结合的迭代过程：

① 给遗传算法的参数赋初值。包括种群规模 m；模型参数个数 n 及其模型空间$[\boldsymbol{m}^l, \boldsymbol{m}^u]$；遗传计算所允许的最大迭代数；交叉概率 P_c 和变异概率 P_m 分别采用式(7－2－23) 和式(7－2－24) 自适应给出。

② 随机产生初始群体 $P(t)$，并计算 $P(t)$ 的适应度。适应度值采用式(7－2－14) 进行定义，并利用式(7－2－18) 进行指数拉伸。

③ 统计初始种群的最小、最大、平均适应度以及种群适应度的和。

④ 遗传操作：个体的选择、交叉和变异。

(a) 个体的选择操作：采用式(7－2－20) 进行轮盘赌选择操作。

(b) 个体的交叉操作：按式(7－2－23) 计算交叉概率 P_c，并采用算术交叉算子式(7－2－21) 进行交叉操作。

(c) 个体的变异操作：按式(7－2－24) 计算变异概率 P_m，并采用均匀变异算子式(7－2－22) 进行变异操作。

(d) 计算新个体的适应度值。转到第(a) 步，继续遗传操作，直至达到种群规模 $\boldsymbol{m}$。

⑤ 世代更新：新一代种群代替上一代种群。

⑥ 统计新一代种群的最小、最大、平均适应度以及种群适应度的和，并判断是否更新种群的最优个体。

⑦ 判断是否满足终止条件。如果满足，则终止遗传算法，否则转到第 ④ 步，继续进化。

⑧ 利用全局最优种群构建初始单纯形法，开始单纯形法的迭代过程，直至单纯形法结束，输出最优解。

遗传算法与单纯形法多为镶嵌结合方式。在直流激电测深反演中，我们尝试采用串行结合方式，即先利用遗传算法获取较优的电阻率和层厚参数，再利用单纯形法进行局部寻优完成电阻率反演，而后将电阻率的反演结果作为极化率反演的初始模型，采用单纯形法完成极化率反演。

下面给出直流激电测深单纯形－遗传算法反演的C++ 程序代码。

```
//================================================================//
// 函数名称:DCIP_SMGAInv()                                          //
// 函数目的:直流激电测深单纯形 - 遗传算法反演                          //
// 参数说明:      AB: 电极距                                         //
//              PRes: 实测视电阻率                                   //
//              MRes: 模拟视电阻率                                   //
//             PDRes: 实测等效视电阻率                               //
//             MDRes: 模拟等效视电阻率                               //
//           DataNum: 观测数据个数(供电极距数)                        //
//        ModelSpace: 模型搜索空间                                   //
//            LChrom: 染色体长度(模型参数个数:层阻 + 层厚)             //
//           LayerRT: 模型参数(各层电阻率和厚度)                       //
//          LayerIPT: 模型参数(各层极化率和厚度)                       //
//            IPFlag: 电阻率或极化率反演的识别符号                     //
//================================================================//
void DCIP_SMGAInv( double * AB, double * PRes, double * MRes,
                   double * PDRes, double * MDRes, int DataNum,
                   double * ModelSpace, int LChrom, double * LayerRT,
                   double * LayerIPT, int IPFlag )
{
  const int MaxGen = LChrom * ( LChrom + 1 ); // 最大世代数
  const double PCross = 0.8;                  // 交叉概率
  const double PMutation = 0.05;              // 变异概率
  const int PopSize = LChrom * ( LChrom + 1 ); // 种群规模

  int LN = ( LChrom - 1 ) / 2 + 1; // 层数

  double MaxFit;    // 最大适应度
  double MinFit;    // 最小适应度
  double AvgFit;    // 平均适应度
  double SumFit;    // 适应度的和
  double BestFit;   // 最佳染色体的适应度
  int BestNumber;   // 最佳染色体的编号

  // 声明群体
  double * OldChrom = new double[ LChrom * PopSize ];
  double * NewChrom = new double[ LChrom * PopSize ];
  double * OldFit = new double[ PopSize ]; // 父代适应度函数值
  double * NewFit = new double[ PopSize ]; // 子代适应度函数值
  // 初始化群体
  InitPop( OldChrom, OldFit, PopSize, LChrom, ModelSpace, AB, PRes, MRes, DataNum );
  // 适应度指数变换
  double yeta = 1.0;
  for( int i = 0; i < LChrom; i ++ ) OldFit[ i ] = exp( - yeta * OldFit[ i ] );
  // 统计群体适应度信息
  BestFit = OldFit[ 0 ];
  BestNumber = 0;
  Statistics( OldFit, PopSize, BestFit, BestNumber, MinFit, MaxFit, AvgFit, SumFit );
  for( i = 0; i < LChrom; i ++ ) LayerRT[ i ] = OldChrom[ i * PopSize + BestNumber ];
  // 开始世代循环
  for( i = 0; i < MaxGen; i ++ )
  {
    yeta = 1 / sqrt( i + 2 );
    // 遗传操作
    Generation( OldChrom, NewChrom, PopSize, LChrom, OldFit, NewFit, MaxFit, AvgFit,
                SumFit, PCross, PMutation, ModelSpace, AB, PRes, MRes, DataNum );
    // 适应度指数变换
```

```
    for( int j = 0; j < LChrom; j ++ ) NewFit[ j ] = exp( - yeta * NewFit[ j ] );
    // 世代更新
    for( j = 0; j < PopSize; j ++ )
    {
      for( int k = 0; k < LChrom; k ++ )
      {
        int kj = k * PopSize + j;
        OldChrom[ kj ] = NewChrom[ kj ];
      }
      OldFit[ j ] = NewFit[ j ];
    }
    // 记录最优个体
    double BestTemp = BestFit;
    Statistics( OldFit, PopSize, BestTemp, BestNumber, MinFit, MaxFit, AvgFit, SumFit );
    if( BestTemp > BestFit )
    {
      for( j = 0; j < LChrom; j ++ ) LayerRT[ j ] = OldChrom[ j * PopSize + BestNumber ];
      BestFit = BestTemp;
    }
    // 输出适应度
    Cout < < i < < setw( 15 ) < < MinFit < < setw( 15 ) < < MaxFit < < setw( 15 ) < < AvgFit
         < < setw( 15 ) < < BestFit < < endl;
    // 进化终止
    if( 1.0 / BestFit - 1.0 < 1e - 5 ) break;
  }
  ////////////////////////////////////////////////////////////////////////////////
  // 输出遗传算法的反演结果
  for( i = 0; i < LChrom; i ++ ) cout < < i < < setw(15) < < LayerRT[ i ] < < endl;
  // 将最优个体置于群体中
  for( i = 0; i < LChrom; i ++ ) OldChrom[ i * PopSize ] = LayerRT[ i ];
  OldFit[ 0 ] = BestFit;
  // 从种群中选择包含最优个体的 n + 1 个个体构成初始单形
  int n = LChrom;
  int m = n + 1;
  double * BetterChrom = new double[ n * m ];
  int * RecordNumber = new int[ PopSize ];
  for( i = 0; i < PopSize; i ++ ) RecordNumber[ i ] = i;
  Sort( OldFit, RecordNumber, PopSize );
  for( i = 0; i < m; i ++ )
  {
    for( int j = 0; j < LChrom; j ++ )
    {
      int ji = j * PopSize + RecordNumber[ i * LChrom ];
      BetterChrom[ j * m + i ] = OldChrom[ ji ];
    }
  }
  // 电阻率反演 - 利用单纯形法进行局部寻优
  simplex( m, n, BetterChrom, LayerRT, AB, PRes, MRes, DataNum, 0 );
  ////////////////////////////////////////////////////////////////////////////
  // 极化率反演 - 利用单纯形法
  if( IPFlag = = 1 )
  {
    // 构建初始单形
    for( i = 0; i < LChrom; i ++ ) LayerIPT[ i ] = LayerRT[ i ];
    for( i = 0; i < m; i ++ )
    {
      for( int j = 0; j < LChrom; j ++ )
```

```
            {
                int ji = j * PopSize + RecordNumber[ i * LChrom ];
                BetterChrom[ j * m + i ] = OldChrom[ ji ];
            }
        }
        //反演极化率
        simplex( m, n, BetterChrom, LayerIPT, AB, PDRes, MDRes, DataNum, IPFlag );
        //用电阻率和等效电阻率转化极化率
        for( i = 0; i < LN; i ++ )
        LayerIPT[ i ] = ( LayerIPT[ i ] - LayerRT[ i ] ) * 100 / LayerIPT[ i ];
    }
    /////////////////////////////////////////////////////////////////////////////
    delete [ ]OldChrom;   delete [ ]NewChrom; delete [ ]OldFit;   delete [ ]NewFit;
    delete [ ]BetterChrom; delete[ ]RecordNumber;
}
/////////////////////////////////////////////////////////////////////////////////
//以下为 DCIP - SMGAInv 子程序调用的函数,正演、产生随机数等相关函数已在 7.1.4 节中已给出
/////////////////////////////////////////////////////////////////////////////////
//=========================================================================//
//函数名称:Flip()                                                           //
//函数目的:以一定概率产生 0 或 1                                              //
//参数说明:prob: 产生 0 或 1 的阈值                                            //
//=========================================================================//
int Flip( double prob )
{
    if( Random53( ) < = prob ) return 1;
    else return 0;
}
//=========================================================================//
//函数名称:Select()                                                         //
//函数目的:采用轮盘赌的方法进行选择操作                                        //
//参数说明:   OldFit: 每个个体的适应度                                         //
//            SumFit: 适应度的和                                              //
//           PopSize: 种群规模                                                //
//=========================================================================//
int Select( double *OldFit, double SumFit, int PopSize )
{
    double sum = 0;
    double p = Random53( );
    for( int i = 0; i < PopSize; i ++ )
    {
        sum + = OldFit[ i ] / SumFit;
        if( sum > p ) break;
    }
    return i;
}
//=========================================================================//
//函数名称:Crossover()                                                      //
//函数目的:采用算术交叉算子进行交叉操作                                        //
//参数说明:     Fit1: Parent1 个体的适应度                                     //
//              Fit2: Parent2 个体的适应度                                     //
//           Parent1: 选择的父个体 1                                          //
//           Parent2: 选择的父个体 2                                          //
//            Child1: 交叉后的子个体 1                                         //
//            Child2: 交叉后的子个体 2                                         //
//            LChrom: 个体的染色体数                                           //
//            MaxFit: 种群的最大适应度                                         //
```

```
//          AvgFit：种群的平均适应度                                              //
//          PCross：交叉概率                                                      //
//==============================================================================//
void Crossover( double Fit1, double Fit2, double *Parent1, double *Parent2, double *Child1, double
                *Child2, int LChrom, double MaxFit, double AvgFit, double PCross )
{
  ///////////////////////////////////////////////////////////////
  //计算自适应交叉概率
  double maxf, minf, pc;
  if( Fit1 < Fit2 )
  {
    maxf = Fit2;
    minf = Fit1;
  }
  else
  {
    maxf = Fit1;
    minf = Fit2;
  }
  if( minf < AvgFit ) pc = PCross;
  else pc = PCross * ( MaxFit - maxf ) / ( MaxFit - AvgFit );
  ///////////////////////////////////////////////////////////////
  //开始交叉操作
  if( Flip( pc ) ) //由两个父个体交叉产生两个子个体
  {
     for( int k = 0; k < LChrom; k ++ )
     {
          Child1[ k ] = Parent2[ k ] + Random53() * ( Parent1[ k ] - Parent2[ k ] );
          Child2[ k ] = Parent1[ k ] + Random53() * ( Parent2[ k ] - Parent1[ k ] );
     }
  }
  else
  {
     for( int k = 0; k < LChrom; k ++ )
     {
          Child1[ k ] = Parent1[ k ];
          Child2[ k ] = Parent2[ k ];
     }
  }
}
//==============================================================================//
//函数名称:Mutation()                                                            //
//函数目的:采用均匀变异算子进行变异操作                                          //
//参数说明：   Fitness：个体的适应度                                             //
//               Child：待变异的子个体                                           //
//          ModelSpace：染色体的变化空间                                         //
//              AvgFit：种群的平均适应度                                         //
//              MaxFit：种群的最大适应度                                         //
//           PMutation：变异概率                                                 //
//              LChrom：个体的基因数                                             //
//==============================================================================//
void Mutation( double Fitness, double *Child, double *ModelSpace,
               double AvgFit, double MaxFit, double PMutation, int LChrom )
{
  ///////////////////////////////////////////////////////////////
  //计算自适应变异概率
  double pm;
```

```
    if( Fitness < AvgFit ) pm = PMutation;
    else pm = PMutation * ( MaxFit - Fitness ) / ( MaxFit - AvgFit );
    //////////////////////////////////////////////////////////
    // 开始变异操作
  for(int k = 0; k < LChrom; k ++)
  {
      int kk = k * 2;
      if( Flip( pm ) ) Child[ k ] = ModelSpace[ kk ] + Random53() *
                                    ( ModelSpace[ kk + 1 ] - ModelSpace[ kk ] );
  }
  }
//=====================================================================//
// 函数名称:InitPop()                                                   //
// 函数目的:对种群进行初始化                                            //
// 参数说明:   OldChrom: 上一代种群的所有染色体                          //
//               OldFit: 上一代种群的适应度                             //
//              PopSize: 种群规模                                       //
//               LChrom: 个体的染色体数                                 //
//           ModelSpace: 染色体的变化空间                               //
//                   AB: 激电测深的观测极距                             //
//                 PRes: 实测视电阻率                                   //
//                 MRes: 模拟视电阻率                                   //
//              DataNum: 观测数据个数(供电极距数)                       //
//=====================================================================//
void InitPop( double *OldChrom, double *OldFit, int PopSize, int LChrom, double *ModelSpace,
             double *AB, double *PRes, double *MRes, int DataNum )
{
  double *mt = new double[ LChrom ];
  for( int i = 0; i < PopSize; i ++ )
  {
    for( int j = 0; j < LChrom; j ++ )
    {
        int ji = j * PopSize + i;
        int jj = j * 2;
        mt[ j ] = ModelSpace[ jj ] + Random53() * ( ModelSpace[ jj + 1] - ModelSpace[ jj ] );
        OldChrom[ ji ] = mt[ j ];
    }
    // 计算目标函数
    OldFit[ i ] = 1.0 / ( 1.0 + ObjectFunc( mt, LChrom, AB, PRes, MRes, DataNum ) );
  }
  delete [ ]mt;
}
//=====================================================================//
// 函数名称:Statistics()                                                //
// 函数目的:统计适应度的最优值、最大值、最小值、平均值及和              //
// 参数说明:    Fitness: 种群各个个体的适应度                           //
//             PopSize: 种群规模                                        //
//             BestFit: 最优适应度                                      //
//          BestNumber: 最优个体在种群中的编号                          //
//              MinFit: 种群的最小适应度                                //
//              MaxFit: 种群的最大适应度                                //
//              AvgFit: 种群的平均适应度                                //
//              SumFit: 适应度的和                                      //
//=====================================================================//
void Statistics( double *Fitness, int PopSize, double &BestFit, int &BestNumber,
               double &MinFit, double &MaxFit, double &AvgFit, double &SumFit )
{
```

```
SumFit = Fitness[ 0 ];
MaxFit = Fitness[ 0 ];
MinFit = Fitness[ 0 ];
//计算最大、最小和累计适应度
for( int i = 1; i < PopSize; i ++ )
{
    SumFit += Fitness[ i ];
    if( Fitness[ i ] > MaxFit )
    {
      MaxFit = Fitness[ i ];
      if( Fitness[ i ] > BestFit )
      {
        BestFit = Fitness[ i ];
        BestNumber = i;
      }
    }
    else if( Fitness[ i ] < MinFit )
    {
      MinFit = Fitness[ i ];
    }
  }
  //计算平均适应度
  AvgFit = SumFit / PopSize;
}
//==========================================================================//
//函数名称:Generation()                                                     //
//函数目的:世代遗传操作 —— 选择、交叉、变异                                  //
//参数说明:    OldChrom:上一代种群的所有染色体                                //
//             NewChrom:新一代种群的所有染色体                                //
//              PopSize:种群规模                                             //
//               LChrom:染色体的长度                                         //
//               OldFit:上一代种群的各个个体的适应度                          //
//               NewFit:新一代种群的各个个体的适应度                          //
//               MaxFit:种群的最大适应度                                     //
//               AvgFit:种群的平均适应度                                     //
//               SumFit:适应度的和                                           //
//               PCross:交叉概率                                             //
//            PMutation:变异概率                                             //
//           ModelSpace:染色体的变化空间                                     //
//                   AB:激电测深的观测极距                                   //
//                 PRes:实测视电阻率                                         //
//                 MRes:模拟视电阻率                                         //
//              DataNum:观测数据个数(供电极距数)                              //
//==========================================================================//
void Generation( double *OldChrom, double *NewChrom, int PopSize, int LChrom,
                 double *OldFit, double *NewFit, double MaxFit, double AvgFit,
                 double SumFit, double PCross, double PMutation, double *ModelSpace,
                 double *AB, double *PRes, double *MRes, int DataNum )
{
  double *yChrom1 = new double[ LChrom ];
  double *yChrom2 = new double[ LChrom ];
  double *zChrom1 = new double[ LChrom ];
  double *zChrom2 = new double[ LChrom ];
  ////////////////////////////////////////////////////////////////////////////
  //选择,交叉,变异
  int mate1, mate2, j = 0;
  double fit1, fit2;
```

```
    while( j < PopSize - 1 )
    {
      // 选择
      mate1 = Select( OldFit, SumFit, PopSize ); // 随机选择两个父体
      mate2 = Select( OldFit, SumFit, PopSize );

      for( int i = 0; i < LChrom; i ++ )
      {
        yChrom1[ i ] = OldChrom[ i * PopSize + mate1 ];
        yChrom2[ i ] = OldChrom[ i * PopSize + mate2 ];
      }
      fit1 = OldFit[ mate1 ];
      fit2 = OldFit[ mate2 ];
      // 交叉
      Crossover( fit1, fit2, yChrom1, yChrom2, zChrom1, zChrom2, LChrom,
                 MaxFit, AvgFit, PCross );
      // 变异
      Mutation( fit1, zChrom1, ModelSpace, AvgFit, MaxFit, PMutation, LChrom );
      Mutation( fit2, zChrom2, ModelSpace, AvgFit, MaxFit, PMutation, LChrom );
      // 适应度
      fit1 = ObjectFunc( zChrom1, LChrom, AB, PRes, MRes, DataNum );
      fit2 = ObjectFunc( zChrom2, LChrom, AB, PRes, MRes, DataNum );
      // 保存染色体信息
      NewFit[ j ] = 1.0 / ( 1.0 + fit1 );
      NewFit[ j + 1 ] = 1.0 / ( 1.0 + fit2 );
      for( i = 0; i < LChrom; i ++ )
      {
        NewChrom[ i * PopSize + j ] = zChrom1[ i ];
        NewChrom[ i * PopSize + j + 1 ] = zChrom2[ i ];
      }
      j = j + 2;
    }
    delete [ ]yChrom1; delete [ ]yChrom2; delete [ ]zChrom1; delete [ ]zChrom2;
}
//==============================================================//
// 函数名称:simplex()                                              //
// 函数目的:单纯形法                                                //
// 参数说明: m: 单形数                                              //
//              n: 模型参数个数                                     //
//             mp: 初始单形模型                                     //
//        BestInv: 染色体的长度                                     //
//             AB: 激电测深的观测极距                               //
//           PRes: 实测视电阻率                                     //
//           MRes: 模拟视电阻率                                     //
//        DataNum: 观测数据个数(供电极距数)                         //
//         IPFlag: 电阻率或极化率反演的识别符号                     //
//==============================================================//
void simplex( int m, int n, double * mp, double * BestInv, double * AB,
            double * PRes, double * MRes, int DataNum, int IPFlag )
{
    const double u = 1.3; // 扩张因子
    const double v = 0.7; // 收缩因子
    const double eps = 1e - 12; // 误差终止条件
    const int IterMax = 5000; // 迭代终止条件

    int r, g, i, j, l, iter = 0;
    double fe, fr, fl, fg, ft, ff;
```

```
int LN = ( n - 1 ) / 2 + 1;

double * mt = new double[ n ];
double * mf = new double[ n ];
double * me = new double[ n ];
double * fv = new double[ n ];
for( i = 0; i < m; i ++ )
{
  for( j = 0; j < n; j ++ )
  {
    int jm = j * m;
    if( IPFlag = = 1 && j > = LN )
    {
      mp[ jm + i ] = BestInv[ j ];
      mt[ j ] = BestInv[ j ];
    }
    else
    {
      mt[ j ] = mp[ jm + i ];
    }
  }
  fv[ i ] = ObjectFunc( mt, n, AB, PRes, MRes, DataNum );
}
int rec = 0;
double RMS = fv[ 0 ];
while( iter < IterMax )
{
  /////////////////////////////////////////////////////////////////////
  // 开始引入单纯形,找到最大,次最大,最小值。
  fr = fv[ 0 ]; // 最大
  fl = fv[ 0 ]; // 最小
  r = 0;
  l = 0;
  for( i = 1; i < m; i ++ )
  {
    if( fv[ i ] > fr )
    {
      r = i;
      fr = fv[ i ];
    }
    if( fv[ i ] < fl )
    {
      l = i;
      fl = fv[ i ];
    }
  }
  g = 0;
  fg = fv[ 0 ]; // 次最大
  for( i = 1; i < m; i ++ )
  {
    if( ( i ! = r ) && ( fv[ i ] > fg ) )
    {
      g = i;
      fg = fv[ i ];
    }
  }
```

```
////////////////////////////////////////////////////////////////////////
//计算最坏点的对称点
for( j = 0; j < n; j ++ )
{
  mf[ j ] = 0.0;
  for( i = 0; i < m; i ++ )
  {
    if ( i ! = r ) mf[ j ] += mp[ j * m + i ] / n;
  }
  if( IPFlag = = 1 && j > = LN ) mt[ j ] = BestInv[ j ];
  else mt[ j ] = 2.0 * mf[ j ] - mp[ j * m + r ];
}
ft = ObjectFunc( mt, n, AB, PRes, MRes, DataNum );
////////////////////////////////////////////////////////////////////////
//扩张和收缩
if( ft < fv[ l ] )
{
  for( j = 0; j < n; j ++ )
  {
    if( IPFlag = = 1 && j > = LN ) mf[ j ] = BestInv[ j ];
    else          mf[ j ] = ( 1.0 + u ) * mt[ j ] - u * mf[ j ];
  }
  ff = ObjectFunc( mf, n, AB, PRes, MRes, DataNum );

  if( ff < fv[ l ] )
  {
    for( j = 0; j < n; j ++ ) mp[ j * m + r ] = mf[ j ];
    fv[ r ] = ff;
  }
  else
  {
    for( j = 0; j < n; j ++ ) mp[ j * m + r ] = mt[ j ];
    fv[ r ] = ft;
  }
}
else // 收缩
{
  if( ft < = fv[ g ] )
  {
    for( j = 0; j < n; j ++ ) mp[ j * m + r ] = mt[ j ];
    fv[ r ] = ft;
  }
  else
  {
    if( ft < = fv[ r ] )
    {
      for( j = 0; j < n; j ++ ) mp[ j * m + r ] = mt[ j ];
      fv[ r ] = ft;
    }
    for( j = 0; j < n; j ++ )
    {
      if( IPFlag = = 1 && j > = LN ) mf[ j ] = BestInv[ j ];
      else mf[ j ] = v * mp[ j * m + r ] + ( 1.0 - v ) * mf[ j ];
    }
    ff = ObjectFunc( mf, n, AB, PRes, MRes, DataNum );

    if( ff > fv[ r ] )
```

```
        {
            for( i = 0; i < m; i ++ )
            {
                for( j = 0; j < n; j ++ )
                {
                    int jm = j * m;
                    if( IPFlag = = 1 && j > = LN )
                    {
                        mp[ jm + i ] = BestInv[ j ];
                        me[ j ] = BestInv[ j ];
                    else
                    {
                        mp[ jm + i ] = ( mp[ jm + i ] + mp[ jm + 1 ] ) / 2;
                        me[ j ] = mp[ jm + i ];
                    }
                }
                fe = ObjectFunc( me, n, AB, PRes, MRes, DataNum );
                fv[ i ] = fe;
            }
        }
        else
        {
            for( j = 0; j < n; j ++ ) mp[ j * m + r ] = mf[ j ];
            fv[ r ] = ff;
        }
    }
    iter += 1;
    if( RMS = = fl ) rec + = 1;
    else
    {
        RMS = fl;
        rec = 0;
    }
    //输出迭代误差
    cout < < iter < < setw( 20 ) < < fl < < endl;
    if( fl < eps || rec > 100 ) break;
}
//保存最优解
for( i = 0; i < n; i ++ ) BestInv[ i ] = mp[ i * m + 1 ];
}
```

(2) 遗传算法与鲍尔方向法的串行式结合

将遗传算法与鲍尔方向法有机结合起来，是优化遗传算法性能的一种卓有成效的方法[182]。下面给出遗传算法与鲍尔方向法串行式结合的迭代过程：

① 给遗传算法的参数赋初值。包括种群规模 $\boldsymbol{m}$；模型参数个数 $\boldsymbol{n}$ 及其模型空间$[\boldsymbol{m}^l, \boldsymbol{m}^u]$；遗传计算所允许的最大迭代数；交叉概率 P_c 和变异概率 P_m 分别采用式(7 - 2 - 23) 和式(7 - 2 - 24) 自适应给出。

② 随机产生初始群体 $P(t)$，并计算 $P(t)$ 的适应度。适应度采用式(7 - 2 - 14) 进行定义，并利用式(7 - 2 - 18) 进行指数拉伸。

③ 统计初始种群的最小、最大、平均适应度以及种群适应度的和。

④ 遗传操作：个体的选择、交叉和变异。

(a) 个体的选择操作：采用式(7 - 2 - 20) 进行轮盘赌选择操作。

(b) 个体的交叉操作：按式(7 - 2 - 23) 计算交叉概率 P_c，并采用算术交叉算子以式(7 - 2 - 21) 进行交叉操作。

(c) 个体的变异操作：按式(7 - 2 - 24) 计算变异概率 P_m，并采用均匀变异算子式(7 - 2 - 22) 进行变异操作。

(d) 计算新个体的适应度值。转到第(a) 步，继续遗传操作，直至种群规模 $\boldsymbol{m}$。

⑤ 世代更新：新一代种群代替上一代种群。

⑥ 统计新一代种群的最小、最大、平均适应度以及种群适应度的和，并判断是否更新种群的最优个体。

⑦ 判断是否满足终止条件。如果满足，则终止遗传算法，否则转到第 ④ 步，继续进化。

⑧ 将全局最优解作为鲍尔方向法的初始解，开始鲍尔方向法的迭代过程，直至满足终止条件，输出最优解。

遗传算法与鲍尔方向法多为镶嵌结合方式，即将鲍尔方向法作为与选择、交叉、变异平行的一个操作算子，以一定概率进行局部寻优。在直流激电测深反演中，为减少计算量，我们尝试采用串行结合方式，即先利用遗传算法获取较优的电阻率和层厚参数，再利用鲍尔方向法进行局部寻优完成电阻率反演，而后将电阻率的反演结果作为极化率反演的初始模型，再采用鲍尔方向法完成极化率反演。

下面给出直流激电测深鲍尔 - 遗传算法反演的 C ++ 程序代码。

```
//=================================================================//
// 函数名称:DCIP_PWGAInv()                                          //
// 函数目的:直流激电测深鲍尔 - 遗传算法反演                          //
// 参数说明:     AB:电极距                                          //
//             PRes:实测视电阻率                                    //
//             MRes:模拟视电阻率                                    //
//            PDRes:实测等效视电阻率                                //
//            MDRes:模拟等效视电阻率                                //
//          DataNum:观测数据个数(供电极距数)                        //
//       ModelSpace:模型搜索空间                                    //
//           LChrom:染色体长度(模型参数个数:层阻 + 层厚)            //
//          LayerRT:模型参数(各层电阻率和厚度)                      //
//         LayerIPT:模型参数(各层极化率和厚度)                      //
//           IPFlag:电阻率或极化率反演的识别符号                    //
//=================================================================//
void DCIP_PWGAInv( double * AB, double * PRes, double * MRes, double * PDRes, double * MDRes,
                   int DataNum, double * ModelSpace, int LChrom, double * LayerRT,
                   double * LayerIPT, int IPFlag )
{
  const int MaxGen = LChrom * ( LChrom + 1 ); // 最大世代数
  const double PCross = 0.8;   // 交叉概率
  const double PMutation = 0.05; // 变异概率
```

```
const int PopSize = LChrom * ( LChrom + 1 ); // 种群规模

int LN = ( LChrom - 1 ) / 2 + 1; // 层数

double MaxFit; // 最大适应度
double MinFit; // 最小适应度
double AvgFit; // 平均适应度
double SumFit; // 适应度的和
double BestFit; // 最佳染色体的适应度
int BestNumber; // 最佳染色体的编号

// 声明群体
double * OldChrom = new double[ LChrom * PopSize ];
double * NewChrom = new double[ LChrom * PopSize ];
double * OldFit = new double[ PopSize ]; // 父代适应度函数值
double * NewFit = new double[ PopSize ]; // 子代适应度函数值
// 初始化群体
InitPop( OldChrom, OldFit, PopSize, LChrom, ModelSpace, AB, PRes, MRes, DataNum );
// 适应度指数变换
double yeta = 1.0;
for( int i = 0; i < LChrom; i ++ ) OldFit[ i ] = exp( - yeta * OldFit[ i ] );
// 统计群体适应度信息
BestFit = OldFit[ 0 ];
BestNumber = 0;
Statistics( OldFit, PopSize, BestFit, BestNumber, MinFit, MaxFit, AvgFit, SumFit );
for( i = 0; i < LChrom; i ++ ) LayerRT[ i ] = OldChrom[ i * PopSize + BestNumber ];
// 开始世代循环
cout << " 开始电阻率反演:" << endl;
for( i = 0; i < MaxGen; i ++ )
{
  yeta = 1 / sqrt( i + 2 );
  // 遗传操作
  Generation( OldChrom, NewChrom, PopSize, LChrom, OldFit, NewFit, MaxFit, AvgFit,
              SumFit, PCross, PMutation, ModelSpace, AB, PRes, MRes, DataNum, IPFlag );
  // 适应度拉伸变换
  for( int j = 0; j < LChrom; j ++ ) NewFit[ j ] = exp( - yeta * NewFit[ j ] );
  // 世代更新
  for( j = 0; j < PopSize; j ++ )
  {
    for( int k = 0; k < LChrom; k ++ )
    {
      int kj = k * PopSize + j;
      OldChrom[ kj ] = NewChrom[ kj ];
    }
    OldFit[ j ] = NewFit[ j ];
  }
  double BestTemp = BestFit;
  Statistics( OldFit, PopSize, BestTemp, BestNumber, MinFit, MaxFit, AvgFit, SumFit );
  // 记录最优个体
  if( BestTemp > BestFit )
  {
    for( j = 0; j < LChrom; j ++ ) LayerRT[ j ] = OldChrom[ j * PopSize + BestNumber ];
    BestFit = BestTemp;
  }
  if( 1.0 / BestFit - 1.0 < 1e - 5 ) break;
  // 输出迭代误差
```

```
    cout << I << setw( 15 ) << MinFit << setw( 15 ) << MaxFit << setw( 15 ) << AvgFit
         << setw( 15 ) << BestFit << endl;
  }
  cout <<" 电阻率的遗传算法反演结果" << endl;
  for( i = 0; i < LChrom; i ++ ) cout << i << setw(15) << LayerRT[ i ] << endl;
  /////////////////////////////////////////////////////////////////////////////////
  //// 电阻率反演 - 利用鲍尔方向法进行局部寻优
  double * xi = new double[ LChrom * LChrom ];
  for( i = 0; i < LChrom; i ++ ) // 初始化初始搜索方向
  {
    for( int j = 0; j < LChrom; j ++ )
    {
      if( i == j ) xi[ i * LChrom + j ] = 1;
      else xi[ i * LChrom + j ] = 0;
    }
  }
  cout <<" 电阻率的鲍尔方向法反演" << endl;
  int iter; // 执行的迭代数
  Powell( LayerRT, xi, LChrom, iter, BestFit, AB, PRes, MRes, DataNum, 0 );
  cout <<" 电阻率的遗传算法反演结果" << endl;
  for( i = 0; i < LChrom; i ++ ) cout << i << setw(15) << LayerRT[ i ] << endl;
  /////////////////////////////////////////////////////////////////////////////////
  // 极化率反演 - 利用鲍尔方向法
  if( IPFlag == 1 )
  {
    for( i = 0; i < LChrom; i ++ ) // 初始化初始搜索方向
    {
      LayerIPT[ i ] = LayerRT[ i ];
      for( int j = 0; j < LChrom; j ++ )
      {
        if( i == j ) xi[ i * LChrom + j ] = 1;
        else xi[ i * LChrom + j ] = 0;
        cout << xi[ i * LChrom + j ] << setw( 10);
      }
    }
    // 反演极化率
    cout << " 开始极化率反演:" << endl;
    for( i = 0; i < DataNum; i ++ )
    cout << i << setw(10) << PRes[i] << setw(15) << PDRes[i] << endl;
    // 用电阻率和等效电阻率转化极化率
    Powell( LayerIPT, xi, LChrom, iter, BestFit, AB, PDRes, MDRes, DataNum, IPFlag );
    for( i = 0; i < LN; i ++ ) LayerIPT[ i ] = ( LayerIPT[ i ] - LayerRT[ i ] ) * 100
                                               / LayerIPT[ i ];
  }
  /////////////////////////////////////////////////////////////////////////////////
  // 释放内存
  delete [ ]OldChrom;   delete [ ]NewChrom; delete [ ]OldFit;   delete [ ]NewFit; delete [ ]xi;
}
/////////////////////////////////////////////////////////////////////////////////////////
// 说明:DCIP - PWGAInv 子程序调用的函数在前面已给出
```

7.3　直流激电测深全局混合反演的算例分析

为提高直流激电测深解估计的质量及反演的稳定性，在对数下构建目标函数：

$$E = \frac{1}{n}\sum_{i=1}^{n}(\ln\rho_{ai} - \ln\rho_{ci})^2 \qquad (7-3-1)$$

式中 ρ_{ai} 和 ρ_{ci} 分别为第 i 个极距的实测和模拟的视电阻率。先反演出各层的电阻率 ρ 和层厚 h，然后再进行极化率反演。对于极化率反演，应用等效视电阻率式：

$$\rho_a^* = \frac{\rho_a}{1-\eta_a} \qquad (7-3-2)$$

将实测的视电阻率 ρ_a 和视极化率 η_a 转化为等效视电阻率 ρ_a^*，然后再反演各层的等效电阻率 ρ^*，再根据等效电阻率公式：

$$\eta = \frac{\rho^* - \rho}{\rho^*} \qquad (7-3-3)$$

换算出各层的极化率 η，反演结束。

7.3.1　计算效率与反演效果对比

首先利用 3.3 节介绍的激电测深一维正演模拟算法，对文献[183] 中所列地电模型(见表 7－3－1) 模拟激电测深曲线，最小、最大供电极距 $AB/2$ 分别为 1 m 和 1000 m，以等对数间隔分成 25 个极距。利用 7.1.4 节和 7.2.5 节的全局混合反演的程序代码进行反演试算。

表 7－3－1　模型参数表

		第一层	第二层	第三层	第四层	第五层
模型一	电阻率(Ω · m)	20	50	200	—	—
	极化率(%)	2	10	5	—	—
	厚度(m)	5	10	—	—	—
模型二	电阻率(Ω · m)	40	20	200	—	—
	极化率(%)	4	8	16	—	—
	厚度(m)	5	10	—	—	—
模型三	电阻率(Ω · m)	100	50	20	500	—
	极化率(%)	2	5	15	10	—
	厚度(m)	5	10	20	—	—

续表 7－3－1

		第一层	第二层	第三层	第四层	第五层
模型四	电阻率(Ω·m)	50	20	100	50	500
	极化率(%)	2	10	5	15	10
	厚度(m)	5	10	20	40	—

模型一至模型四的反演结果分别见表 7－3－2 至表 7－3－5。从表中可以看出，单纯形法与模拟退火算法相结合的混合优化方法 SMSA 耗费的计算量最大，单纯形法与遗传算法相结合的混合优化方法 SMGA 耗费的计算量最小，并且各方法随反演参数的增加计算量明显增大。当模型参数小于或等于四层时，模型参数的相对误差基本控制在 1% 以内，可见它们的寻优能力是比较强的。对于高、低阻混层的情况(如模型四)，鲍尔方向法与遗传算法相结合的混合优化方法 PWGA 反演相对误差较大，层厚参数最大相对误差约为 8%，这主要是由于鲍尔方向法受初始解的影响较大，如果初始解较好，经少数迭代即可达到全局最优解；如果初始解不理想，它容易陷入局部极值。与线性方法相比，非线性方法需要大量的正演计算，并且随模型参数的增加而增大，说明它仅适合于求解模型参数少、正演耗费时间短的反问题。对于大型地球物理反问题，唯有在向量机上采用并行算法进行计算，否则在 PC 机上因计算耗时太长就失去了实用价值。广义线性反演的部分参数的误差略大，但反演耗时很少。可以考虑将广义线性与非线性方法结合，即将非线性反演结果作为广义线性反演的初始模型，这样有望提高广义线性反演的精度。

表 7－3－2　模型一的电阻率／极化率反演结果

	模型参数	第一层	第二层	第三层
模型空间	电阻率(Ω·m)	10 ~ 30	25 ~ 75	100 ~ 300
	极化率(%)	1 ~ 3	5 ~ 15	2.5 ~ 7.5
	厚度(m)	2.5 ~ 7.5	5 ~ 15	—
SMSA 法反演结果	电阻率(Ω·m)	20.00000	50.00102	200.00016
	极化率(%)	1.99991	10.00013	4.99995
	厚度(m)	5.00004	10.00016	—
	正演次数		52964	

续表 7 - 3 - 2

	模型参数	第一层	第二层	第三层
PWSA 法反演结果	电阻率(Ω·m)	20.00000	50.00000	199.99999
	极化率(%)	1.99987	10.00089	4.99995
	厚度(m)	5.00000	10.00000	
	正演次数		5388	
SMGA 法反演结果	电阻率(Ω·m)	20.00000	49.99936	200.00000
	极化率(%)	2.00000	10.00048	5.00002
	厚度(m)	4.99995	10.00000	—
	正演次数		1924	
PWGA 法反演结果	电阻率(Ω·m)	20.00000	50.00001	200.00000
	极化率(%)	2.00000	10.00000	5.00000
	厚度(m)	5.00000	10.00000	—
	正演次数		3491	
广义线性反演结果	电阻率(Ω·m)	20.00000	50.00000	200.00000
	极化率(%)	2.00000	10.30000	5.10000
	厚度(m)	5.00000	10.00000	—

表 7 - 3 - 3　模型二的电阻率/极化率反演结果

	模型参数	第一层	第二层	第三层
模型空间	电阻率(Ω·m)	20 ~ 60	10 ~ 30	100 ~ 300
	极化率(%)	2 ~ 6	4 ~ 12	8 ~ 24
	厚度(m)	2.5 ~ 7.5	5 ~ 15	—
SMSA 法反演结果	电阻率(Ω·m)	40.00001	20.00012	200.00007
	极化率(%)	3.99996	8.00013	15.99998
	厚度(m)	4.99999	10.00009	—
	正演次数		53140	
PWSA 法反演结果	电阻率(Ω·m)	40.00000	20.00000	200.00001
	极化率(%)	4.00001	7.99993	16.00002
	厚度(m)	5.00000	10.00000	—
	正演次数		8330	

续表 7－3－3

	模型参数	第一层	第二层	第三层
SMGA 法反演结果	电阻率(Ω·m)	39.99995	19.99974	199.99993
	极化率(%)	4.00000	7.99975	16.00006
	厚度(m)	5.00004	9.99981	—
	正演次数	1842		
PWGA 法反演结果	电阻率(Ω·m)	40.00000	20.00001	200.00000
	极化率(%)	4.01806	7.90739	16.03572
	厚度(m)	5.00000	10.00000	—
	正演次数	2840		
广义线性反演结果	电阻率(Ω·m)	40.00000	20.00000	200.00000
	极化率(%)	4.00000	8.30000	16.20000
	厚度(m)	5.00000	10.00000	—

表 7－3－4　模型三的电阻率/极化率反演结果

	模型参数	第一层	第二层	第三层	第四层
模型空间	电阻率(Ω·m)	50 ~ 150	25 ~ 75	10 ~ 30	250 ~ 750
	极化率(%)	1 ~ 3	2.5 ~ 7.5	7.5 ~ 22.5	5 ~ 15
	厚度(m)	2.5 ~ 7.5	5 ~ 15	10 ~ 30	—
SMSA 法反演结果	电阻率(Ω·m)	100.00002	49.99962	19.99909	499.99892
	极化率(%)	2.00004	5.00012	15.00019	9.99997
	厚度(m)	5.00001	10.00038	19.99889	—
	正演次数	77677			
PWSA 法反演结果	电阻率(Ω·m)	99.99875	49.94050	19.90915	499.96858
	极化率(%)	1.99895	5.02045	15.01076	9.99553
	厚度(m)	5.00356	10.03923	19.88665	—
	正演次数	26886			
SMGA 法反演结果	电阻率(Ω·m)	99.99989	50.00075	20.00128	499.99989
	极化率(%)	1.99996	4.99986	14.99967	10.00005
	厚度(m)	4.99998	9.99935	20.00159	—
	正演次数	5419			

续表 7－3－4

	模型参数	第一层	第二层	第三层	第四层
PWGA 法反演结果	电阻率(Ω·m)	100.00000	50.00000	20.00000	499.99999
	极化率(%)	2.00002	4.99968	15.00040	9.99955
	厚度(m)	5.00000	10.00000	20.00000	—
	正演次数	8457			
广义线性反演结果	电阻率(Ω·m)	100.00000	50.00000	20.00000	500.00000
	极化率(%)	2.00000	5.20000	15.20000	10.40000
	厚度(m)	5.00000	10.00000	20.10000	—

表 7－3－5　模型四的电阻率／极化率反演结果

	模型参数	第一层	第二层	第三层	第四层	第五层
模型空间	电阻率(Ω·m)	40 ~ 80	10 ~ 30	50 ~ 150	20 ~ 60	200 ~ 600
	极化率(%)	1 ~ 5	5 ~ 20	1 ~ 8	5 ~ 20	5 ~ 15
	厚度(m)	2 ~ 10	5 ~ 15	10 ~ 30	20 ~ 60	—
SMSA 法反演结果	电阻率(Ω·m)	50.00003	19.99933	99.95486	49.96945	499.99711
	极化率(%)	2.00001	9.99983	5.00621	15.00333	9.99961
	厚度(m)	5.00004	9.99854	20.02748	39.95939	—
	正演次数	155753				
PWSA 法反演结果	电阻率(Ω·m)	50.00000	20.00000	100.00000	50.00000	500.00000
	极化率(%)	1.99974	10.00030	4.99818	15.00014	10.00024
	厚度(m)	5.00000	10.00000	20.00000	40.00000	—
	正演次数	53827				
SMGA 法反演结果	电阻率(Ω·m)	49.99996	19.99982	100.02371	50.02299	500.00168
	极化率(%)	2.00003	10.00014	4.99639	14.99747	10.00038
	厚度(m)	5.00005	10.00036	19.98257	40.02871	—
	正演次数	15027				
PWGA 法反演结果	电阻率(Ω·m)	49.99964	19.96719	97.77266	47.93002	499.83923
	极化率(%)	2.00230	9.97906	5.36491	15.20077	9.97733
	厚度(m)	5.00286	9.92833	21.61048	37.42648	—
	正演次数	18169				

续表 7－3－5

	模型参数	第一层	第二层	第三层	第四层	第五层
广义线性反演结果	电阻率(Ω·m)	50.00000	20.10000	107.30000	53.90000	500.40000
	极化率(%)	2.00000	10.10000	4.90000	14.80000	10.50000
	厚度(m)	5.00000	10.20000	16.30000	45.40000	—

7.3.2 克服等值现象的性能对比

直流激电测深曲线的反演属于典型的多解性问题。在一定的误差范围内，易于出现 S 等值($v_2 = h_2/h_1 \ll 1, \mu_3 = \rho_3/\rho_2 \gg 1$) 和 T 等值($v_2 \ll 1, \mu_3 \ll 1$) 现象，具体表现在反演时，目标函数出现很多几乎相等的次极小。下面对等值现象较严重的两组模型(见表7－3－6) 模拟激电测深曲线，最小、最大供电极距 $AB/2$ 分别为 1 m 和 1000 m，以等对数间隔分成 25 个极距。利用 7.1.4 节和 7.2.5 节的全局混合反演的程序代码进行反演试算。

表 7－3－6　模型参数表

	模型参数	第一层	第二层	第三层	第四层
模型一	电阻率(Ω·m)	100	5	200	—
	极化率(%)	2	10	5	—
	厚度(m)	20	2	—	—
模型二	电阻率(Ω·m)	5	500	20	—
	极化率(%)	2	10	5	—
	厚度(m)	20	2	—	—

表 7－3－7 到 7－3－8 分别为模型一、二的电阻率/极化率反演结果。在表格中，带下划线的模型参数为相对误差最大的模型参数。电阻率和层厚参数的最大相对误差在 1.6% ～24%，并且两者的最大误差大小相当，说明等值现象是客观存在的，只能尽量减小或压制，而不能完全克服。相比而言，SMSA 法克服等值问题较优，PWSA 法较差，可能由于两者采用串行结合方式，SA 法提供的初始解不好有关。极化率的反演误差较小，由于反演的电阻率和等效电阻率几乎相等，将两者换算为极化率后，等值问题几乎被克服掉了。对于等值性较严重的电测深曲线，可通过改变模型参数搜索空间和算法的参数进行多次反演，合理地给出等值层的解估计，我们对大量理论模型进行反演试算，也证明了这种方式是可

行的。

表7－3－7　模型一的电阻率/极化率反演结果

	模型参数	第一层	第二层	第三层	模型参数的最大相对误差(%)
模型空间	电阻率(Ω·m)	50 ~ 150	2.5 ~ 7.5	100 ~ 300	—
	极化率(%)	1 ~ 3	5 ~ 15	2.5 ~ 7.5	—
	厚度(m)	10 ~ 30	1 ~ 3	—	—
SMSA 法反演结果	电阻率(Ω·m)	100.00000	5.08201	200.00015	1.64020
	极化率(%)	1.99996	9.99912	5.00013	0.00880
	厚度(m)	19.99872	2.03290	—	1.64500
	正演次数	64148			
PWSA 法反演结果	电阻率(Ω·m)	100.00015	5.76132	200.00184	15.22640
	极化率(%)	1.99956	9.99234	5.00072	0.07760
	厚度(m)	19.98743	2.30567	—	15.28350
	正演次数	6118			
SMGA 法反演结果	电阻率(Ω·m)	100.00005	5.18612	200.00026	3.72240
	极化率(%)	1.99990	9.99815	5.00021	0.18500
	厚度(m)	19.99704	2.07468	—	3.73400
	正演次数	3019			
PWGA 法反演结果	电阻率(Ω·m)	100.00019	5.96820	200.00239	19.36400
	极化率(%)	1.99944	9.99007	5.00093	0.09930
	厚度(m)	19.98371	2.38882	—	19.44100
	正演次数	2314			
广义线性反演结果	电阻率(Ω·m)	100.00000	5.60000	200.00000	12.00000
	极化率(%)	2.00000	10.30000	5.10000	3.00000
	厚度(m)	20.00000	2.20000	—	10.00000

表 7-3-8 模型二的电阻率/极化率反演结果

	模型参数	第一层	第二层	第三层	模型参数的最大相对误差(%)
模型空间	电阻率(Ω·m)	2.5 ~ 7.5	250 ~ 750	10 ~ 30	
	极化率(%)	1 ~ 3	5 ~ 15	2.5 ~ 7.5	—
	厚度(m)	10 ~ 30	1 ~ 3	—	—
SMSA 法反演结果	电阻率(Ω·m)	5.00000	449.22074	19.99994	10.15585
	极化率(%)	1.99988	9.99476	5.00024	0.05240
	厚度(m)	19.99803	2.22667	—	11.33350
	正演次数	93782			
PWSA 法反演结果	电阻率(Ω·m)	5.00000	621.10407	20.00008	24.22081
	极化率(%)	2.00018	10.00772	4.99966	0.07720
	厚度(m)	20.00289	1.60940	—	19.53000
	正演次数	6930			
SMGA 法反演结果	电阻率(Ω·m)	5.00000	573.67090	20.00005	14.73418
	极化率(%)	2.00013	10.00521	4.99979	0.05210
	厚度(m)	20.00197	1.74269	—	12.86550
	正演次数	6051			
PWGA 法反演结果	电阻率(Ω·m)	5.00000	545.24801	20.00004	9.04960
	极化率(%)	2.00008	10.00366	4.99984	0.03660
	厚度(m)	20.00131	1.83370	—	8.31500
	正演次数	1955			
广义线性反演结果	电阻率(Ω·m)	5.00000	560.00000	20.00000	12.00000
	极化率(%)	2.00000	9.20000	5.20000	8.00000
	厚度(m)	20.00000	1.80000	—	10.00000

第 8 章　直流激电反演软件研发与应用

在直流激电正演模拟与反演成像算法的基础上，并考虑到观测装置、观测空间、观测噪声、操作方便及高效性等因素，设计研发了直流激电反演解释软件 IPInv。软件包括文件操作、参数转换、地形改正、激电反演、绘制图形及帮助六个部分，其中激电反演模块为软件的核心部分，功能包括：垂直激电测深一维人机交互反演、全自动迭代反演、直接反演，垂直激电测深二维反演，高密度激电数据二维反演，地表、井中及井地激电数据二维反演，多元激电数据融合人机交互二维反演及地表、井中、井地激电数据三维反演。该软件基于 VC ++ 6.0 开发平台，具有 Windows 图形可视化界面，操作简单方便，程序运行稳定，计算效率较高，已在国内多家科研院所及生产单位投入使用。本章将介绍该软件的框架设计、反演模块功能及应用实例。

8.1　软件功能与模块设计

8.1.1　软件功能设计

考虑到直流激电观测和处理方法的多样性，软件按模块化进行设计，每个模块可完成一个独立的功能，模块之间没有参数传递，仅通过数据文件进行联系，便于程序的管理和扩充。直流激电反演软件包括文件操作、参数转换、地形改正、激电反演、绘制图形及帮助六个功能模块，每个功能模块根据数据处理的需要，又向下拓展为多个子模块，具体如图 8 - 1 - 1 所示。

8.1.2　子模块结构设计

直流激电反演软件的核心部分为激电反演模块，包括 8 个子模块，如图 8 - 1 - 1 所示。每个子模块的设计均基于 Windows 属性页窗体结构，每个子模块根据处理功能的需要，设计一个主窗体及 2 ~ 5 个子窗体。子窗体用于读取和保存数据文件、设置正演参数、设置反演参数以及监测反演过程，为主窗体提供实测数据和参数信息，窗体结构如图 8 - 1 - 2 所示。主窗体集成了正反演处理功能，用于执行和退出反演操作，并将反演过程中的中间信息(迭代次数、拟合误差、内存使用及耗费时间等) 实时反馈给监测反演过程子窗体。

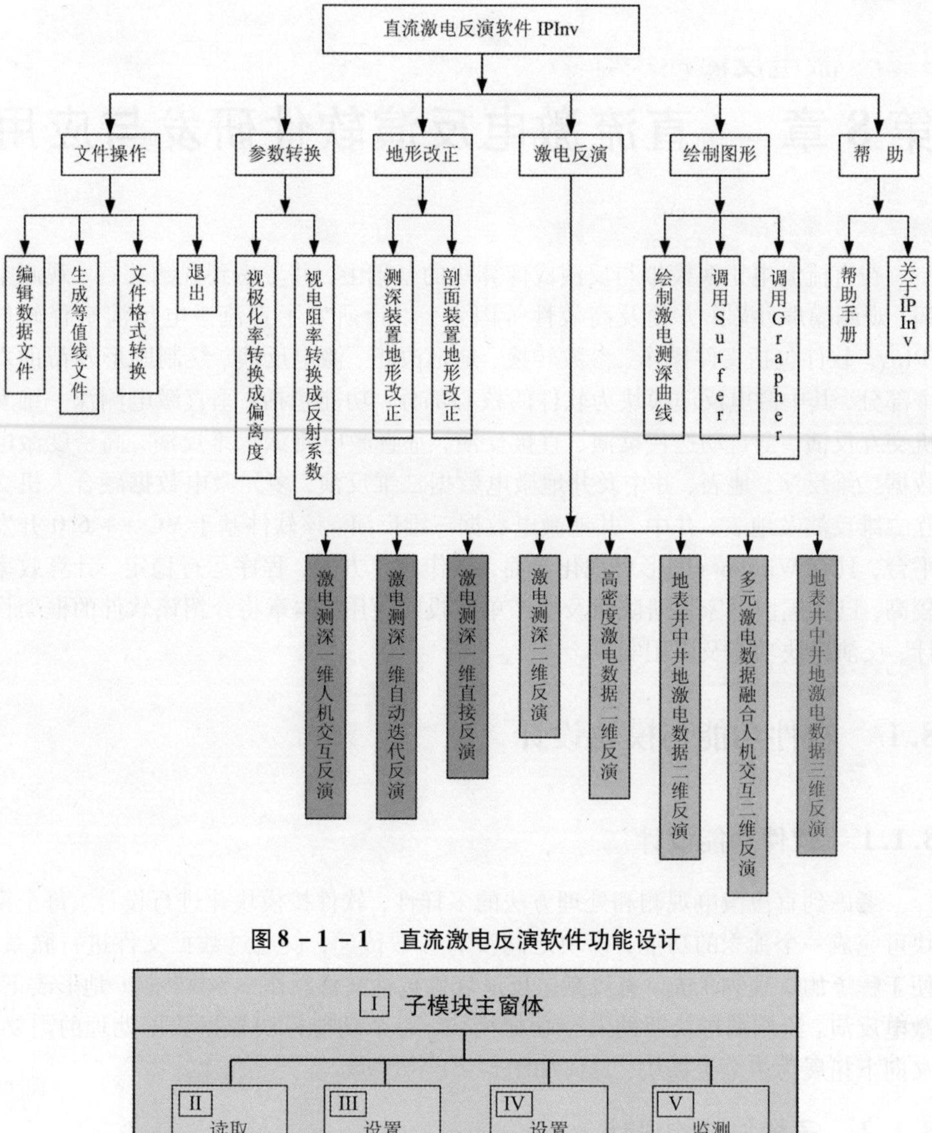

图 8－1－1　直流激电反演软件功能设计

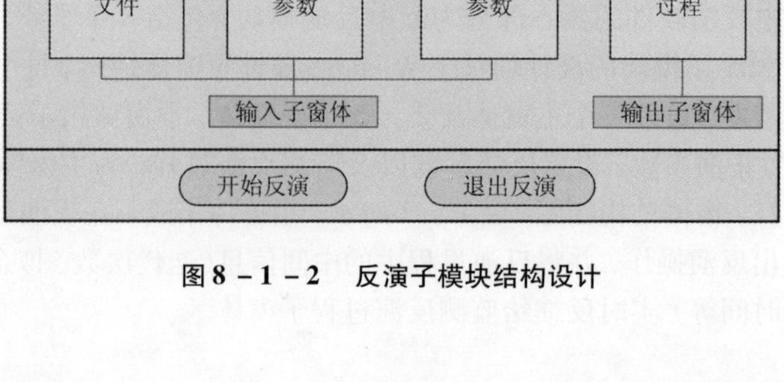

图 8－1－2　反演子模块结构设计

8.2　激电反演模块介绍

根据系统主体和子模块结构的设计思路，以 Visual C++ 6.0 作为开发平台，用 MFC 作为强有力的辅助手段，基于面向对象的编程思想，开发了直流激电反演解释软件 IPInv，软件主界面如图8-2-1 所示。激电反演模块是软件的核心处理部分，包括 8 个子模块，每个子模块均基于属性页对话框编程，操作简单、方便。下面简要介绍各子模块的功能。

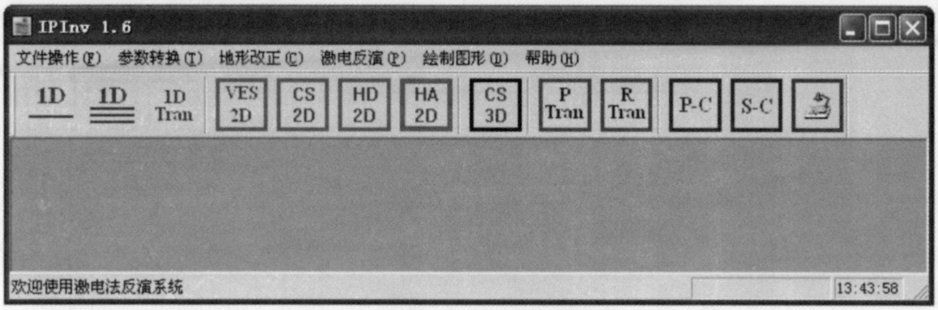

图 8-2-1　软件主界面

8.2.1　激电测深一维人机交互反演

首先读取电测深或激电测深曲线数据文件[如图 8-2-2(a) 所示]，然后根据测深曲线形态设置初始模型参数[如图8-2-2(b) 所示]。点击“开始反演”按钮，程序开始自动迭代反演过程，并实时显示反演迭代次数及平均均方误差。反演结束后，可以显示反演结果[如图 8-2-2(c) 所示]。如果反演拟合差较大或反演模型参数不符合地质规律，则在原来的基础上重新设置模型参数，再进行反演，如此往复，直到反演结果满足要求为止。

8.2.2　激电测深一维自动迭代反演

首先读取同一测线的激电测深曲线所构成的数据文件，并设置深度调整系数(默认为 0.8)，然后点击“开始反演”按钮，程序开始对多条激电测深曲线进行自动迭代反演，如图8-2-3 所示。参见6.3 节，该模块执行反演时，以激电测深曲线的极距数作为层数，以相邻供电极距($AB/2$)的差作为初始层厚，以对应极距的视电阻率作为初始层阻。经过多次反演迭代，即可完成电阻率反演，然后固定层厚参数，采用极化率线性反演方法，解一次线性方程组完成极化率反演。

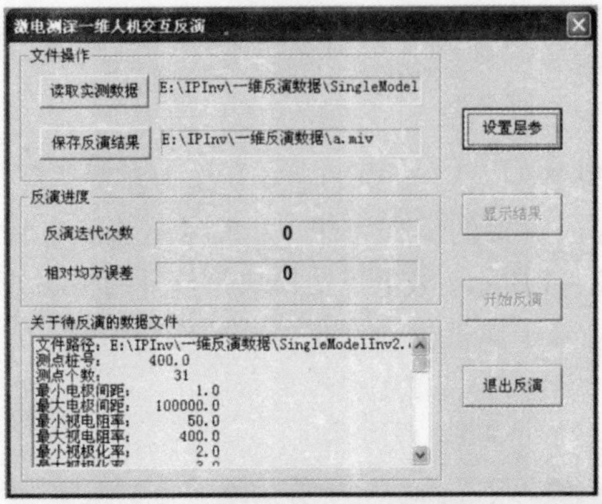

(a)读取数据文件

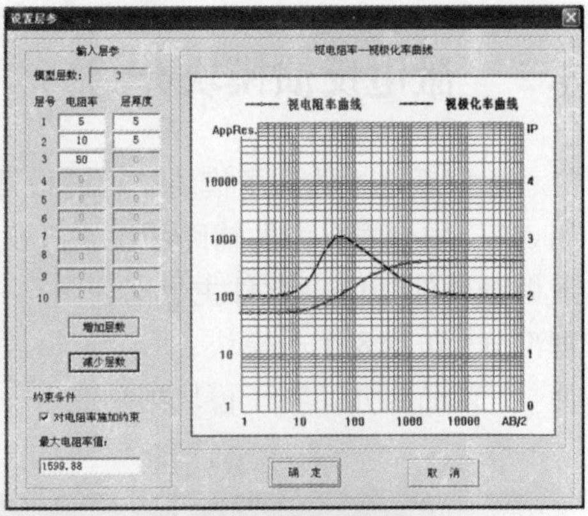

(b)设置初始模型参数

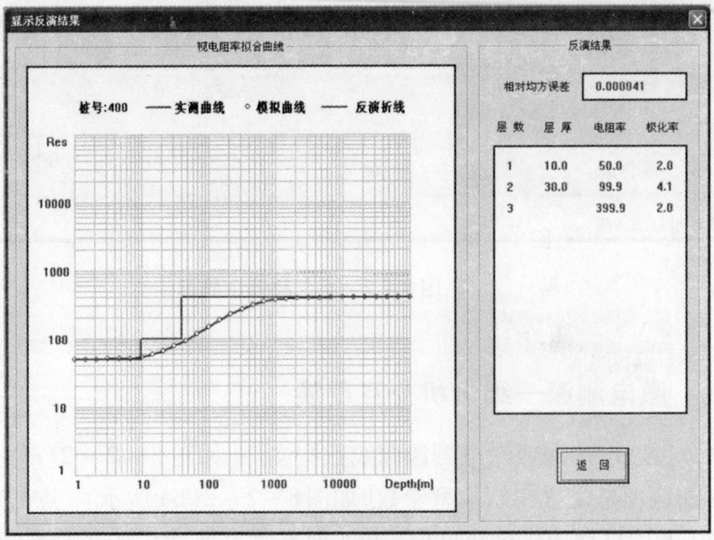

(c)显示激电测深反演结果

图 8－2－2　激电测深一维人机交互反演窗体

8.2.3　激电测深一维直接反演

该模块如图 8－2－4 所示。采用阮百尧教授提出的转换公式，直接将激电测深曲线转换为近似真深度——真电阻率的曲线[130]，然后，将极化率测深曲线转化为等效视电阻率曲线，再进行一次直接反演，进而可通过视电阻率和等效视电阻率的直接反演结果，换算出极化率的反演结果。该模块可对同一断面的多条激电测深曲线进行反演，便于将反演结果绘制成二维断面图进行分析与解释。

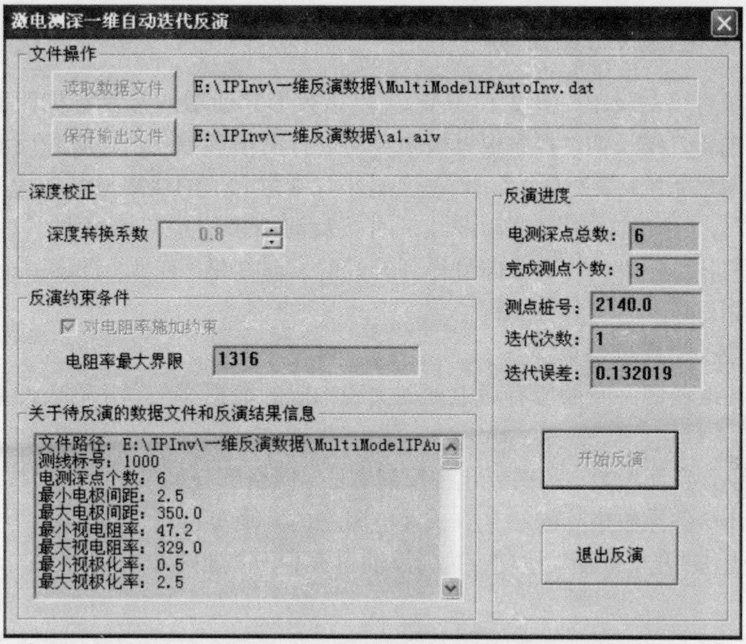

图 8－2－3　激电测深一维自动迭代反演窗体

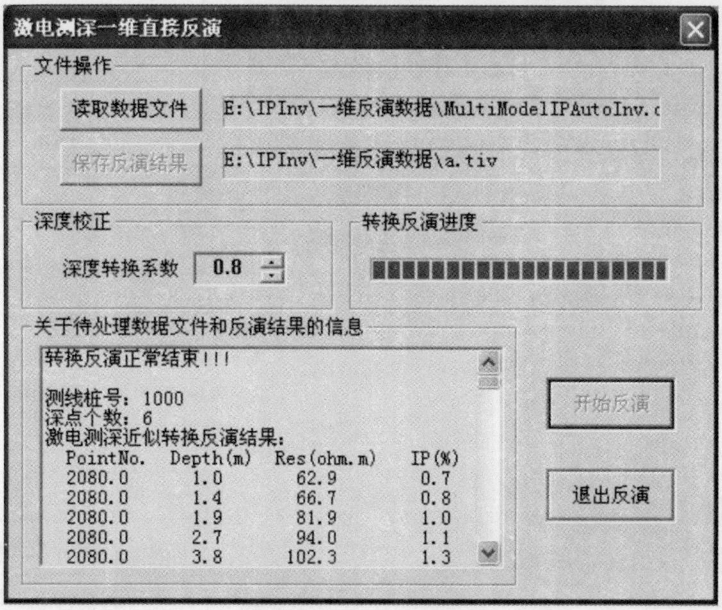

图 8－2－4　激电测深一维直接反演窗体

8.2.4　激电测深二维反演

该模块可以对极距(*AB*/2 和 *MN*/2) 以指数形式递增的常规对称四极和三极激电测深进行二维反演。程序根据极距自动进行网格参数化，正演和反演采用粗细不同的网格系统(参见 6.4 节)，基于最小二乘意义下的变阻尼共轭梯度法进行反演[128, 184]，反演时采用电测深曲线的直接反演结果构建初始模型[130]。该模块收敛速度较快，一般迭代 5 次即可得到较好的反演结果，在实际勘探中已经取得较好地应用。

该模块的操作过程为：

(1) 读取由同一断面所有激电测深曲线构成的数据文件，并输入反演结果保存文件；

(2) 设置反演参数，包括极化率反演方法、网格剖分尺度、迭代次数、初始阻尼因子、计算偏导数矩阵的结合方式及电阻率的上限等；

(3) 点击“开始反演” 按钮，执行反演过程，具体如图 8 - 2 - 5 所示。

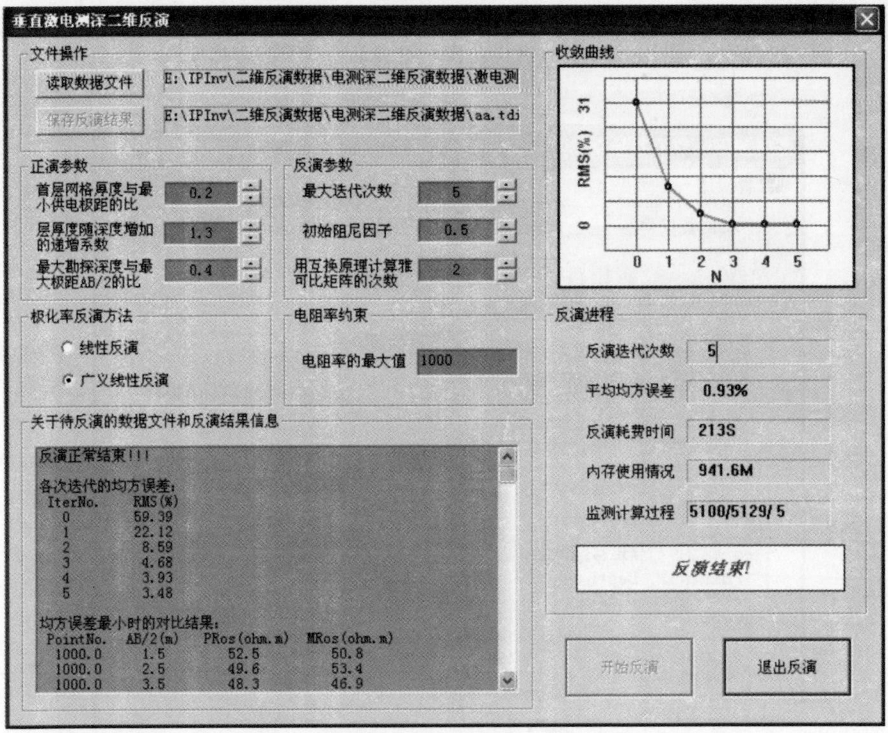

图 8 - 2 - 5　激电测深二维反演窗体

8.2.5　高密度激电数据二维反演

高密度电阻率法在工程与环境勘查中应用较为广泛。该模块可以对野外常用的9种装置(包括温纳α装置、温纳β装置、温纳γ装置、温纳－施伦贝尔装置、偶极－偶极装置、三极正装置、三极反装置、双向三极装置及二极装置，要求电极阵列点距相等）观测的长剖面高密度电阻率(极化率）数据进行带地形的二维反演[185]，并且反演效率较高(对于60根电极的断面，反演迭代6次，耗费时间基本控制在30 s左右)。

该模块的操作过程为:

(1) 读取数据文件，正确读取状态如图8－2－6(a) 所示，并输入反演结果保存文件;

(2) 设置反演参数，根据需要设置反演方法、约束条件、网格剖分、反演迭代次数、计算偏导数矩阵的结合方式、初始阻尼及压制噪声等参数[186, 187]如图8－2－6(b) 所示;

(3) 点击“开始反演” 按钮，开始执行反演过程，反演结束状态如图8－2－6(c) 所示。

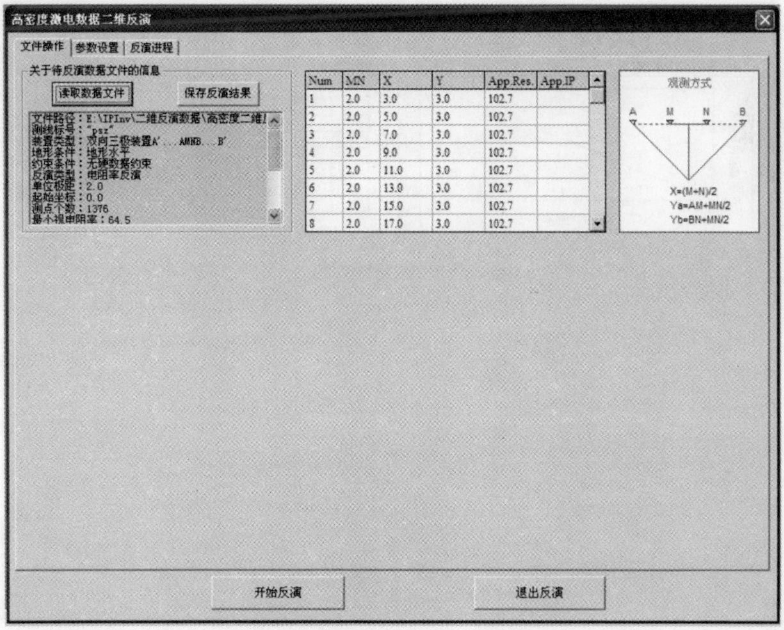

(a) 读取数据文件

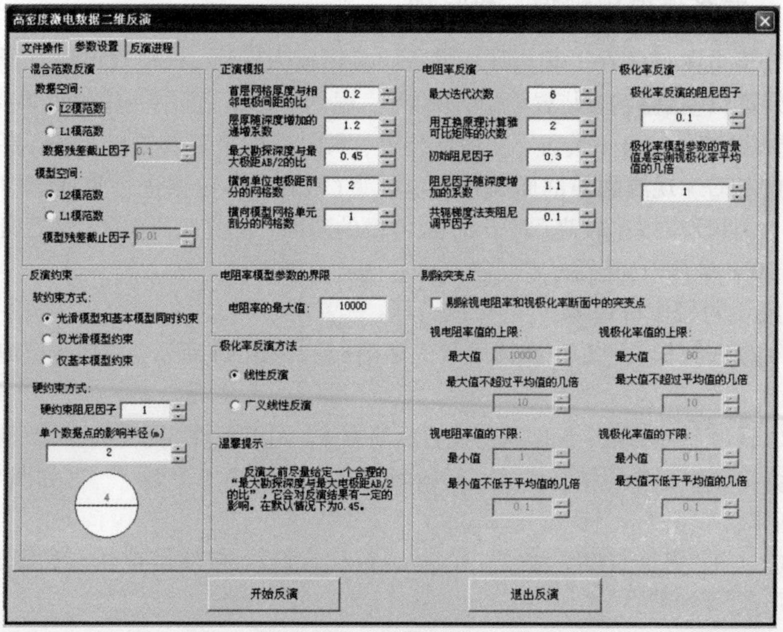

(b) 设置正、反演参数

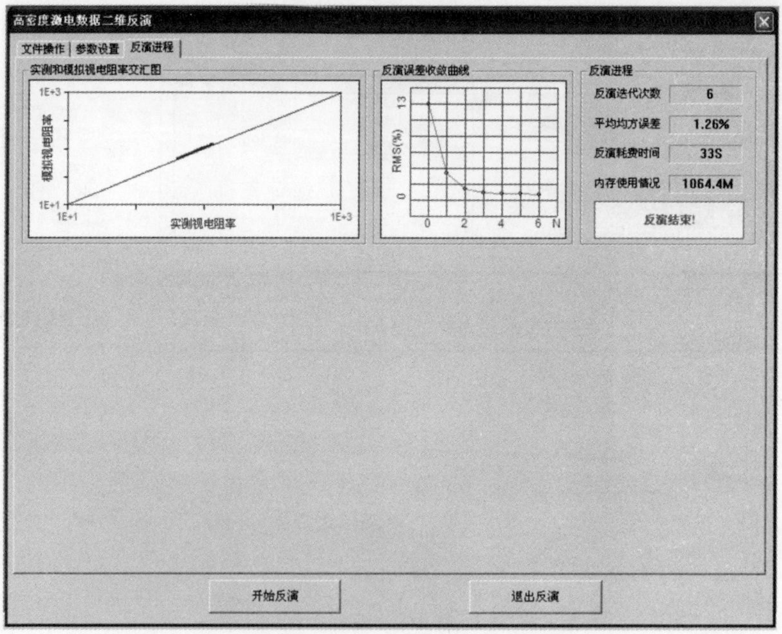

(c) 监测反演过程

图8-2-6　高密度激电数据二维反演窗体

8.2.6 地表、井中、井地激电数据二维反演

该模块可以对地表、井中和井地观测的激电数据进行二维反演，也可对多次监测数据进行二维延时反演[188]，对观测装置、供电和测量极距是否相等没有限制，通用性较强。

该模块的操作过程为：

(1) 读取数据文件，并输入反演结果保存文件，设置反演深度和网格剖分参数，如图 8－2－7(a) 所示；

(2) 设置反演参数，根据需要设置反演方法、约束条件、反演迭代次数、计算偏导数矩阵的结合方式、初始阻尼、延时反演过程及参考模型等参数，如图 8－2－7(b) 所示；

(3) 点击“开始反演” 按钮，开始执行反演过程，反演结束状态如图 8－2－7(c) 所示。

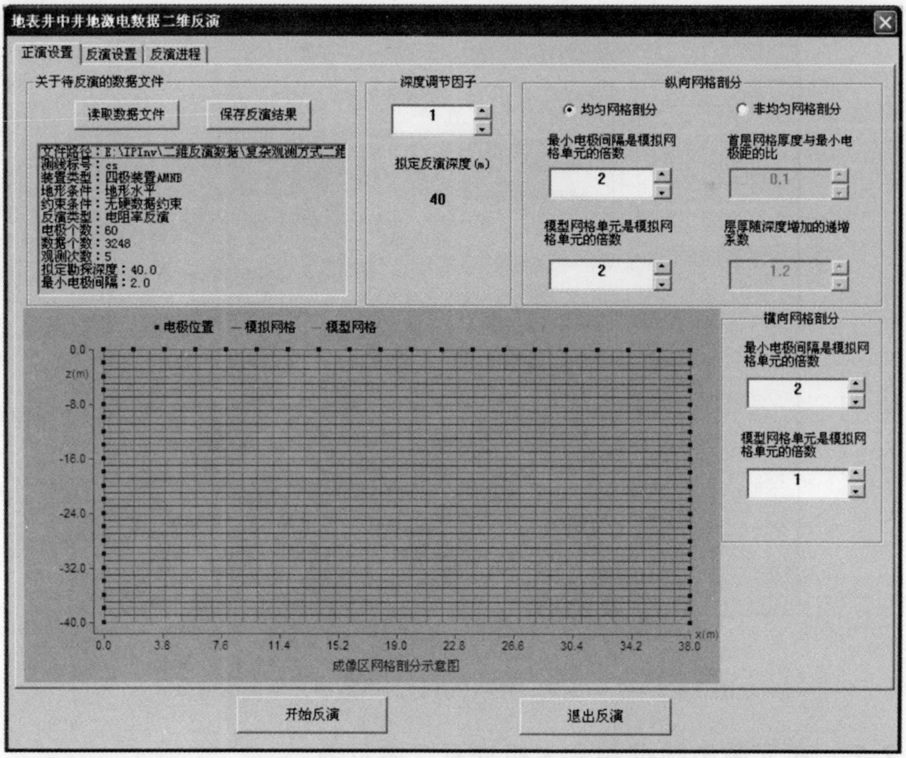

(a) 读取数据文件、设置网格剖分参数

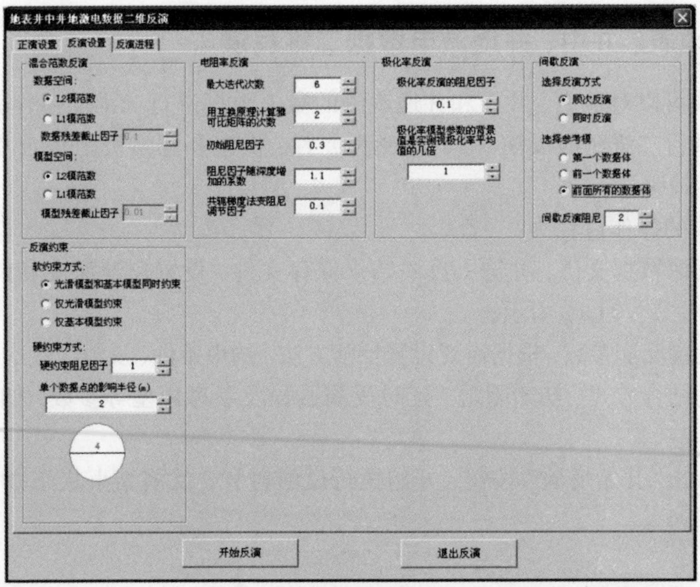

(b) 设置反演参数

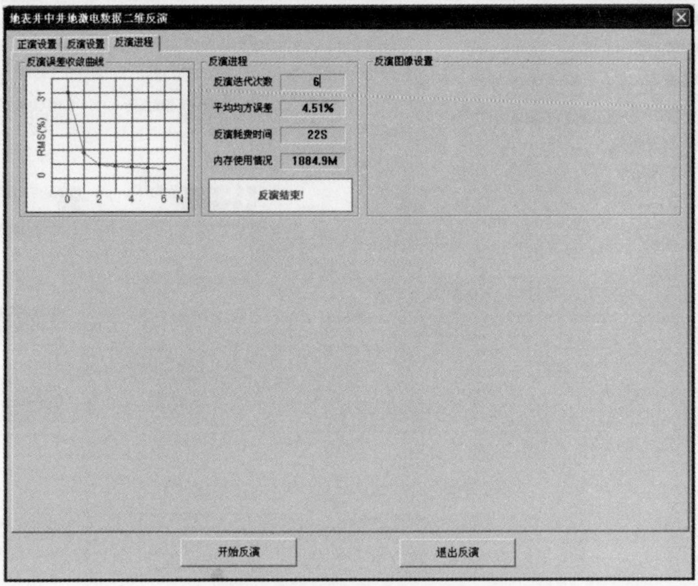

(c) 监测反演过程

图 8－2－7　地表、井中、井地激电数据二维反演窗体

8.2.7　多元激电数据融合人机交互二维反演

该模块可以将同一条测线上多种装置(二极装置：一个电极供电，一个电极接收；三极装置：一个电极供电，两个电极接收；四极装置：两个电极供电，两个

电极接收）观测的激电数据（视电阻率或归一化电位、视极化率）合成一个数据体，并根据已知地质信息，手工修改地电模型不同区域的模型参数和设置阻尼因子，实现自动迭代与人机交互相结合的激电数据二维反演，这种结合对减少反演的多解性大有裨益。

该模块的操作过程为：

（1）读取数据文件。文件格式要求供电和测量电极的点位均以坐标(x, z)形式给出，如图8－2－8(a)所示；

（2）根据电极的空间相对位置关系，设置剖分单元尺度（根据最小电极距）和研究区域大小（根据测量电极分布区域），对电极分布的整个区域进行网格剖分（包括用于正演模拟的细网格和用于反演的粗网格），如果自动剖分网格不合理，可以将网格剖分节点保存到文件，再进行修改，修改结束后再以文件的方式导入，如图8－2－8(b)所示；

（3）根据需要设置反演参数，包括反演迭代次数、计算偏导数矩阵的结合方式、初始阻尼、波数、极化率反演方法及计算修正步长因子的算法，如图8－2－8(c)所示；

（4）根据已知地质信息，手工修改不同区域的模型参数，通过对该区域设置不同的阻尼因子而施加不同的约束力，如图8－2－8(d)所示；

（5）点击“开始反演”按钮，开始执行反演过程，如图8－2－8(e)所示。反演结果将显示在图8－2－8(d)中，如果反演结果不理想，可以重新设置网格剖分、反演参数或手工修改模型参数，再执行自动迭代反演，如此往复，直到反演结果满足要求或符合地质规律为止，最终将反演结果输出到文件。

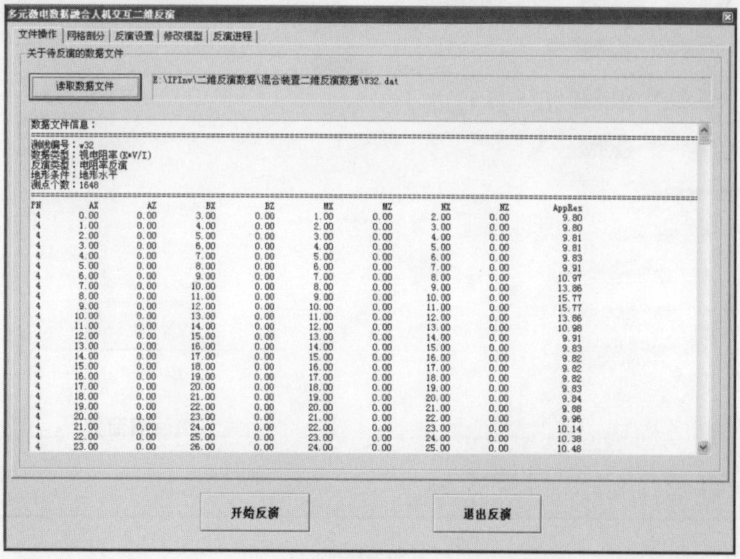

(a) 读取数据文件

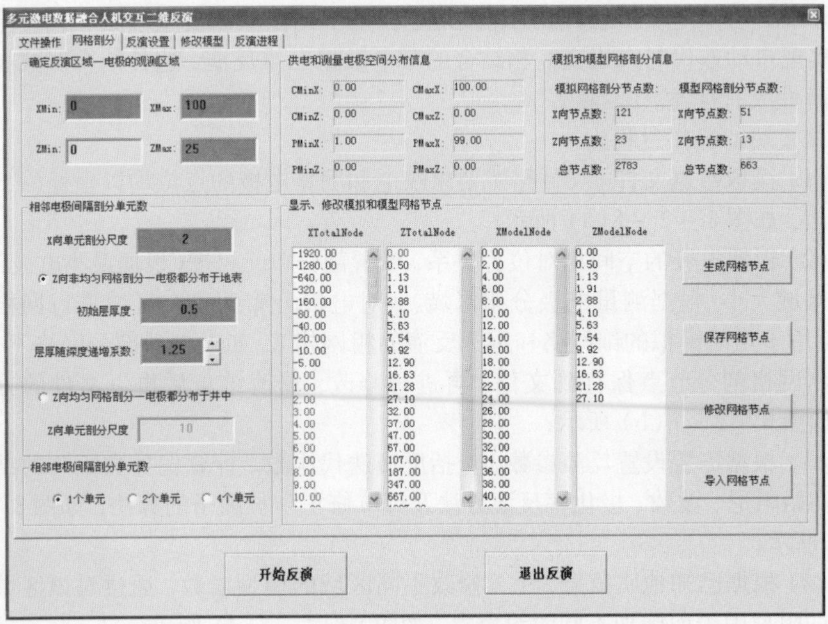

(b) 设置网格剖分参数

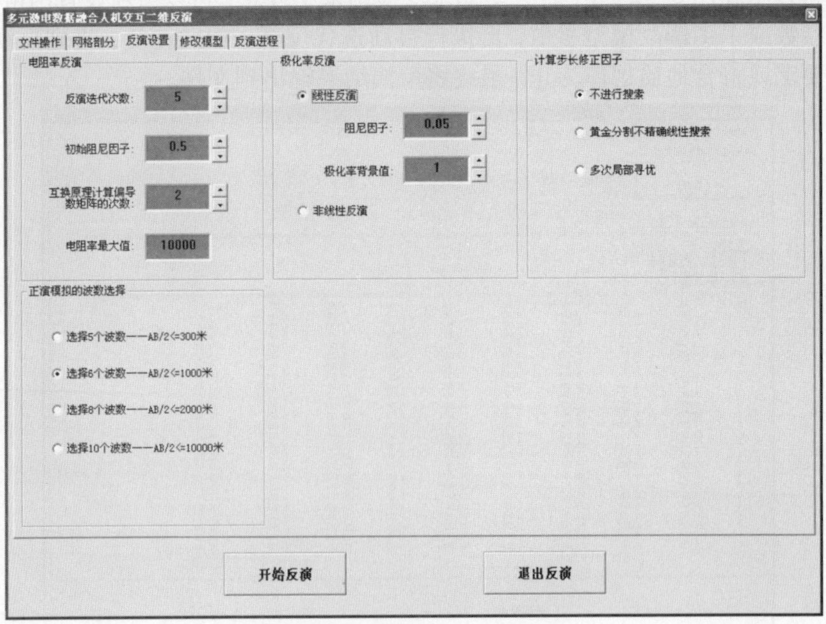

(c) 设置反演参数

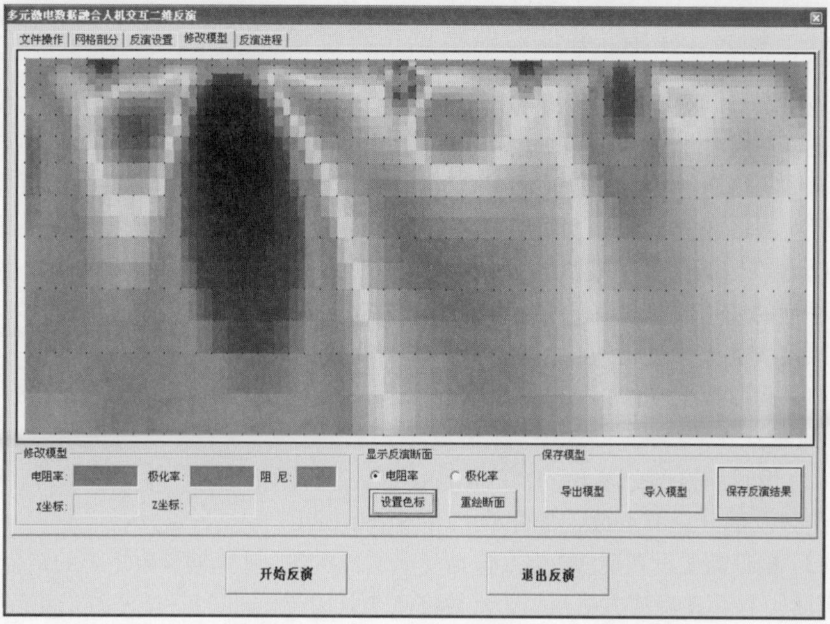

(d) 显示和修改模型参数

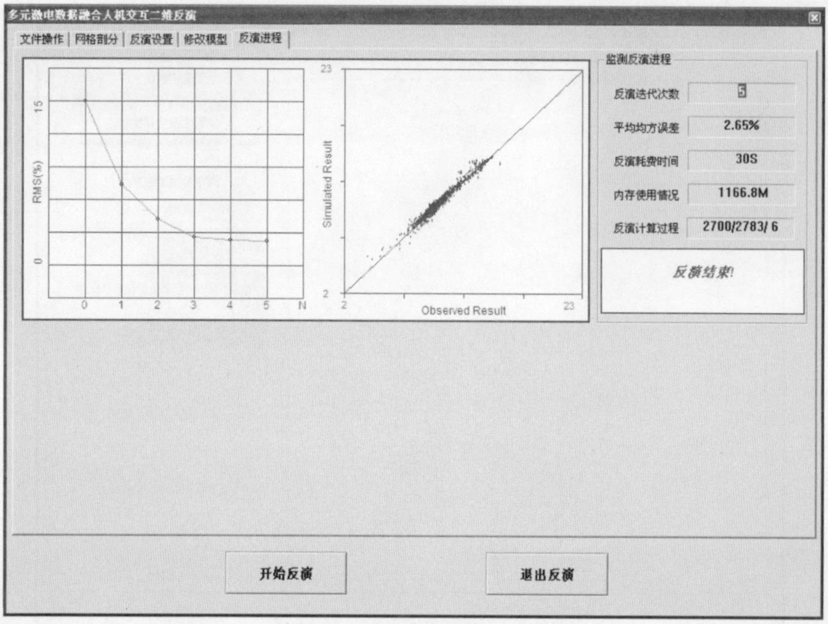

(e) 监测反演进程

图 8-2-8　多元激电数据融合人机交互二维反演窗体

8.2.8　地表、井中、井地激电数据三维反演

该模块可以对地表、井中和井地观测的激电数据进行三维反演。只要给出地表或地表以下供电和测量电极的坐标、地表高程、视电阻率和视极化率，程序自动完成四面体网格剖分[73]，并生成带有高程的三维网格节点坐标[79]，反演前可通过参数设置对网格剖分单元进行抽稀或加密，操作简单。基于连续地电模型的降维方法进行反演[189]，反演效率较高。反演结束后，输出三维反演数据体及 *XOY*、*XOZ* 和 *YOZ* 平面的切片数据文件，可利用 Surfer 或 Voxler 软件绘制反演成果图。

该模块的操作过程为：

(1) 读取数据文件，并输入反演结果保存文件，正确读取状态如图 8 - 2 - 9(a) 所示；

(2) 设置网格剖分参数，对三维地电模型进行网格剖分，并显示 *X*、*Y*、*Z* 向剖分节点数及剖分总节点数，如图 8 - 2 - 9(b) 所示；

(3) 根据需要设置反演参数，包括反演迭代次数、计算偏导数矩阵的结合方式、初始阻尼、极化率反演方法及是否计算修正步长因子，如图 8 - 2 - 9(c) 所示；

(4) 点击“开始反演” 按钮，开始执行反演过程，反演结束状态如图 8 - 2 - 9(d) 所示。

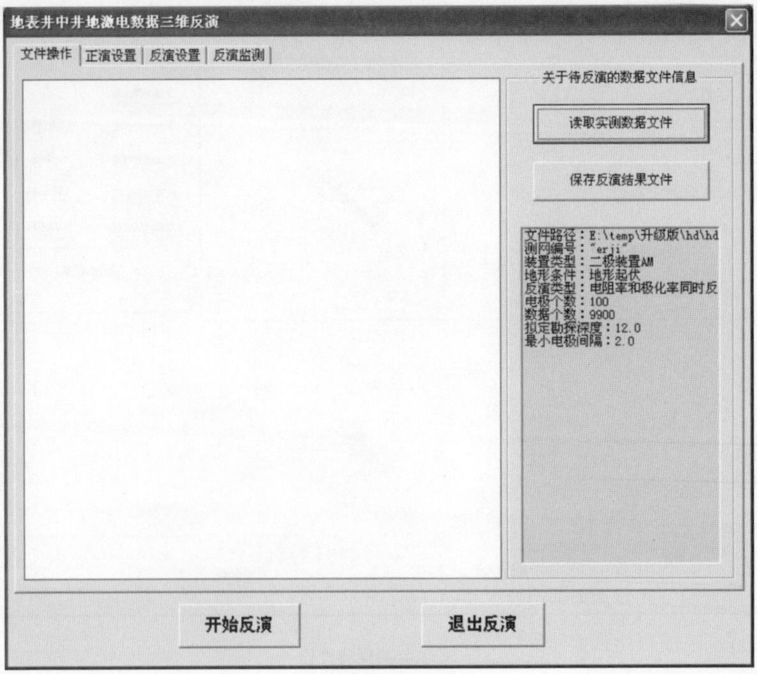

(a) 读取数据文件

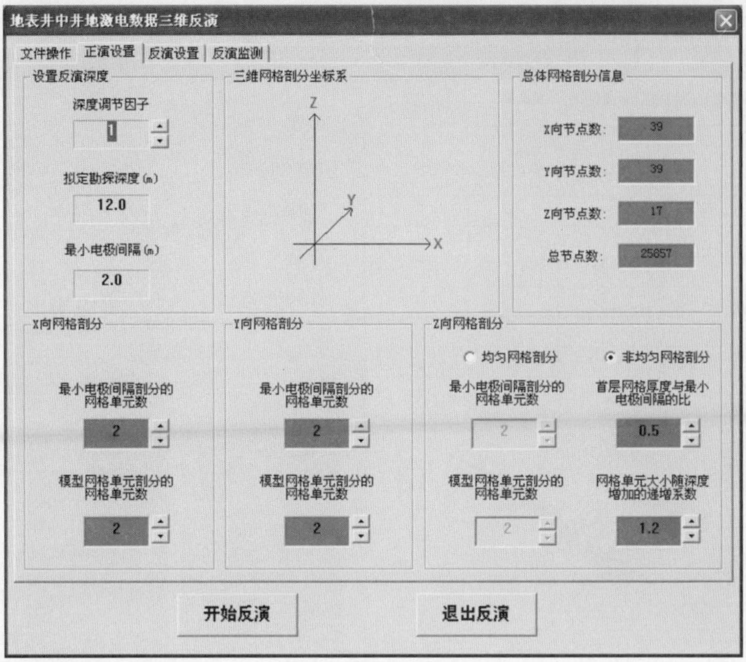

(b) 设置正演参数

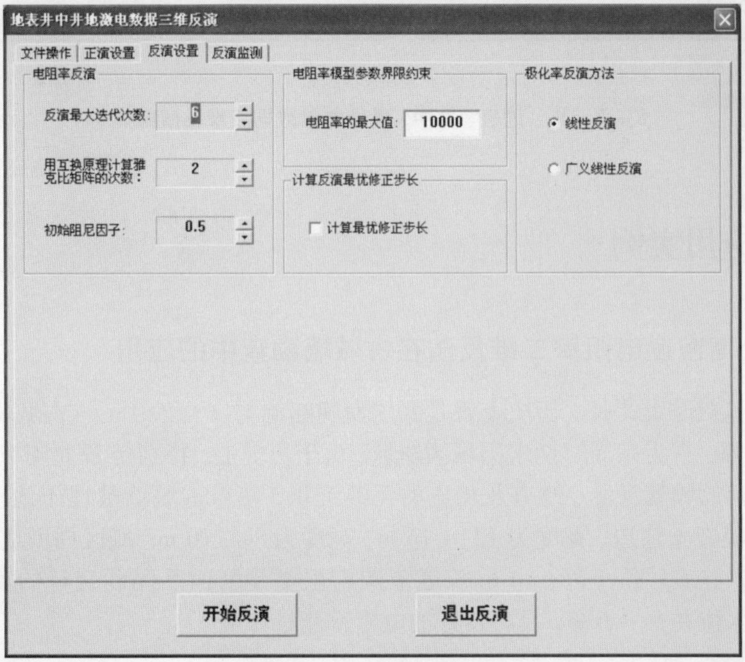

(c) 设置反演参数

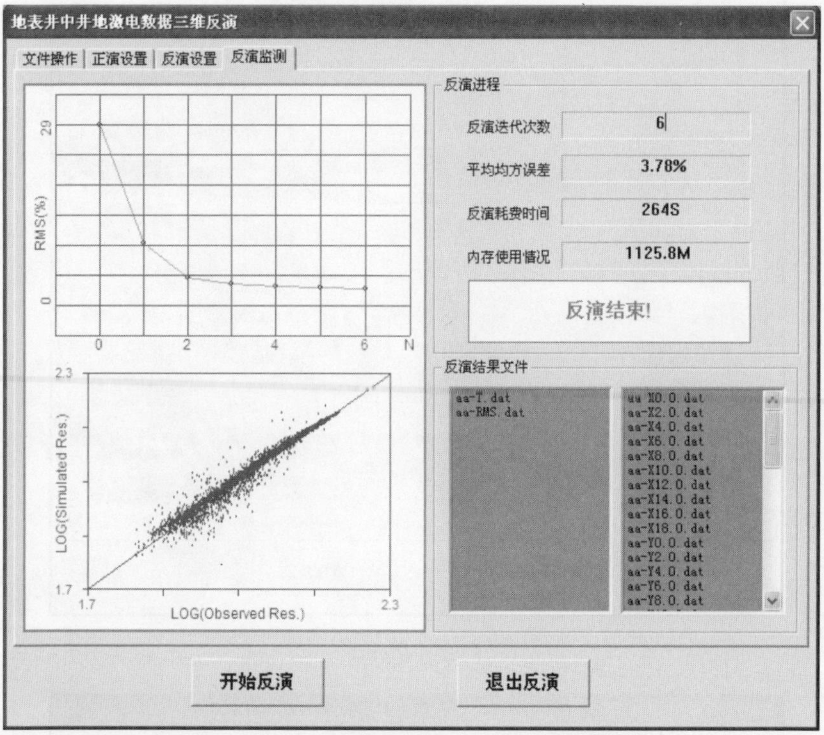

(d) 监测反演过程

8-2-9　地表、井中、井地激电数据三维反演窗体

8.3　应用实例

8.3.1　高密度电阻率二维反演在古城墙勘查中的应用

商丘地处华北平原，历史上曾是我国商朝起源与文化的中心。古城墙遗址位于商丘市郊，它为东周时期宋国城区遗址。由于历史上，特别是12世纪到19世纪中叶，黄河的频繁泛滥、改道及相应的泥沙沉积，使得古城墙被埋于地下。古城墙采用的是夯土建造，宽度为12 ~ 16 m，高度为8 ~ 10 m。城区周围地势平坦，土质松软，除表层耕土外，10 m深度范围内主要是第四系泥砂交替的黄河沉积物，地下水位在5 ~ 6 m，具备良好的电阻率测量环境[190]。

根据商丘地下古城墙的埋藏特点，选择高密度电阻率法作为主要探查方法，测量剖面垂直城墙走向布设，剖面长度 40 ~ 80 m，点距为 2 ~ 4 m，测量装置采用二极、三极及偶极装置。选择测量剖面 shq1050 和 shq123 作为电阻率二维反演处理剖面，两条剖面的采集装置均为二极装置，剖面长度分别为 42 m 和 57.5 m，测量点距分别为 2 m 和 2.5 m。采用“高密度激电数据二维反演模块”对两条剖面进行二维反演处理，图 8 - 3 - 1 和 8 - 3 - 2 分别为 shq1050 线和 shq123 线原始数据与处理结果对比图，对比实测与反演结果，后者对地下目标物的反应有明显改善，推断古城墙顶板埋深约为 4 m，底板埋深约为 14 m，宽约为 12 m，周围高阻体为砂砾冲积物，与洛阳铲验证结果较吻合。

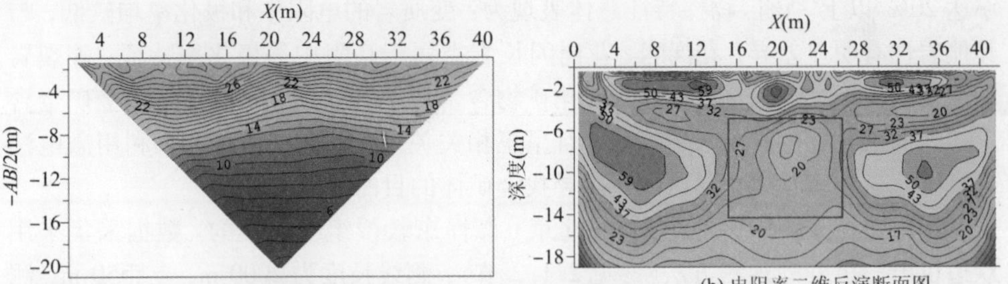

(a) 视电阻率拟断面图　(b) 电阻率二维反演断面图

图 8 - 3 - 1　商丘古城墙勘查 shq1050 线高密度电阻率原始数据与处理结果对比图

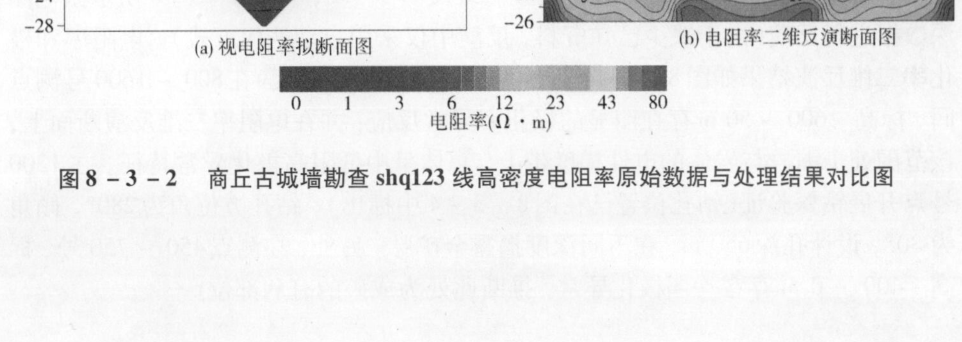

(a) 视电阻率拟断面图　(b) 电阻率二维反演断面图

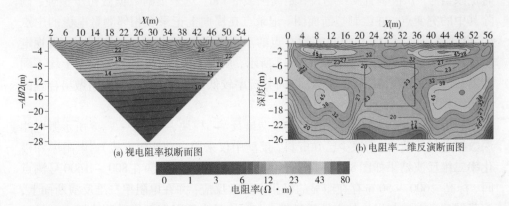

图 8 - 3 - 2　商丘古城墙勘查 shq123 线高密度电阻率原始数据与处理结果对比图

8.3.2 双边三极阵列激电测深二维反演在金矿勘查中的应用

工作区位于山东省平度市东北约40 km处，区内交通便利，地形较平缓。矿区地层岩性主要为弱片麻状中粗二长花岗岩，岩石呈灰白色，中粒花岗变晶结构，弱片麻状、块状构造，矿物成分主要由石英、斜长石、微斜长石、黑云母组成，是金矿的主要控矿、容矿围岩。对该区典型岩(矿)石标本测定分析，花岗岩和花岗闪长岩的电阻率平均值在2800 Ω·m以上，极化率在5%以下；变质岩电阻率相对较低，电阻率值在400 Ω·m左右，极化率在4%以下；蚀变花岗岩和破碎花岗岩的电阻率介于两者之间，电阻率值一般为800 ~ 1740 Ω·m，岩石经矿化蚀变后，极化率明显升高，一般在7%以上，蚀变矿化强烈的富矿石则更高，极化率达20%以上。该区物探特征总体表现为：变质岩的电阻率和极化率均较低，与其他岩性有明显差异；花岗岩、花岗闪长岩类属于高阻中等极化率特征；碎裂岩和蚀变岩类极化率较高，且随着硫化矿物含量的增加而增大。蚀变岩型金矿金含量往往与硫化物的含量关系密切，且呈正相关关系，根据这一特性可利用激电法寻找硫化矿物富集体，以达到间接寻找金矿体的目的。

激电数据是由中国地质大学(北京)谭悍东教授组织采集的。数据采集采用双边供电三极阵列观测方法(参见2.1.2节)，测线长度为2000 m，点距50 m，测量电极数41个。测量电极部署在测线中间部位，供电电极A在相邻测量电极中间和排列两侧的58个不同位置供电。对任一供电电极作供电时，40通道的接收机同时记录信号。B极垂直测线布设，距离测线5 km。对采集的数据做初步整理，剔除其中的突变点，并绘制拟断面图。记录点在横向上记录在相邻测量电极的中点O，纵向视深度为AO(供电点A到O点的水平距离)，绘制的正向和反向装置视电阻率和视极化率拟断面图如8－3－3所示，从图上可看出，各拟断面图上均不同程度地出现了“静态位移”现象，纵向分辨率较低，很难根据拟断面图做出合理的推断解释。

利用“多元激电数据融合人机交互二维反演”模块，对图8－3－3所示激电测深数据进行反演(由于缺少已知资料，反演中仅采用自动迭代方式)。电阻率和极化率二维反演结果如图8－3－4所示，极化率二维反演断面在800 ~ 1600号测点间、标高－600 ~ 50 m存在明显的极化率异常反应，并在电阻率二维反演断面上，该范围处于围岩与岩体的电性梯度带上，总体呈中低阻高极化异常特征。在1200号点开展钻探验证(钻孔位置已在图8－3－4中标出)，钻孔方位角为280°，倾角为80°，设计孔深650 m，在不同深度揭露金矿脉。另外，在测点450 ~ 750号、标高－400 ~ 0 m存在一弱极化异常，推断此处为成矿的有利部位。

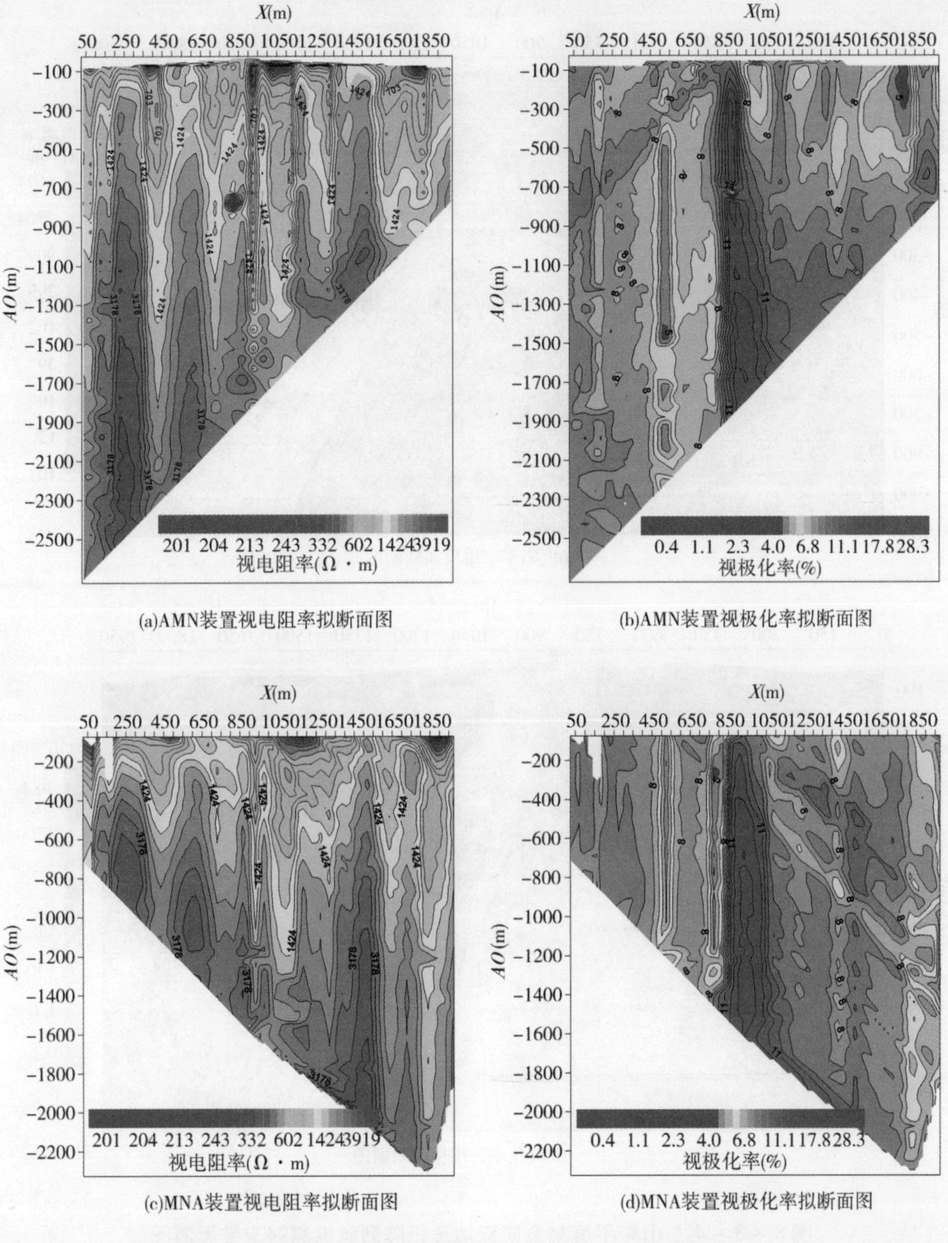

(a)AMN装置视电阻率拟断面图　(b)AMN装置视极化率拟断面图

(c)MNA装置视电阻率拟断面图　(d)MNA装置视极化率拟断面图

图8－3－3　山东平度某金矿双边三极阵列激电测深拟断面图

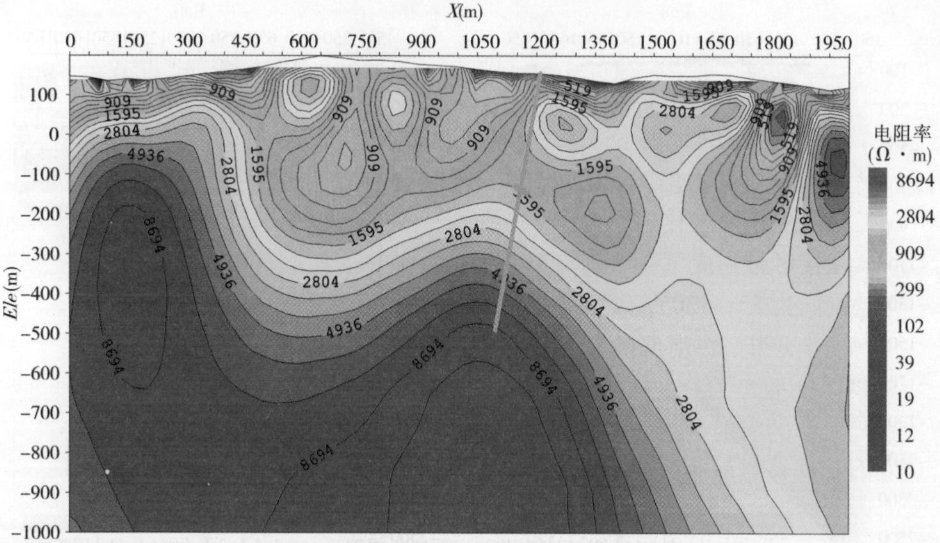

(a)电阻率二维反演断面图

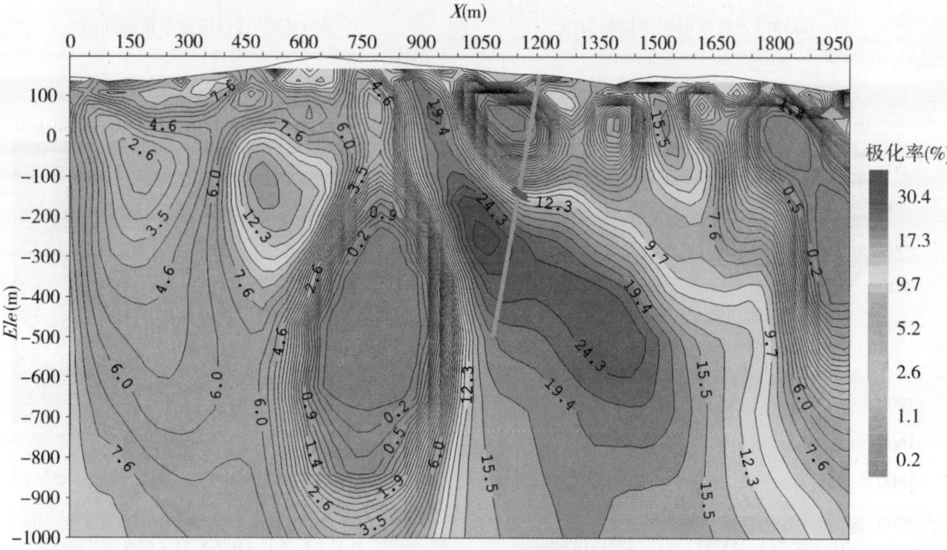

(b)极化率二维反演断面图

图 8-3-4　山东平度某金矿双边三极阵列激电测深二维反演图

8.3.3　垂直激电测深二维反演在钼矿勘查中的应用

工区位于福建省邵武市东南，属中低山－丘陵区，海拔最低标高337.5 m，最高1183.0 m，高差845.5 m，相对高差大，地形陡峻，坡度一般为20°～40°。区内植被较发育，主要为灌木林。区内已查明1个钼矿体和1个铅锌矿体，其中钼矿体赋存于下三叠统溪口组地层中，地层岩性主要为灰岩，由于受岩浆及其期后热液作用，发生强烈大理岩化、矽卡岩化、钼矿化、铅锌矿化、磁黄铁矿化、黄铁矿化等蚀变，在接触带形成了矽卡岩，为矿区最主要含矿地层。主钼矿体已由数个平硐控制，走向为5°～30°，倾向南东，北部产状较缓，倾角为15°～35°，呈似层状，向南逐步变陡，在南部基本近于直立，矿体长逾千米，厚度为1.5～4 m，厚度变化系数较小。

本次工作的目的是向南追踪钼矿体的延伸情况，采用的物探方法为激电中梯扫面和对称四极激电测深法，共布设物探测线41条，完成激电扫面距离为98 km，激电测深点201个。选取27号测线6个测深点作反演处理，测深点距为40 m，供电极距$AB/2$从2 m以指数增加到180 m，视电阻率和视极化率拟断面如图8－3－5(a)和8－3－5(b)所示，在点号1220～1260和1300～1360段呈低阻高极化特征，推断为致矿异常显示。采用“激电测深二维反演模块”处理以后，电阻率和极化率反演断面如图8－3－5(c)和8－3－5(d)所示，异常体的埋深和形态得到明显改善。对比原始和处理结果图，由于受地形影响，拟断面异常中心位置在横向上有所偏移，经带地形二维反演处理后，异常中心向大号点移动近20 m，后期在1340号点处进行钻探验证，终孔深度110 m，见矿深度为20～80 m，与反演结果非常吻合。1240号点异常仍有待进一步验证。

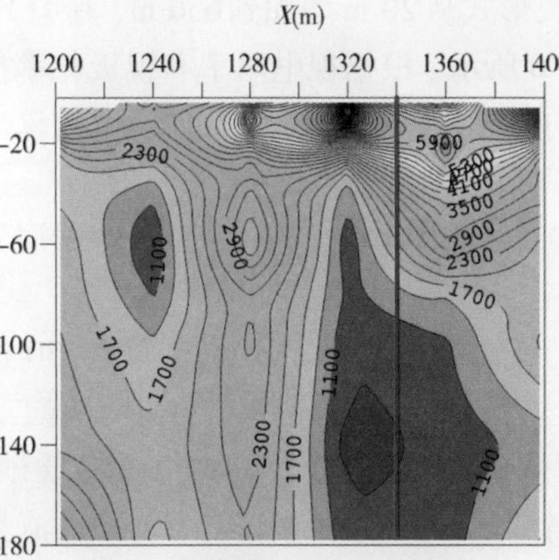

(a) 视电阻率拟断面图

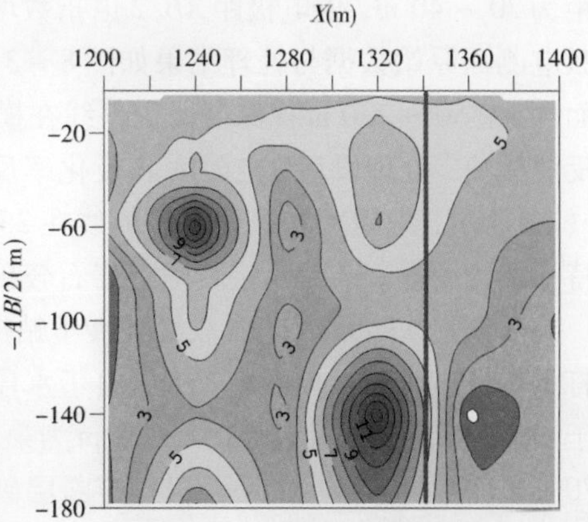

(b) 视极化率拟断面图

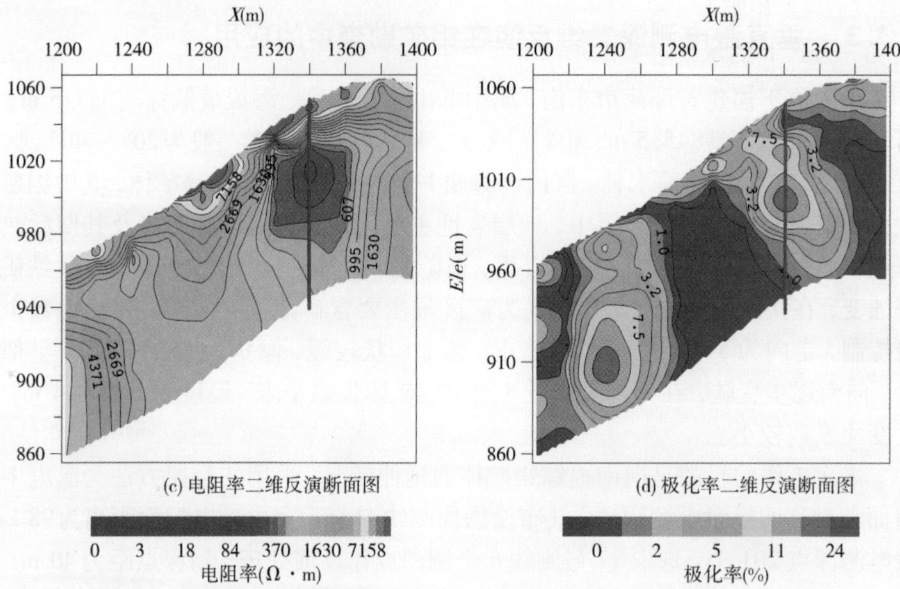

图 8 - 3 - 5　福建省邵武某钼矿 27 线激电测深原始数据与处理结果对比图

8.3.4　垂直激电测深二维反演在地下水资源勘查中的应用

工作区位于新疆维吾尔自治区东准噶尔地区中蒙边境附近，地形较为平坦，主要由丘陵和戈壁滩组成，属中低山区，海拔一般在 1000 ~ 1300 m，相对高差一般在 50 ~ 150 m，丘陵基岩多裸露，植被稀少。戈壁及沟谷大部分被第四系覆盖，多长红柳、灌木、草丛。在工区内泉点及浅地表水较发育。

本次物探工作采用三极激电测深方法，共计完成 8 条激电测深剖面，测深点距为 20 ~ 40 m，供电极距 *AB*/2 以指数增长形式从 20 m 增加到 650 m，其中 *Y*3 线激电测深原始数据与处理结果如图 8 - 3 - 6 所示。根据视电阻率和视极化率拟断面图，在50 ~ 230 m 视深度段等值线在横向上起伏变化较大，采用“激电测深二维反演模块”处理以后，电阻率和极化率反演断面如图 8 - 3 - 6(c) 和图 8 - 3 - 6(d) 所示，电阻率和极化率等值线在 2510 ~ 2530 号点呈现出密集带，断层异常特征极为明显，推断断层带附近岩石较破碎，破碎带宽约为 20m。

后期在 *Y*3 线 2522 号点处开展了钻探工作(钻孔编号 ZK1)，在深度 130 m 处打到构造破碎带，含水量较大，由于水压过大，导致冲击钻探方法难于施工，并于135 m 深度处终孔(其中0 ~ 25 m 为第四系松散沉积物，25 ~ 70 m 凝灰质砂岩，70 m 以下为花岗岩)，钻孔未打穿断层破碎带，终孔孔径为 110 mm。采用流量为 32 m^3/h 的水泵进行抽水试验，静水位为 2.1 m，动水位为 28 m，水位降深为 25.9 m，经计算 ZK1 孔出水量为 46.3 m^3/h。在 2526 号点处布设钻孔(钻孔编号 ZK42，与钻孔 ZK1 相距4 m)，孔径315 mm，在深度165 ~ 180 m 见断层破碎带。采用流量为32 m^3/h 的水泵进行抽水试验，静水位为3.5 m，动水位为160 m，水位降深为156.5 m，经计算ZK2 孔出水量为16.05 m^3/h。在ZK2 井进行抽水试验时，ZK1 井的水位变化很小，推断两钻孔间断层带可能存在泥质充填物堵塞。

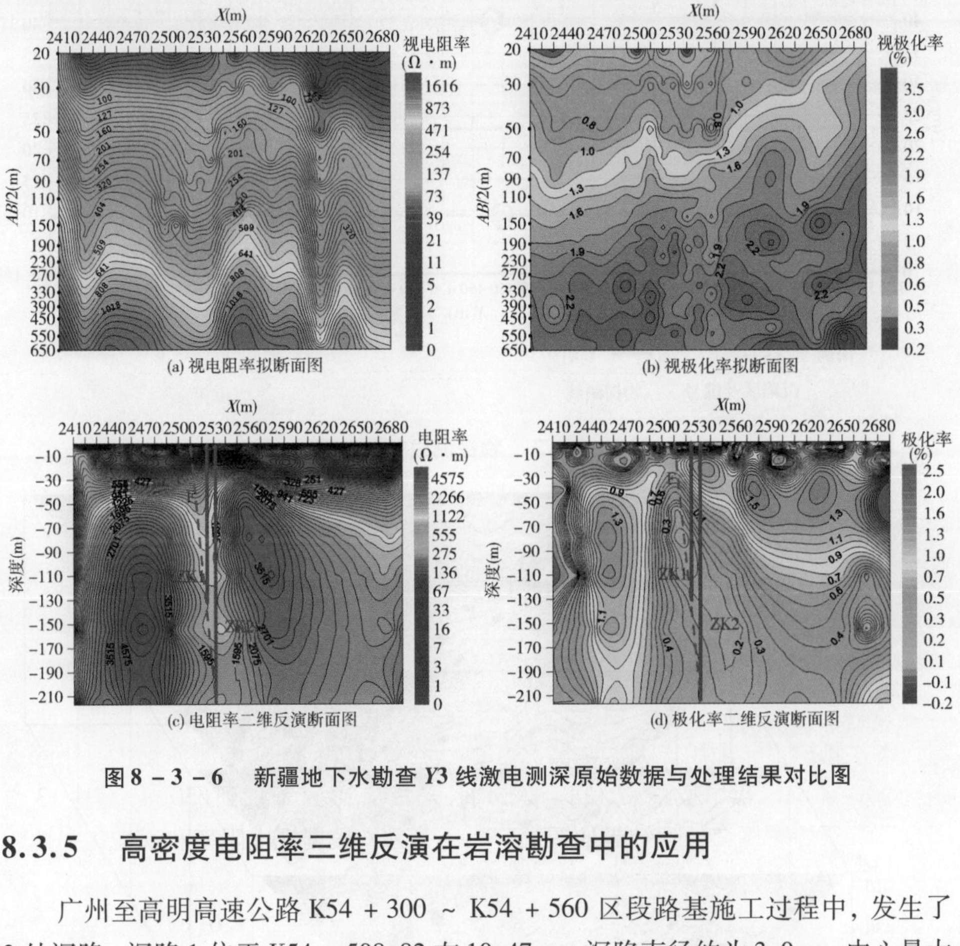

(a) 视电阻率拟断面图　(b) 视极化率拟断面图

(c) 电阻率二维反演断面图　(d) 极化率二维反演断面图

图8－3－6　新疆地下水勘查 Y3 线激电测深原始数据与处理结果对比图

8.3.5　高密度电阻率三维反演在岩溶勘查中的应用

广州至高明高速公路 K54 + 300 ~ K54 + 560 区段路基施工过程中，发生了3 处沉陷，沉陷1 位于 K54 + 508.82 左10.47 m，沉陷直径约为3.0 m，中心最大沉降量达0.8 m；沉陷2 位于 K54 + 451.17 右13.72 m，沉陷直径约为2.1 m，中心最大沉降量为0.35 m；沉陷3 位于K54 + 453.48 左15.95 m，沉陷规模较小。沉陷发生于基岩为可溶性的碳酸岩分布区，上覆第四系地层主要有填筑土、亚黏土及淤泥质土[191]。

为查明场地内是否存在影响路基稳定的岩溶、土洞等不良地质因素，在工作范围内沿公路方向平行布置5 条高密度电阻率测线，如图8 －3 －7 所示。每条测线布设120 根电极，剖面长度为297.5 m，点距为2.5 m，采用α观测装置，采集层数为 30 层。1 线 ~5 线视电阻率拟断面图如图 8 -3 -8 所示，在 400 ~550 号点视电阻率等值线呈现低阻等值封闭圈，推断为岩溶裂隙发育带，并且有向大号方向变深的趋势。

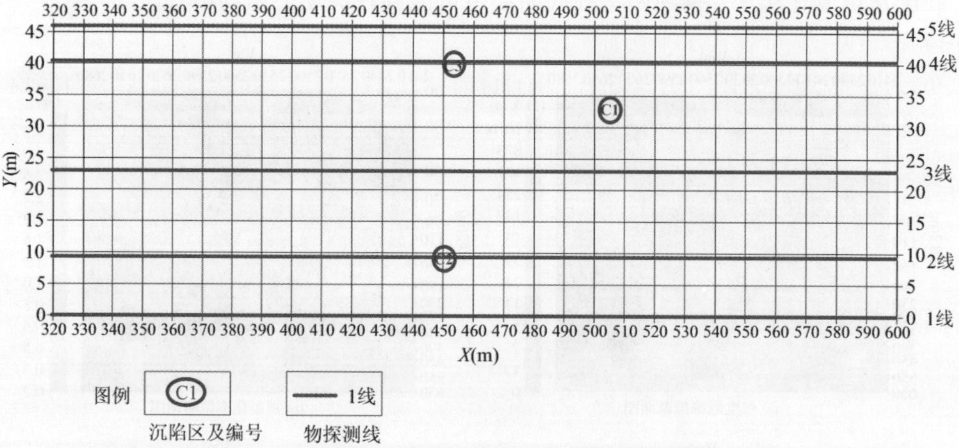

图 8 -3 -7　物探测线布置平面图

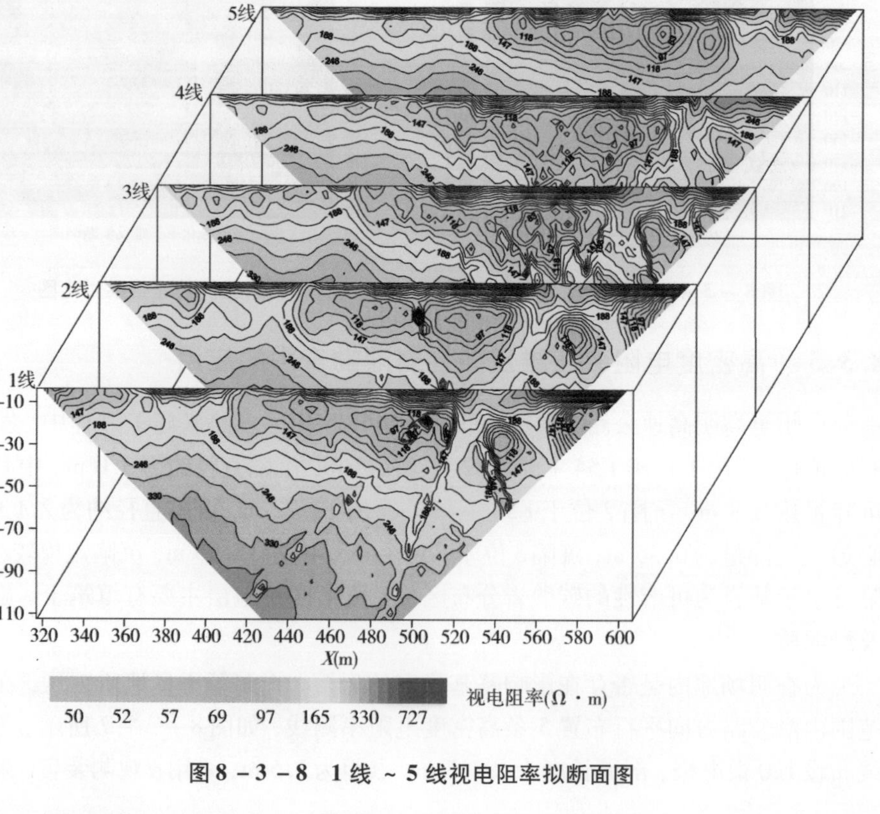

图 8 -3 -8　1 线 ~5 线视电阻率拟断面图

采用“地表、井中、井地激电数据三维反演”模块对5条测线作电阻率三维反演处理。各测线反演切片结果如图8-3-9所示，在第四系与基岩的分界面处呈现出明显的电性梯度带，比较有利于地质分层；在溶洞或溶沟较发育的地段，电阻率色谱图像向下呈漏斗状，由此容易推断其空间分布状况。将三维电阻率数据体在深度4.9 m处作水平切片，如图8-3-10所示，根据电阻率等值线的平面分布特征，划分了3条岩溶发育带。根据物探成果设计了6个验证钻孔，具体位置如图8-3-10所示。ZK1钻孔在10.2 ~ 27.35 m深度段揭露溶沟或溶洞，其中26.75 ~ 27.35 m有掉钻现象，27.35 m以下为完整基岩。ZK2钻孔在8.3 ~ 12.7 m深度段揭露溶沟，内有流-软塑状充填物，18.6 ~ 23.3 m为完整灰岩，其余4孔均见大小不一的溶沟，且部分深度段出现掉钻现象，与物探成果吻合。

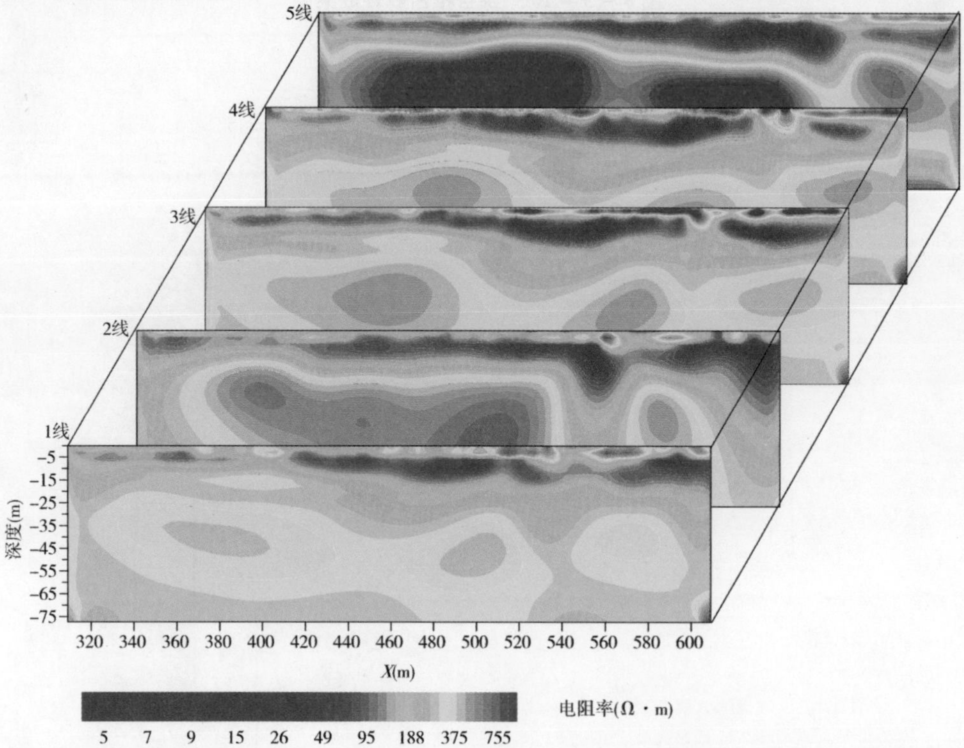

图8-3-9　1线 ~ 5线电阻率三维反演切片图

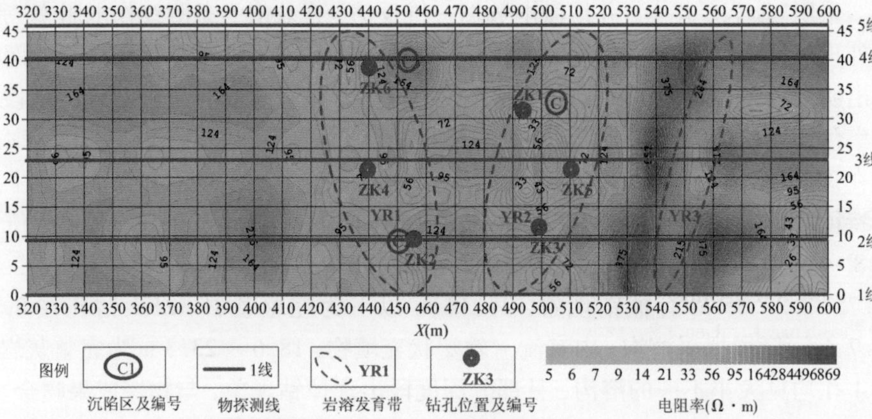

图 8-3-10 综合推断解释成果图

参考文献

[1] 杨文采. 地球物理反演的理论与方法[M]. 北京：地质出版社，1997.

[2] Backus G E, Gilbert J F. Numerical Applications of a Formalism for Geophysical Inverse Problems[J]. Geophysical Journal of the Royal Astronomical Society, 1967, 13(1 - 3): 247 - 276.

[3] Backus G E, Gilbert J F. The Resolving Power of Gross EarthData[J]. Geophysical Journal of the Royal Astronomical Society, 1968, 16(2): 169 - 205.

[4] Backus G E, Gilbert J F. Uniqueness in the inversion of inaccurate gross earth data[J]. Philosophical Transactions of the Royal Society of London Series A Mathematical and Physical Sciences, 1970, 266(3): 123 - 192.

[5] Wiggins R A. The general linear inverse problem: Implication of surface waves and free oscillations for Earthstructure[J]. Reviews of Geophysics, 1972, 10(1): 251 - 285.

[6] Jackson D D. Interpretation of Inaccurate, Insufficient and Inconsistent Data[J]. Geophysical Journal International, 1972, 28(2): 97 - 109.

[7] Parkcr R L. Understanding Inverse Theory [J]. Annual Review of Earth and Planetary Sciences, 1977, 5(1): 35 - 64

[8] 艾伯特·塔兰托拉. 反演理论：数据拟合及模型参数估算方法[M]. 张行康译，学术书刊出版社，1989.

[9] 王家映. 地球物理反演理论[M]. 北京：高等教育出版社，2002.

[10] 傅良魁. 应用地球物理教程，电法、放射性、地热[M]. 北京：地质出版社，1991.

[11] Coggon J H. Electromagnetic and electrical modeling by the finite elementmethod[J]. Geophysics, 1971, 36(2): 132 - 151.

[12] Luiz Rijo. Modeling of electric and electromagnetic data[D]. Utah: The University of Utah, 1977.

[13] Daniels J J. Three - dimensional resistivity and induced - polarization modeling using buried electrodes[J]. Geophysics, 1977, 42(5): 1006 - 1019.

[14] Dey A, Morrison H F. Resistivity modelling for arbitrarily shaped three - dimensional structures [J]. Geophysics, 1979, 44(4) : 753 - 780.

[15] 周熙襄，钟本善，严忠琼，等. 有限单元法在直流电法勘探正问题中的应用[J]. 物探化探计算技术，1980(3): 59 - 67.

[16] 周熙襄，钟本善，严忠琼，等. 电法勘探正演数值模拟的若干结果[J]. 地球物理学报，1983, 26(5): 479 - 491.

[17] Pelton W H. Inversion of Two - Dimensional Resistivity and Induced - Polarization Data[J]. Geophysics, 1978, 43(4): 788 - 803.

[18] Petrick W R. Three - dimensional resistivity inversion using alpha centers[J]. Geophysics,

1981, 46(8): 1148 - 1162.
[19] Sasaki Y. Automatic interpretation of induced polarization data over two-dimensional structures[J]. Memoirs of the Faculty of Engineering, Kyushu University, 1982, 42(1): 59 - 74.
[20] Tripp A C, Hohmann G W, Swifit Jr. C M. Two dimensional resistivity inversion[J]. Geophysics, 1984, 49(10): 1708 - 1717.
[21] Smith N C, Vozoff K. Two - Dimensional DC Resistivity Inversion for Dipole - Dipole Data[J]. IEEE Transactions on Geoscience & Remote Sensing, 1984, GE - 22(1): 21 - 28.
[22] Shima H, Sakayama T. Resistivity tomography: An approach to 2 - D resistivity inverse problems[C]. SEG Technical Program Expanded Abstracts, 1987: 59 - 61.
[23] Shima H, Saito H. Application of resistivity tomography for detection of faults and evaluation of their hydraulic continuity: some numerical experiments[C]. SEG Technical Program Expanded Abstracts, 1988: 204 - 207.
[24] Shima H. Effects on reconstructed images of surrounding resistivity structures in resistivity tomography[C]. SEG Technical Program Expanded Abstracts, 1989: 385 - 389.
[25] Shima H. Two - dimensional automatic resistivity inversion technique using alpha centers[J]. Geophysics, 1990, 55(6): 682 - 694.
[26] Shima H. 2 - D and 3 - D resistivity image reconstruction using crosshole data[J]. Geophysics, 1992, 57(10): 1270 - 1281.
[27] Park S K, Van G P. Inversions of pole - pole data for 3 - D resistivity structure beneath arrays of electrodes[J], Geophysics, 1991, 56(7): 951 - 960.
[28] Li Y, Oldenburg D W. Approximate inverse mappings in DC resistivity problems[J]. Geophysical Journal International, 1992, 109(2): 343 - 362.
[29] Li Y, Oldenburg D W. Inversion of 3 - D DC resistivity data using an approximate inverse mapping[J]. Geophysical Journal International, 1994, 116(3): 527 - 537.
[30] 庄浩. 三维电阻率层析成像研究[D]. 长沙: 中南工业大学, 1998.
[31] Sasaki Y. 3 - D resistivity inversion using the finite-element method[J]. Geophysics, 1994, 59(12): 1839 - 1848.
[32] Zhang J, Mackie R L, Madden T R, 3 - D resistivity forward modeling and inversion using conjugate gradients[J]. Geophysics, 1995, 60(5): 1313 - 1325.
[33] 吴小平, 徐果明, 李时灿. 利用不完全 Cholesky 共轭梯度法求解点源三维地电场[J]. 地球物理学报, 1998(6): 848 - 855.
[34] 吴小平, 徐果明, 李时灿. 解大型稀疏方程组的ICCG方法及其计算机实现[J]. 煤田地质与勘探, 1999, 27(6): 54 - 55.
[35] 吴小平, 徐果明. 利用共轭梯度法的电阻率三维反演研究[J]. 地球物理学报, 2000, 43(3): 420 - 427.
[36] 吴小平, 汪彤彤. 利用共轭梯度方法的电阻率三维反演若干问题研究[J]. 地震地质, 2001, 23(2): 321 - 327.
[37] 吴小平, 汪彤彤. 利用共轭梯度算法的电阻率三维有限元正演[J]. 地球物理学报, 2003, 46(3): 428 - 432.
[38] Oldenburg D W, Li Y. Inversion of induced polarization data[J]. Geophysics, 1994, 59(9): 1327 - 1341.

[39] Oldenburg D W, Li Y. 3-D inversion of induced polarization data[J]. Geophysics, 2000, 65(6): 1931 - 1945.
[40] 毛先进. 边界积分方程和以其为基础的电阻率层析成像[D]. 长沙: 中南工业大学, 1997.
[41] 毛先进, 鲍光淑. 一种适于电阻率成像的正演新方法[J]. 地球物理学报, 1998(s1): 385 - 393.
[42] 毛先进, 鲍光淑. 2.5 维电阻率成像的新方法[J]. 物探与化探, 1999, 23(2): 150 - 152.
[43] 底青云, 王妙月. 电流线追踪电位电阻率层析成像方法初探[J]. 地球物理学进展, 1997, 12(4): 27 - 35.
[44] 底青云. 电阻率层析成像方法研究[D]. 北京: 中国科学院地球物理所, 1998.
[45] 底青云, 王妙月. 积分法三维电阻率成像[J]. 地球物理学报, 2001, 44(6): 843 - 851.
[46] 阮百尧, 徐世浙. 电导率分块线性变化二维地电断面电阻率测深有限元数值模拟[J]. 地球科学 - 中国地质大学学报, 1998, 23(3): 303 - 307.
[47] 阮百尧, 村上裕, 徐世浙. 激发极化数据的最小二乘二维反演方法[J]. 地球科学-中国地质大学学报, 1999, 24(6): 619 - 624.
[48] 阮百尧, 村上裕, 徐世浙. 电阻率/激发极化率数据的二维反演程序[J]. 物探化探计算技术, 1999, 21(2): 116 - 125.
[49] 阮百尧. 三角单元部分电导率分块连续变化点源二维电场有限元数值模拟[J]. 广西科学, 2001, 8(1): 1 - 3.
[50] 熊彬, 阮百尧. 电位双二次变化二维地电断面电阻率测深有限元数值模拟[J]. 地球物理学报, 2002, 45(2): 285 - 295.
[51] 阮百尧, 熊彬. 电导率连续变化的三维电阻率测深有限元模拟[J]. 地球物理学报, 2002, 45(1): 131 - 138.
[52] Rothman D H. Automatic estimation of large residual staticcorrection[J]. Geophysics, 1986, 51(2): 323 - 346.
[53] Stoffa P L, Sen M K. Nonlinear multiparameter optimization using genetic: inversion of plane wave seismograms[J]. Geophysics, 1991, 56(11): 1794 - 1810.
[54] 侯安宁, 何樵登. 地震弹性参数的非线性数值反演[J]. 石油地球物理勘探, 1994, 29(6): 669 - 677.
[55] 陶春辉, 何樵登. 用遗传算法反演层状弹性介质[J]. 石油地球物理勘探, 1994, 29(2): 156 - 165.
[56] 王兴泰, 李晓芹, 孙仁国. 电测深曲线的遗传算法反演[J]. 地球物理学报, 1996, 39(2): 279 - 285.
[57] Chunduru R K, Sen M K, Stoffa P L. 2D resistivity inversion using spline parameterization and simulated annealing[J]. Geophysics, 1996, 61(1): 151 - 161.
[58] 卢元林, 王兴泰, 王若, 等. 电阻率成像反演中的模拟退火方法[J]. 地球物理学报, 1999(s1): 225 - 233.
[59] Calderón - Macías C, Sen M K, Stoffa P L. Artificial neural networks for parameter estimation in geophysics[J]. Geophysical Prospecting, 2000, 48(1): 21 - 47.
[60] Gad El - Qady, Ushijima K. Inversion of DC resistivity data using neural networks[J]. Geophysical Prospecting, 2001, 49(4): 417 - 430.
[61] 余年, 庞方. 音频大地电磁测深法在地热勘查中的应用研究[J], 水文地质工程地质, 2010, 37(3): 135 - 138.

[62] 肖朝阳，黄强太，张绍阶，等. EH4 电磁成像系统在金矿勘探中的应用——以黄金洞金矿为例[J]，大地构造与成矿学，2011，35(2)：242 – 248.
[63] 余传涛，刘鸿福，于艳梅，等. CSAMT 法在煤矿隐伏断层探测中的应用[J]，CT 理论与应用研究，2010，19(1)：28 – 33.
[64] 周平，施俊法. 瞬变电磁法(TEM)新进展及其在寻找深部隐伏矿中的应用[J]，地质与勘探，2007，43(6)：63 – 69.
[65] 席振铢，朱伟国，张道军，等. 采用音频大地电磁法间接探测深埋富集铁矿床[J]. 中国有色金属学报，2012，22(3)：928 – 933.
[66] 武汉地质学院金属物探教研室. 电法勘探教程[M]. 北京：地质出版社，1991.
[67] Liu H, Liu J, Guo R, et al. Development of multi – channel observation and inversion for IP electrical sounding method[J]. Transactions of Nonferrous Metals Society of China, 2014, 24(3): 816 – 823.
[68] 高寒，刘海飞，柳杰. 滚动式多通道双极 – 偶极激电测深方法研究[J]，桂林理工大学学报，2017，19(1)：28 – 33.
[69] 黄崇轲，普遍开展开采矿山的探边摸底找矿工作 —— 找矿重大突破的途径之一，国土资源部咨询研究中心专家建议，2008.
[70] 潘和平，马火林，蔡柏林，等. 地球物理测井与井中物探[M]，北京：科学出版社，2009.
[71] 蔡柏林，黄智辉，谷守民. 井中激发极化法[M]. 北京：地质出版社，1983.
[72] 徐世浙. 地球物理中的有限单元发[M]. 北京：科学出版社，1994.
[73] 刘海飞，阮百尧，张赛民，等. 起伏地形电导率连续变化的三维激电数据有限元数值模拟[J]. 物探化探计算技术，2008，30(4)：308 – 313.
[74] Haifei Liu, Zhenwei Guo, Jianxin Liu, et al. 3D DCIP Inversion Using the Finite – element Approach with variable Elements[C], Near – surface Geophysics and Environment Protection, 2014, 697 – 706.
[75] 胡家赣. 线性代数方程组的迭代解法[M]. 北京：科学出版社，1999.
[76] William H P, Saul A, William T. Numerical Recipes in C: The Art of Scientific Computing[M]. 2nd Edition. London: Cambridge University Press, 1992.
[77] 刘海飞，陈德鹏，戴前伟，等. 连续电性介质线源井– 地电位三维有限元数值模拟[J]. 桂林理工大学学报，2011，31(1)：28 – 38.
[78] 芮小平，余志伟，许友志，等. 多重二次曲面插值法在地质曲面拟合中的应用[J]. 中国矿业大学学报，2000，29(6)：377 – 380.
[79] 刘海飞，阮百尧，吕玉增. 按方位取点局部多重二次曲面插值[J]. 工程地球物理学报，2007，4(3)：186 – 189.
[80] Seigel, H O. Mathematical formulation and type curves for induced polarization[J]. Geophysics, 1959, 24(3): 547 – 565.
[81] 罗延钟，张桂青. 电子计算机在电法勘探中的应用[M]. 武汉：武汉地质学院出版社，1987.
[82] 徐世浙. 点电源二维电场问题中付氏变换的波数 K 的选择[J]. 物探化探计算技术，1988，10(3)：53 – 57.
[83] 柳建新，刘海飞. 计算最优化离散波数的优化算法[J]. 物探化探计算技术，2005，27(1)：34 – 38.

[84] 姚文斌. 电测深数值计算和解释入门[M]. 北京：地质出版社，1989.
[85] Anderson W L. Computer Program. Numerical integration of related Hankel transforms of orders 0 and 1 by adaptive digital filtering[J]. Geophysics, 1979, 44(7): 1287 - 1305.
[86] Anderson W L. A hybrid fast Hankel transform algorithm for electromagnetic modeling [J]. Geophysics, 1989, 54(2): 263 - 266.
[87] 朴化荣. 电磁测深法原理[M]. 北京：地质出版社，1991.
[88] 吉洪诺夫，阿尔先宁. 不适定问题的解法[M]. 王秉枕译，北京：地质出版社，1979.
[89] 陈小斌，赵国泽，汤吉，等. 大地电磁自适应正则化反演算法[J]. 地球物理学报，2005，48：937 - 946.
[90] G E Forsythe, M A Malcolm, C B Moler. 计算机数值计算方法[M]. 计九三译，北京：清华大学出版社，1987.
[91] 杨文采. 用于位场数据处理的广义反演技术[J]. 地球物理学报，1988(29)：283 - 291.
[92] 夏江海. 奇异值分解在位场资料处理中的应用[J]. 物探化探计算技术，1989(11)：93 - 98.
[93] 何昌礼. 解病态线性方程组的奇异值分解法及其应用[M]. 武汉：中国地质大学出版社，1990
[94] Golub G H, van Loan C F. Matrix Computations[M]. The Johns Hopkins University Press, 1996.
[95] Golub Gene H. Michael Heath and Grace Wahba. Generalized cross - validation as a method for choosing a good ridge parameter[J]. Technometrocs, 1979, 21(2): 215 - 222.
[96] Hansen P. C.. The use of the L - curve in the regularization of discrete ill - posed problems, SIAM J. Sci. Comput. 1993, 14, 1487 - 1503.
[97] 袁亚湘，孙文瑜. 最优化理论与方法[M]，北京：科学出版社，1997.
[98] 周竹生，赵荷晴. 广义共轭梯度算法[J]. 物探与化探，1996，20(5)：351 - 357.
[99] Constable S C, Parker R L, Constable C G, Occam's inversion: A practical algorithm foe generating smooth models from electromagnetic sounding data[J]. Geophysics, 1987, 52(3): 289 - 300.
[100] Li Y, Oldenburg D W. Fast inversion of large - scale magnetic data using wavelet transforms and a logarithmic barrier method. Geophys. J. Int., 2003, 152: 251 - 265.
[101] Oldenburg O W. The inversion and interpretation of gravity anomalies[J]. Geophysics, 1974, 39, 526 - 536.
[102] Inman J R. Resistivity inversion with ridge regression. Geophysics[J]. 1975, 40, 798 - 817.
[103] Oristaglio, M L, Worthington M H. Inversion of surface and borehole electromagnetic data for two dimensional electrical conductivity models[J]. Geophysical prospecting. 1980, 26, 633 - 657.
[104] Gjoystdal H, Ursin B. Inversion of reflection times in three dimensions[J]. Geophysics, 1981, 46, 972 - 983.
[105] Sharma S P, Kaikonen P, Two - dimensional non - linear inversion of VLF - R data using simulated annealing. Geophysical Journal International[J]. 1998, 133, 649 - 668.
[106] Zhang Z, Zhou Z. Real - time quasi 2 - D inversion of array resistivity logging data using neural networks[J]. Geophysics, 2002, 67, 517 - 524.
[107] De Groot - Hedin C, Constable S C. Occam's inversion to generate smooth, two -

dimensional models from magnetotelluric data[J]. Geophysics, 1990, 55 (12): 1613 - 1624.

[108] Ellis R G, Oldenburg D W. Applied geophysical inversion[J]. Geophysical Journal International, 1994, 116: 5 - 11.

[109] Scales J A, Gersztenkorn A, Treitel S, Lines L R. Robust optimization methods in geophysical inverse theory: 1998,7, 1.

[110] Darche G. Iterative L1 deconvolution: Stanford Exploration Project Report[J]. 1989, 61: 281 - 302.

[111] Nichols D. Velocity - stack inversion using Lp norms: Stanford Exploration Project Report[J]. 1994, 82: 1 - 16.

[112] 王兴泰，李晓芹. 电阻率图像重建的佐迪(Zohdy)反演及其应用效果[J]. 物探与化探，1996(3)：228 - 233.

[113] 王若，底青云. 改进的佐迪反演方法及在考古中的应用研究[J]. 工程地质学报，1999，7(3)：284 - 288.

[114] 阮百尧，单娜琳. 电阻率影像法及在水文和工程地质中的应用[J]. 工程勘察，2000，(01)：22 - 24.

[115] 何门贵，温永辉. 高密度电阻率法二维反演在工程勘探中的应用[J]. 物探与化探，2002，26(2)：156 - 159.

[116] 邓居智，刘庆成，莫撼. 高密度电阻率法在探测水坝隐患中的应用[J]. 东华理工大学学报(自然科学版)，2001，24(4)：282 - 285.

[117] 单娜琳，阮百尧，程志平. 二维有限元反演法在金矿电法勘探中的应用[J]. 桂林理工大学学报，2000(s1)：14 - 21.

[118] C de Groot - Hedlin, S Constable. Occam's inversion to generate smooth, two - dimensional models from magnetotelluric data[J]. Geophysics, 1990, 55(12): 1613 - 1624.

[119] Harold O Seigel. Mathematical formulation and type curves for induced polarization. Geophysics[J]. 1959, 24(3): 547 - 565.

[120] 阮百尧. 视电阻率对模型电阻率的偏导数矩阵计算方法[J]. 地质与勘探，2001，37(6)：39 - 41.

[121] 唐大荣. 电测深反演程序. PC—1500 机物探化探程序汇编，上册(物探分册).《物化探计算技术》编辑部出版发行，1986：296 - 302.

[122] 阮百尧. 电阻率/激发极化法测深数据的一维最优化反演方法[J]. 桂林理工大学学报，1999(4)：321 - 325.

[123] Zohdy A A R. A new method for the automatic interpretation of Schlumberger and Wenner sounding curves[J]. Geophysics, 54(2), 1989: 245 - 253.

[124] 刘海飞，阮百尧，柳建新. 激电测深数据一维自动迭代反演进行拟二维反演解释[J]，工程地球物理学报，2005，2(5)：343 - 347.

[125] 刘海飞，廖建龙，阮百尧，等. 二维直流激电测深最小二乘反演[C]. 第七界中国国际地球电磁学学术讨论会论文集，2005：155 - 159.

[126] 刘海飞，阮百尧，吕玉增. 直流激电测深二维反演的若干问题研究[J]. 物探与化探，2007，31(1)：47 - 50.

[127] 柳建新，何欢，刘海飞，等. 起伏地形垂直电测深二维反演及应用[J]. 物探化探计算技术，2009，31(4)：293 - 296.

[128] 刘海飞，柳建新，阮百尧，等. 垂直激电测深二维自适应正则化反演[J]. 同济大学学报(自然科学版)，2009，37(12)：1685 - 1690.
[129] 刘海飞，阮百尧，廖建龙，等. 垂直电测深二维反演中非均匀初始模型的给定[J]. 桂林理工大学学报，2009，29(4)：455 - 460.
[130] 阮百尧，徐世浙. 直流电阻率测深曲线解释中的直接反演法[J]. 物探化探计算技术，1996，18(2)：118 - 124.
[131] Loke M H. Time - Lapse resistivity imaging inversion, Proceedings of the 5th Meeting of the Environmental and Engineering European Section, Em1, Budapest, Hungary. 1999.
[132] Kim K J, Cho I K. Time - lapse inversion of 2D resistivity monitoring data with a spatially varying cross - model constraint[J]. Journal of Applied Geophysics, 2011, 74(2 - 3): 114 - 122.
[133] 黄俊革，阮百尧，鲍光淑. 基于有限单元法的三维地电断面电阻率反演[J]，中南大学学报：自然科学版，2004，35(2)：295 - 299.
[134] Szu H, Hartley R. Fast simulated annealing[J]. Physics Letters, 1987, 122(3 - 4): 157 - 162.
[135] Green J W, Supowit K J. Simulated annealing without rejected moves[J]. Computer - Aided Design of Integrated Circuits and Systems, IEEE Transactions on, 1986, 5(1): 221 - 228.
[136] Johnson D S, Aragon C R, Mcgeoch L A, et al. Optimization by Simulated Annealing: An Experimental Evaluation; Part I, Graph Partitioning[J]. Operations Research, 1989, 37(6): 865 - 892.
[137] Sechen C. VLSI Placement and Global Routing Using Simulated Annealing[M]. Springer US, 1988.
[138] Laarhoven P J M V, Aarts E H L. Simulated Annealing: Theory and Applications[M]. D. Reidel Publishing Company, 1987.
[139] 姚姚. 地球物理非线性反演模拟退火法的改进[J]. 地球物理学报，1995，38(5)：643 - 650.
[140] 刘鹏程，纪晨，Stephen H. Hartzell. 改进的模拟退火—单纯形综合反演方法[J]. 地球物理学报，1995，38(2)：199 - 205.
[141] 康立山，谢云，尤矢勇，等. 非数值并行算法—模拟退火算法[M]. 北京：科学出版社，1994.
[142] 何军. 解优化问题的退火回火算法[J]. 武汉大学学报，并行计算专刊，1991，43 - 48.
[143] Kirkpatrick S, Gelatt Jr. C D, Vecchi M P. Optimization by simulated annealing[J]. Science, 1983, 220(4598): 671 - 680.
[144] Brian T, Luke. Simulated Annealing Cooling Schedules. http: //members. aol. com/btluke/simanf1. htm.
[145] 张霖斌，姚振兴，纪晨，等. 快速模拟退火算法及应用[J]. 石油地球物理勘探，1997，32(5)：654 - 660.
[146] Ingber L. Very fast simulated re - annealing[J]. Mathematical & Computer Modelling, 1989, 12(8): 967 - 973.
[147] Powell M J D. Efficient method for finding minimum of function of several - variables without calculatingderivatives[J]. Computer Journal, 1964, 7(2): 155 - 162.
[148] Sargent R W H. Minimisation without constraints[J]. Optimization & Design, 1973,

37 - 75.
[149] 吴方. 关于 Powell 方法的一个注[J]. 数学学报, 1977, 20(1): 14 - 15.
[150] 邓乃扬, 诸梅芳. 关于 Powell 方法理论基础的探讨[J]. 科学通报, 1979, 24(10): 433 - 437.
[151] 席少霖, 赵凤治. 最优化计算方法[M]. 上海: 上海科学技术出版社, 1983.
[152] Holland J H. Adaptation in natural and artificialsystems[J]. Quarterly Review of Biology, 1975, 6(2): 126 - 137.
[153] Jong K A D. An analysis of the behavior of a class of genetic adaptive systems[D]. University of Michigan, 1975.
[154] Goldberg D E. Genetic Algorithms in Search, Optimization and MachineLearning[M]. Genetic algorithms in search, optimization, and machine learning. Addison - Wesley Pub. Co. 1989.
[155] Vose M D. Generalizing the notion of schema in gentic algorithms[J]. Artificial intelligence, 1991, 50(3): 385 - 396.
[156] 张晓缋, 方浩, 戴冠中. 遗传算法的编码机制研究[J]. 信息与控制, 1997(2): 134 - 139.
[157] 孙建永, 申建中, 徐宗本. 一类自适应遗传算法[J]. 西安交通大学学报, 2000, 34(10): 84 - 88.
[158] 戴晓晖, 李敏强, 寇纪淞. 遗传算法理论研究综述[J]. 控制与决策, 2000, 15(3): 263 - 268.
[159] Grefenstette J J. Optimization of control parameters for genetic algorithms[J]. IEEE Transaction on Systems, Man, and Cybernetics, 1986, 16(1): 122 - 128.
[160] Davis L. Handbook of geneticalgorithms[M]. Handbook of Genetic Algorithms, 1991.
[161] Srinivas M, Patnaik L M. Adaptive probabilities of crossover and mutation in genetic algorithms[J]. IEEE Transactions on Systems Man & Cybernetics, 1994, 24(4): 656 - 667.
[162] 宋爱国, 陆佶人. 一种基于排序操作的进化算子自适应遗传算法[J]. 电子学报, 1999, 27(1): 85 - 88.
[163] 袁慧梅. 具有自适应交换率和变异率的遗传算法[J]. 首都师范大学学报(自然科学版), 2000, 21(3): 14 - 20.
[164] Masumoto H, Nakato R, Kanemaki M, et al. Evolution in Time and Space - The Parallel Genetic Algorithm. [J]. Foundations of Genetic Algorithms, 1991, 1(4): 316 - 337.
[165] 张讲社, 徐宗本, 梁怡. 整体退火遗传算法及其收敛充要条件[J]. 中国科学: E 辑, 1997, 27(2): 154 - 164.
[166] 王凌, 郑大钟. 一类 GASA 混合策略及其收敛性研究[J]. 控制与决策, 1998(6): 669 - 672.
[167] 陈国良, 王熙法, 庄镇泉, 等. 遗传算法及其应用[M]. 北京: 人民邮电出版社, 1999.
[168] 徐果明. 反演理论及其应用[M]. 北京: 地震出版社, 2003.
[169] Bagley J D. The Behavior of Adaptive Systems WhichEmpoly Genetic and Correlation Algorithms[D]. University of Michigan Ann Arbor, MI, USA, 1967.
[170] Rosenberg R S. Simulation of Genetic Populations with BiochemicalProperties[D]. The University of Michigan, 1967.

[171] 姚姚. 蒙特卡洛非线性反演方法及应用[M]. 北京：冶金工业出版社，1997.
[172] 王小平. 遗传算法：理论、应用与软件实现[M]. 西安：西安交通大学出版社，2002.
[173] Kreinovich V, Quintana C, Fuentes O. Genetic algorithms - what fitness scaling is optimal[J]. Cybern. and Systems, 1993, 24(1): 9 - 26.
[174] 周明，孙树栋. 遗传算法原理及应用[M]. 北京：国防工业出版社，1999.
[175] 雷德明. 自调整遗传算法[J]. 系统工程与电子技术，1999，21(11)：70 - 71.
[176] 张雪江，朱向阳. 自适应基因遗传算法及其在知识获以中的应用[J]. 系统工程与电子技术，1997(7)：67 - 72.
[177] 刘勇. 非数值并行算法. 第二册，遗传算法[M]. 北京：科学出版社，1995.
[178] 张美恋. 基于遗传算法和单纯形法的混合优化算法[J]. 集美大学学报(自然版)，2001，6(2)：106 - 110.
[179] 郑肇葆. 遗传算法与单纯形法组合的影像纹理分类方法[J]. 测绘学报，2003，32(4)：325 - 329.
[180] 韩炜，廖振鹏. 一种全局优化算法：遗传算法 - 单纯形法[J]. 地震工程与工程振动，2001，21(2)：6 - 12.
[181] 王建平，程声通. 遗传单纯形混合算法在复杂环境模型参数识别中的应用[J]. 水利学报，2005，36(6)：674 - 679.
[182] 谢巍，方康玲. 一种求解不可微非线性函数的全局解的混合遗传算法[J]. 控制理论与应用，2000，17(2)：180 - 183.
[183] 阮百尧. 激发极化法测深曲线解释中的快速反演法[J]. 高校地质学报，1997，3(3)：301 - 307.
[184] 刘海飞，阮百尧，柳建新. 变阻尼共轭梯度法及性能分析[J]. 地球物理学进展，2008，23(1)：89 - 93.
[185] 席景昌，刘海飞，张赛民. 长断面高密度电阻率数据处理解释[J]. 物探化探计算技术，2011，33(3)：314 - 317.
[186] 刘海飞，阮百尧，柳建新，等. 混合范数下的最优化反演方法[J]. 地球物理学报，2007，50(6)：1877 - 1883.
[187] 刘海飞，张赛民，阮百尧. 数据断面中突变点的快速剔除方法[J]. 物探化探计算技术，2006，28(3)：201 - 204.
[188] 刘海飞，阮百尧，吕玉增. 直流电阻率数据最小二乘间歇反演[J]. 物探化探计算技术，2007，29(4)：339 - 341.
[189] 刘海飞，柳建新，郭荣文，等. 起伏地形三维激电连续介质模型快速反演[J]. 吉林大学学报(地球科学版)，2011，41(4)：1212 - 1218.
[190] 闫永利，底青云，高立兵，等. 高密度电阻率法在考古勘探中的应用[J]. 物探与化探，1998，22(6)：452 - 457.
[191] 卞兆津，何力，叶明金，等. 综合物探方法在划分岩溶发育不稳定区的作用[J]，工程地球物理学报，2012，9(3)：351 - 355.

附录 A：快速汉克尔变换滤波系数表

采样点 λ_k	权函数 W_k
//1 - 40	//1 - 40
8.9170998013274418e - 14,9.8549193740052245e - 14,	0, 0,
1.0891370292130841e - 13,1.2036825704856076e - 13,	0, 0,
1.3302749714952345e - 13,1.4701812115404443e - 13,	0, 0,
1.6248015192957209e - 13,1.7956833867707590e - 13,	0, 0,
1.9845370571306282e - 13,2.1932526413842005e - 13,	0, 0,
2.4239190352504162e - 13,2.6788448255287407e - 13,	0, 0,
2.9605813952117967e - 13,3.2719484585839035e - 13,	0, 0,
3.6160622818693727e - 13,3.9963668718722961e - 13,	0, 0,
4.4166684447542096e - 13,4.8811735199247527e - 13,	0, 0,
5.3945310203017795e - 13,5.9618788002944785e - 13,	0, 0,
6.5888950671771899e - 13,7.2818552104963217e - 13,	0, 0,
8.0476946082781583e - 13,8.8940780386232124e - 13,	0, 0,
9.8294763913816720e - 13,1.0863251447666186e - 12,	0, 0,
1.2005749575703847e - 12,1.3268405280766938e - 12,	0, 0,
1.4663855645544968e - 12,1.6206066806315702e - 12,	0, 0,
1.7910473730731204e - 12,1.9794134696161976e - 12,	0, 0,
2.1875902014670364e - 12,2.4176610713286156e - 12,	0, 0,
2.6719287057960000e - 12,2.9529379008172425e - 12,	0, 0,
3.2635010908665675e - 12,3.6067264967338821e - 12,	0, 0,
3.9860492336431492e - 12,4.4052656910401313e - 12,	0, 0,
//41 - 80	//41 - 80
4.8685715281339743e - 12,5.3806036654647833e - 12,	0.11851621862641970763E - 23, 0.14475349036735769831E - 23,
5.9464866927629101e - 12,6.5718841575654077e - 12,	0.17680470446219830604E - 23, 0.21594646724325061636E - 23,
7.2630552479033658e - 12,8.0269174363595134e - 12,	0.26376279226241200337E - 23, 0.32215255903424431280E - 23,
8.8711157124588670e - 12,9.8040990962934688e - 12,	0.39348989123644471831E - 23, 0.48059305631057603546E - 23,
1.0835205199155280e - 11,1.1974753677488471e - 11,	0.58701957447819091530E - 23, 0.71696014006070338140E - 23,
1.3234149515479672e - 11,1.4625997169973058e - 11,	0.87572874338578454769E - 23, 0.10695830329268070127E - 22,
1.6164226720110948e - 11,1.7864233284247930e - 11,	0.13064267975684400067E - 22, 0.15956396898683340405E - 22,
1.9743031099469828e - 11,2.1819423805797136e - 11,	0.19489490174852410262E - 22, 0.23804258576458750974E - 22,
2.4114192639334462e - 11,2.6650304417866294e - 11,	0.29074795736995329016E - 22, 0.35511877512642321550E - 22,
2.9453141400488783e - 11,3.2550755321790057e - 11,	0.43374414815306912102E - 22, 0.52977566601218580972E - 22,
3.5974148143038491e - 11,3.9757582330231206e - 11,	0.64706963771419739714E - 22, 0.79033290084770208947E - 22,
4.3938923764369768e - 11,4.8560020715924429e - 11,	0.96531416601155305002E - 22, 0.11790381653809730581E - 21,
5.3667122676390673e - 11,5.9311343238745088e - 11,	0.14400798270141680420E - 21, 0.17589176532470089827E - 21,
6.5549171659463761e - 11,7.2443038221987792e - 11,	0.21483473765595870697E - 21, 0.26239961572838840870E - 21,
8.0061939059983487e - 11,8.8482126693838504e - 11,	0.32049580752851479664E - 21, 0.39145421602105668850E - 21,
9.7787873191515278e - 11,1.0807231359173195e - 10,	0.47812354861088417904E - 21, 0.58398109523939098113E - 21,
1.1943837803073370e - 10,1.3199982190169224e - 10,	0.71327648305877594511E - 21, 0.87119745891754148321E - 21,
1.4588236435691521e - 10,1.6122494654737812e - 10,	0.10640834348623049967E - 20, 0.12996739243852600375E - 20,
1.7818112219246310e - 10,1.9692059439719362e - 10,	0.15874259111262610786E - 20, 0.19388856933392509112E - 20,
2.1763091409794871e - 10,2.4051935713527238e - 10,	0.23681611511416871136E - 20, 0.28924775863608318981E - 20,

采样点 λ_k	权函数 W_k
//81 - 120	//81 - 120
2.6581499874015355e - 10,2.9377100619593265e - 10,	0.3532881273577 1197862E - 20, 0.431506951994 93149714E - 20,
3.2466717262156566e - 10,3.5881271723520049e - 10,	0.52704395186827729765E - 20, 0.64373272953957132288E - 20,
3.9654938012404428e - 10,4.3825484249401899e - 10,	0.78625718444181387840E - 20, 0.96033638142877597977E - 20,
4.8434650663021337e - 10,5.3528567339924565e - 10,	0.11729578932087649353E - 19, 0.14326535217816349936E - 19,
5.9158215910338558e - 10,6.5379939789346253e - 10,	0.17498475666460750925E - 19, 0.21372678938714691346E - 19,
7.2256008080722362e - 10,7.9855238787053352e - 10,	0.26104658300704859397E - 19, 0.31884290164425472060E - 19,
8.8253687563437822e - 10,9.7535408908045947e - 10,	0.38943574121348422642E - 19, 0.47565771349593827251E - 19,
1.0779329740778886e - 09,1.1913001745856734e - 09,	0.58096985951299433442E - 19, 0.70959792070530976791E - 19,
1.3165903076505279e - 09,1.4550573190356333e - 09,	0.86670519080596190619E - 19, 0.10585956951243269563E - 18,
1.6080870331313015e - 09,1.7772110227512649e - 09,	0.12929722209660508847E - 18, 0.15792391867645680267E - 18,
1.9641219376281762e - 09,2.1706904450210516e - 09,	0.19288879140366910337E - 18, 0.23559479941190520470E - 18,
2.3989839519819520e - 09,2.6512872966606394e - 09,	0.28775626657086499509E - 18, 0.35146613570216158086E - 18,
2.9301256157327411e - 09,3.2382896168163261e - 09,	0.42928191135495900673E - 18, 0.52432585404586203783E - 18,
3.5788635088117363e - 09,3.9552558697009004e - 09,	0.64041336717328802188E - 18, 0.78220224663792857958E - 18,
4.3712337607414382e - 09,4.8309604284818817e - 09,	0.95538449298914256672E - 18, 0.11669086110519650175E - 17,
5.3390369719324459e - 09,5.9005483919104070e - 09,	0.14252662063096260770E - 17, 0.17408230557831051757E - 17,
6.5211144834374116e - 09,7.2069460805369272e - 09,	0.21262473650918901610E - 17, 0.25970027813123101601E - 17,
7.9649072163486862e - 09,8.8025838206794284e - 09,	0.31719883922980728330E - 17, 0.38742728138556379626E - 17,
9.7283596425381269e - 09,1.0751500157513941e - 08,	0.47320507187765319669E - 17, 0.57797357502250896216E - 17,
1.1882245299770154e - 08,1.3131911946747030e - 08,	0.70593902823169582028E - 17, 0.86223523498694457235E - 17,
//121 - 160	//121 - 160
1.4513007182274982e - 08,1.6039353471673310e - 08,	0.10531373010190409793E - 16, 0.12863037889413019372E - 16,
1.7726227001629019e - 08,1.9590510569407677e - 08,	0.15710962731510451527E - 16, 0.19189397138461720101E - 16,
2.1650862551562963e - 08,2.3927903643240499e - 08,	0.23438002820075089885E - 16, 0.28627215837238828004E - 16,
2.6444423237025737e - 08,2.9225607506844726e - 08,	0.34965392409988710645E - 16, 0.42706786428448497367E - 16,
3.2299291479658129e - 08,3.5696237617766722e - 08,	0.52162237447471309093E - 16, 0.63711036879213345092E - 16,
3.9450443699873716e - 08,4.3599483082281089e - 08,	0.77816916463307065235E - 16, 0.95045695365657204522E - 16,
4.8184880745668262e - 08,5.3252528891055793e - 08,	0.11608920160259351019E - 15, 0.14179151105966549619E - 15,
5.8853146244378082e - 08,6.5042785666539686e - 08,	0.17318474398326101217E - 15, 0.21152807068685210363E - 15,
7.1883395149287240e - 08,7.9443437811532343e - 08,	0.25836128767539467929E - 15, 0.31556278833430849848E - 15,
8.7798577101256825e - 08,9.7032434060731539e - 08,	0.38542976466718232176E - 15, 0.47076434267244616602E - 15,
1.0723742423401342e - 07,1.1851568259277232e - 07,	0.57499366556778888035E - 15, 0.70229784368391582701E - 15,
1.3098008573741623e - 07,1.4475538160404734e - 07,	0.85778978838088164829E - 15, 0.10477052216252109330E - 14,
1.5997943798373573e - 07,1.7680462234971138e - 07,	0.12796720504321799823E - 14, 0.15629924515539289125E - 14,
1.9539932680224871e - 07,2.1594965339340473e - 07,	0.19090464627227088193E - 14, 0.23317106244241540845E - 14,
2.3866127669890702e - 07,2.6376150227843728e - 07,	0.28479628092949809297E - 14, 0.34785033119698000940E - 14,
2.9150154162607256e - 07,3.2215902637935327e - 07,	0.42486614900323137393E - 14, 0.51893168582342936762E - 14,
3.5604078695002664e - 07,3.9348592338593700e - 07,	0.63382585119205047931E - 14, 0.77415505884680514824E - 14,
4.3486919919827997e - 07,4.8060479212078480e - 07,	0.94555711726406619067E - 14, 0.11549035630408280097E - 13,
5.3115043933968360e - 07,5.8701201868132178e - 07,	0.14106055531142479946E - 13, 0.17229135422830471373E - 13,
6.4874861160747570e - 07,7.1697809869053571e - 07,	0.21043763493017538471E - 13, 0.25702847898914450407E - 13,

采样点 λ_k	权函数 W_k
//161 - 200	//161 - 200
7.9238334356995170e - 07,8.7571902728105488e - 07,	0.31393608430354023054E - 13, 0.38344140375861572417E - 13,
9.6781920135651654e - 07,1.0696056352944216e - 06,	0.46833764078042948155E - 13, 0.57202731000069601939E - 13,
1.1820970419372223e - 06,1.3064192730922673e - 06,	0.69867771751590042453E - 13, 0.85336439559542886244E - 13,
1.4438165874351013e - 06,1.5956641034684996e - 06,	0.10423047667756279584E - 12, 0.12730699655547051243E - 12,
1.7634815621706371e - 06,1.9489485370736003e - 06,	0.15549361393599358810E - 12, 0.18991970329598081032E - 12,
2.1539212439998211e - 06,2.3804511186939235e - 06,	0.23196923668250597755E - 12, 0.28332687489467591536E - 12,
2.6308053482811660e - 06,2.9074895620382204e - 06,	0.34605747293074408206E - 12, 0.42267398347606569328E - 12,
3.2132729085731429e - 06,3.5512157703953872e - 06,	0.51625714279965715259E - 12, 0.63055541477094275274E - 12,
3.9247003932525885e - 06,4.3374647367828189e - 06,	0.77016524760249830236E - 12, 0.94067802567402927053E - 12,
4.7936398852710157e - 06,5.2977913929290109e - 06,	0.11489516827349049439E - 11, 0.14033265286503660695E - 11,
5.8549649774966190e - 06,6.4707370194807025e - 06,	0.17140347264354340417E - 11, 0.20935168852125301327E - 11,
7.1512703724455683e - 06,7.9033760429228480e - 06,	0.25570397012560628610E - 11, 0.31231597365723921107E - 11,
8.7345813572541237e - 06,9.6532052976029776e - 06,	0.38146555551079558782E - 11, 0.46592061049755500161E - 11,
1.0668441761124589e - 05,1.1790451575578641e - 05,	0.56907982819762827155E - 11, 0.69507175913176593709E - 11,
1.3030464192308714e - 05,1.4400890074365673e - 05,	0.84896748701239594140E - 11, 0.10369250352182410092E - 10,
1.5915444904593194e - 05,1.7589286856791647e - 05,	0.12665108932133729727E - 10, 0.15469100894640800720E - 10,
1.9439168303816350e - 05,2.1483603480955747e - 05,	0.18894125922585180356E - 10, 0.23077182209924898792E - 10,
2.3743053782621043e - 05,2.6240132546858776e - 05,	0.28186729422033271362E - 10, 0.34427103160373659936E - 10,
2.8999831377238596e - 05,3.2049770267221755e - 05,	0.42049668170180476841E - 10, 0.51359191342712271588E - 10,
3.5420474030339066e - 05,3.9145677802784465e - 05,	0.62730747867977636297E - 10, 0.76618892012631225296E - 10,
//201 - 240	//201 - 240
4.3262664675996812e - 05,4.7812638838370288e - 05,	0.93583301711963271940E - 10, 0.11430192677538819367E - 09,
5.2841137960621061e - 05,5.8398488952101537e - 05,	0.13960991678261530046E - 09, 0.17051839200598010096E - 09,
6.4540311649424626e - 05,7.1328075478483034e - 05,	0.20827357888452780935E - 09, 0.25438347678424908063E - 09,
7.8829714661124184e - 05,8.7120308123675967e - 05,	0.31070775906120548243E - 09, 0.37949543960166480335E - 09,
9.6282830912076270e - 05,1.0640898463402168e - 04,	0.46352165150554629058E - 09, 0.56614048928061041213E - 09,
1.1760011523947924e - 04,1.2996822732501724e - 04,	0.69149327357632214648E - 09, 0.84458207882202713872E - 09,
1.4363710511345378e - 04,1.5874355132796403e - 04,	0.10315871013042910049E - 08, 0.12599679520777700732E - 08,
1.7543875635971472e - 04,1.9388981143211579e - 04,	0.15389476810193000824E - 08, 0.18796505921747109347E - 08,
2.1428138090594562e - 04,2.3681755046234149e - 04,	0.22958410530823679168E - 08, 0.28041080392694730677E - 08,
2.6172386966089197e - 04,2.8924960931543914e - 04,	0.34249937978079458891E - 08, 0.41832358233125644067E - 08,
3.1967025628016629e - 04,3.5329027061462893e - 04,	0.51094925678131643906E - 08, 0.62406516508546298375E - 08,
3.9044613272236350e - 04,4.3150971095986065e - 04,	0.76224707236306606749E - 08, 0.93099537030146089046E - 08,
4.7689198342006658e - 04,5.2704715113927156e - 04,	0.11371395622837669325E - 07, 0.13888811603603460790E - 07,
5.8247718389374341e - 04,6.4373684408196633e - 04,	0.16964137540446880094E - 07, 0.20719660567011048447E - 07,
7.1143923897318674e - 04,7.8626195689103691e - 04,	0.25307532985450009557E - 07, 0.30910082760196839954E - 07,
8.6895384874522254e - 04,9.6034252278312515e - 04,	0.37754423983369756739E - 07, 0.46112394911463966981E - 07,
1.0613426275713101e - 03,1.1729650061058051e - 03,	0.56323015017988116740E - 07, 0.68791561040010018689E - 07,
1.2963268126685603e - 03,1.4326626936829910e - 03,	0.84024115221375004322E - 07, 0.10262487036321569423E - 06,
1.5833371444703617e - 03,1.7498581655775839e - 03,	0.12534932630323100331E - 06, 0.15309818493173440690E - 06,
1.9338923553535471e - 03,2.1372815898255564e - 03,	0.18699933285775400780E - 06, 0.22839543319719978897E - 06,

采样点 λ_k	权函数 W_k
//241 - 280	//241 - 280
2. 3620614568136901e - 03,2. 6104816287778878e - 03,	0. 27897038209650021238E - 06, 0. 34072557173474452451E - 06,
2. 8850283782960702e - 03,3. 1884494615157647e - 03,	0. 41617511631609012044E - 06, 0. 50830216571405257032E - 06,
3. 5237816186211822e - 03,3. 8943809665496639e - 03,	0. 62086055851273829343E - 06, 0. 75829654716288451693E - 06,
4. 3039565881380203e - 03,4. 7566076538702283e - 03,	0. 92621529324795927674E - 06, 0. 11312433484295780322E - 05,
5. 2568644477534125e - 03,5. 8097337079228714e - 03,	0. 13817506779893170808E - 05, 0. 16876126549713120575E - 05,
6. 4207487357601564e - 03,7. 0960247750331065e - 03,	0. 20613285048301949073E - 05, 0. 25176142217059249495E - 05,
7. 8423202153108801e - 03,8. 6671042321983371e - 03,	0. 30751364937151691114E - 05, 0. 37558230263550338492E - 05,
9. 5786315413559676e - 03,1. 0586025014468731e - 02,	0. 45875527884742903516E - 05, 0. 56029966733669012944E - 05,
1. 1699366984012178e - 02,1. 2929800150624660e - 02,	0. 68437947583602416914E - 05, 0. 83586201447068474255E - 05,
1. 4289639103000504e - 02,1. 5792493566432742e - 02,	0. 10209670082926559548E - 04, 0. 12469450254224749995E - 04,
1. 7453404613518231e - 02,1. 9288995200267688e - 02,	0. 15230868871022190138E - 04, 0. 18601920832727638478E - 04,
2. 1317636534236600e - 02,2. 3559631939745231e - 02,	0. 22721395800711319485E - 04, 0. 27750126132155010419E - 04,
2. 6037420060372587e - 02,2. 8775799432443259e - 02,	0. 33895447798826631189E - 04, 0. 41396841136470921454E - 04,
3. 1802176677114019e - 02,3. 5146840795050052e - 02,	0. 50564046316342118052E - 04, 0. 61753575721436104002E - 04,
3. 8843266308924096e - 02,4. 2928448287690518e - 02,	0. 75428141719150856360E - 04, 0. 92118338007583430976E - 04,
4. 7443272605669898e - 02,5. 2432925142121424e - 02,	0. 11251534681498950364E - 03, 0. 13740856459760000547E - 03,
5. 7947344016710048e - 02,6. 4041719386992838e - 02,	0. 16783029354650548710E - 03, 0. 20495440270807768974E - 03,
7. 0777045810065886e - 02,7. 8220732696592687e - 02,	0. 25032223970649432505E - 03, 0. 30567824291028637771E - 03,
8. 6447278966843177e - 02,9. 5539018660927705e - 02,	0. 37332275750272562662E - 03, 0. 45584569317397240131E - 03,
1. 0558694496554391e - 01,1. 1669162090437306e - 01,	0. 55667758728412204596E - 03, 0. 67965842762967730497E - 03,
//281 - 320	//281 - 320
1. 2896418580662142e - 01,1. 4252746762678220e - 01,	0. 82989825334180589590E - 03, 0. 10130793883812590737E - 02,
1. 5751721224808804e - 01,1. 7408344207293611e - 01,	0. 12367998790718090669E - 02, 0. 15094441288791659965E - 02,
1. 9239195749751564e - 01,2. 1262599629790035e - 01,	0. 18422782918639890679E - 02, 0. 22476208557991408411E - 02,
2. 3498806753529980e - 01,2. 5970197833480957e - 01,	0. 27421062075955880862E - 02, 0. 33437164053099180556E - 02,
2. 8701507382234348e - 01,3. 1720071263778915e - 01,	0. 40768527847886001578E - 02, 0. 49675073471938113734E - 02,
3. 5056100280015512e - 01,3. 8742982530616715e - 01,	0. 60511176276551595712E - 02, 0. 73646815739407444149E - 02,
4. 2817617572350458e - 01,4. 7320785722246539e - 01,	0. 89588637538056889453E - 02, 0. 10885052122857430054E - 01,
5. 2297556200716211e - 01,5. 7797738199458315e - 01,	0. 13213887638701850638E - 01, 0. 16013879136554731025E - 01,
6. 3876379388591276e - 01,7. 0594316852237804e - 01,	0. 19379495481742049084E - 01, 0. 23395566125555520426E - 01,
7. 8018785966510817e - 01,8. 6224093313756223e - 01,	0. 28179341735834879251E - 01, 0. 33820790606197338735E - 01,
9. 5292360367804285e - 01,1. 0531434539328173e + 00,	0. 40444641201110451134E - 01, 0. 48109746447546619663E - 01,
1. 1639035178482904e + 00,1. 2863123193718711e + 00,	0. 56899341828119280595E - 01, 0. 66751684235759015107E - 01,
1. 4215949669322265e + 00,1. 5711054147362089e + 00,	0. 77591144073115236868E - 01, 0. 89047612974465659152E - 01,
1. 7363400135976372e + 00,1. 9189524869191834e + 00,	0. 10065405918556659393E + 00, 0. 11140105420732690500E + 00,
2. 1207704817120212e + 00,2. 3438138603014083e + 00,	0. 12006932932879070541E + 00, 0. 12458597468885210247E + 00,
2. 5903149157877352e + 00,2. 8627407135861755e + 00,	0. 12268765549548429905E + 00, 0. 11115942050671910601E + 00,
3. 1638177826465683e + 00,3. 4965594034715681e + 00,	0. 87319954786645864742E - 01, 0. 48465000302246638575E - 01,
3. 8642957660407120e + 00,4. 2707072994710522e + 00,	-0. 49561566373757083917E - 02, -0. 69471081820978636268E - 01,
4. 7198615069887930e + 00,5. 2162536748687147e + 00,	-0. 13351269533458298699E + 00, -0. 17957507285653320772E + 00,
5. 7648518627701284e + 00,6. 3711466257477705e + 00,	-0. 18191106295048839470E + 00, -0. 12098476462017759836E + 00,

采样点 λ_k	权函数 W_k
//321 - 360	//321 - 360
7.0412059655722290e+00,7.7817360613311877e+00,	0.57914272269164483384E-02, 0.15348128813633118983E+00,
8.6001483871237632e+00,9.5046338885843706e+00,	0.23522097310698558692E+00, 0.15150400266403860061E+00,
1.0504244960619703e+01,1.1608986046819572e+01,	-0.82790857821451305232E-01, -0.27115431040159521103E+00,
1.2829913767290970e+01,1.4179247577028352e+01,	-0.13312798063762890100E+00, 0.22420582796659790925E+00,
1.5670492062326328e+01,1.7318572099218340e+01,	0.23042922487820899358E+00, -0.25728138031301517330E+00,
1.9139982226652432e+01,2.1152951729381048e+01,	-0.14755494381924760816E+00, 0.36119355267312441837E+00,
2.3377627082769912e+01,2.5836273585494951e+01,	-0.24353715522887228739E+00, 0.38114547256147109089E-01,
2.8553498198135060e+01,3.1556495817904278e+01,	0.82736503214593373756E-01, -0.10914677811197480428E+00,
3.4875321454323611e+01,3.8543191029858157e+01,	0.89643285228612118454E-01, -0.60977888159322063411E-01,
4.2596813816033411e+01,4.7076759832163077e+01,	0.37801231818370660542E-01, -0.22438621211053739329E-01,
5.2027865883738443e+01,5.7499684304247886e+01,	0.13156278189915569798E-01, -0.77896933116771488112E-02,
6.3546978891585546e+01,7.0230273002547406e+01,	0.47370324617059750630E-02, -0.29965293695965681403E-02,
7.7616455290928698e+01,8.5779449151653139e+01,	0.19878544860469768082E-02, -0.13869827135561199356E-02,
9.4800952570955843e+01,1.0477125578728921e+02,	0.10157400415733200925E-02, -0.77631830897451124893E-03,
1.1579014494637693e+02,1.2796790079449971e+02,	0.61460402632747919080E-03, -0.50020690522478944255E-03,
1.4142640240527066e+02,1.5630034698636896e+02,	0.41570616801530989705E-03, -0.35086447759715891749E-03,
1.7273859797446769e+02,1.9090567491054267e+02,	0.29949364033671969747E-03, -0.25773573414907620556E-03,
2.1098340000673559e+02,2.3317271788416559e+02,	0.22310488448276601017E-03, -0.19394286742651010405E-03,
2.5769570669423729e+02,2.8479780075142304e+02,	0.16910356690987170454E-03, -0.14776630535110279563E-03,
3.1475024692237560e+02,3.4785281935573863e+02,	0.12932306435161670878E-03, -0.11330886340153000630E-03,
//361 - 400	//361 - 400
3.8443681972258412e+02,4.2486839299489054e+02,	0.99357870873694533213E-04, -0.87175171695487733894E-04,
4.6955219194748827e+02,5.1893542705903837e+02,	0.76518203465147482511E-04, -0.67184226920608184730E-04,
5.7351234234481581e+02,6.3382916191693528e+02,	0.59001625485470532949E-04, -0.51823700437172301393E-04,
7.0048955677885772e+02,7.7416068656769369e+02,	0.45524131447897800190E-04, -0.39993558219308811687E-04,
8.5557987671209173e+02,9.4556199783295187e+02,	0.35136924058234570150E-04, -0.30871356264610351938E-04,
1.0450076212424869e+03,1.1549120321646080e+03,	0.27124444492712818783E-04, -0.23832821622649580026E-04,
1.2763751908839718e+03,1.4106127415182191e+03,	0.20940974022723349952E-04, -0.18400228343346008335E-04,
1.5589681785928965e+03,1.7229262931862318e+03,	0.16167881311147351016E-04, -0.14206450345841819494E-04,
1.9041280332173003e+03,2.1043869266043412e+03,	0.12483025923096489624E-04, -0.10968708114345040680E-04,
2.3257072316617105e+03,2.5703039963907459e+03,	0.96381137476371433619E-05, -0.84689451209231461783E-05,
2.8406252274246667e+03,3.1393763905017645e+03,	0.74416131426310713740E-05, -0.65389076895947963034E-05,
3.4695474876758481e+03,3.8344429822617740e+03,	0.57457083047103120349E-05, -0.50487298647161201493E-05,
4.2377148710149695e+03,4.6833992345424385e+03,	0.44362992864155191501E-05, -0.38981597741651851768E-05,
5.1759566317540530e+03,5.7203167426353639e+03,	0.34252990553006400639E-05, -0.30097983612462208859E-05,
6.3219277061418234e+03,6.9868106470046323e+03,	0.26446996057275441348E-05, -0.23238887351302340716E-05,
7.7216199371708199e+03,8.5337097949943000e+03,	0.20419933647589090787E-05, -0.17942928642745300170E-05,
9.4312078887249972e+03,1.0423096680944496e+04,	0.15766392837610099303E-05, -0.13853878318735780200E-05,
1.1519303328070666e+04,1.2730799034675721e+04,	0.12173358208997559817E-05, -0.10696690610117151049E-05,
1.4069708856989137e+04,1.5549433054535755e+04,	0.93991475334313001620E-06, -0.82590006822179900410E-06,
1.7184781204437102e+04,1.8992120420636886e+04,	0.72571573986650604055E-06, -0.63768409395308406728E-06,

采样点 λ_k	权函数 W_k
//401 - 440	//401 - 440
2. 0989539161478522e + 04 ,2. 3197028265075980e + 04 ,	0. 56033096589579911757E - 06 , - 0. 49236101932854606775E - 06 ,
2. 5636681024340771e + 04 ,2. 8332914304083228e + 04 ,	0. 43263604794155821972E - 06 , - 0. 38015590945392312373E - 06 ,
3. 1312712913202311e + 04 ,3. 4605899677722984e + 04 ,	0. 33404177953802387996E - 06 , - 0. 29352143989559692218E - 06 ,
3. 8245433917662871e + 04 ,4. 2267741314984989e + 04 ,	0. 25791634724263857612E - 06 , - 0. 22663026755387299218E - 06 ,
4. 6713078474065944e + 04 ,5. 1625935823323234e + 04 ,	0. 19913929019334100136E - 06 , - 0. 17498305605429440553E - 06 ,
5. 7055482890376610e + 04 ,6. 3056060407206925e + 04 ,	0. 15375705002049011184E - 06 , - 0. 13510582667935480436E - 06 ,
6. 9687724170466376e + 04 ,7. 7016846100076829e + 04 ,	0. 11871705693399870160E - 06 , - 0. 10431629758749350038E - 06 ,
8. 5116778511712779e + 04 ,9. 4068588251431182e + 04 ,	0. 91662396276475694184E - 07 , - 0. 80543453607028647290E - 07 ,
1. 0396186803991429e + 05 ,1. 1489563314653141e + 05 ,	0. 70773274428481856046E - 07 , - 0. 62188249446989189968E - 07 ,
1. 2697931236743495e + 05 ,1. 4033384322573253e + 05 ,	0. 54644615505335029221E - 07 , - 0. 48016048443646231508E - 07 ,
1. 5509288235486683e + 05 ,1. 7140414317912661e + 05 ,	0. 42191547784261369808E - 07 , - 0. 37073577780952398937E - 07 ,
1. 8943087427924512e + 05 ,2. 0935349323906592e + 05 ,	0. 32576433988135847120E - 07 , - 0. 28624808133909398953E - 07 ,
2. 3137139232536239e + 05 ,2. 5570493407266162e + 05 ,	0. 25152527127147581427E - 07 , - 0. 22101444936595110588E - 07 ,
2. 8259765674555639e + 05 ,3. 1231871175151330e + 05 ,	0. 19420468820503340806E - 07 , - 0. 17064703711658711163E - 07 ,
3. 4516555739862355e + 05 ,3. 8146693595832947e + 05 ,	0. 14994700450203629605E - 07 , - 0. 13175795208633650552E - 07 ,
4. 2158616382857127e + 05 ,4. 6592476772641251e + 05 ,	0. 11577529007302610104E - 07 , - 0. 10173137628831489796E - 07 ,
5. 1492650330238225e + 05 ,5. 6908179639617680e + 05 ,	0. 89391034277419880612E - 08 , - 0. 78547615254943383801E - 08 ,
6. 2893265138330159e + 05 ,6. 9507807573703467e + 05 ,	0. 69019537690386798258E - 08 , - 0. 60647246504485460851E - 08 ,
7. 6818007509655319e + 05 ,8. 4897027884187771e + 05 ,	0. 53290541108617648523E - 08 , - 0. 46826227654829832319E - 08 ,
9. 3825726248661662e + 05 ,1. 0369346401734781e + 06 ,	0. 41146056122897838021E - 08 , - 0. 36154907601472161940E - 08 ,
//441 - 480	//441 - 480
1. 1459900082649642e + 06 ,1. 2665148295397097e + 06 ,	0. 31769201408808051073E - 08 , - 0. 27915495445014601903E - 08 ,
1. 3997153569188234e + 06 ,1. 5469247060505589e + 06 ,	0. 24529256362912200658E - 08 , - 0. 21553778928767579448E - 08 ,
1. 7096161975797976e + 06 ,1. 8894181026362628e + 06 ,	0. 18939236446342600392E - 08 , - 0. 16641846353897590312E - 08 ,
2. 0881299391192668e + 06 ,2. 3077404818776865e + 06 ,	0. 14623137046133780063E - 08 , - 0. 12849303645740829450E - 08 ,
2. 5504476670371005e + 06 ,2. 8186805896832864e + 06 ,	0. 11290641920775340868E - 08 , - 0. 99210508606754888054E - 09 ,
3. 1151238150622859e + 06 ,3. 4427442466117009e + 06 ,	0. 87175955886335064848E - 09 , - 0. 76601232990455893213E - 09 ,
3. 8048208197275074e + 06 ,4. 2049773184515880e + 06 ,	0. 67309257867770258852E - 09 , - 0. 59144429108839117984E - 09 ,
4. 6472186435204167e + 06 ,5. 1359708947577253e + 06 ,	0. 51970020258742657674E - 09 , - 0. 45665890207353687588E - 09 ,
5. 6761256689692009e + 06 ,6. 2730890166874416e + 06 ,	0. 40126471338250552359E - 09 , - 0. 35259001730495680327E - 09 ,
6. 9328355477427216e + 06 ,7. 6619682271663100e + 06 ,	0. 30981971788986289322E - 09 , - 0. 27223759293244408980E - 09 ,
8. 4677844598838333e + 06 ,9. 3583491255965196e + 06 ,	0. 23921430022514762304E - 09 , - 0. 21019683877088560052E - 09 ,
1. 0342575294807941e + 07 ,1. 1430313433829404e + 07 ,	0. 18469928839465210504E - 09 , - 0. 16229467261876449390E - 09 ,
1. 2632449991557652e + 07 ,1. 3961016354714479e + 07 ,	0. 14260780857078909327E - 09 , - 0. 12530902424439949164E - 09 ,
1. 5429309262008933e + 07 ,1. 7052023882367507e + 07 ,	0. 11010863790384879428E - 09 , - 0. 96752107149079824750E - 10 ,
1. 8845400889123969e + 07 ,2. 0827389002136763e + 07 ,	0. 85015766394465004630E - 10 , - 0. 74703081400610626905E - 10 ,
2. 3017824624610133e + 07 ,2. 5438630372484632e + 07 ,	0. 65641358155343214620E - 10 , - 0. 57678850985617859679E - 10 ,
2. 8114034483345896e + 07 ,3. 1070813300769802e + 07 ,	0. 50682221459754282741E - 10 , - 0. 44534305525909120100E - 10 ,
3. 4338559260968812e + 07 ,3. 7949977063839935e + 07 ,	0. 39132151504364007283E - 10 , - 0. 34385296082594761887E - 10 ,
4. 1941210992593758e + 07 ,4. 6352206657889292e + 07 ,	0. 30214249439239317785E - 10 , - 0. 26549164124680559140E - 10 ,
5. 1227110786931656e + 07 ,5. 6614713058756173e + 07 ,	0. 23328665408564599349E - 10 , - 0. 20498823510896081544E - 10 ,

采样点 λ_k	权函数 W_k
//481 - 520	//481 - 520
6.2568934407734923e+07,6.9149366682411388e+07,	0.18012250506600650469E-10, -0.15827306778509629286E-10,
7.6421869060750201e+07,8.4459227190926239e+07,	0.13907403728951850551E-10, -0.12220391074163700618E-10,
9.3341881654555663e+07,1.0315873304307374e+08,	0.10738018462452050425E-10, -0.94354624003716234485E-11,
1.1400803170473446e+08,1.2599836106711893e+08,	0.82909105640953193728E-11, -0.72851965346947523766E-11,
1.3924972437657478e+08,1.5389474573104006e+08,	0.64014788411436639934E-11, -0.56249589367146987257E-11,
1.7007999742659190e+08,1.8796746690225038e+08,	0.49426333858928202302E-11, -0.43430761116809759680E-11,
2.0773617796471399e+08,2.2958398251878911e+08,	0.38162470568545827330E-11, -0.33533240552467311054E-11,
2.5372954073575363e+08,2.8041450947784531e+08,	0.29465550976975220819E-11, -0.25891285186428910646E-11,
3.0990596088136274e+08,3.4249905530437142e+08,	0.22750589294212621855E-11, -0.19990869881930792011E-11,
3.7851999539077419e+08,4.1832929081601185e+08,	0.17565913281172699705E-11, -0.15435111689614020217E-11,
4.6232536638906646e+08,5.1094854962186480e+08,	0.13562783161689700960E-11, -0.11917574086305238998E-11,
5.6468547767501700e+08,6.2407396778608418e+08,	0.10471934145827610682E-11, -0.92016549643814607864E-12,
6.8970839992525887e+08,7.6224566554988432e+08,	0.80854647197038528016E-12, -0.71046719298279401734E-12,
8.4241174199494874e+08,9.3100895829826319e+08,	0.62428524494839663246E-12, -0.54855744348363701401E-12,
1.0289240251791439e+09,1.1371369095373254e+09,	0.48201566709453555482E-12, -0.42354562149103289211E-12,
1.2567306422910707e+09,1.3889021577146211e+09,	0.37216817985480538490E-12, -0.32702298658923321260E-12,
1.5349742727587159e+09,1.6964089262472496e+09,	0.28735404998800310208E-12, -0.25249708256169828971E-12,
1.8748218104523966e+09,2.0719985414859231e+09,	0.22186837702370389530E-12, -0.19495503165314128815E-12,
2.2899125303454008e+09,2.5307447334747562e+09,	0.17130636135177430412E-12, -0.15052635056794931119E-12,
2.7969054805094066e+09,3.0910585976653914e+09,	0.13226702170589389284E-12, -0.11622260796808300942E-12,
//521 - 560	//521 - 560
3.4161480682074847e+09,3.7754274968232164e+09,	0.10212443304988860003E-12, -0.89736411943535084833E-13,
4.1724926727921586e+09,4.6113175578536234e+09,	0.78851097509314687508E-13, -0.69286206610625636538E-13,
5.0962940589514427e+09,5.6322759839148350e+09,	0.60881567639821682927E-13, -0.53496438318744010298E-13,
6.2246276199985800e+09,6.8792774214728651e+09,	0.47007148858659282416E-13, -0.41305031012602458038E-13,
7.6027773435862408e+09,8.4023684167359400e+09,	0.36294598340360191951E-13, -0.31891947213064369610E-13,
9.2860532171338844e+09,1.0262675959279177e+10,	0.28023351780988580919E-13, -0.24624029376283279094E-13,
1.1342011011829447e+10,1.2534860722767656e+10,	0.21637055676372050574E-13, -0.19012411461508211104E-13,
1.3853163532931507e+10,1.5310113459941998e+10,	0.16706145003659701281E-13, -0.14679636060291389006E-13,
1.6920292148366428e+10,1.8699814807718300e+10,	0.12898949148078830678E-13, -0.11334265266611379683E-13,
2.0666491498890625e+10,2.2840005383231522e+10,	0.99593825558268706535E-14, -0.87512775252863140427E-14,
2.5242109718238716e+10,2.7896845571472111e+10,	0.76897195077421143642E-14, -0.67569318807328292835E-14,
3.0830782431638401e+10,3.4073284124964363e+10,	0.59372943830891981248E-14, -0.52170815413984568005E-14,
3.7656802698239258e+10,4.1617203209806610e+10,	0.45842328261723863703E-14, -0.40281506888097158469E-14,
4.5994122679122765e+10,5.0831366787370079e+10,	0.35395230973258291850E-14, -0.31101675990681859105E-14,
5.6177348299437775e+10,6.2085571595145073e+10,	0.27328942991223000800E-14, -0.24013854598749791415E-14,
6.8615168159057838e+10,7.5831488388260895e+10,	0.21100897055373030150E-14, -0.18541290599993040151E-14,
8.3806755641097107e+10,9.2620789072812759e+10,	0.16292172612908320081E-14, -0.14315879847593459752E-14,
1.0236180249249139e+11,1.1312728723650484e+11,	0.12579317730060459754E-14, -0.11053406164233719234E-14,
1.2502498789457556e+11,1.3817398065384482e+11,	0.97125925629132513426E-15, -0.85344239496416429968E-15,
1.5270586505337646e+11,1.6876608107657605e+11,	0.74991709659831521783E-15, -0.65894974879250159170E-15,

采样点 λ_k	权函数 W_k
//561 - 600	//561 - 600
1.8651536476342874e+11,2.0613135691081287e+11,	0.57901703188703568188E-15, -0.50878040978025863482E-15,
2.2781038096130206e+11,2.5176940787416525e+11,	0.44706371509062259811E-15, -0.39283345331036878858E-15,
2.7824822764365344e+11,3.0751184919785828e+11,	0.34518149612852799007E-15, -0.30330987410939582363E-15,
3.3985315269713715e+11,3.7559582077719836e+11,	0.26651741406787180955E-15, -0.23418799737396022297E-15,
4.1509757807371277e+11,4.5875377145070300e+11,	0.20578024256254929268E-15, -0.18081843947571900690E-15,
5.0700132676483929e+11,5.6032312176626892e+11,	0.15888458312267581200E-15, -0.13961137385800899984E-15,
6.1925281890144031e+11,6.8438020638623755e+11,	0.12267606666074510376E-15, -0.10779506651556279801E-15,
7.5635710100467944e+11,8.3590387171037695e+11,	0.94719179391603797610E-16, -0.83229439292786975771E-16,
9.2381664932114575e+11,1.0209752944638193e+12,	0.73133441500293154255E-16, -0.64262120604484965377E-16,
1.1283522035151340e+12,1.2470220406715007e+12,	0.56466919371882109638E-16, -0.49617301037651720597E-16,
1.3781724935494902e+12,1.5231161599626948e+12,	0.43598563364994760812E-16, -0.38309917866133909996E-16,
1.6833036848418264e+12,1.8603382787767620e+12,	0.33662802019951652661E-16, -0.29579396223041629810E-16,
2.0559917634869844e+12,2.2722223048088804e+12,	0.25991320639354369445E-16, -0.22838490126158601174E-16,
2.5111940106775947e+12,2.7752985902466255e+12,	0.20068108061152711033E-16, -0.17633782221571330287E-16,
3.0671792909169141e+12,3.3897573528452603e+12,	0.15494747909989438574E-16, -0.13615185317456429361E-16,
3.7462612456976733e+12,4.1402589802589175e+12,	0.11963619692670830272E-16, -0.10512394272558709913E-16,
4.5756938182836924e+12,5.0569237379856543e+12,	0.92372071480646483496E-17, -0.81167043096073984687E-17,
5.5887650501481416e+12,6.1765406013813154e+12,	0.71321220574247113037E-17, -0.62669727886873747397E-17,
6.8261330469601016e+12,7.5440437264154141e+12,	0.55067688996430172615E-17, -0.48387801793162163364E-17,
8.3374577311253535e+12,9.2143158151247129e+12,	0.42518206321314128635E-17, -0.37360611596341719162E-17,
//601 - 640	//601 - 640
1.0183393868840340e+13,1.1254390751152201e+13,	0.32828649645187700314E-17, -0.28846429206752079096E-17,
1.2438025358832957e+13,1.3746143904869607e+13,	0.25347264873153391346E-17, -0.22272560390247178611E-17,
1.5191838479344713e+13,1.6789578079474348e+13,	0.19570827417369101585E-17, -0.17196823314652230881E-17,
1.8555353420195434e+13,2.0506836974615496e+13,	0.15110793519499210062E-17, -0.13277805825221979748E-17,
2.2663559846063445e+13,2.5047107241936324e+13,	0.11667165413822330724E-17, -0.10251900847168659743E-17,
2.7681334505709973e+13,3.0592605869234598e+13,	0.90083124090830315999E-18, -0.79155752349720990603E-18,
3.3810058314828449e+13,3.7365893187990141e+13,	0.69553905830937584557E-18, -0.61116794077226843712E-18,
4.1295698479287656e+13,4.5638805000929469e+13,	0.53703131028706945667E-18, -0.47188769076765341320E-18,
5.0438680022752680e+13,5.5743362307269414e+13,	0.41464620115119749872E-18, -0.36434828774274431505E-18,
6.1605942897748391e+13,6.8085096471220516e+13,	0.32015167248500091253E-18, -0.28131624835279290921E-18,
7.5245668574367812e+13,8.3159324619549984e+13,	0.24719168567911820595E-18, -0.21720654187174320654E-18,
9.1905267136338875e+13,1.0157102845705528e+14,	0.19085869215550189721E-18, -0.16770692109721899111E-18,
1.1225334676977153e+14,1.2405913430661245e+14,	0.14736353410746910352E-18, -0.12948786519216900428E-18,
1.3710654735730897e+14,1.5152616881705944e+14,	0.11378057223455149305E-18, -0.99978624276428549682E-19,
1.6746231510403516e+14,1.8507448052659994e+14,	0.87850896856935804010E-19, -0.77194301650481244444E-19,
2.0453893355595603e+14,2.2605048098024984e+14,	0.67830385593241861930E-19, -0.59602342548611573044E-19,
2.4982441759638447e+14,2.7609868095271022e+14,	0.52372387468676202365E-19, -0.46019449077998791288E-19,
3.0513623270798212e+14,3.3722769044002506e+14,	0.40437142440414807125E-19, -0.35531987457892000724E-19,
3.7269423624413281e+14,4.1189083123143062e+14,	0.31221843469976618630E-19, -0.27434533741424270108E-19,
4.5520976809898188e+14,5.0308459732695450e+14,	0.24106636804928459342E-19, -0.21182424419102399996E-19,

采样点 λ_k	权函数 W_k
//641 - 680	//641 - 680
5.5599446629754788e + 14,6.1446891476304075e + 14,	0.18612928356413968765E - 19, - 0.16355120393022199627E - 19,
6.7909317465761662e + 14,7.5051402729526438e + 14,	0.14371191768318589670E - 19, - 0.12627920047644379558E - 19,
8.2944627657455900e + 14,9.1667990297633300e + 14,	0.11096112785317059883E - 19, - 0.97501186719036165739E - 20,
1.0130879699538496e + 15,1.1196353618452902e + 15,	0.85673979808058807363E - 20, - 0.75281451224231245595E - 20,
1.2373884407605195e + 15,1.3675257190914975e + 15,	0.66149569855872109159E - 20, - 0.58125415113657893624E - 20,
1.5113496544604105e + 15,1.6702996851533248e + 15,	0.51074616176521397340E - 20, - 0.44879101854824920831E - 20,
1.8459666365023652e + 15,2.0401086424003345e + 15,	0.39435123390814399527E - 20, - 0.34651517093082292638E - 20,
2.2546687412956410e + 15,2.4917943227741685e + 15,	0.30448177717368800233E - 20, - 0.26754717030230440586E - 20,
2.7538586193560145e + 15,3.0434844586042220e + 15,	0.23509285093699011334E - 20, - 0.20657534540814548706E - 20,
3.3635705132645935e + 15,3.7173203121568085e + 15,	0.18151710504142631532E - 20, - 0.15949850948474660527E - 20,
4.1082743021675935e + 15,4.5403452822331500e + 15,	0.14015083996708770500E - 20, - 0.12315010469494319376E - 20,
5.0178575639460460e + 15,5.5455902507190850e + 15,	0.10821161305372590522E - 20, - 0.95085207960662486644E - 21,
6.1288250686585730e + 15,6.7733992278544400e + 15,	0.83551076750596628203E - 21, - 0.73416070535124345550E - 21,
7.4857638431407750e + 15,8.2730484990213790e + 15,	0.64510470249568779156E - 21, - 0.56685144894552668532E - 21,
9.1431326049478160e + 15,1.0104724255097566e + 16,	0.49809054123125183129E - 21, - 0.43767053435643358195E - 21,
1.1167447381907442e + 16,1.2341938075624136e + 16,	0.38457965596782228367E - 21, - 0.33792886257541818238E - 21,
1.3639951033870320e + 16,1.5074477206609342e + 16,	0.29693695347390241880E - 21, - 0.26091749061412948769E - 21,
1.6659873813938872e + 16,1.8412008037975264e + 16,	0.22926730418560010001E - 21, - 0.20145639198759520765E - 21,
2.0348415826945328e + 16,2.2488477400850208e + 16,	0.17701904387406560389E - 21, - 0.15554604225258168932E - 21,
2.4853611215221080e + 16,2.7467488324221096e + 16,	0.13667780796729550641E - 21, - 0.12009837779858251158E - 21,
//681 - 720	//681 - 720
3.0356269288511564e + 16,3.3548865998935916e + 16,	0.10553011379060780116E - 21, - 0.92729055585803990884E - 22,
3.7077231036440888e + 16,4.0976677464246272e + 16,	0.81480836646395174933E - 22, - 0.71597094891875700200E - 22,
4.5286232252850760e + 16,5.0049026875070080e + 16,	0.62912317547278588468E - 22, - 0.55281068025898321612E - 22,
5.5312728980313968e + 16,6.1130019468443072e + 16,	0.48575549320856098216E - 22, - 0.42683463880645999618E - 22,
6.7559119737921448e + 16,7.4664374385141264e + 16,	0.37506134255287311446E - 22, - 0.32956852260392350507E - 22,
8.2516895186770448e + 16,9.1195272810315088e + 16,	0.28959427878761049247E - 22, - 0.25446913153691919200E - 22,
1.0078636337593507e + 17,1.1138615774168800e + 17,	0.22360480394754259887E - 22, - 0.19648436888446069881E - 22,
1.2310074221230024e + 17,1.3604736028656150e + 17,	0.17265359799157371192E - 22, - 0.15171336029025659557E - 22,
1.5035558606966758e + 17,1.6616862109441658e + 17,	0.13331293566397819119E - 22, - 0.11714413365284629986E - 22,
1.8364472753028080e + 17,2.0295881212439261e + 17,	0.10293612991331600087E - 22, - 0.90450942661818855010E - 23,
2.2430417672705789e + 17,2.4789445292164490e + 17,	0.79479472072663889120E - 23, - 0.69838025973983943288E - 23,
2.7396574012127472e + 17,3.0277896853110349e + 17,	0.61365260759698707238E - 23, - 0.53919477932897098293E - 23,
3.3462251062551731e + 17,3.6981506727678112e + 17,	0.47376234574340661915E - 23, - 0.41626240529454467843E - 23,
4.0870885742048762e + 17,4.5169314318104928e + 17,	0.36573513415638608941E - 23, - 0.32133750545472298724E - 23,
4.9919812573787520e + 17,5.5169925092337018e + 17,	0.28232876298439711191E - 23, - 0.24805746766402519629E - 23,
6.0972196764462810e + 17,6.7384698675270400e + 17,	0.21795021088492381699E - 23, - 0.19150207966391389939E - 23,
7.4471609299199475e + 17,8.2303856819767232e + 17,	0.16826867531148651179E - 23, - 0.14785926095987099109E - 23,
9.0959829002668813e + 17,1.0052615772688342e + 18,	0.12993065708576839773E - 23, - 0.11418169017687040810E - 23,
1.1109858602563712e + 18,1.2278292631485970e + 18,	0.10034812450227850599E - 23, - 0.88198046609572075136E - 24,
1.3569611939940810e + 18,1.4996740485594657e + 18,	0.77527684778131062791E - 24, - 0.68157678580025223715E - 24,

采样点 λ_k	权函数 W_k
//721 - 760	//721 - 760
1.6573961450606881e+18,1.8317060192517601e+18,	0.59929859006652480651E-24, -0.52704590637343920302E-24,
2.0243482229411579e+18,2.2372507840526853e+18,	0.46358624111797927966E-24, -0.40783289235105509668E-24,
2.4725445029769687e+18,2.7325842783379528e+18,	0.35882870194420578191E-24, -0.31573129057568951175E-24,
3.0199726756098365e+18,3.3375859744670935e+18,	0.27780031811537501369E-24, -0.24438721059930989498E-24,
3.6886029555582029e+18,4.0765367148108068e+18,	0.21492709123302868776E-24, -0.18893185489531158875E-24,
4.5052698236765440e+18,4.9790931872111176e+18,	0.16598283447655300523E-24, -0.14572197983278360944E-24,
5.5027489888943135e+18,6.0814781519961702e+18,	0.12784189795680629463E-24, -0.11207611655384429414E-24,
6.7210727924986010e+18,7.4279341885389363e+18,	0.98190635833986939235E-25, -0.85977069575473510383E-25,
8.2091368465530675e+18,9.0724993053136814e+18,	0.75247618025397713641E-25, -0.65832296928724367365E-25,
1.0026662386494198e+19,1.1081175674916358e+19,	0.57578153084183532562E-25, -0.50349088175171190647E-25,
1.2246593094004847e+19,1.3534578533000223e+19,	0.44024756065989681357E-25, -0.38498191971011007846E-25,
1.4958022583082809e+19,1.6531171550741899e+19,	0.33673291155583042791E-25, -0.29463411791224339510E-25,
1.8269770039599454e+19,2.0191218527695090e+19,	0.25791217847239958719E-25, -0.22588731181811621204E-25,
2.2314747517318812e+19,2.4661610000341512e+19,	0.19796670767579898895E-25, -0.17363295672276158774E-25,
2.7255294165301002e+19,3.0121758475087553e+19,	0.15243569288426309447E-25, -0.13398787953334260281E-25,
3.3289691467965432e+19,3.6790798882106413e+19,	0.11796045820480120133E-25, -0.10407147490908270710E-25,
4.0660120977274061e+19,4.4936383229520880e+19,	0.92071944889040744035E-26, -0.81731249295591442672E-26,
4.9662383908768727e+19,5.4885422418279211e+19,	0.72825159703487444195E-26, -0.65131006447129183541E-26,
6.0657772682979369e+19,6.7037206324472250e+19,	0.58430301262485386924E-26, -0.52513930081011199285E-26,
7.4087570858843619e+19,8.1879428704062800e+19,	0.47187919679302219783E-26, -0.42284069142292412393E-26,
// 761 - 801	//761 - 801
9.0490763392378634e+19,1.0000776005572131e+20,	0.37676954747502728537E-26, -0.33299134001135826479E-26,
1.1052566799547061e+20,1.2214975396947848e+20,	0.29143004338630110718E-26, -0.25243668234065648260E-26,
1.3499635573716302e+20,1.4919404640690720e+20,	0.21646903157623978348E-26, -0.18376734028052161580E-26,
1.6488492123894242e+20,1.8222601978247286e+20,	0.15423017366879009263E-26, -0.12758944190588119779E-26,
2.0139089758026668e+20,2.2257136317086207e+20,	0.10371662830395429178E-26, -0.82748173500706471962E-27,
2.4597939777289005e+20,2.7184927686435983e+20,	0.64909427840638429032E-27, -0.50234666376562531025E-27,
3.0043991489038549e+20,3.3203745656597683e+20,	0.38452110973130778698E-27, -0.29091636205058451455E-27,
3.6695814070852361e+20,4.0555146526217175e+20,	0.21678009467166822096E-27, -0.15874578619111640200E-27,
4.4820368519071852e+20,4.9534167824711496e+20,	0.11537394235020309101E-27, -0.86900364189788941857E-28,
5.4743721730949612e+20,6.0501169204271369e+20,	0.74355723662636970071E-28, -0.78471428315427385396E-28,
6.6864132714134700e+20,7.3896294938012195e+20,	0.98949852128730596091E-28, -0.13427202805922251023E-27,
8.1668036119031775e+20,9.0257138455105503e+20,	0.18174242734021449278E-27, -0.23763619609508699858E-27,
9.9749564569309793e+20,1.1024031785271021e+21,	0.29778198107110528091E-27, -0.35868369680655068529E-27,
1.2183439329023096e+21,1.3464782828575407e+21,	0.41844766665021181973E-27, -0.47660851066880372752E-27,
1.4880886400345899e+21,1.6445922884849697e+21,	0.53287774452581460041E-27, -0.58588249858342115784E-27,
1.8175555693250643e+21,2.0087095572044880e+21,	0.63294098597067369917E-27, -0.67092689718604759703E-27,
2.2199673854830119e+21,2.4534433935122555e+21,	0.69754161721794173542E-27, -0.71229292612293631973E-27,
2.7114742876545719e+21,2.9966425278257163e+21,	0.71678213553979546309E-27, -0.71422093211775989035E-27,
3.3118021736216768e+21,3.6601074487063940e+21,	0.70847857438160299782E-27, -0.70324864718393631473E-27,
4.0450443093423623e+21,4.4704653330125727e+21,	0.70176504791510964044E-27, -0.70696084721646144402E-27,
4.9406282763108614e+21	0.72149205056137611593E-27

说明：由于第 1 至第 40 个权系数为零，为节省计算量，可只用后面 761 个。

附录 B：直流激电测深单纯形 - 模拟退火法 SMSA 反演主程序

```
#include "iostream. h"
#include "iomanip. h"
#include "fstream. h"
#include "math. h"
#include "stdlib. h"
void main( )
{
    int PNum, IPFlag;
    int i, LN;
    char filename[ 256 ];
    ////////////////////////////////////////////////////////////////////////////////////////////////////
    // 读取反演数据和模型参数带限文件
    cout < < endl < < endl;
    cout < <"                    !!!!!!!!!!!!!!!!!!!!!!!!!!!!!!!!!!!!!!!!" < < endl;
    cout < <"                    !!        请输入待反演的数据文件名    !!" < < endl;
    cout < <"                    !!!!!!!!!!!!!!!!!!!!!!!!!!!!!!!!!!!!!!!!" < < endl;
    cin > > filename;

    ifstream infile;
    infile . open( filename, ios::in | ios::nocreate );
    if( infile . fail( ) )
    {
        cout < <"                !!!!!!!!!!!!!!!!!!!!!!!!!!!!!!!!!!!!!!!!" < < endl;
        cout < <"                !!       此文件格式不对或不存在       !!" < < endl;
        cout < <"                !!!!!!!!!!!!!!!!!!!!!!!!!!!!!!!!!!!!!!!!" < < endl;
        system( "pause" );
        return;
    }
    Infile > > IPFlag;                    // 是否进行极化率反演的标识
    Infile > > PNum;                        // 读取极距个数
    double *AB = new double[ PNum ];
    double *PRes = new double[ PNum ];
    double *MRes = new double[ PNum ];

    double *PIPs = new double[ PNum ];
    double *PDRes = new double[ PNum ];
    double *MIPs = new double[ PNum ];

    double *LayerRB, *LayerIPB, *LayerTB;
    if( IPFlag = = 1 ) // 电阻率和极化率反演
```

```
{
    for( int i = 0; i < PNum; i ++ )
    {
        infile > > AB[ i ] > > PRes[ i ] > > PIPs[ i ];
        PDRes[ i ] = PRes[ i ] / ( 1.0 - PIPs[ i ] / 100.0 );
    }
    infile > > LN;
    LayerRB   = new double[ LN * 2 ];
    LayerIPB  = new double[ LN * 2 ];
    LayerTB   = new double[ ( LN - 1 ) * 2 ];

    // 读取电阻率模型空间
    for( i = 0; i < LN; i ++ ) infile > > LayerRB[ i * 2 ] > > LayerRB[ i * 2 + 1 ];
    // 读取极化率模型空间
    for( i = 0; i < LN; i ++ ) infile > > LayerIPB[ i * 2 ] > > LayerIPB[ i * 2 + 1 ];
    // 读取厚度模型空间
    for( i = 0; i < LN - 1; i ++ ) infile > > LayerTB[ i * 2 ] > > LayerTB[ i * 2 + 1 ];
}
else // 电阻率反演
{
    for( i = 0; i < PNum; i ++ ) infile > > AB[ i ] > > PRes[ i ];
    infile > > LN;
    LayerRB   = new double[ LN * 2 ];
    LayerTB   = new double[ ( LN - 1 ) * 2 ];

    // 读取电阻率模型空间
    for( i = 0; i < LN; i ++ ) infile > > LayerRB[ i * 2 ] > > LayerRB[ i * 2 + 1 ];
    // 读取厚度模型空间
    for( i = 0; i < LN - 1; i ++ ) infile > > LayerTB[ i * 2 ] > > LayerTB[ i * 2 + 1 ];
}

int n = LN * 2 - 1;
double * ms = new double[ n * 2 ];
////////////////////////////////////////////////////////////////////////////////////////////////
// 调用模拟退火反演电阻率
double * LayerRT = new double[ n ];
for( i = 0; i < n; i ++ )
{
    int ii = i * 2;
    if( i < LN )
    {
        ms[ ii     ] = LayerRB[ ii     ];
        ms[ ii + 1 ] = LayerRB[ ii + 1 ];
    }
    else
    {
        ms[ ii     ] = LayerTB[ ( i - LN ) * 2     ];
        ms[ ii + 1 ] = LayerTB[ ( i - LN ) * 2 + 1 ];
    }
```

```
}
// 电阻率反演
DCIP_SASMInv( AB, PRes, MRes, PNum, ms, n, LayerRT, 0 );
/////////////////////////////////////////////////////////////////////////////////////////
// 调用模拟退火反演极化率
double * LayerIPT = new double[ n ];
for( i = 0; i < n; i ++ ) LayerIPT[ i ] = LayerRT[ i ];
// 得到等效电阻率的带限
if( IPFlag = = 1 )
{
    for( i = 0; i < n; i ++ )
    {
        int ii = i * 2;
        if( i < LN )
        {
            ms[ ii     ] = LayerRB[ ii     ] / ( 1 - LayerIPB[ ii     ] / 100 );
            ms[ ii + 1 ] = LayerRB[ ii + 1 ] / ( 1 - LayerIPB[ ii + 1 ] / 100 );
        }
    }
    // 应用模拟退火反演等效电阻率
    DCIP_SASMInv( AB, PDRes, MIPs, PNum, ms, n, LayerIPT, 1 );
    cout < < " 极化率反演结束!" < < endl;
    // 用电阻率和等效电阻率转化极化率
    for( i = 0; i < LN; i ++ )LayerIPT[ i ] = ( LayerIPT[ i ] - LayerRT[ i ]) * 100.0 / LayerIPT[ i ];
}
/////////////////////////////////////////////////////////////////////////////////////////
// 将反演结果输出到文件
ofstream out;
out. open( "inv. dat", ios::out | ios::right | ios::trunc );
out < < setiosflags(ios::fixed) < < setprecision( 5 );
if( IPFlag = = 1 )
{
    out < < " 电阻率" < < setw(20) < < " 极化率" < < setw(20) < < " 厚 度" < < endl;
    for( i = 0; i < LN; i ++ )
    {
        out < < LayerRT[ i ] < < setw(20) < < LayerIPT[ i ] < < setw(20);
        if( i < LN - 1 ) out     < < LayerRT[ i + LN ] < < endl;
    }
}
else
{
    out < < " 电阻率" < < setw(20) < < " 厚 度" < < endl;
    for( i = 0; i < LN; i ++ )
    {
        out < < LayerRT[ i ] < < setw(20);
        if( i < LN - 1 ) out < < LayerRT[ i + LN ] < < endl;
    }
}
out. close( );
```

```
    ////////////////////////////////////////////////////////////////////////////////////////////
    //将反演结果输出到文件
    ofstream out1;
    out1.open( "rms.dat", ios::out | ios::right | ios::trunc );
    for( i = 0; i < PNum; i ++ )
    {
        out1 << setiosflags( ios::fixed ) << setprecision( 5 );
        if( IPFlag == 1 )
        {
            out1 << AB[ i ] << setw(20) << PRes[ i ] << setw(20) << MRes[ i ] << setw(20)
                 << PIPs[ i ] << setw(20) << ( MIPs[ i ] - MRes[ i ] ) * 100 / MIPs[ i ] << endl;
        }
        else
        {
            out1 << AB[ i ] << setw(20) << PRes[ i ] << setw(20) << MRes[ i ] << endl;
        }
    }
    out1.close( );
    delete [ ]AB; delete [ ]PRes; delete [ ]MRes; delete [ ]PIPs; delete [ ]PDRes; delete [ ]MIPs;
    delete [ ]LayerRB; delete [ ]LayerIPB; delete [ ]LayerTB; delete [ ]ms; delete [ ]LayerRT;
    delete [ ]LayerIPT;
    ////////////////////////////////////////////////////////////////////////////////////////////
    cout <<"                    !!!!!!!!!!!!!!!!!!!!!!!!!!!!!!!!!!!!!!!" << endl;
    cout <<"                    !!          反演结束!          !!" << endl;
    cout <<"                    !!!!!!!!!!!!!!!!!!!!!!!!!!!!!!!!!!!!!!!" << endl;
    system("pause")
    return;
}
////////////////////////////////////////////////////////////////////////////////////////////////
```

说明:PWSA、SMGA、PWGA 方法与 SMSA 方法的主程序类似,这里不再列出。